21世纪
高等院校经济管理学科
数学基础系列教材 / 主编　刘书田

概率论与数理统计解题方法与技巧

主　编　张立卓
编著者　张立卓　李博纳　许　静

图书在版编目(CIP)数据

概率论与数理统计解题方法与技巧/张立卓，李博纳，许静编著.—北京：北京大学出版社，2009.2
（21世纪高等院校经济管理学科数学基础系列教材）
ISBN 978-7-301-10582-5

Ⅰ.概… Ⅱ.①张… ②李… ③许… Ⅲ.①概率论—高等学校—解题 ②数理统计—高等学校—解题 Ⅳ.O21-44

中国版本图书馆CIP数据核字（2006）第016715号

书　　名	概率论与数理统计解题方法与技巧
著作责任者	张立卓　李博纳　许　静　编著
责任编辑	曾琬婷
标准书号	ISBN 978-7-301-10582-5
出版发行	北京大学出版社
地　　址	北京市海淀区成府路205号　100871
网　　址	http://www.pup.cn　新浪微博：@北京大学出版社
电子信箱	zpup@pup.cn
电　　话	邮购部62752015　发行部62750672　编辑部62752021
印刷者	三河市北燕印装有限公司
经销者	新华书店
	787毫米×980毫米　16开本　19.75印张　420千字
	2009年2月第1版　2019年9月第6次印刷
印　　数	15001—18000册
定　　价	38.00元

未经许可，不得以任何方式复制或抄袭本书之部分或全部内容。

版权所有，侵权必究

举报电话：010-62752024　电子信箱：fd@pup.pku.edu.cn

图书如有印装质量问题，请与出版部联系，电话：010-62756370

内容简介

本书是高等院校经济类、管理类及相关专业学生概率论与数理统计课程的辅导书，与国内通用的《概率论与数理统计》(财经类)教材相匹配，可同步使用。全书共分八章，内容包括：随机事件与概率、一维随机变量及其分布、多维随机变量及其分布、随机变量的数字特征、大数定律及中心极限定理、抽样分布、参数估计、假设检验等。

本书以21世纪的概率论与数理统计课程教材内容为准，通过设置63个专题，阐述了相关的解题方法与技巧，同时配以精心挑选和编排的例题。本书例题丰富典型，解题分析透彻、过程详尽，注重解题方法与技巧的训练以及综合运用知识能力的培养。每章附有自测题及其参考答案，以帮助学习者及时评估与调整自己的学习状态。书末的两套模拟试卷用以检测学习者对本课程的掌握情况，其参考答案又可以帮助学习者纠正和弥补所发现的问题与不足。

本书是经济类、管理类学生学习概率论与数理统计课程必备的辅导教材，是报考硕士研究生读者的精品之选，是极为有益的教学参考用书，是无师自通的自学指导书。

“21世纪高等院校经济管理学科数学基础系列教材”编审委员会

主　编　刘书田

编　委　（按姓氏笔画为序）

卢　刚　冯翠莲　许　静

孙惠玲　李博纳　张立卓

胡京兴　袁荫棠　阎双伦

21世纪高等院校经济管理学科数学基础系列教材书目

微积分	刘书田等编著
线性代数	卢　刚等编著
概率论与数理统计	李博纳等编著
微积分解题方法与技巧	刘书田等编著
线性代数解题方法与技巧	卢　刚等编著
概率论与数理统计解题方法与技巧	张立卓等编著

前　言

本书是北京大学出版社出版的“21世纪高等院校经济管理学科数学基础系列教材”之一《概率论与数理统计》教材的配套辅导教材。本书适应高等教育教学内容和课程改革的总目标，是面向21世纪的课程辅导教材。

学生们要学好概率论与数理统计，首先必须要弄清概念，理解定理，特别要注意如何将实际问题化为概率统计模型；其次要掌握分析问题和解决问题的方法。而要实现这两点，最好的途径还是看例题和做习题，因此要学好概率论与数理统计，就必须要演练一定数量的习题。

在课堂教学中，课程的讲授是按知识的逻辑顺序进行的，习题则是按章或节编排的，学生们所接受的解题训练是单一的、不完善的，缺乏对融会贯通的综合解题能力的培养，再加上受教学时数的限制，许多解题方法与技巧未能在课堂上讲解与演练，当然更谈不上掌握。

本书试图为改善上述各点做出努力。作为教学辅导书，它更应强调对知识深入、系统地掌握，强调综合解题能力的培养与训练。本书是通过将知识点系统为专题，将专题归纳为解题方法与技巧，将解题方法与技巧诠释为例题解析的形式展开的。

全书包含了400多道附有详细解答的例题及测试题，这些题目内容全面、类型多样，涵盖了概率论与数理统计教学大纲的全部内容，其中不少例题题型新颖、解法精巧；有些例题是历届考研题，有中等或中等以上的难度。一些题目还配以多种解法，以帮助读者从多个角度比较、归纳解题方法与技巧。

本书内容的展开与普通教科书基本平行，每章有内容综述及按知识点设置的专题，每个专题下阐述了关于该专题的解题方法与技巧，接着是经过精心挑选和编排的典型例题，这些例题由浅入深，系统地诠释了解题方法与技巧。每章末设有综合例题与自测题，综合例题是在前各专题的引领下，对知识点融会贯通、综合运用的体现。自测题则侧重于检测学习者对本章基本要求的掌握情况，以帮助学习者及时评估自己的学习效果。书末附有两套模拟试卷，可使学习者了解自己对本课程的通盘掌握情况，其参考答案则可以弥补学习者在检测中所发现的问题与不足。

本书的一个特色是将各章知识体系以表格的形式展现在内容综述里，起到提纲挈领之功效。

本书的另一个特色是将知识点分专题设置，以突出对知识点及解题方法与技巧做系统而深入的阐述。

对大多数例题都配以分析与评注是本书的又一特色，分析重在强调解题的思路及求解问题的方法，评注重在强调解题之后对题目及结论的思考与引申。

初学者可以把本书作为教辅书与课堂教学同步学习，以帮助弄清概念、理解定理，掌握初步的解题方法与技巧。进一步，本书提供的丰富材料将帮助学习者在总复习或考研时做全面而深入或专题性研究。

本书是编著者多年从事概率论与数理统计教学经验的积累，其中第一、第二、第六章及模拟试卷 A 由李博纳编写，第三、第四、第五章及模拟试卷 B 由张立卓编写，第七、第八章由许静编写。

感谢对外经济贸易大学教务处，给予我们编著工作以校教学实验研究课题经费的赞助；感谢信息学院领导对我们教学研究工作的支持；感谢我校所有参与概率论与数理统计课程教学的同仁们，正是这支优秀的教学团队促成了我们的这份耕耘与收获；感谢我校学生张晶、张芬、牛蕾、徐萌、秦娅、邢华苑和王慰对书稿校对工作的支持与协助；感谢书末参考文献的所有作者们，他们的著作为我们的编著工作带来了启发与指导。

历时两年，数度修改，完成此书。自知错误和不当之处在所难免，恳请专家与读者不吝赐教。

编　者

2008 年 9 月

目　　录

第一章　随机事件与概率

一、内 容 综 述

初步学习概率论与数理统计这门课程，就会体会到它研究的核心内容是"随机事件的概率".因此相应的教材通常首先围绕随机事件与概率两个基本概念，介绍相关概念、术语以及一系列基本关系式.这是后面学习的基础，应该熟练掌握.

1. 随机事件

1.1　主要概念

随机试验　对随机现象做实验或观察，且具有如下三个特点，统称为随机试验，记做 E.

(1) 可以在相同条件下重复进行；

(2) 试验的可能结果不唯一，全部可能结果清楚；

(3) 试验前不能确定哪一个结果发生.

样本点　随机试验的每一个结果称为样本点，记做 ω, e 等.

样本空间　全部可能结果，即全体样本点组成的集合，称为样本空间，记为 S，即 $S=\{e\}$.

随机事件　随机试验 E 的样本空间 S 的子集，称为 E 的随机事件，通常记为 A, B, C 等.

基本事件　一个样本点构成的事件，称为基本事件.

必然事件　每次试验都必然发生的事件，即样本空间 S，称为必然事件.

随机事件发生　随机事件 A 发生$\Longleftrightarrow$进行随机试验时 A 中的一个样本点出现.

完备事件组　设有随机试验 E 与样本空间 S，$B_1, B_2, \cdots, B_n$ 是随机试验 E 的一组事件，若

(1) $B_iB_j=\varnothing\ (i\neq j; i, j=1,2,\cdots,n)$；

(2) $\bigcup\limits_{i=1}^{n} B_i=S$，

则称 $B_1, B_2, \cdots, B_n$ 是样本空间 S 的一个完备事件组，也称做 S 的一个划分.

1.2　随机事件的主要关系

名　称	符　号	从事件发生角度理解	集合定义	图　示
A 包含 B	$A\supset B$	事件 B 发生必有事件 A 发生	B 是 A 的子集	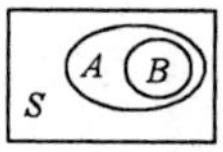
A 与 B 相等	$A=B$	事件 A 发生必有事件 B 发生，且事件 B 发生必有事件 A 发生	A 与 B 所含样本点相同	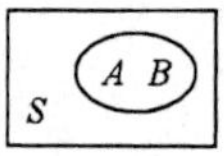
A 与 B 的和	$A\cup B$	事件 $A\cup B$ 发生$\Longleftrightarrow$事件 A 发生或事件 B 发生	A 与 B 的并集	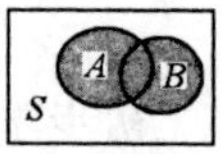
A 与 B 的积	$A\cap B$ 或 AB	事件 $A\cap B$ 发生$\Longleftrightarrow$事件 A 发生且事件 B 发生	A 与 B 的交集	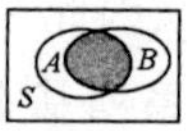
A 与 B 的差	$A-B$	事件 $A-B$ 发生$\Longleftrightarrow$事件 A 发生且事件 B 不发生	属于 A 而不属于 B 的样本点组成的集合	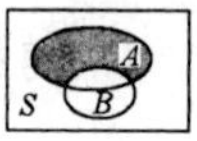
A 与 B 互斥	$AB=\varnothing$	事件 A 与事件 B 不会同时发生	A 与 B 没有共同的样本点	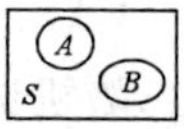
A 的对立事件	$\overline{A}$	每次试验事件 A 与事件 $\overline{A}$ 有一个发生且仅有一个发生	$A\cup\overline{A}=S, A\overline{A}=\varnothing$	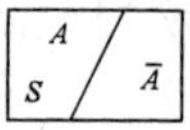

1.3　随机事件的运算律

(1) **交换律**　$A\cup B=B\cup A$，　$A\cap B=B\cap A$；

(2) **结合律**　$A\cup(B\cup C)=(A\cup B)\cup C$，　$A\cap(B\cap C)=(A\cap B)\cap C$；

(3) **分配律**　$A\cup(B\cap C)=(A\cup B)\cap(A\cup C)$，　$A\cap(B\cup C)=(A\cap B)\cup(A\cap C)$，

$A\cap(B-C)=A\cap B-A\cap C$；

(4) **德·摩根律**　$\overline{A\cup B}=\overline{A}\cap\overline{B}$，　$\overline{A\cap B}=\overline{A}\cup\overline{B}$.

德·摩根律推广　$\overline{A_1\cup A_2\cup\cdots\cup A_n}=\overline{A}_1\cap\overline{A}_2\cap\cdots\cap\overline{A}_n$，

$\overline{A_1\cap A_2\cap\cdots\cap A_n}=\overline{A}_1\cup\overline{A}_2\cup\cdots\cup\overline{A}_n$.

注　在数的运算中对加减法适用的交换律、去括号等规律不能随便套用到事件的运算中来，例如 $A\cup B-C$ 与 $A-C\cup B$ 就不一定相等.

2. 概率

2.1　概率的公理化定义

设 E 是随机试验，S 为样本空间，如果对于随机试验 E 的每一个随机事件 A，有实数 $P(A)$ 与其对应，且 $P(\cdot)$ 满足：

(1) **非负性** $P(A)\geqslant 0$；

(2) **规范性** $P(S)=1$；

(3) **可列可加性** 设 $A_1,A_2,\cdots,A_k,\cdots$两两互斥，有 $P\left(\bigcup_{k=1}^{\infty}A_k\right)=\sum_{k=1}^{\infty}P(A_k)$，

则称实数 $P(A)$为**随机事件 A 的概率**.

注 对于不同的随机试验很难做到也不需要给出统一的概率计算方法.有了概率的公理化定义,对于各种用来计算概率的方法是否称职,便有了衡量的标准.

2.2 条件概率

设 A,B 为两随机事件,当 $P(A)>0$ 时,$P(B|A)=\dfrac{P(AB)}{P(A)}$ 称为在事件 A 发生条件下事件 B 发生的**条件概率**.

注 条件概率 $P(B|A)$的本质是在事件 A 发生的基础上就一个新的样本空间确定事件 B 发生的概率.

2.3 概率的基本关系式

一般概率	条件概率($P(C)>0$)
$0\leqslant P(A)\leqslant 1$	$0\leqslant P(A\|C)\leqslant 1$
$P(S)=1$	$P(S\|C)=1$
$P(\varnothing)=0$	$P(\varnothing\|C)=0$
$P(\bar{A})=1-P(A)$	$P(\bar{A}\|C)=1-P(A\|C)$
若 $A\supset B$,则 $P(A)\geqslant P(B)$	若 $A\supset B$,则 $P(A\|C)\geqslant P(B\|C)$

2.4 差、和、积事件的概率

(1) 和事件的概率：

$$P(A\cup B)=\begin{cases}P(A)+P(B)-P(AB),\\ P(A)+P(B)\quad (A\text{ 与 }B\text{ 互斥})；\end{cases}$$

$$P(A\cup B\cup C)=P(A)+P(B)+P(C)-P(AB)-P(AC)-P(BC)+P(ABC)；$$

$$P(A_1\cup A_2\cup\cdots\cup A_n)=\sum_{i=1}^{n}P(A_i)-\sum_{1\leqslant i<j\leqslant n}P(A_iA_j)+\sum_{1\leqslant i<j<k\leqslant n}P(A_iA_jA_k)+\cdots+(-1)^{n-1}P(A_1A_2\cdots A_n).$$

(2) 差事件的概率：

$$P(A-B)=\begin{cases}P(A)-P(AB),\\ P(A)-P(B)\quad (A\supset B).\end{cases}$$

注 和、差事件的条件概率同样有上面的关系式.若 $P(C)>0$,则

$$P(A\cup B|C)=\begin{cases}P(A|C)+P(B|C)-P(AB|C),\\P(A|C)+P(B|C)\quad(A\text{ 与 }B\text{ 互斥});\end{cases}$$

$$P(A-B|C)=\begin{cases}P(A|C)-P(AB|C),\\P(A|C)-P(B|C)\quad(A\supset B).\end{cases}$$

(3) 积事件的概率：

$$P(AB)=\begin{cases}P(A)P(B|A)\quad(P(A)>0),\\P(B)P(A|B)\quad(P(B)>0),\\P(A)P(B)\quad(A\text{ 与 }B\text{ 相互独立});\end{cases}$$

$$P(ABC)=\begin{cases}P(A)P(B|A)P(C|AB)\quad(P(AB)>0),\\P(A)P(B)P(C)\quad(A,B,C\text{ 相互独立});\end{cases}$$

$$P(A_1A_2\cdots A_n)=\begin{cases}P(A_1)P(A_2|A_1)P(A_3|A_1A_2)\cdots P(A_n|A_1\cdots A_{n-1})\\\qquad(P(A_1\cdots A_{n-1})>0),\\P(A_1)P(A_2)\cdots P(A_n)\quad(A_1,A_2,\cdots,A_n\text{ 相互独立}).\end{cases}$$

2.5　重要公式

(1) **全概率公式**　设 A 为一随机事件，$B_1,B_2,\cdots,B_n$ 是一个完备事件组，$P(B_i)>0$ $(i=1,2,\cdots,n)$，则

$$P(A)=\sum_{i=1}^{n}P(B_i)P(A|B_i).$$

(2) **贝叶斯公式**　设 A 为一随机事件，$B_1,B_2,\cdots,B_n$ 是一个完备事件组，$P(A)>0$，$P(B_i)>0(i=1,2,\cdots,n)$，则

$$P(B_i|A)=\frac{P(B_i)P(A|B_i)}{\sum_{j=1}^{n}P(B_j)P(A|B_j)}\quad(i=1,2,\cdots,n).$$

2.6　事件相互独立的概率关系

(1) 两个事件相互独立：

(i) 事件 A,B 相互独立及增加某些条件后相互独立的充要条件：

$$\begin{aligned}\text{事件 }A,B\text{ 相互独立}&\Longleftrightarrow P(AB)=P(A)P(B)\\&\Longleftrightarrow P(A)=P(A|B)\quad(P(B)>0\text{ 时})\\&\Longleftrightarrow P(B)=P(B|A)\quad(P(A)>0\text{ 时})\\&\Longleftrightarrow P(A|B)=P(A|\bar{B})\quad(0<P(B)<1\text{ 时});\end{aligned}$$

(ii) 若事件 A,B 相互独立，则 A 与 $\bar{B}$，$\bar{A}$ 与 B，$\bar{A}$ 与 $\bar{B}$ 均相互独立.

(2) 三个事件相互独立与两两相互独立：

(i) 设 A,B,C 为三个随机事件，若有

$$P(AB)=P(A)P(B),\quad P(AC)=P(A)P(C),$$
$$P(BC)=P(B)P(C),\quad P(ABC)=P(A)P(B)P(C),$$

则称 A,B,C 三个事件**相互独立**.

(ii) 设 A,B,C 为三个随机事件,若有

$$P(AB)=P(A)P(B),\quad P(AC)=P(A)P(C),\quad P(BC)=P(B)P(C),$$

则称 A,B,C 三个事件**两两相互独立**.

(iii) 若 A,B,C 三个事件相互独立,则

① A 与 $\overline{A}$,B 与 $\overline{B}$,C 与 $\overline{C}$ 中各选一个事件,得到的三个事件相互独立;

② 任意一个事件与另外两个事件的和、差、积均相互独立.

(3) n 个事件相互独立:

设 $A_1,A_2,\cdots,A_n$ 为随机事件,如果对于任意 $k(1<k\leqslant n)$ 以及 $1\leqslant i_1<i_2<\cdots<i_k\leqslant n$,有

$$P(A_{i_1}A_{i_2}\cdots A_{i_k})=P(A_{i_1})P(A_{i_2})\cdots P(A_{i_k})$$

成立,则称事件 $A_1,A_2,\cdots,A_n$ **相互独立**.

3. 三个重要的概率模型

3.1 等可能概型

如果随机试验 E 具有以下特点:样本空间 S 中所含样本点为有限个;在一次试验中每个基本事件发生的可能性相同,则称这类随机试验 E 为**等可能概型**.

等可能概型事件 A 概率的计算:

$$P(A)=\frac{A\text{ 中含样本点数 }k}{\text{样本点总数 }n}=\frac{k}{n}.$$

3.2 几何概型

如果随机试验 E 的结果相当于投中平面中有界闭区域 D 中的点,且投中 D 的子区域 A 的概率与 A 所在的位置和形状无关,而与区域 A 的面积成正比,则称这类随机试验 E 为**二维几何概型**.

二维几何概型事件 A 概率的计算:设 S_D 与 S_A 分别为区域 D 与其子区域 A 的面积,则

$$P(A)=\frac{S_A}{S_D}.$$

类似有一维几何概型,此时事件 A 的概率等于事件 A 所占区间的长度与样本空间线段长度之比;还有三维几何概型,此时事件 A 的概率等于事件 A 所占立体的体积与样本空间立体体积之比.

3.3 伯努利概型

若随机试验 E 满足:进行 n 次独立试验;每次试验只有两个结果 A 与 $\overline{A}$,其中 $P(A)=p$,$P(\overline{A})=1-p(0<p<1)$,则称这类随机试验 E 为 **n 重伯努利试验**,简称**伯努利试验**,也称**伯努利概型**.

在 n 重伯努利试验中,事件 A 发生 k 次的概率为

$$P(A\text{ 发生 }k\text{ 次})=\mathrm{C}_n^k p^k q^{n-k}\quad (q=1-p).$$

4. 几点概率思想

(1) 概率研究的对象：随机现象的统计规律性.

(2) 概率是刻画随机事件发生可能性大小的指标.

(3) 随机现象的特点：

(i) 不确定性——试验前不清楚哪一个结果发生；

(ii) 确定性——频率稳定性(也称统计规律性).

(4) 实际推断原理：一次试验小概率事件一般不会发生.它是借助统计数据作推断时常用到的原理.

二、专题解析与例题精讲

1. 随机事件的关系与运算

【解题方法与技巧】

(1) 证明两事件 A,B 相等的方法：

(i) 从发生角度证明：若事件 A 与事件 B 同时发生，即事件 A 发生必有事件 B 发生，且事件 B 发生必有事件 A 发生，则 $A=B$；

(ii) 从集合角度证明：若事件 A 与事件 B 有相同的样本点，则 $A=B$.

(2) 证明命题之间的充分必要、充分不必要或必要不充分等关系关键在清楚命题的含义和所涉及概念的含义.

例 1.1.1　设 A,B,C 为三个任意随机事件，判断下列等式是否一定成立：

(1) $A\cup B-C=A-C\cup B$；　　　(2) $A-(B\cup C)=A-B-C$.

解　(1) *方法 1*　左端 $=(A\cup B)-C=(A\cup B)\bar{C}$，　右端 $=A\bar{C}\cup B$.

从事件发生角度讲，左端事件发生，即为 A 发生或 B 发生，且 C 不发生；而右端事件发生，即为 A 发生且 C 不发生，或 B 发生(不管事件 C，即 C 可以发生). 所以(1)的等式不成立.

方法 2　作文氏图. 图 1.1(a),(b),(c),(d)的阴影部分分别表示 $A\cup B$，$A\cup B-C$，$A-C$，$A-C\cup B$，由其中的(b),(d)可知(1)中等式两端不相等.

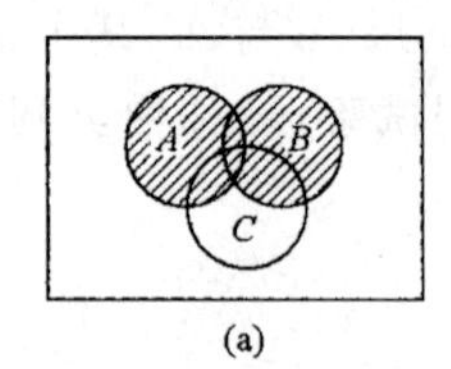

(a)

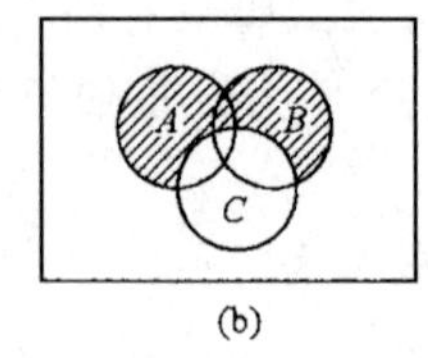

(b)

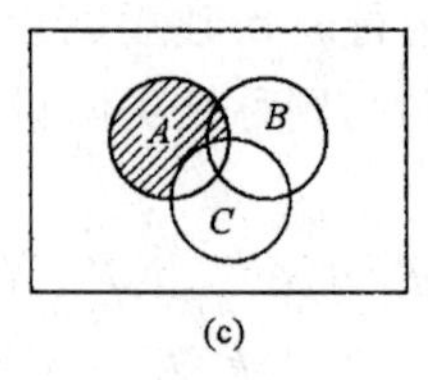

(c)

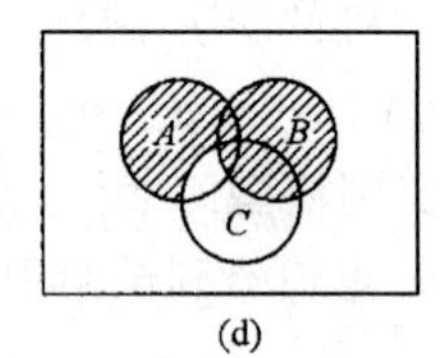

(d)

图 1.1

(2) 左端$=A(\overline{B\cup C})=A\overline{B}\,\overline{C}$,右端$=A\overline{B}\,\overline{C}$,即左端＝右端,故(2)成立.

评注　本例说明,在运算中事件和的交换律、结合律等不能想当然地运用到含差的运算中来,要有适当的推导、证明,以得出正确结论.

例 1.1.2　设 A,B,C 为三个任意随机事件,事件 D 发生为事件 A,B,C 至少有一个发生,则与 D 不相等的是(　　).

(A) $A\cup B\cup C$　　　　(B) $S-\overline{A}\,\overline{B}\,\overline{C}$

(C) $A\cup(B-A)\cup(C-(A\cup B))$　　　　(D) $A\overline{B}\,\overline{C}\cup\overline{A}B\overline{C}\cup\overline{A}\,\overline{B}C$

解　事件 A,B,C 至少有一个发生,等价于和事件 $A\cup B\cup C$ 发生,显然(A)与 D 相等;

对于(B),由事件运算顺序中先做积,后做和、差的规定,并根据德·摩根律有

$$S-\overline{A}\,\overline{B}\,\overline{C}=S\,\overline{\overline{A}\,\overline{B}\,\overline{C}}=\overline{\overline{A}\,\overline{B}\,\overline{C}}=\overline{\overline{A}}\cup\overline{\overline{B}}\cup\overline{\overline{C}}=A\cup B\cup C,$$

故(B)与 D 相等;

对于(C),因为

$$A\cup(B-A)=A\cup B,\quad (A\cup B)\cup(C-(A\cup B))=A\cup B\cup C,$$

所以(C)与 D 相等;

(D)为事件 A,B,C 恰有一个发生,故与 D 不相等的是(D).

评注　作为单项选择题,选择与 D 不相等的事件,易得出答案为(D).若作为多选题,让选与 D 相等的事件,则应选(A),(B),(C).本例在于把握“至少一个发生”的多种表达形式.

例 1.1.3　对任意两事件 A 和 B,与 $A\cup B=B$ 不等价的是(　　).

(A) $A\subset B$　　　(B) $\overline{B}\subset\overline{A}$　　　(C) $A\overline{B}=\varnothing$　　　(D) $\overline{A}B=\varnothing$

解　因为 $A\cup B=B\Longleftrightarrow B\supset A\Longleftrightarrow\overline{B}\subset\overline{A}$,所以不能选(A),(B).知道了 $B\supset A$,作事件的文氏图,见图 1.2,显然 $\overline{A}B=\varnothing$ 不成立,所以应该选(D).

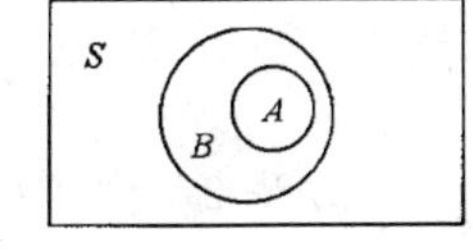

图　1.2

评注　本例问的是与 $A\cup B=B$“不等价”的条件,而 $A\cup B=B\Longleftrightarrow B\supset A$,$B\supset A\Longleftrightarrow\overline{B}\subset\overline{A}$,均属应熟练掌握的结论.

例 1.1.4　设随机事件 $AB=\overline{A}\,\overline{B}$,证明 A 与 B 互为对立事件.

分析　证明 A 与 B 为对立事件,只能通过对立事件定义,即证明 $AB=\varnothing$,$A\cup B=S$.

证　因为 $AB=\overline{A}\,\overline{B}$,所以 $AB=AB\cap AB=AB\cap\overline{A}\,\overline{B}=\varnothing$.于是有 $\overline{A}\,\overline{B}=\varnothing$.又因为 $\overline{A}\,\overline{B}=\overline{A\cup B}=\varnothing$,所以 $A\cup B=S$.综上,A,B 互为对立事件.

评注　此处所给条件没有涉及概率,即使知道 $P(A)=1-P(B)$ 也不能得出 A,B 互为对立事件的结论,因为事件 A,B 的概率和为 1,不能保证 $A\cup B=S$.

2. 利用基本公式计算概率

【解题方法与技巧】

利用基本公式计算概率,这类题目的目的在于熟练掌握概率的基本公式以及事件的运算律和等价变形,因此解这类题目的关键在于:

(1) 准确掌握概率的基本公式与运算律.

(2) 掌握事件的常用变形:

(i) $A-B=A-AB$ （化成包含关系事件的差）

$=A\bar{B}$. （化成为事件的积,独立时计算概率方便）

(ii) $A\cup B=A\cup\bar{A}B=B\cup A\bar{B}=A\bar{B}\cup AB\cup\bar{A}B$. （化成为互斥事件的和）

(iii) 若 $B_1,B_2,\cdots,B_n$ 是一个完备事件组,则

$A=AB_1\cup AB_2\cup\cdots\cup AB_n$; （利用完备事件组将 A 转化为若干互斥事件的和）

特别地,

$$A=AB\cup A\bar{B}.\quad (B\text{ 与 }\bar{B}\text{ 即是一个常用的完备事件组})$$

(3) 利用几何概型直观分析事件的概率关系.

例 1.2.1　设 A,B 为两随机事件,且 $P(A)=0.4$,$P(\bar{A}\cup B)=0.8$,求 $P(\bar{B}|A)$.

分析　已知 $P(A)=0.4$,要求 $P(\bar{B}|A)$,关键是得到 $P(A\bar{B})$.容易想到公式

$$P(\bar{A}\cup B)=P(\bar{A})+P(B)-P(\bar{A}B).$$

但发现不易走通,因为 $P(B)$,$P(\bar{A}B)$ 均不知道.

注意两个事件和有不同表达形式,如 $\bar{A}\cup B=\bar{A}\cup AB$,由此可得到 $P(AB)$,进而得到 $P(A\bar{B})$.

另外,由德·摩根律 $\overline{\bar{A}\cup B}=A\bar{B}$,也容易得到 $P(A\bar{B})$.

解　*方法 1*　由于 $P(\bar{A}\cup B)=P(\bar{A}\cup AB)=P(\bar{A})+P(AB)$,于是

$$P(AB)=P(\bar{A}\cup B)-P(\bar{A})=0.8-0.6=0.2,$$

从而

$$P(A\bar{B})=P(A)-P(AB)=0.4-0.2=0.2.$$

故

$$P(\bar{B}|A)=\frac{P(A\bar{B})}{P(A)}=\frac{0.2}{0.4}=\frac{1}{2}.$$

方法 2　由 $P(\bar{A}\cup B)=1-P(\overline{\bar{A}\cup B})=1-P(A\bar{B})=0.8$,同样得 $P(A\bar{B})=0.2$,于是

$$P(\bar{B}|A)=\frac{P(A\bar{B})}{P(A)}=\frac{1}{2}.$$

例 1.2.2　设 A,B 是任意两个随机事件,判断下列概率是否一定为 0:

(1) $P((A\cup B)(\bar{A}\cup\bar{B}))$;　　(2) $P((A\cup B)(\bar{A}\cup B)(A\cup\bar{B}))$;

(3) $P((A\cup B)(\bar{A}\cup\bar{B})(\bar{A}\cup B)(A\cup\bar{B}))$.

分析　只有通过事件的运算律对事件变形、化简才能得出结论.

解　(1) $P((A\cup B)(\bar{A}\cup\bar{B}))=P(A\bar{B}\cup\bar{A}B)$,显然不一定为 0.

(2) $P((A\cup B)(\bar{A}\cup B)(A\cup\bar{B}))=P((AB\cup\bar{A}B\cup B)(A\cup\bar{B}))=P(B(A\cup\bar{B}))=P(AB)$,也不一定为 0.

(3) $P((A\cup B)(\bar{A}\cup\bar{B})(\bar{A}\cup B)(A\cup\bar{B}))=P((A\bar{B}\cup\bar{A}B)(\bar{A}\cup B)(A\cup\bar{B}))$

$=P((\bar{A}B)(A\cup\bar{B}))=P(\varnothing)=0.$

评注　本例容易错误地认为 $A\cup B$ 与 $\bar{A}\cup\bar{B}$ 互斥,$\bar{A}\cup B$ 与 $A\cup\bar{B}$ 互斥.其实不然,恰

是此四个事件的积才为不可能事件．实际上此四个事件中任意三个事件的积均不一定是不可能事件.

例 1.2.3 设 A,B 为两随机事件，且 $B\subset A$，判断 $P(\overline{AB})=1-P(A)$是否正确．

分析 判断的过程实际是变形推导的过程，应该注意：$B\subset A \Longleftrightarrow AB=B$.

解 *方法 1* 因为 $B\subset A$，所以 $AB=B$，$\overline{AB}=\bar{B}$，从而 $P(\overline{AB})=P(\bar{B})=1-P(B)$. 所以 $P(\overline{AB})$不一定等于 $1-P(A)$.

方法 2 由 $B\subset A$ 知，图 1.3(a)中阴影部分为事件$\overline{AB}=\bar{B}$，图 1.3(b)中阴影部分为事件 $\bar{A}$，再借助几何概型知二者概率显然不等.

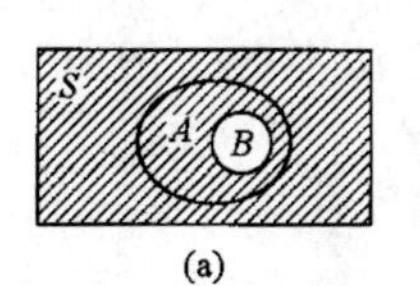

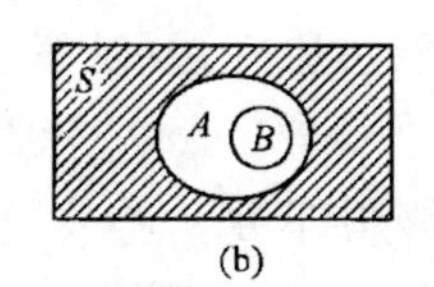

图 1.3

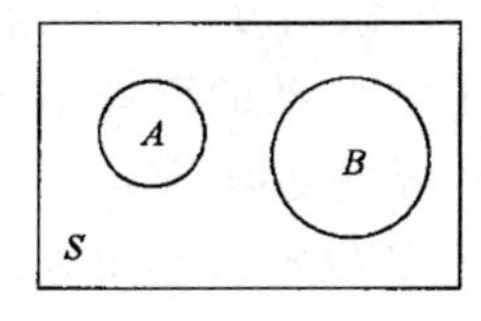

图 1.4

例 1.2.4 设 A,B 是两个互斥的随机事件，且 $0<P(B)<1$，判断下列各式是否成立：

(1) $P(A)=1-P(B)$； (2) $P(A|B)=0$； (3) $P(A|\bar{B})=1$； (4) $P(\overline{AB})=0$.

分析 借助几何概型讨论概率关系，因为直观，是不错的方法.设样本空间 S 的面积为 1，则事件 A 的概率 $P(A)$，即事件 A 的面积.

解 由事件 A,B 互斥，作文氏图如图 1.4 所示.

(1) 当 A 与 B 非互为对立事件时，显然 $P(A)\neq P(\bar{B})=1-P(B)$，故(1)不一定成立.

(2) 因为 A,B 互斥，所以 $P(AB)=0$，从而 $P(A|B)=\dfrac{P(AB)}{P(B)}=0$. 故(2)成立.

(3) 因为 A,B 互斥，所以 $A\bar{B}=A$. 设区域 $A\bar{B}=A$ 的面积为 $S_{A\bar{B}}=S_A$，区域 $\bar{B}$ 面积为 $S_{\bar{B}}$，则当 A 与 B 非互为对立事件时，有

$$P(A|\bar{B})=\frac{P(A\bar{B})}{P(\bar{B})}=\frac{S_{A\bar{B}}}{S_{\bar{B}}}=\frac{S_A}{S_{\bar{B}}}\neq 1.$$

故(3)不一定成立.

(4) 因 $P(\overline{AB})=1-P(AB)=1$，故(4)不成立.

评注 两事件互斥不一定对立.

例 1.2.5 设 A,B,C 是不能同时发生但两两独立的随机事件，且 $P(A)=P(B)=P(C)=\rho$，证明 ρ 可取的最大值为$\dfrac{1}{2}$.

分析 ρ 是概率，应该有 $0\leqslant\rho\leqslant 1$.容易验证，若没有 A,B,C 不能同时发生的条件，则恒有 $P(A\cup B\cup C)\geqslant P(A\cup B)$.现有 A,B,C 不能同时发生的条件，即 $P(ABC)=0$，则对 ρ 有了限制.

证 由题设所给条件，有 $P(A\cup B)=2\rho-\rho^2$，$P(A\cup B\cup C)=3\rho-3\rho^2$，要

$$P(A\cup B\cup C)\geqslant P(A\cup B),$$

即要
$$3\rho-3\rho^2\geqslant 2\rho-\rho^2,\quad \rho-2\rho^2\geqslant 0,\quad \rho(1-2\rho)\geqslant 0,$$
而必有 $0\leqslant\rho\leqslant 1$,所以 $0\leqslant\rho\leqslant\frac{1}{2}$.故 ρ 可取的最大值为$\frac{1}{2}$.

3. 古典概型与几何概型的概率计算

3.1　古典概型的概率计算

【解题方法与技巧】

(1) 用古典概型计算概率时,首先要保证所设样本空间的基本事件等可能发生,即确实是古典概型,再者做到分子、分母样本点计数标准相同.

(2) 计算样本点数的原理不外乎加法原理与乘法原理,从数学方法上分一般有:组合、不可重复排列、可重复排列等.

(3) 样本点的设定因题而定,不是越细越好,够用即可.

(4) 通常将复杂事件(样本点数计算复杂)用简单事件(样本点数计算简单)表达,以使概率计算简单.

例 1.3.1　设袋中有 a 个黑球,b 个白球,每次随机取一个,不放回,共取 $a+b$ 次,求第 $k(1\leqslant k\leqslant a+b)$次取到黑球的概率.

解　设 $A=\{$第 k 次取到黑球$\}$.

方法 1　将球编号,也即将球看做是不同的,样本空间为 S_1,样本点总数为
$$\mathrm{A}_{a+b}^{a+b}=(a+b)!.$$
事件 A 的有利样本点数(包含的样本点数)为 $\mathrm{C}_a^1\mathrm{A}_{a+b-1}^{a+b-1}=a(a+b-1)!$,其思路为第 k 次可取到 a 个黑球中的任意一个,有 C_a^1 种可能,其余 $a+b-1$ 次共有 $\mathrm{A}_{a+b-1}^{a+b-1}=(a+b-1)!$ 种可能. 所以
$$P(A)=\frac{\mathrm{C}_a^1\mathrm{A}_{a+b-1}^{a+b-1}}{\mathrm{A}_{a+b}^{a+b}}=\frac{a(a+b-1)!}{(a+b)!}=\frac{a}{a+b}.$$

方法 2　只考虑前 k 次取球,同样给球编号,将球看做是不同的,样本空间为 S_2,样本点总数为 A_{a+b}^k.

事件 A 的有利样本点数为 $\mathrm{C}_a^1\mathrm{A}_{a+b-1}^{k-1}$,所以
$$P(A)=\frac{\mathrm{C}_a^1\mathrm{A}_{a+b-1}^{k-1}}{\mathrm{A}_{a+b}^k}=\frac{a}{a+b}.$$

方法 3　仍对球编号,针对前 k 次取球,且前 $k-1$ 次之间对球的号数不区别,第 k 次区别球号,样本空间为 S_3,样本点总数为 $\mathrm{C}_{a+b}^k\mathrm{C}_k^1$.

事件 A 的有利样本点数为 $\mathrm{C}_{a+b-1}^{k-1}\mathrm{C}_a^1$,所以
$$P(A)=\frac{\mathrm{C}_{a+b-1}^{k-1}\mathrm{C}_a^1}{\mathrm{C}_{a+b}^k\mathrm{C}_k^1}=\frac{(a+b-1)!\ a}{(k-1)!\ (a+b-k)!}\ \frac{k!\ (a+b-k)!}{(a+b)!\ k}=\frac{a}{a+b}.$$

方法 4　针对第 k 次取球建立样本空间 S_4.把第 k 次摸到某一个球,其他各次摸到

$a+b-1$ 个球的所有不同摸球结果归为一个样本点，则样本空间 S_4 共有 $a+b$ 个样本点，而事件 A 的有利样本点数为 a，所以 $P(A)=\dfrac{a}{a+b}$.

评注　由此题的不同解法可见样本点——基本事件的设立不是唯一的.设样本点的基本原则是保证基本事件两两互斥，所有样本点的和为必然事件．在满足基本原则后，只要能将所讨论事件的有利样本点与其他样本点区分开来，并在古典概型中保证基本事件发生等可能即可.

(1) S_2 中的一个样本点是由 S_1 中的 $(a+b-k)!$ 个样本点组成，即 k 次之后取球的各种可能数.

(2) S_3 中的一个样本点由 S_2 中的 $(k-1)!$ 个样本点构成，而由 S_1 中的 $(k-1)!\times(a+b-k)!$ 个样本点构成.

(3) S_4 中的一个样本点由 S_3 中 C_{a+b-1}^{k-1} 个样本点构成，由 S_2 中 $C_{a+b-1}^{k-1}(k-1)!=A_{a+b-1}^{k-1}$ 个样本点构成，由 S_1 中 $C_{a+b-1}^{k-1}(k-1)!(a+b-k)!=(a+b-1)!$ 个样本点构成.

由本例的结果可知：每次取得黑球的概率相同，称这一结论为“**抽签的合理性**”.

例 1.3.2　设袋中有 N 个球，其中 N_1 个白球，其余为红球.

(1) 从中一次取 n 个球($n<N_1$)，求恰取到 k 个白球的概率 p；

(2) 从中一次取一个球，不放回取 n 次，求恰取到 k 个白球的概率 q；

(3) 从中一次取一个球，不放回取 n 次，求前 k 次取到白球的概率 r.

解　(1) 该随机试验为超几何概型，有 $p=\dfrac{C_{N_1}^{k}C_{N-N_1}^{n-k}}{C_N^n}$.

(2) 该随机试验为不放回抽样．

将球编号，且将球号顺序不同的结果作为不同的样本点，总样本点数为 A_N^n，事件{恰取到 k 个白球}所含样本点数为 $C_{N_1}^{k}C_{N-N_1}^{n-k}n!$，所以

$$q=\frac{C_{N_1}^{k}C_{N-N_1}^{n-k}n!}{A_N^n}=\frac{C_{N_1}^{k}C_{N-N_1}^{n-k}}{A_N^n/n!}=\frac{C_{N_1}^{k}C_{N-N_1}^{n-k}}{C_N^n}.$$

(3) 该随机试验仍然为不放回抽样.

将球编号，并将球号顺序不同的结果作为不同的样本点，总样本点数为 A_N^n，事件{前 k 次取到白球}所含样本点数为 $A_{N_1}^{k}A_{N-N_1}^{n-k}$，所以 $r=\dfrac{A_{N_1}^{k}A_{N-N_1}^{n-k}}{A_N^n}$.

评注　可见一次取一个，不放回取 n 次，求恰取到 k 个白球的概率，与一次取 n 个恰取到 k 个白球的概率的计算方法可以相同.当所讨论的事件考虑前后顺序时概率的计算则不然(如(3)).

例 1.3.3　从 5 双不同的鞋子中任取 4 只，求其中至少有 2 只配成一双的概率.

解　*方法 1*　先求任意 2 只都没有配成一双的概率.设 $A=\{$任意 2 只没有配成一双$\}$.

总样本点数为 C_{10}^4.没有配成双，必然涉及 4 双鞋，又每双鞋中取到任意一只均可，所以

事件 A 所含样本点数为 $C_5^4C_2^1C_2^1C_2^1C_2^1$.故

$$P(A)=\frac{C_5^4C_2^1C_2^1C_2^1C_2^1}{C_{10}^4}=\frac{8}{21},$$

$$P(\text{至少有 2 只配成一双})=P(\overline{A})=1-\frac{8}{21}=\frac{13}{21}.$$

方法 2　直接求至少 2 只配成一双的概率,其所含样本点数为 $C_5^1C_8^2-C_5^2$,其中 C_5^1 为 5 双中取到任意一双的取法数,C_8^2 为另外 4 双(8 只)任取 2 只的取法数,C_5^2 为 5 双中恰取到 2 双的取法数.所以

$$P(\text{至少有 2 只配成一双})=\frac{C_5^1C_8^2-C_5^2}{C_{10}^4}=\frac{13}{21}.$$

评注　若计方法 1 中事件 A={任意 2 只没有配成一双}的样本点数为 $C_{10}^1C_8^1C_6^1C_4^1$,则是错误的.分析错误的原因:设 $a_1a_2,b_1b_2,c_1c_2,d_1d_2,e_1e_2$ 代表 5 双(10 只)鞋,以取到 $a_1b_1c_1d_1$ 为例,样本空间所含样本点数记为 C_{10}^4,是将 $a_1b_1c_1d_1$ 与 $b_1a_1c_1d_1$ 看做一个样本点;而事件 A 的样本点数记为 $C_{10}^1C_8^1C_6^1C_4^1$ 时,则是将 $a_1b_1c_1d_1$,$b_1a_1c_1d_1$ 等所有不同排列作为不同的样本点,分子、分母样本点计数的标准不一致了.

若计方法 2 中事件{至少 2 只配成一双}的样本点数为 $C_5^1C_8^2$ 也是错误的,其将取到 $a_1a_2b_1b_2$ 与 $b_1b_2a_1a_2$ 作为不同的样本点,而在样本空间样本点总数的计算中其作为相同的样本点,同样是分子、分母样本点的计数标准不一致.这种情况,仅在取到 2 双鞋时出现,故方法 2 分子中减去 C_5^2.

例 1.3.4　设 10 个运动队平均分成两组预赛,计算最强的 2 个队被分在同一组的概率.

解　设事件 A={最强的 2 个队被分在同一组}.

方法 1　样本点总数为 C_{10}^5,事件 A 的有利样本点数为 $C_2^2C_8^3C_2^1$,故

$$P(A)=\frac{C_2^2C_8^3C_2^1}{C_{10}^5}=\frac{4}{9}.$$

方法 2　样本点总数为 $C_{10}^5\times\frac{1}{2}$,事件 A 的有利样本点数为 $C_2^2C_8^3$,故

$$P(A)=\frac{C_2^2C_8^3}{C_{10}^5\times\frac{1}{2}}=\frac{4}{9}.$$

评注　两种方法从表面看是“2”位置的摆放形式不同:分子乘 2 或分母乘 $\frac{1}{2}$,实际上是样本空间设定思路的差异.将球队编号,方法 1 样本点总数计算为 C_{10}^5,是将“取到 1～5 号球队,余下 6～10 号球队”与“取到 6～10 号球队,余下 1～5 号球队”作为不同的样本点,其相当于分为甲、乙两组,将如下两种分法作为不同的样本点:

1,2,3,4,5 队属于甲组,　6,7,8,9,10 队属于乙组;

$$6,7,8,9,10 \text{ 队属于甲组}, \quad 1,2,3,4,5 \text{ 队属于乙组}.$$

因此最强的 2 个队和其他任意 3 个队在甲组与在乙组也应作为不同的样本点，故事件 A 的有利样本点数为 $C_2^2C_8^3C_2^1$.

方法 2 是将上述两种分法作为一个样本点，因此样本点总数为 $C_{10}^5\times\frac{1}{2}$，而有利样本点数也就无需乘 C_2^1.

本例易犯的错误则是计样本点总数为 C_{10}^5，而计有利样本点数为 $C_2^2C_8^3$，即事件 A 的概率错误计算为 $\frac{C_2^2C_8^3}{C_{10}^5}=\frac{2}{9}$.

例 1.3.5 (1) 设有 n 个不同的球，随机地放入 $N(N\geqslant n)$ 个盒子中，盒子的容量不限；

(2) 设有 n 个相同的球，随机地放入 $N(N\geqslant n)$ 个盒子中，盒子的容量不限.

分别求下列事件的概率：

$$A=\{\text{指定的 } n \text{ 个盒子中各有一个球}\};\quad B=\{\text{每盒至多一个球}\};$$
$$C=\{\text{某个指定的盒子恰有 } k \text{ 个球}\}\quad (k\leqslant n).$$

分析 对于(1)的情况，n 个不同的球随机地放入 $N(N\geqslant n)$ 个盒子中，每个球都有 N 种可能，n 个球有 N^n 种可能，样本点总数为 N^n.

对于(2)的情况，n 个相同的球随机地放入 $N(N\geqslant n)$ 个盒子中，则不同样本点的区别只在于盒中球数目的差异.为了保证基本事件的等可能性，作如下设计：N 个盒有 $N+1$ 个壁，每个壁作为 1 个位置，加上 n 个球共有 $N+n+1$ 个位置，其中两边的位置只能放盒壁，球可选的位置为 $N+n-1$ 个，故样本点总数为 C_{N+n-1}^n.例如，第 1,2,4 个位置放球，即第 3 个位置为盒壁，相当于第 1 个盒放了 2 个球.

解 (1) 事件 $A=\{$指定的 n 个盒子中各有一个球$\}$的有利样本点数为 $n!$，即 n 个不同球的排列数，故 $P(A)=\frac{n!}{N^n}$.

事件 $B=\{$每盒至多一个球$\}$的有利样本点数为 A_N^n，相当于从 N 个元素中选 n 个的排列数，故

$$P(B)=\frac{A_N^n}{N^n}=\frac{N(N-1)\cdots(N-n+1)}{N^n}.$$

事件 $C=\{$某个指定的盒子恰有 k 个球$\}(k\leqslant n)$的有利样本点数为 $C_n^k(N-1)^{n-k}$，故

$$P(C)=\frac{C_n^k(N-1)^{n-k}}{N^n}.$$

(2) 事件 $A=\{$指定的 n 个盒子中各有一个球$\}$的有利样本点数为 $C_n^n=1$，故

$$P(A)=\frac{1}{C_{N+n-1}^n}.$$

事件 $B=\{$每盒至多一个球$\}$的有利样本点数为 C_N^n，即 N 个盒中选 n 个盒的可能选法数，因选出 n 个盒放没有区别的 n 个球，每盒一个球则只有一种方法. 于是 $P(B)=\frac{C_N^n}{C_{N+n-1}^n}$；

事件 $C=\{$某个指定的盒子恰有 k 个球$\}(k\leqslant n)$的有利样本点数为 $C_{N+n-k-2}^{n-k}$，即剩下的 $n-k$ 个球在$(N-1)+(n-k)-1=N+n-k-2$ 个位置中选择的可能数，此时 k 个球无需再选择，因为球没有区别.于是 $P(C)=\dfrac{C_{N+n-k-2}^{n-k}}{C_{N+n-1}^{n}}$.

评注　(1),(2)两问的区别在于球不同与球相同，因而使得样本空间不同.

以 3 个盒 2 个球为例.球不同，设为①,②号球，①,②号球依次放在 1,2 号盒与②,①号球依次放在 1,2 号盒为不同的样本点(见图 1.5(a))；而球相同，两球分别在 1,2 号盒则为相同样本点(见图 1.5(b)).

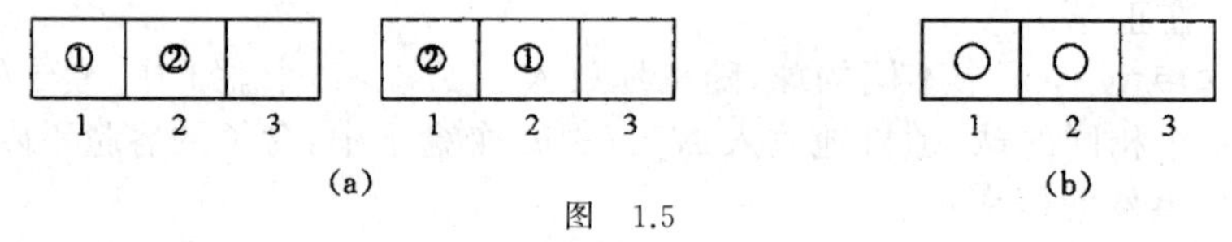

图　1.5

3.2　几何概型的概率计算

【解题方法与技巧】

求几何概型事件概率的关键在于对随机试验的准确提炼以及对样本空间与事件区域的准确确定.

例 1.3.6　在一线段 AB 中任取两点，求所分三段可以构成三角形的概率.

分析　任取两点截线段 AB 为三段(见图 1.6)，其中两段的长度为两个随机数，可以提炼为二维几何概型.应先确定该随机试验的样本空间，再进一步确定能构成三角形的点的区域.

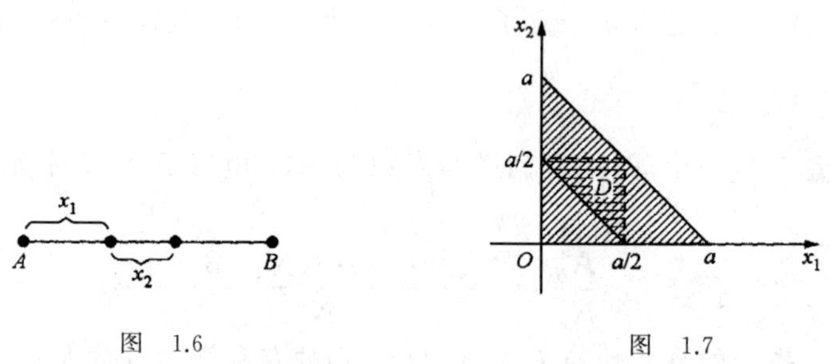

图　1.6　　　　图　1.7

解　设线段 AB 长度为 a，两个随机点分线段长度分别为 $x_1,x_2,a-x_1-x_2$，则(x_1,x_2)为平面上的随机点，满足

$$\begin{cases}0<x_1<a,\\0<x_2<a,\\0<x_1+x_2<a,\end{cases}$$

即(x_1,x_2)为图 1.7 中阴影区域的点．把此阴影区域看做样本空间 S.

所分三线段能构成三角形的充分必要条件为任意两段长度之和大于第三段的长度，即

$$\begin{cases} x_1+x_2>a-x_1-x_2, \\ x_1+a-x_1-x_2>x_2, \\ x_2+a-x_1-x_2>x_1 \end{cases} \Rightarrow \begin{cases} x_1+x_2>a/2, \\ x_2<a/2, \\ x_1<a/2. \end{cases}$$

满足此不等式组的点(x_1,x_2)为图 1.7 中双斜线阴影区域 D 的点.区域 D 的面积显然为样本空间 S 的面积的 1/4,所以

$$P(\text{所分三段可以构成三角形})=\frac{1}{4}.$$

评注　二维几何概型概率的计算可以通过面积比完成.

例 1.3.7　在正方形 $G=\{(p,q)\,|\,|p|\leqslant 1,|q|\leqslant 1\}$ 中任取一点,求使方程 $x^2+px+q=0$ 有(1) 两个实根的概率;(2) 两个正根的概率.

分析　该随机试验的样本空间为正方形中的随机点,其为几何概型.(1) 要使方程 $x^2+px+q=0$ 有两个实根,需有 $p^2-4q>0$.(2) 要使方程 $x^2+px+q=0$ 有两个正根,需有 $p^2-4q>0$ 且 $x=\dfrac{-p\pm\sqrt{p^2-4q}}{2}>0$.应该确定满足上述不等式的区域,计算面积,进而用面积比得到概率.

解　(1) 设 $A=\{$方程有两个实根$\}$.由 $p^2-4q>0\Rightarrow q<\dfrac{1}{4}p^2$ 知,事件 A 发生指所取点为图 1.8(a)阴影区域中的点.设 S_A 为此阴影区域的面积,S_G 为样本空间面积,则

$$S_A=2+\int_{-1}^{1}\frac{1}{4}p^2\,\mathrm{d}p=2+\frac{1}{4}\times\frac{p^3}{3}\bigg|_{-1}^{1}=\frac{13}{6},\quad S_G=4.$$

于是

$$P(A)=\frac{S_A}{S_G}=\frac{13/6}{4}=\frac{13}{24}.$$

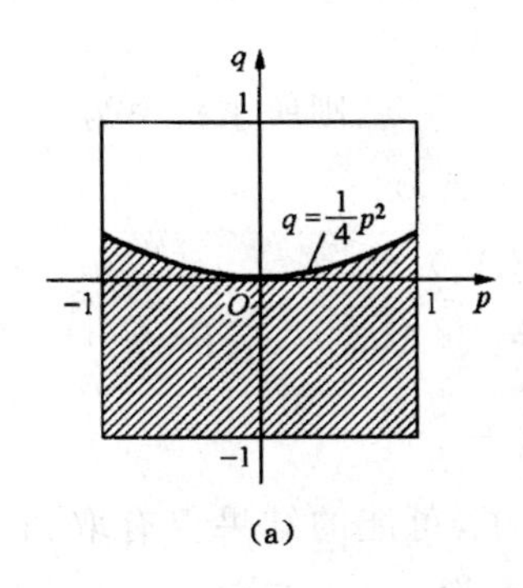

(a)

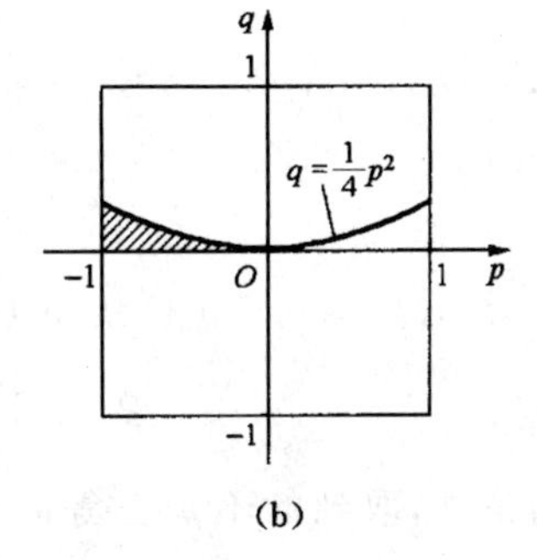

(b)

图　1.8

(2) 设 $B=$“方程有两个正根”.解不等式组:

$$\begin{cases} p^2-4q>0, \\ \dfrac{-p\pm\sqrt{p^2-4q}}{2}>0 \end{cases} \Rightarrow \begin{cases} q<\dfrac{1}{4}p^2, \\ -p+\sqrt{p^2-4q}>0, \\ -p-\sqrt{p^2-4q}>0 \end{cases}$$

$$\Rightarrow \begin{cases} q < \dfrac{1}{4}p^2, \\ p < 0, \\ \sqrt{p^2-4q} < -p \end{cases} \Rightarrow \begin{cases} q < \dfrac{1}{4}p^2, \\ p < 0, \\ q > 0. \end{cases}$$

由此知事件 B 发生指所取点为图 1.8(b)阴影区域中的点．设 S_B 为此阴影区域的面积，则

$$S_B = \int_{-1}^{0} \frac{1}{4}p^2 \mathrm{d}p = \frac{1}{4} \times \frac{p^3}{3}\bigg|_{-1}^{0} = \frac{1}{12}.$$

故
$$P(B) = \frac{S_B}{S_G} = \frac{1/12}{4} = \frac{1}{48}.$$

4. 条件概率的计算与乘法公式的运用

【解题方法与技巧】

(1) 条件概率 $P(B|A)$ 可以由条件概率的定义式 $P(B|A)=\dfrac{P(AB)}{P(A)}$ 进行计算，也可以由条件概率的本质含义得到，即找到事件 A 发生后的样本空间，进一步确定新样本空间下事件 B 发生的概率.

(2) 区别积事件 AB 的概率与 A 发生条件下事件 B 发生的概率，二者均为 A 发生且 B 发生，但是前者是就原来的样本空间讨论 AB 发生的概率，后者是有了 A 发生的信息，所有的可能发生了变化，就一个新的样本空间讨论 AB 发生的概率.

例 1.4.1　假设一批产品中一、二、三等品各占 60%，30%，10%. 从中随意取出一件结果不是三等品，求取出的是一等品的概率.

分析　本例为求条件概率，即在取出的一件不是三等品事件发生条件下，求取出的是一等品的概率.

解　*方法 1*　设 A_1,A_2,A_3 分别为取到一、二、三等品，则所求概率为

$$P(A_1 | \overline{A}_3) = \frac{P(A_1\overline{A}_3)}{P(\overline{A}_3)}.$$

又已知 $P(A_1)=0.6, P(A_3)=0.1$，从而 $P(A_1\overline{A}_3)=P(A_1)=0.6, P(\overline{A}_3)=0.9$，故

$$P(A_1|\overline{A}_3) = \frac{0.6}{0.9} = \frac{2}{3}.$$

方法 2　由条件，取到的不是三等品事件发生了，可能的结果仅有取到一等品或二等品，而在一、二等品中一等品占 $\dfrac{2}{3}$，所以 $P(A_1|\overline{A}_3)=\dfrac{2}{3}$.

例 1.4.2　设随机事件 A,B 满足 $P(B|A)=1$，则(　　).

(A) B 是必然事件　　(B) $P(B|\overline{A})=0$

(C) $B \supset A$　　(D) $P(A) \leqslant P(B)$

解　*方法 1*　借助几何概型(见图 1.9)，可以很容易地否定(A)，(B)，(C)结论：设事件 B 为阴影区域，事件 A 为阴影区域内的小圈部分加上点 a，显然 B 非必然事件，

$P(B|\overline{A})\neq 0$,点 a 不属于 B,即 $A\not\subset B$,所以(A),(B),(C)均不成立,应该选择(D).

方法 2　因为 $P(B|A)=\dfrac{P(AB)}{P(A)}=1$,所以 $P(AB)=P(A)$.又因为 $B\supset AB$,所以 $P(B)\geqslant P(AB)=P(A)$.故(D)成立.

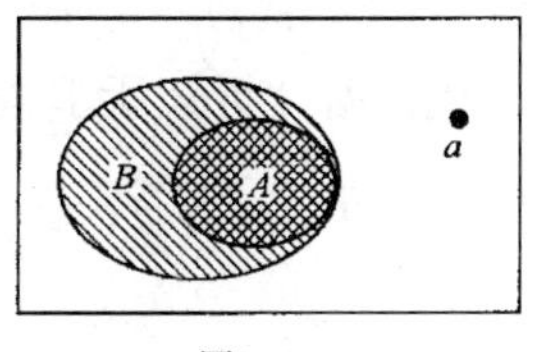

图　1.9

评注　应该清楚概率为 1 的事件不一定是必然事件,何况是 A 发生条件下,B 发生的概率为 1,更不能说 B 是必然事件;另外,$P(A)\leqslant P(B)\nRightarrow B\supset A$.

例 1.4.3　一道单项选择题同时列出 4 个答案,一个考生可能真正理解而选对答案,也可能乱猜一个．假设他知道正确答案的概率为 1/3,猜对的概率为 1/4.如果已知他选对了,求他确实知道正确答案的概率.

解析　本例求的是条件概率,涉及事件{知道正确答案}、{选对答案}.设 $A=${知道正确答案},$B=${选对答案},所给概率为 $P(A)=1/3$,要求概率 $P(A|B)$.

计算条件概率 $P(A|B)$要用到 $P(B)$,即选对答案的概率.学生对正确答案有两种可能:"知道"与"不知道",且两种情况都可能选对答案,故

$$P(B)=P(AB)+P(\overline{A}B)=P(A)P(B|A)+P(\overline{A})P(B|\overline{A}),$$

其中 $P(B|A)$与 $P(B|\overline{A})$分别为"知道正确答案条件下选对"与"不知道正确答案条件下选对"的概率.

题目给出猜对的概率为 1/4,注意只有不知道正确答案时才会猜,故 1/4 是在不知道正确答案条件下选对的概率,即 $P(B|\overline{A})=1/4$.若知道正确答案必然答对,所以 $P(B|A)=1$.所以

$$P(A|B)=\frac{P(AB)}{P(B)}=\frac{P(AB)}{P(AB)+P(\overline{A}B)}=\frac{(1/3)\times 1}{(1/3)\times 1+(2/3)\times(1/4)}=\frac{2}{3}.$$

例 1.4.4　设一盒乒乓球有 6 个新球,4 个旧球.不放回抽取,每次任取一个,共取两次.

(1) 求第 2 次才取到新球的概率;

(2) 已知第 1 次取到旧球,求第 2 次取到新球的概率;

(3) 发现其中之一是新球,求另一个也是新球的概率.

分析　设 A_1,A_2 分别为第 1,2 次取到新球.

问题(1)"第 2 次才取到新球的概率",应该是第 1 次取到旧球且第 2 次取到新球的积事件的概率 $P(\overline{A}_1A_2)$,而不是第 1 次取到旧球条件下,第 2 次取到新球的概率 $P(A_2|\overline{A}_1)$.

问题(2) 恰是求第 1 次取到旧球条件下,第 2 次取到新球的概率 $P(A_2|\overline{A}_1)$.

问题(3)"发现其中之一是新球,求另一个也是新球的概率"也是求条件概率.其中之一是新球,即至少一个新球,可表示为 $A_1\cup A_2$;另一个也是新球,必为两个都是新球,可表示为 A_1A_2. 故要求概率 $P(A_1A_2|(A_1\cup A_2))$.

解　(1) 由上述分析,所求概率为

$$P(\overline{A}_1A_2)=P(\overline{A}_1)P(A_2|\overline{A}_1)=\frac{4}{10}\times\frac{6}{9}=\frac{4}{15};$$

(2) 已知第1次取到旧球,第2次取球仅有9个球,其中6个新球,3个旧球,故所求概率为 $P(A_2|\overline{A}_1)=6/9=2/3$.

(3) 据分析知所求概率为

$$P(A_1A_2|(A_1\cup A_2))=\frac{P(A_1A_2)}{P(A_1\cup A_2)}=\frac{P(A_1A_2)}{P(A_1)+P(A_2)-P(A_1A_2)}$$

$$=\frac{(6/10)\times(5/9)}{6/10+6/10-(6/10)\times(5/9)}=\frac{5/9}{2-5/9}=\frac{5}{13}.$$

评注　本例的(3)中 $P(A_2)=6/10$ 利用了"抽签的合理性".

5. 事件独立性的有关问题

【解题方法与技巧】

(1) 应该熟练掌握两个事件相互独立的定义以及增加某些条件后相互独立的充分必要条件.

(2) 一般事件独立与互斥没有必然联系,但是当两个事件的概率均大于0小于1时,却有:独立则非互斥,互斥则非独立.

(3) 对三个事件的相互独立与两两相互独立差别的认识不能仅仅停留在定义上,即前者较后者多一个条件 $P(ABC)=P(A)P(B)P(C)$,实际上三个事件的相互独立保证了任一事件与另外两个事件的和、差、积均相互独立.

例 1.5.1　设 A,B 是两随机事件,且 $0<P(A)<1,P(B)>0,P(B|A)=P(B|\overline{A})$,则必有(　　).

(A) $P(A|B)=P(\overline{A}|B)$　　(B) $P(A|B)\neq P(\overline{A}|B)$

(C) $P(AB)=P(A)P(B)$　　(D) $P(AB)\neq P(A)P(B)$

解析　两个事件相互独立有以下几个充要条件:

$$\begin{aligned}A,B\text{ 相互独立}&\Longleftrightarrow P(AB)=P(A)P(B)\\&\Longleftrightarrow P(B)=P(B|A)\quad (P(A)>0)\\&\Longleftrightarrow P(B|A)=P(B|\overline{A})\quad (0<P(A)<1)\\&\Longleftrightarrow P(A|B)=P(A|\overline{B})\quad (0<P(B)<1).\end{aligned}$$

由所给条件 $P(B|A)=P(B|\overline{A})$ 可知,A,B 相互独立,所以(C)正确.

评注　即使事件 A,B 相互独立,也不一定有同一条件下,如事件 B 发生条件下,A 与 $\overline{A}$ 概率相等.故(A)不一定成立,从而(B)也不一定成立.

例 1.5.2　将一枚均匀硬币独立地掷两次,引进事件 $A_1=\{$掷第1次出现正面$\}$,$A_2=\{$掷第2次出现正面$\}$,$A_3=\{$正、反面各出现一次$\}$,$A_4=\{$正面出现两次$\}$,则(　　).

(A) A_1,A_2,A_3 相互独立　　(B) A_2,A_3,A_4 相互独立

(C) A_1,A_2,A_3 两两独立　　(D) A_2,A_3,A_4 两两独立

分析　因为(A)成立必有(C)成立,(B)成立必有(D)成立,故若是单选题,正确答案不

会是(A),(B).

解 独立是用概率关系定义的,故应求出各事件的概率.样本空间为

$$S=\{正正,正反,反正,反反\}\ (正正指两次出现正面,其他同),$$

于是有

$$P(A_1)=1/2,\quad P(A_2)=1/2,\quad P(A_3)=1/2,\quad P(A_4)=1/4,$$
$$P(A_1A_2)=1/4,\quad P(A_1A_3)=1/4,\quad P(A_2A_3)=1/4.$$

利用结论"若两个事件的概率均大于0小于1,则必然有:独立则非互斥,互斥则非独立"作判断.根据事件定义,A_3,A_4 互斥,又 $0<P(A_3),P(A_4)<1$,则 A_3,A_4 一定不独立,从而 A_2,A_3,A_4 非两两相互独立,也非相互独立,于是否定了(B),(D).

又 $A_1A_2A_3=\varnothing$,$P(A_1A_2A_3)=0\neq P(A_1)P(A_2)P(A_3)$,则 A_1,A_2,A_3 非相互独立,从而否定了(A).综上应该选(C).

例 1.5.3 设 A,B,C 是三个相互独立的随机事件,且 $0<P(C)<1$,则在下列给定的四对事件中不一定相互独立的是(　　).

(A) $\overline{A\cup B}$ 与 C　　　　(B) $\overline{AC}$ 与 $\bar{C}$

(C) $\overline{A-B}$ 与 $\bar{C}$　　　　(D) $\overline{AB}$ 与 $\bar{C}$

解析 事件相互独立有如下推论:若两个事件 A,B 相互独立,则 A 与 $\bar{B}$,$\bar{A}$ 与 B,$\bar{A}$ 与 $\bar{B}$ 均相互独立;若三个事件相互独立,则任一事件与另外两个事件的和、差、积均相互独立.据此,由题设 A,B,C 相互独立得 $A\cup B$ 与 C 独立,$A-B$ 与 C 独立,AB 与 C 独立,进而有 $\overline{A\cup B}$ 与 C 独立,$\overline{A-B}$ 与 $\bar{C}$ 独立,$\overline{AB}$ 与 $\bar{C}$ 独立.所以不一定相互独立的可能是(B).

下面举反例,说明 $\overline{AC}$ 与 $\bar{C}$ 不一定相互独立.

若 $P(AC)>0$,又 $0<P(C)<1$,$P(AC\cap C)=P(AC)$,则 $P(AC)P(C)<P(AC)$,即 AC 与 C 不独立,从而 $\overline{AC}$ 与 $\bar{C}$ 不独立.所以选(B).

评注 $\overline{AC}$ 与 $\bar{C}$ 不是一定不独立.若 $P(AC)=0$,则 AC 与 C 相互独立,从而 $\overline{AC}$ 与 $\bar{C}$ 相互独立.

例 1.5.4 设 A,B,C 三个事件两两独立,则 A,B,C 相互独立的充分必要条件是(　　).

(A) A 与 BC 相互独立　　　　(B) AB 与 $A\cup C$ 相互独立

(C) AB 与 AC 相互独立　　　　(D) $A\cup B$ 与 $A\cup C$ 相互独立

解析 在 A,B,C 两两相互独立的前提下,A,B,C 相互独立的充分必要条件是

$$P(ABC)=P(A)P(B)P(C),$$

故只要判断四个选项哪个与 $P(ABC)=P(A)P(B)P(C)$ 等价即可.

在四个选项中,容易想到正确答案可能是(A),因为其他每对事件的两个事件均涉及事件 A.事实上,因为

$$A 与 BC 相互独立\Longrightarrow P(ABC)=P(A(BC))=P(A)P(BC)=P(A)P(B)P(C),$$
$$A,B,C 相互独立\Longrightarrow P(ABC)=P(A(BC))=P(A)P(B)P(C)=P(A)P(BC)$$

$$\Longrightarrow A \text{ 与 } BC \text{ 相互独立},$$

所以(A)为正确选项.

可以进一步推证或举反例说明其他三个选项不成立.

对于(C),AB 与 AC 相互独立,有

$$P((AB)(AC))=P(ABC)=P(AB)P(AC)=[P(A)]^2P(B)P(C),$$

它与 $P(A)P(B)P(C)$ 不一定相等,所以(C)不是 A,B,C 相互独立的充分必要条件.

对于(B),(D)看下面的反例:

将一枚均匀硬币掷 3 次,设事件 A,B,C 分别为第 1,2,3 次正面朝上,显然 A,B,C 相互独立,且

$$P(A\cup C)=P(A)+P(C)-P(AC)=1/2+1/2-1/4=3/4,$$
$$P(AB)=1/4,\quad P(AB)P(A\cup C)=3/16,$$
$$P((AB)(A\cup C))=P(AB\cup ABC)=P(AB)=1/4.$$

显然 $P((AB)(A\cup C))\neq P(AB)P(A\cup C)$,即 AB 与 $A\cup C$ 不独立,所以(B)不是 A,B,C 相互独立的充分必要条件.

同理

$$P(A\cup B)=3/4,\quad P(BC)=1/4,\quad P(A\cup B)P(A\cup C)=(3/4)\times(3/4)=9/16,$$
$$P((A\cup B)(A\cup C))=P(A\cup BC)=P(A)+P(BC)-P(ABC)$$
$$=1/2+1/4-1/8=5/8,$$

从而 $P((A\cup B)(A\cup C))\neq P(A\cup B)P(A\cup C)$,即 $A\cup B$ 与 $A\cup C$ 不独立,所以(D)也不是 A,B,C 相互独立的充分必要条件.

6. 综合例题

例 1.6.1　设某枪室里有 10 支枪,其中 6 支经过校正,命中率可达 0.8,另外 4 支尚未校正,命中率仅为 0.5.

(1) 从枪室里任取一支枪,射击一次,然后放回,如此连续两次,求两次均命中目标的概率;

(2) 试验同(1),若已知两次均命中目标,求取到的两支枪中有一支经过校正的概率;

(3) 从枪室里任取一支枪,独立射击两次,求两次均命中目标的概率,并判断此随机试验中第 1 次命中目标与第 2 次命中目标是否相互独立.

分析　(1) 因为是取枪射击后放回,再取枪射击,每次取枪条件相同,命中目标的概率也就相同,相当于 2 重伯努利试验,应该先求每次命中目标的概率 p.而每次取枪射击命中目标都有两种可能:取到校正过的枪射击命中目标或取到未校正过的枪射击命中目标.有了每次命中目标的概率 p,再进而求两次均命中目标的概率.

(2) 事件{取到的两支枪中有一支经过校正}发生有两种情况:第 1 次取到校正过的枪而第 2 次取到未校正过的枪;第 1 次取到未校正过的枪而第 2 次取到校正过的枪.

(3) 注意此时随机试验与(1),(2)的不同,其为取到枪后连续射击两次.而取到校正过的枪与取到未校正过的枪同样构成一个完备事件组.

解 (1) 设 $A=\{$取到校正过的枪$\}$,$B=\{$一次射击命中目标$\}$,$C=\{$两次射击命中目标$\}$,p 为每次射击命中目标的概率,则

$$P(A)=6/10=0.6,\quad P(B|A)=0.8,\quad P(B|\overline{A})=0.5,$$

$$\begin{aligned}p=P(B)&=P(AB\cup\overline{A}B)=P(A)P(B|A)+P(\overline{A})P(B|\overline{A})\\&=0.6\times0.8+0.4\times0.5=0.68.\end{aligned}$$

于是两次均命中目标的概率为

$$P(C)=C_2^2p^2(1-p)^0=C_2^2\,0.68^2\times0.32^0=0.4624.$$

(2) 设 $A_i=\{$第 i 次取到校正过的枪$\}(i=1,2)$,则 A_1,A_2 相互独立,且

$$P(A_1)=P(A_2)=0.6.$$

事件{取到的两支枪中有一支经过校正}可以表示为 $A_1\overline{A}_2\cup\overline{A}_1A_2$,于是事件{已知两次均命中目标,取到的两支枪中有一支经过校正}的概率为

$$\begin{aligned}P(A_1\overline{A}_2\cup\overline{A}_1A_2|C)&=\frac{P(A_1\overline{A}_2C\cup\overline{A}_1A_2C)}{P(C)}\\&=\frac{1}{P(C)}[P(A_1\overline{A}_2)P(C|A_1\overline{A}_2)+P(\overline{A}_1A_2)P(C|\overline{A}_1A_2)]\\&=\frac{1}{P(C)}[P(A_1)P(\overline{A}_2)P(C|A_1\overline{A}_2)+P(\overline{A}_1)P(A_2)P(C|\overline{A}_1A_2)]\\&=\frac{1}{0.4624}(0.6\times0.4\times0.8\times0.5+0.4\times0.6\times0.5\times0.8)\\&=\frac{0.192}{0.4624}=0.4152.\end{aligned}$$

(3) 设 $B_i=\{$第 i 次射击命中目标$\}(i=1,2)$,则两次均命中目标的概率为

$$\begin{aligned}P(B_1B_2)&=P(AB_1B_2\cup\overline{A}B_1B_2)=P(AB_1B_2)+P(\overline{A}B_1B_2)\\&=P(A)P(B_1B_2|A)+P(\overline{A})P(B_1B_2|\overline{A})\\&=P(A)P(B_1|A)P(B_2|A)+P(\overline{A})P(B_1|\overline{A})P(B_2|\overline{A})\\&=0.6\times0.8^2+0.4\times0.5^2=0.484.\end{aligned}$$

由于

$$P(B_1)=P(AB_1)+P(\overline{A}B_1)=0.6\times0.8+0.4\times0.5=0.68,$$

$$P(B_2)=P(AB_2)+P(\overline{A}B_2)=0.68,$$

所以

$$P(B_1)P(B_2)=0.4624\neq P(B_1B_2)=0.484,$$

即第 1 次命中目标与第 2 次命中目标不独立.

评注 计算在取到校正过的枪条件下,两次均命中目标的概率 $P(B_1B_2|A)$ 时,根据所给经过校正的枪命中率为 0.8,可知在 A 发生条件下 B_1,B_2 相互独立,故有

$$P(B_1B_2|A)=P(B_1|A)P(B_2|A)=0.64.$$

而去掉条件后，B_1,B_2 是不独立的.可见有条件与无条件时的独立性不一定同时成立.

例 1.6.2　设有来自 3 个地区各 10,15 和 25 份的报名表，其中女生的报名表分别为 3,7 和 5 份.随机地取一个地区的报名表，从中先后抽出 2 份.已知后抽到的一份是男生报名表，求先抽到的一份是女生报名表的概率.

分析　本例为求条件概率，涉及的事件有第 1,2 次抽到女生报名表或男生报名表，而抽表首先要抽地区，显然抽到 3 个不同地区的事件是一个完备事件组.

解　设抽到的报名表来自与 10,15 和 25 份报名表对应的地区分别为事件 A_1,A_2,A_3，第 1,2 次抽到女生报名表分别为事件 B_1,B_2，则 A_1,A_2,A_3 构成完备事件组，且

$$\begin{aligned}P(\bar{B}_2)&=P(A_1\bar{B}_2\cup A_2\bar{B}_2\cup A_3\bar{B}_2)=P(A_1\bar{B}_2)+P(A_2\bar{B}_2)+P(A_3\bar{B}_2)\\&=P(A_1)P(\bar{B}_2|A_1)+P(A_2)P(\bar{B}_2|A_2)+P(A_3)P(\bar{B}_2|A_3)\\&=\frac{1}{3}\times\frac{7}{10}+\frac{1}{3}\times\frac{8}{15}+\frac{1}{3}\times\frac{20}{25}\\&=\frac{1}{90}(21+16+24)=\frac{61}{90},\end{aligned}$$

$$\begin{aligned}P(B_1\bar{B}_2)&=P(A_1B_1\bar{B}_2\cup A_2B_1\bar{B}_2\cup A_3B_1\bar{B}_2)\\&=P(A_1B_1\bar{B}_2)+P(A_2B_1\bar{B}_2)+P(A_3B_1\bar{B}_2)\\&=P(A_1)P(B_1|A_1)P(\bar{B}_2|A_1B_1)\\&\quad+P(A_2)P(B_1|A_2)P(\bar{B}_2|A_2B_1)+P(A_3)P(B_1|A_3)P(\bar{B}_2|A_3B_1)\\&=\frac{1}{3}\times\frac{3}{10}\times\frac{7}{9}+\frac{1}{3}\times\frac{7}{15}\times\frac{8}{14}+\frac{1}{3}\times\frac{5}{25}\times\frac{20}{24}\\&=\frac{7}{90}+\frac{4}{45}+\frac{1}{18}=\frac{7+8+5}{90}=\frac{20}{90},\end{aligned}$$

所以
$$P(B_1|\bar{B}_2)=\frac{P(B_1\bar{B}_2)}{P(\bar{B}_2)}=\frac{20/90}{61/90}=\frac{20}{61}=0.328,$$

即在后抽到的一份是男生表条件下，先抽到的一份是女生表的概率为 0.328.

评注　$P(\bar{B}_2|A_1)$为在报名表来自与 10 份报名表对应地区的条件下，第 2 次抽到男生报名表的概率.由抽签的合理性，第 1 次与第 2 次抽到男生报名表的概率是一样的，均为 7/10，即 $P(\bar{B}_2|A_1)=7/10$.对于 $P(\bar{B}_2|A_2)$，$P(\bar{B}_2|A_3)$的计算同理.

如下计算 $P(\bar{B}_2|A_1)$结果相同：

$$P(\bar{B}_2|A_1)=\frac{P(A_1\bar{B}_2)}{P(A_1)}=\frac{P(B_1A_1\bar{B}_2\cup\bar{B}_1A_1\bar{B}_2)}{P(A_1)}=\frac{P(B_1A_1\bar{B}_2)+P(\bar{B}_1A_1\bar{B}_2)}{P(A_1)},$$

其中
$$P(B_1A_1\bar{B}_2)=P(A_1B_1\bar{B}_2)=P(A_1)P(B_1|A_1)P(\bar{B}_2|A_1B_1).$$

读者不妨试算.

例 1.6.3　战斗机有 3 个不同部分会遭到射击，在第 i 部分被击中 $i(i=1,2,3)$发子弹时，战斗机才会被击落.设射击的命中率与每一部分的面积成正比，第 1,2,3 部分的面积之比为 1∶2∶7. 若战斗机已被击中 2 发子弹，求战斗机被击落的概率.

分析 击中 2 发子弹战斗机被击落,只能是 2 发子弹中有一发击中第 1 部分,或 2 发均击中第 2 部分,其余则不可能击落战斗机.

解 设第 1 发子弹击中第 1,2 部分分别为事件 A_1,A_2;第 2 发子弹击中第 1,2 部分分别为事件 B_1,B_2.于是

$$\begin{aligned}P(\text{战斗机被击落})&=P(A_1\cup B_1\cup A_2B_2)\\&=P(A_1)+P(B_1)+P(A_2B_2)-P(A_1B_1)\\&\quad-P(A_1A_2B_2)-P(B_1A_2B_2)+P(A_1B_1A_2B_2)\\&=0.1+0.1+0.2\times0.2-0.1\times0.1=0.23.\end{aligned}$$

评注 (1) A_1 与 A_2B_2,B_1 与 A_2B_2 均互斥;又 A_1 与 A_2 不是对立事件,第 1 发子弹还可能击中第 3 部分,只是该情况下击落战斗机的概率为 0.

(2) 由"射击的命中率与每一部分的面积成正比"可知 A_1 与 B_1,A_2 与 B_2 均相互独立.

例 1.6.4 设一个袋子中装有 5 个红球,3 个黄球,2 个黑球.现每次任取一球,观察其颜色后放回,如此继续,求在取到黄球之前取到红球的概率.

分析 直接计算取到黄球之前取到红球的概率比较烦琐,因为取到黄球之前取到红球有多种可能:取到的全是红球或若干个红球其余为黑球.计算其逆事件{取到黄球之前未取到红球}即{取到黄球之前全取到黑球}的概率则比较简单.

解 设 $A_i=\{\text{前 } i \text{ 次取到黑球}\}$,$B_{i+1}=\{\text{第 } i+1 \text{ 次取到黄球}\}(i=0,1,2,\cdots)$,则

$$\begin{aligned}P(\text{取到黄球之前取到红球})&=1-P(\text{取到黄球之前全取到黑球})\\&=1-P\left(\bigcup_{i=0}^{\infty}A_iB_{i+1}\right)=1-\sum_{i=0}^{\infty}P(A_iB_{i+1})\\&=1-\sum_{i=0}^{\infty}\left(\frac{2}{10}\right)^i\times\frac{3}{10}=1-\frac{3}{10}\times\frac{1}{1-1/5}=\frac{5}{8}.\end{aligned}$$

评注 在此事件{取到黄球之前全取到黑球}转化为无穷多两两互斥事件的和事件,即其为取到黄球之前取到 0,1,2,…个黑球事件的和事件.

自 测 题 一

(时间:120 分钟;卷面分值:100 分)

一、单项选择题(每小题 2 分,共 10 分):

1. 某学生参加两门外语考试,设事件 $A_i=\{\text{第 } i \text{ 门外语考试通过}\}(i=1,2)$,则事件{两门外语考试至少有一门没通过}可以表示为(　　).

(A) $\overline{A}_1\cap\overline{A}_2$　　　　(B) $\overline{A}_1A_2\cup A_1\overline{A}_2$

(C) $\overline{A_1\cup A_2}$　　　　(D) $\overline{A_1\cap A_2}$

2. 设事件 A,B,C 满足关系式 $A\,\overline{BC}=A$,则关系式的意义是(　　).

(A) 当 A 发生时，B 或 C 至少有一个不发生

(B) 当 A 发生时，B 和 C 必定都不发生

(C) 当 B 和 C 都不发生时，A 必定发生

(D) 当 B 或 C 至少有一个不发生时，A 必定发生

3. 设事件 A,B 满足 $P(A|B)=1$，则(　　).

(A) $A\supset B$　　(B) $B\supset A$

(C) $P(B|\overline{A})=0$　　(D) $P(AB)=P(B)$

4. 设 A,B 为两事件，$0<P(A)<1$，$0<P(B)<1$，且 $P(A|B)+P(\overline{A}|\overline{B})=1$，则(　　).

(A) A,B 互斥　　(B) A,B 相互独立

(C) A,B 不相互独立　　(D) A 与 B 互逆

5. 设 A,B,C 是三个相互独立的事件，且 $0<P(C)<1$，则下列四对事件中，不相互独立的是(　　).

(A) $A-C$ 与 $\overline{C}$　　(B) AB 与 $\overline{C}$

(C) $A-B$ 与 $\overline{C}$　　(D) $A\cup B$ 与 $\overline{C}$

二、填空题(每小题 1.5 分，共 15 分)：

1. 对随机现象做观察，满足条件____________，称为随机试验.

2. 概率 $P(A)$是刻画____________的指标.

3. 实际推断原理的内容是____________.

4. 设 A,B,C 分别表示甲、乙、丙射击命中目标，则 $\overline{ABC}$ 表示____________.

5. 将红、黄、蓝 3 个球随机地放入 4 个盒子中，若每个盒子的容球数不限，则有 3 个盒子各放一个球的概率是____________.

6. 用 13 个字母 A，A，A，C，E，H，I，I，M，M，N，T，T 做组字游戏，如随机地排列字母，则组成“MATHEMATICIAN” 的概率为____________.

7. 设某个班级有 $2n$ 名男生及 $2n$ 名女生，将全班学生任意分成人数相等的两组，则每组中男、女生人数相等的概率为____________.

8. 设某个袋中装有 a 个白球和 b 个黑球，从中陆续取 3 个球(不放回)，则 3 个球依次为黑球、白球、黑球的概率为____________.

9. 设 A,B 为随机事件，已知 $P(A)=0.7$，$P(B)=0.5$，$P(A-B)=0.3$，则 $P(AB)=$____________，$P(B-A)=$____________.

10. 设事件 A,B 相互独立，且两个事件仅 A 发生的概率与仅 B 发生的概率都是 1/4，则 $P(A)=$____________.

三、判断题(每小题 1.5 分，共 15 分)：

1. 从一批产品中随机抽取 100 件，发现 5 件次品，则该批产品的次品率为 0.05.　(　　)

2. 若事件 A,B 为对立事件，则 A 与 B 互斥；反之不真.　(　　)

3. 对于事件 A,B，若 $P(AB)=0$，则 A 与 B 互斥. (　　)

4. 在古典概型的随机试验中，$P(A)=0$ 当且仅当 A 是不可能事件. (　　)

5. 若 $0<P(B)<1$ 且 $P(A)=P(A|B)$，则 $P(A)=P(A|\overline{B})$. (　　)

6. 设 A 与 B 是两个概率不为 0 的互斥事件，则 $P(AB)=P(A)P(B)$. (　　)

7. 对于事件 A,B,C，若 $P(ABC)=P(A)P(B)P(C)$，则 $P(AB)=P(A)P(B)$. (　　)

8. 设事件 A 分别与事件 B,C 相互独立，则 A 也与 $B\cup C$ 独立. (　　)

9. 设事件 A,B,C 相互独立，则 A 与 $B\cup C$ 相互独立. (　　)

10. 设 $P(C)>0$，且 $P(AB|C)=P(A|C)P(B|C)$，则 $P(AB)=P(A)P(B)$. (　　)

四、计算题(共 54 分)：

1. (6 分)已知事件 A,B 满足 $P(AB)=P(\overline{A}\,\overline{B})$，且 $P(A)=p$，求 $P(B)$.

2. (8 分)设事件 A,B 满足 $P(A)=0.6$，$P(B)=0.5$，$P(\overline{A}\,\overline{B})=0.2$，求 $P(A\cup\overline{B})$，$P(B|\overline{A})$.

3. (8 分)两人约好在某地相会，他们均随机地在时间 0 与 T 之间到达相会地点.求一个人至少要等待另一个人的时间为 $t(t<T)$的概率.

4. (8 分)设有 12 个乒乓球，其中 3 个旧的，9 个新的.第 1 次比赛时取出 3 个用完后放回，第 2 次比赛时又取出 3 个.求第 2 次取出的 3 个中有 2 个新球的概率.

5. (8 分)某医院用某种新药医治流感，对病人进行试验，其中 $\frac{3}{4}$ 的病人服此药，$\frac{1}{4}$ 的病人不服此药，5 天后有 70%的病人痊愈.已知不服药的病人 5 天后有 10%可以自愈.

(1) 求该药的治愈率；

(2) 若某病人 5 天后痊愈，求他是服此药而痊愈的概率.

6. (8 分)设甲袋中有 2 个白球，4 个黑球；乙袋中有 4 个白球，2 个黑球.现在掷一均匀硬币，若得正面就从甲袋中连续取 n 次球(取后放回)，若得反面就从乙袋中取 n 次.已知取到的 n 个球全是白球，求这些球是从甲袋中取出的概率.

7. (8 分)一位大学生想借某本专业书，决定到 3 个图书馆去借.对每个图书馆而言，有无这本书的概率相等，若有，是否借出的概率也相等.假设这 3 个图书馆采购、出借图书相互独立.求这位大学生借到此专业书的概率.

五、(6 分)设几何概型的样本空间 S 与随机事件 A,B 如图 1.10 所示，试证 A,B 相互独立.

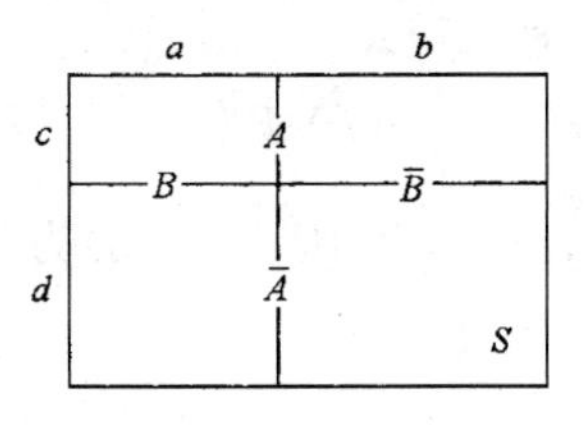

图　1.10

第二章　一维随机变量及其分布

一、内容综述

这一章的主要思想是用随机变量的取值表示随机试验的结果.随机变量分为离散型与非离散型,我们主要讨论离散型与非离散型中的连续型随机变量.只要把握了随机变量的取值及其概率即随机变量的分布,就从"概率"的角度把握了一个随机现象.

1. 描述随机变量分布的三个函数

1.1　分布律、分布函数、概率密度的定义和性质

名　称	刻画对象	定　义	性　质	备　注
分布律	离散型随机变量 X	$P\{X=x_k\}=p_k$ $(k=1,2,\cdots)$	(1) $p_k\geqslant 0$ $(k=1,2,\cdots)$; (2) $\sum_k p_k=1$	性质(1),(2)是分布律的充要条件
分布函数	任意随机变量 X	$F(x)=P\{X\leqslant x\}$ $(-\infty<x<+\infty)$	(1) $F(x)$是不减函数; (2) $0\leqslant F(x)\leqslant 1$; (3) $F(x)$右连续	性质(1),(2),(3)是分布函数的充要条件; $F(-\infty)\triangleq\lim\limits_{x\to-\infty}F(x)=0$; $F(+\infty)\triangleq\lim\limits_{x\to+\infty}F(x)=1$
概率密度	连续型随机变量 X	若分布函数 $F(x)=\int_{-\infty}^{x}f(t)\mathrm{d}t$,其中 $f(x)\geqslant 0$,则称 $f(x)$为概率密度	(1) $f(x)\geqslant 0$; (2) $\int_{-\infty}^{+\infty}f(x)\mathrm{d}x=1$; (3) $P\{a<X\leqslant b\}=\int_a^b f(x)\mathrm{d}x$; (4) 若 $f(x)$连续,则 $F'(x)=f(x)$	性质(1),(2)是概率密度的充要条件

1.2　关于分布律、概率密度、分布函数的常用结论

(1) 对于离散型随机变量 X,有

(i) $F(x)=\sum\limits_{x_k\leqslant x}P\{X=x_k\}$;　　　(ii) $P\{a<X\leqslant b\}=F(b)-F(a)$;

(iii) $P\{X=a\}=F(a)-F(a-0)$,其中 $F(a-0)$为分布函数在 a 点的左极限.

(2) 对于连续型随机变量 X,有

(i) 分布函数 $F(x)$在实数域$(-\infty,+\infty)$上连续;

(ii) $P\{X=a\}=0$,其中 a 为任意实数;

(iii) 对任意 $a\leqslant b$，有 $P\{a<X\leqslant b\}=P\{a\leqslant X\leqslant b\}=P\{a<X<b\}=F(b)-F(a)$；

(iv) 设图 2.1 中曲线为 X 的概率密度曲线，则分布函数 $F(x)$ 等于图中斜线阴影部分面积；概率 $P\{a<X\leqslant b\}$ 等于图中以 $[a,b]$ 为底、密度曲线 $y=f(x)$ 为曲边的曲边梯形的面积；x 轴与密度曲线所夹广义面积为 1，即 $\int_{-\infty}^{+\infty} f(x)\mathrm{d}x=1$.

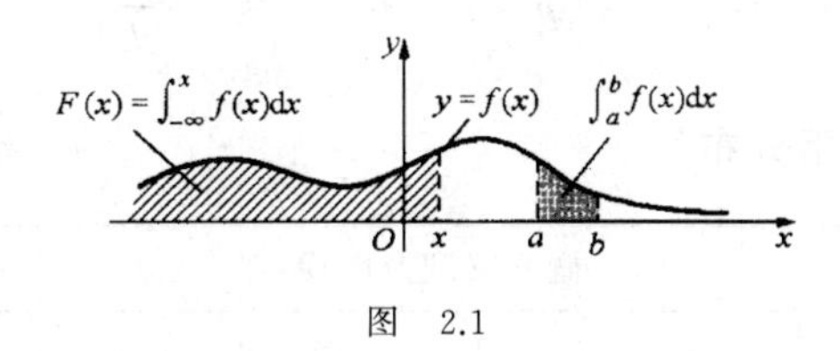

图　2.1

2. 离散型随机变量常用分布

名　称	符　号	分 布 律	试验背景
0-1 分布	$B(1,p)$	$P\{X=0\}=1-p$ $P\{X=1\}=p$ $(0<p<1)$	一次试验只有两个可能结果
二项分布	$B(n,p)$	$P\{X=k\}=\mathrm{C}_n^k p^k q^{n-k}$ $(k=0,1,2,\cdots,n;$ $0<p<1,q=1-p)$	n 重伯努利试验中事件 A 发生的次数 X 服从二项分布，其中 p 为一次试验 A 发生的概率
泊松分布	$P(\lambda)$	$P\{X=k\}=\dfrac{\lambda^k \mathrm{e}^{-\lambda}}{k!}$ $(k=0,1,2,\cdots;\lambda>0)$	大量实验中，小概率事件出现次数 X 服从泊松分布
超几何分布	$H(N,N_1,n)$	$P\{X=k\}=\dfrac{\mathrm{C}_{N_1}^k \mathrm{C}_{N-N_1}^{n-k}}{\mathrm{C}_N^n}$ $(k=0,1,2,\cdots,l;$ $l=\min\{N_1,n\})$	设有 N 件产品，其中 N_1 件次品，$N-N_1$ 件正品. (1) 抽 n 件检查，其中次品数 X 服从超几何分布；(2) 做 n 次不放回抽样，一次一个，抽到的次品数 X 服从超几何分布
几何分布	$G(p)$	$P\{X=k\}=q^{k-1}p$ $(k=1,2,\cdots;$ $0<p<1,q=1-p)$	设伯努利试验序列中，每次试验成功的概率为 p，则首次成功试验的次数 X 服从几何分布

常用离散型分布的性质：

(1) 二项分布 $B(n,p)$ 在闭区间 $[(n+1)p-1,(n+1)p]$ 上的整数点处概率最大；

(2) 泊松分布 $P(\lambda)$ 在闭区间 $[\lambda-1,\lambda]$ 上的整数点处概率最大.

常用离散型分布之间的关系：

(1) 0-1 分布是 $n=1$ 时的二项分布；

(2) 设 X 服从超几何分布 $H(N,N_1,n)$，当 N_1 与 $N-N_1$ 都较大，n 较小时，X 近似服从二项分布，即

$$P\{X=k\}=\frac{C_{N_1}^{k}C_{N-N_1}^{n-k}}{C_N^n}\approx C_n^k\left(\frac{N_1}{N}\right)^k\left(1-\frac{N_1}{N}\right)^{n-k}\quad (k=0,1,2,\cdots,n);$$

(3) **泊松定理**　设 X 服从二项分布 $B(n,p)$，当 n 较大，p 较小时，X 近似服从泊松分布 $P(np)$，即

$$P\{X=k\}=C_n^k p^k(1-p)^{n-k}\approx\frac{(np)^k e^{-np}}{k!}.$$

3. 连续型随机变量常用分布

名　称	符　号	概率密度及图像	试验背景
均匀分布	$U(a,b)$	$f(x)=\begin{cases}\frac{1}{b-a}, & a<x<b,\\ 0, & 其他\end{cases}$	一维几何概型
正态分布	$N(\mu,\sigma^2)$	$f(x)=\frac{1}{\sqrt{2\pi}\sigma}e^{-\frac{(x-\mu)^2}{2\sigma^2}}\quad(-\infty<x<+\infty)$	随机变量取值中间概率大，两头概率很小的一类随机现象
标准正态分布	$N(0,1)$	$\varphi(x)=\frac{1}{\sqrt{2\pi}}e^{-\frac{x^2}{2}}\quad(-\infty<x<+\infty)$	
指数分布	$e(\lambda)$	$f(x)=\begin{cases}\lambda e^{-\lambda x}, & x>0,\\ 0, & x\leqslant 0\end{cases}$	常用来作为各种未进入衰退期的“寿命”分布

连续型分布常用的结论：

(1) 设随机变量 $X\sim N(\mu,\sigma^2)$，则

(i) 其概率密度曲线关于直线 $x=\mu$ 对称，当 $x<\mu$ 时单调上升，当 $x>\mu$ 时单调下降，在 $x=\mu$ 处取到最大值，在 $x=\mu\pm\sigma$ 处有拐点，以 $y=0$ 为水平渐近线；

(ii) 概率 $P\{\mu-\sigma\leqslant X\leqslant\mu+\sigma\}$ 不因 μ,σ 取值的变化而变化；

(iii) $Z=\dfrac{X-\mu}{\sigma}\sim N(0,1)$.

(2) 设随机变量 $X\sim e(\lambda)$，则有 $P\{X>s+t\mid X>s\}=P\{X>t\}$.此性质称为指数分布的**无记忆性**，也称“永远年轻”.

二、专题解析与例题精讲

1. 一维离散型随机变量分布律的有关问题

【解题方法与技巧】

(1) 判断一个函数是否可作为某个离散型随机变量的分布律或已知是分布律求其未知参数，只有从分布律的充分必要条件，即 $p_k\geqslant 0$，$\sum\limits_k p_k=1$ 着手.

(2) 给出一随机试验，要确定离散型随机变量的分布律，首先应该确定其所有可能取值，然后再就每一个取值确定其相应的概率.

例 2.1.1 (1) 设离散型随机变量 X 的分布律为 $P\{X=i\}=p^{i+1}(i=0,1)$，确定 p 的值；

(2) 设离散型随机变量 X 的分布律为 $P\{X=n\}=\dfrac{c\lambda^n}{n!}\mathrm{e}^{-\lambda}(n=1,2,\cdots)$，讨论常数 c 与 λ 应满足的条件.

解 (1) 由 $P\{X=i\}=p^{i+1}(i=0,1)$ 及分布律的充分必要条件知，当 $i=0$ 时，$P\{X=0\}=p$，所以应该有 $0\leqslant p\leqslant 1$.又

$$P\{X=0\}+P\{X=1\}=p+p^2=1,$$

解得

$$p_1=\frac{-1+\sqrt{5}}{2},\quad p_2=\frac{-1-\sqrt{5}}{2}(\text{舍去}).$$

(2) 由分布律的充分必要条件有

$$P\{X=n\}=\frac{c\lambda^n}{n!}\mathrm{e}^{-\lambda}\geqslant 0\quad(n=1,2,\cdots),$$

$$\sum_{n=1}^{\infty}P\{X=n\}=\sum_{n=1}^{\infty}\frac{c\lambda^n}{n!}\mathrm{e}^{-\lambda}=1.$$

而要保证 $\dfrac{c\lambda^n}{n!}\mathrm{e}^{-\lambda}\geqslant 0$ 对一切自然数 n 都成立，应该有 $\lambda\geqslant 0,c\geqslant 0$.又

$$\sum_{n=1}^{\infty}\frac{c\lambda^n}{n!}\mathrm{e}^{-\lambda}=c\mathrm{e}^{-\lambda}\left(\sum_{n=0}^{\infty}\frac{\lambda^n}{n!}-\frac{\lambda^0}{0!}\right)=c\mathrm{e}^{-\lambda}(\mathrm{e}^{\lambda}-1)=c(1-\mathrm{e}^{-\lambda})=1,$$

于是 $c=\dfrac{1}{1-\mathrm{e}^{-\lambda}}$.此时必有 $\lambda\neq0$,$c\neq0$.综上 $\lambda>0$,$c=\dfrac{1}{1-\mathrm{e}^{-\lambda}}$.

例 2.1.2 进行非学历考试,规定考甲、乙 2 门课程,每门课程考一次,如未通过都允许考第 2 次,但每门至多考 2 次.考生仅在课程甲通过后才能考课程乙,如 2 门课程都通过可获得一张资格证书.设对一次考试而言考生能通过课程甲、乙的概率分别为 p_1,p_2,各次考试的结果相互独立.若考生参加考试直至获得资格证书或者不准予再考为止,以 X 表示考生参加考试的次数,求 X 的分布律.

解 X 的可能取值有 2,3,4,其中

$X=2$ 可能是甲、乙 2 门课程均第 1 次考试通过,或甲门课程 2 次考试都没通过;

$X=3$ 可能是甲门课程第 2 次考试通过且乙门课程第 1 次考试通过,或甲门课程第 1 次考试通过且乙门课程第 2 次考试通过,或甲门课程第 1 次考试通过且乙门课程第 2 次考试没通过;

$X=4$ 必然是每门考 2 次,其可能是甲门课程第 2 次考试通过且乙门课程第 2 次考试通过,或甲门课程第 2 次考试通过且乙门课程第 2 次考试没通过.

于是

$$
\begin{aligned}
P\{X=2\}&=p_1p_2+(1-p_1)^2,\\
P\{X=3\}&=(1-p_1)p_1p_2+p_1(1-p_2)p_2+p_1(1-p_2)(1-p_2)\\
&=(1-p_1)p_1p_2+p_1(1-p_2),\\
P\{X=4\}&=(1-p_1)p_1(1-p_2)p_2+(1-p_1)p_1(1-p_2)(1-p_2)\\
&=(1-p_1)p_1(1-p_2),
\end{aligned}
$$

即考试次数 X 的分布律为

X	2	3	4
P	$p_1p_2+(1-p_1)^2$	$(1-p_1)p_1p_2+p_1(1-p_2)$	$(1-p_1)p_1(1-p_2)$

评注 实际上只要有了两个取值的概率,第三个取值的概率即可得,如

$$P\{X=3\}=1-P\{X=2\}-P\{X=4\}.$$

例 2.1.3 设有 5 节电池,其中 2 节是次品.

(1) 每次取一节测试,直到将 2 节次品都找到.设第 2 节次品在第 X 次找到,求 X 的分布律.

(2) 每次取一节测试,直到找出 2 节次品或 3 节正品为止.写出需测试次数 Y 的分布律.

分析 X,Y 的取值有区别,Y 的取值为 2,3,4,因当取了 4 次后,或取到 2 节次品,或取到 3 节正品,试验(2)结束.试验(1)则不然,如果取了 4 次后取出 1 节次品和 3 节正品,尽管清楚剩下的为次品,也为 5 次才取出 2 节次品,即 $X=5$.

解 (1) X 取值为 2,3,4,5,且有

$$P\{X=2\}=\frac{A_2^2}{A_5^2}=\frac{2\times 1}{5\times 4}=\frac{1}{10}=0.1;$$

$$P\{X=3\}=\frac{C_3^1C_2^1A_2^2}{A_5^3}=\frac{12}{5\times 4\times 3}=\frac{1}{5}=0.2,$$

其中 C_3^1 为 3 节正品中取 1 节的可能取法，C_2^1 为第 1 次取次品时的可能取法，A_2^2 为前 2 次正、次品的排列数；

$$P\{X=4\}=\frac{C_3^2C_2^1A_3^3}{A_5^4}=\frac{3\times 2\times 3\times 2}{5\times 4\times 3\times 2}=\frac{3}{10}=0.3,$$

其中 C_3^2 为 3 节正品中取 2 节的可能取法，C_2^1 为 2 节次品中取 1 节的可能取法，A_3^3 为前 3 次正、次品的排列数；

$$P\{X=5\}=1-P\{X=2\}-P\{X=3\}-P\{X=4\}=\frac{2}{5}=0.4.$$

综上，X 的分布律为

X	2	3	4	5
P	0.1	0.2	0.3	0.4

（2）Y 取值为 2,3,4，且有

$$P\{Y=2\}=\frac{A_2^2}{A_5^2}=\frac{1}{10}=0.1;$$

$$P\{Y=3\}=\frac{A_3^3+C_3^1C_2^1A_2^2}{A_5^3}=\frac{3}{10}=0.3,$$

其中 A_3^3 为前 3 次取到 3 节正品的排列数，$C_3^1C_2^1A_2^2$ 为前 2 次取到 1 节正品，1 节次品的可能取法（其第 3 次取到的是剩下的次品）；

$$P\{Y=4\}=1-P\{Y=2\}-P\{Y=3\}=\frac{6}{10}=0.6.$$

综上，测试的次数 Y 的分布律为

Y	2	3	4
P	0.1	0.3	0.6

评注　（1）因为试验结果对次序有要求，故在通过古典概型计算概率时，计算样本点总数按排列考虑，有利样本点数（分子）的计算也必须考虑到次序.

（2）当 $Y=4$ 时，必然是前 3 次取到 2 节正品，1 节次品，而第 4 次取到剩下的任意一个，这时试验结束，于是

$$P\{Y=4\}=\frac{C_2^1C_3^2A_3^3C_1^1}{A_5^4}=\frac{6}{10}=0.6,$$

其中 $C_2^1C_3^2A_3^3$ 为前 3 次取到 2 节正品,1 节次品的可能取法,C_2^1 为第 4 次取的两种可能.

例 2.1.4　在装有标号为 1,2,3 三个球的口袋中随机取球,每次取一个,取后放回,直到各标号球均取到为止.求取球次数的分布律.

分析　设取球次数为 X,它的可能取值为 $3,4,\cdots$.当 $X=n(n=3,4,\cdots)$时,必然是前 $n-1$ 次仅取到两种标号的球,例如设取到 1,2 号球,则第 n 次取到 3 号球.而前 $n-1$ 次中,如果 1 号球取到 k 次,则 2 号球取到 $n-1-k$ 次$(k=1,2,\cdots,n-2)$,当然 1 号球取到的 k 次可以是 $n-1$ 次中的任意 k 次.注意第 n 次可能取到 1,2,3 号球中的任意一个.

解　据上述分析,得取球次数 X 的分布律为

$$P\{X=n\}=C_3^1\times\frac{1}{3}\sum_{k=1}^{n-2}C_{n-1}^k\left(\frac{1}{3}\right)^k\left(\frac{1}{3}\right)^{n-1-k}=C_3^1\times\frac{1}{3}\sum_{k=1}^{n-2}C_{n-1}^k\left(\frac{1}{3}\right)^{n-1}$$

$$=\left(\frac{1}{3}\right)^{n-1}\sum_{k=1}^{n-2}C_{n-1}^k\quad(n=3,4,\cdots),$$

其中 C_3^1 为第 n 次取球标号的各种可能,求和号前的$\frac{1}{3}$为第 n 次取到第 3 种号球的概率,

$$\sum_{k=1}^{n-2}C_{n-1}^k\left(\frac{1}{3}\right)^k\left(\frac{1}{3}\right)^{n-1-k}$$

为前 $n-1$ 次取到两种标号球各种情况概率的和.

2. 一维随机变量分布函数的有关问题

【解题方法与技巧】

判断一个函数是否可作为某个随机变量的分布函数或已知是分布函数求其未知参数,可以从分布函数的充分必要条件着手.其充分必要条件为:单调不减,取值在 0,1 之间,在实数域上右连续.(介绍过连续型随机变量后还可以利用连续型随机变量分布函数的性质进行判断)

例 2.2.1　判断下列函数是否为某随机变量的分布函数:

(1) $F(x)=\begin{cases}\frac{1}{2}e^x, & x\leqslant 0,\\ \frac{1}{2}, & 0<x\leqslant 1,\\ 1-\frac{1}{2}e^{-(x-1)}, & x>1;\end{cases}$　　(2) $F(x)=\begin{cases}0, & x<1,\\ \frac{1}{2}, & 1\leqslant x\leqslant 2,\\ 1, & x>2.\end{cases}$

分析　一个函数可以作为某一随机变量的分布函数,需要其满足充分条件的每一条,而只要必要条件中有一条不满足,即可否定其是分布函数.

解　(1) 显然 $F(x)$在区间$(-\infty,0),(0,1),(1,+\infty)$内连续.因为

$$\lim_{x\to 0+}F(x)=\lim_{x\to 0+}\frac{1}{2}=\frac{1}{2},\quad \lim_{x\to 0-}F(x)=\lim_{x\to 0-}\frac{1}{2}e^x=\frac{1}{2},\quad F(0)=\frac{1}{2}e^0=\frac{1}{2},$$

所以 $F(x)$在 $x=0$ 处连续.又

$$\lim_{x\to1+}F(x)=\lim_{x\to1+}\left[1-\frac{1}{2}\mathrm{e}^{-(x-1)}\right]=\frac{1}{2},\quad \lim_{x\to1-}F(x)=\lim_{x\to1-}\frac{1}{2}=\frac{1}{2},\quad F(1)=\frac{1}{2},$$

所以 $F(x)$ 在 $x=1$ 处连续.综上 $F(x)$ 在实数域上连续,当然右连续.

当 $x<0$ 时,$F'(x)=\left(\frac{1}{2}\mathrm{e}^x\right)'=\frac{1}{2}\mathrm{e}^x>0$;当 $x>1$ 时,$F'(x)=\left[1-\frac{1}{2}\mathrm{e}^{-(x-1)}\right]'=\frac{1}{2}\mathrm{e}^{-(x-1)}>0$,所以 $F(x)$ 在 $(-\infty,0]$ 与 $[1,+\infty)$ 上为单调增函数.又当 $x\in(0,1]$ 时,$F(x)=\frac{1}{2}$.故 $F(x)$ 在实数域上为单调不减函数.因为

$$\lim_{x\to-\infty}F(x)=\lim_{x\to-\infty}\frac{1}{2}\mathrm{e}^x=0,\quad \lim_{x\to+\infty}F(x)=\lim_{x\to+\infty}\left[1-\frac{1}{2}\mathrm{e}^{-(x-1)}\right]=1,$$

所以 $F(x)$ 取值在 0,1 之间.

综上,$F(x)$ 满足分布函数的充要条件,可以作为某随机变量的分布函数.

(2) 显然 $F(x)$ 取值在 0,1 之间,且为单调不减函数.但是

$$\lim_{x\to2+}F(x)=\lim_{x\to2+}1=1,\quad F(2)=\frac{1}{2},\quad F(2+0)\neq F(2),$$

即在 $x=2$ 处 $F(x)$ 不满足右连续,所以 $F(x)$ 不是某随机变量的分布函数.

评注 若对(2)中的 $F(x)$ 作修正,使

$$F(x)=\begin{cases}0, & x<1,\\ 1/2, & 1\leqslant x<2,\\ 1, & x\geqslant 2,\end{cases}$$

则 $F(x)$ 可以作为某随机变量的分布函数.

例 2.2.2 设 $F_1(x)$ 与 $F_2(x)$ 分别为随机变量 X_1 与 X_2 的分布函数.为使 $F(x)=aF_1(x)-bF_2(x)$ 一定是某随机变量的分布函数,在下列给定的各组数值中应取(　　).

(A) $a=3/5,b=-2/5$　　　　(B) $a=2/3,b=2/3$

(C) $a=-1/2,b=3/2$　　　　(D) $a=1/2,b=-3/2$

解析 分布函数的充要条件为:单调不减,取值在 $[0,1]$ 上,在实数域上右连续.

因为 $F_1(x)$ 与 $F_2(x)$ 为随机变量的分布函数,所以均在实数域上右连续,从而 a,b 取任何数值,均有 $F(x)=aF_1(x)-bF_2(x)$ 在实数域上右连续.

要保证 $F(x)=aF_1(x)-bF_2(x)$ 取值在 $[0,1]$ 上,应该有

$$\lim_{x\to-\infty}F(x)=0,\quad \lim_{x\to+\infty}F(x)=1.$$

因为 $\lim\limits_{x\to-\infty}F(x)=a\times0-b\times0=0$,故 a,b 取任何值有 $\lim\limits_{x\to-\infty}F(x)=0$ 成立.因为 $\lim\limits_{x\to+\infty}F(x)=a-b=1$,故仅有(A)满足,(B),(C),(D)不成立.

对于(A),对任意 $x_1<x_2$,有

$$F(x_2)-F(x_1)=\left[\frac{3}{5}F_1(x_2)+\frac{2}{5}F_2(x_2)\right]-\left[\frac{3}{5}F_1(x_1)+\frac{2}{5}F_2(x_1)\right]$$

$$=\frac{3}{5}[F_1(x_2)-F_1(x_1)]+\frac{2}{5}[F_2(x_2)-F_2(x_1)].$$

因为 $F_1(x)$ 与 $F_2(x)$ 为单调不减函数，所以 $F(x_2)-F(x_1)\geqslant 0$，即

$$F(x)=\frac{3}{5}F_1(x)+\frac{2}{5}F_2(x)$$

为单调不减函数.

综上，应选(A).

评注　对于选择题，由要满足条件 $\lim\limits_{x\to+\infty}F(x)=a-b=1$ 知，仅有(A)正确，即可选(A).

例 2.2.3　设随机变量 X 的分布函数为

$$F(x)=\begin{cases}0, & x<0,\\ A\sin x, & 0\leqslant x\leqslant \pi/2,\\ 1, & x>\pi/2,\end{cases}$$

求概率 $P\{|X|<\pi/6\}$.

分析　要计算概率，必须先求得分布函数中未知常数 A 的取值.在此只能通过分布函数右连续的性质确定 A，再进一步求概率.

解　因为 $\lim\limits_{x\to\frac{\pi}{2}^+}F(x)=\lim\limits_{x\to\frac{\pi}{2}^+}1=1=F\left(\frac{\pi}{2}\right)=A\sin\frac{\pi}{2}=A$，所以 $A=1$.又知

$$P\left\{|X|<\frac{\pi}{6}\right\}=P\left\{-\frac{\pi}{6}<X<\frac{\pi}{6}\right\}=F\left(\frac{\pi}{6}\right)-P\left\{X=\frac{\pi}{6}\right\}-F\left(-\frac{\pi}{6}\right).$$

因为分布函数在 $x=\frac{\pi}{6}$ 处连续，从而

$$P\left\{X=\frac{\pi}{6}\right\}=F\left(\frac{\pi}{6}\right)-F\left(\frac{\pi}{6}-0\right)=0,$$

又 $F\left(-\frac{\pi}{6}\right)=0$，所以

$$P\left\{|X|<\frac{\pi}{6}\right\}=F\left(\frac{\pi}{6}\right)=\sin\frac{\pi}{6}=\frac{1}{2}.$$

例 2.2.4　设随机变量 X 的分布函数为 $F(x)$，用其表示下列概率：

(1) $P\{a<X\leqslant b\}$；　(2) $P\{a<X<b\}$；　(3) $P\{a\leqslant X\leqslant b\}$.

解　由分布函数定义 $F(x)=P\{X\leqslant x\}$ 以及 $P\{X=a\}=F(a)-F(a-0)$，得

$$\begin{aligned}P\{a<X\leqslant b\}&=P\{(X\leqslant b)-(X\leqslant a)\}\\&=P\{X\leqslant b\}-P\{X\leqslant a\}=F(b)-F(a);\\P\{a<X<b\}&=F(b)-F(a)-P\{X=b\}\\&=F(b)-F(a)-[F(b)-F(b-0)]\\&=F(b-0)-F(a);\\P\{a\leqslant X\leqslant b\}&=F(b)-F(a)+P\{X=a\}\\&=F(b)-F(a)+[F(a)-F(a-0)]\end{aligned}$$

$$=F(b)-F(a-0).$$

3. 分布律与分布函数关系的有关问题

【解题方法与技巧】

离散型随机变量的分布函数是阶梯型函数,其与分布律可以相互唯一确定:

(1) 设 X 的分布律为 $P\{X=x_k\}=p_k(k=1,2,\cdots)$, 则 X 的分布函数为 $F(x)=\sum\limits_{x_k\leqslant x}p_k$.

(2) 设 X 的分布函数为 $F(x)$,且 $F(x)$仅在 $x=x_k(k=1,2,\cdots)$处有跳跃间断点,则 X 取值为 $x_k(k=1,2,\cdots)$,且 $P\{X=x_k\}=F(x_k)-F(x_k-0)\ (k=1,2,\cdots)$.

例 2.3.1 设 X 是离散型随机变量,其分布律为

X	1	2	3
P	0.5	0.3	0.2

求 X 的分布函数 $F(x)$,并做 $F(x)$的图像.

分析 尽管该随机变量仅取三个数,而分布函数是定义在整个实数域上的.以 $x=1.5$ 为例分析分布函数取值的确定:

$$F(1.5)=P\{X\leqslant 1.5\}=P\{(X<1)\cup(X=1)\cup(1<X\leqslant 1.5)\}$$
$$=P\{X<1\}+P\{X=1\}+P\{1<X\leqslant 1.5\},$$

其中 $P\{X=1\}=0.5$,$\{X<1\}$与$\{1<X\leqslant 1.5\}$均为不可能事件,故 $F(1.5)=0.5$.也由此可知对一切 $1\leqslant x<2$,有 $F(x)=0.5$.

由上述分析概括出公式:若离散型随机变量 X 的分布律为

$$P\{X=x_k\}=p_k\quad(k=1,2,\cdots),$$

则 X 的分布函数为 $F(x)=\sum\limits_{x_k\leqslant x}p_k$,即 $F(x)$等于 X 所有取值小于等于 x 的概率的和.

解 当 $x<1$ 时,$F(x)=0$;

当 $1\leqslant x<2$ 时,$F(x)=P\{X=1\}=0.5$;

当 $2\leqslant x<3$ 时,$F(x)=P\{X=1\}+P\{X=2\}=0.8$;

当 $x>3$ 时,$F(x)=P\{X=1\}+P\{X=2\}+P\{X=3\}=1$.

综上,X 的分布函数为

$$F(x)=P\{X\leqslant x\}=\begin{cases}0, & x<1,\\ 0.5, & 1\leqslant x<2,\\ 0.8, & 2\leqslant x<3,\\ 1, & x\geqslant 3.\end{cases}$$

分布函数的图像见图 2.2(a).

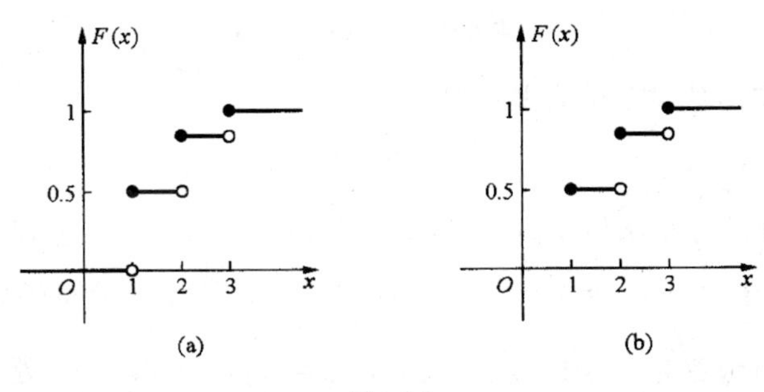

图　2.2

评注　(1) 若将分布函数的图像做成图 2.2(b)，则是错误的.因为少了$(-\infty,1)$内的图像，而分布函数是定义在实数域上的.

(2) 离散型随机变量的分布函数是阶梯函数，若分布律为 $P\{X=x_k\}=p_k(k=1,2,\cdots)$，则 $x=x_k$ 为 $F(x)$的跳跃间断点，$F(x)$在$[x_k,x_{k+1})$上的函数值为 $p_1+p_2+\cdots+p_k$.

例 2.3.2　设随机变量 X 的分布函数为

$$F(x)=\begin{cases}0, & x<-1,\\ 0.1, & -1\leqslant x<0,\\ 0.6, & 0\leqslant x<1,\\ 1, & x\geqslant 1,\end{cases}$$

求随机变量 X 的分布律.

分析　$F(x)$为阶梯函数，X 应为离散型随机变量，X 的取值只能在分布函数的跳跃间断点处，也即 $F(x)-F(x-0)\neq 0$ 处.

解　易知随机变量 X 的取值为$-1,0,1$，且有

$$P\{X=-1\}=F(-1)-F(-1-0)=0.1-0=0.1,$$

$$P\{X=0\}=F(0)-F(0-0)=0.6-0.1=0.5,$$

$$P\{X=1\}=F(1)-F(1-0)=1-0.6=0.4,$$

所以随机变量 X 的分布律为

X	-1	0	1
P	0.1	0.5	0.4

4. 概率密度以及概率密度与分布函数关系的有关问题

【解题方法与技巧】

(1) 求概率密度中的未知参数，一般利用概率密度的性质建立含未知参数的方程，进而求解.

(2) 当概率密度是分段函数时，其分布函数也是分段函数.一般若连续型随机变量 X 的

概率密度为

$$f(x)=\begin{cases}g(x), & a\leqslant x<b,\\ 0, & 其他,\end{cases}$$

则 X 的分布函数为

$$F(x)=\begin{cases}0, & x<a,\\ \int_a^x g(t)\mathrm{d}t, & a\leqslant x<b,\\ 1, & x\geqslant b.\end{cases}$$

注　概率密度在个别点取值的不同不影响概率与分布函数的计算.由概率密度可以唯一确定分布函数.

(3) 若分布函数连续,除去个别点均可导,且导函数连续,则它为连续型随机变量的分布函数,其导函数即连续型随机变量的概率密度,个别点处的概率密度值在保证有意义的条件下可以任意确定.因此由分布函数不能唯一确定概率密度.

(4) 借助概率密度、分布函数、事件概率的几何意义分析概率关系比较直观、明了.

例 2.4.1　设连续型随机变量 X 的概率密度为

$$f(x)=\begin{cases}\dfrac{2}{\pi\sqrt{1-x^2}}, & 0<x<c,\\ 0, & 其他.\end{cases}$$

(1) 确定常数 c 的值;　　　　(2) 求 X 的分布函数 $F(x)$.

解　(1) 由概率密度的性质有

$$\int_{-\infty}^{+\infty}f(x)\mathrm{d}x=\int_0^c\frac{2}{\pi\sqrt{1-x^2}}\mathrm{d}x=\frac{2}{\pi}\arcsin x\Big|_0^c$$

$$=\frac{2}{\pi}(\arcsin c-\arcsin 0)=\frac{2}{\pi}\arcsin c=1,$$

于是

$$\arcsin c=\pi/2,\quad c=1.$$

(2) 当 $x<0$ 时, $F(x)=\int_{-\infty}^x f(t)\mathrm{d}t=0$;

当 $0\leqslant x<1$ 时, $F(x)=\int_{-\infty}^x f(t)\mathrm{d}t=\int_0^x\dfrac{2}{\pi\sqrt{1-t^2}}\mathrm{d}t=\dfrac{2}{\pi}\arcsin t\Big|_0^x=\dfrac{2}{\pi}\arcsin x$;

当 $x\geqslant 1$ 时,

$$F(x)=\int_{-\infty}^x f(t)\mathrm{d}t=\int_{-\infty}^0 f(t)\mathrm{d}t+\int_0^1 f(t)\mathrm{d}t+\int_1^x f(t)\mathrm{d}t$$

$$=0+\int_0^1\frac{2}{\pi\sqrt{1-t^2}}\mathrm{d}t+0=1.$$

所以,随机变量 X 分布函数为

$$F(x)=\begin{cases}0, & x<0,\\ \dfrac{2}{\pi}\arcsin x, & 0\leqslant x<1,\\ 1, & x\geqslant 1.\end{cases}$$

例 2.4.2 设随机变量 X 的分布函数为

$$F(x)=\begin{cases}a, & x<1,\\ bx\ln x+cx+d, & 1\leqslant x<\mathrm{e},\\ d, & x\geqslant \mathrm{e}.\end{cases}$$

(1) 证明 X 为连续型随机变量； (2) 试确定 $F(x)$中常数 a,b,c,d 的值；

(3) 求 X 的概率密度.

分析 (1) 判断 X 是否为连续型随机变量，只能根据连续型随机变量定义，即是否存在非负函数 $f(x)$，使分布函数 $F(x)=\int_{-\infty}^{x}f(x)\mathrm{d}x$.

(2) 由(1)得知 X 为连续型随机变量，则可以利用连续型随机变量分布函数在实数域上连续的性质求分布函数的未知常数.

解 (1) 不考虑点 $x=1$ 与 $x=\mathrm{e}$，$F(x)$均可导. 当 $1<x<\mathrm{e}$ 时，$F'(x)=b\ln x+b+c$ 为连续函数；当 $x<1$ 或 $x>\mathrm{e}$ 时，$F'(x)=0$ 为连续函数.令

$$f(x)=\begin{cases}b\ln x+b+c, & 1<x<\mathrm{e},\\ 0, & 其他,\end{cases}$$

则 $F(x)=\int_{-\infty}^{x}f(t)\mathrm{d}t$. 所以只要在确定常数 b,c 值时保证 $f(x)$非负，即满足连续型随机变量定义，故 X 是连续型随机变量.

(2) 由随机变量分布函数取值在 0,1 之间的性质，得

$$\lim_{x\to-\infty}F(x)=\lim_{x\to-\infty}a=a=0,\quad \lim_{x\to+\infty}F(x)=\lim_{x\to+\infty}d=d=1.$$

再由连续型随机变量分布函数连续的性质，得

$$\lim_{x\to1^-}F(x)=\lim_{x\to1^-}0=0=F(1)=c+d=c+1,$$

$$\begin{aligned}\lim_{x\to\mathrm{e}^-}F(x)&=\lim_{x\to\mathrm{e}^-}(bx\ln x+cx+d)=\lim_{x\to\mathrm{e}^-}(bx\ln x-x+1)\\&=b\mathrm{e}-\mathrm{e}+1=F(\mathrm{e})=1,\end{aligned}$$

即有 $c+1=0$，$\mathrm{e}(b-1)=0$，所以 $c=-1$，$b=1$.

综上，$a=0$，$b=1$，$c=-1$，$d=1$.

(3) 综合(1)与(2)可知，随机变量 X 的概率密度为

$$f(x)=\begin{cases}\ln x, & 1<x<\mathrm{e},\\ 0, & 其他.\end{cases}$$

例 2.4.3 设随机变量 X 的概率密度为 $f(x)$，且 $f(-x)=f(x)$，$F(x)$是 X 的分布函数，则对任意实数 a $(a>0)$，有(　　).

(A) $F(-a)=1-\int_0^a f(x)\mathrm{d}x$　　(B) $F(-a)=\frac{1}{2}-\int_0^a f(x)\mathrm{d}x$

(C) $F(-a)=F(a)$　　(D) $F(-a)=2F(a)-1$

解析　从四个选项内容看，是在选择 $F(-a)$的另外表达方式.

方法 1　推导 $F(-a)$与 $F(a)$或与概率密度 $f(x)$的关系.因为

$$F(-a)=\int_{-\infty}^{-a} f(x)\mathrm{d}x \xlongequal{\text{令} x=-t} -\int_{+\infty}^{a} f(-t)\mathrm{d}t=\int_a^{+\infty} f(t)\mathrm{d}t=\frac{1}{2}-\int_0^a f(t)\mathrm{d}t,$$

所以选(B).

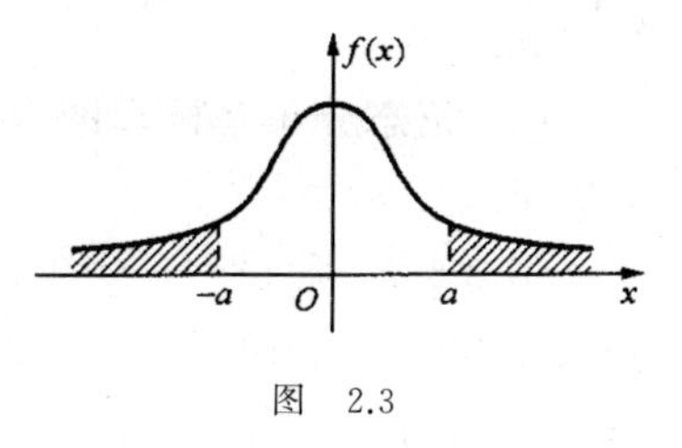

图　2.3

方法 2　从几何意义分析.概率密度为偶函数，其曲线关于纵轴对称，在纵轴两侧密度曲线与横轴所夹面积相等各为$\frac{1}{2}$.由分布函数 $F(x)$的几何意义可得 $F(-a)$为图 2.3 中左边阴影部分面积，其与右边阴影部分面积相等.右边阴影部分面积为$\int_a^{+\infty} f(x)\mathrm{d}x$，又可表示为$\frac{1}{2}-P\{0<X<a\}=\frac{1}{2}-\int_0^a f(t)\mathrm{d}t$，所以(B)成立.

评注　由求解过程可知，当概率密度为偶函数时，有

$$P\{X\leqslant 0\}=P\{X\geqslant 0\}=1/2;$$

$$F(-a)+F(a)=1,\quad \text{即}\quad P\{X\leqslant -a\}=P\{X\geqslant a\}.$$

例 2.4.4　设随机变量 X 的概率密度为

$$f(x)=\begin{cases}1/3, & x\in[0,1],\\ 2/9, & x\in[3,6],\\ 0, & \text{其他}.\end{cases}$$

若 k 使得 $P\{X\geqslant k\}=2/3$，试确定 k 的取值范围.

分析　若由概率密度计算概率，则要使 k 满足 $P\{X\geqslant k\}=\int_k^6 f(x)\mathrm{d}x=\frac{2}{3}$.问题在不能确定区间$(k,6)$内 $f(x)$的具体形式，故先确定 X 在各段取值的概率，再进而分析 k 的取值范围.

解　因为 $P\{0\leqslant X\leqslant 1\}=\int_0^1 \frac{1}{3}\mathrm{d}x=\frac{1}{3}x\Big|_0^1=\frac{1}{3}$，所以 $P\{3\leqslant X\leqslant 6\}=1-\frac{1}{3}=\frac{2}{3}$.

若 $k<1$，则 $P\{X\geqslant k\}=P\{k\leqslant X\leqslant 1\}+P\{3\leqslant X\leqslant 6\}>P\{3\leqslant X\leqslant 6\}=2/3$；

若 $k>3$，则 $P\{X\geqslant k\}<P\{3\leqslant X\leqslant 6\}=2/3$.

可知 k 不能小于 1 且不能大于 3.又当 $1\leqslant k\leqslant 3$ 时，有 $P\{X\geqslant k\}=\int_k^3 0\mathrm{d}x+\int_3^6 \frac{2}{9}\mathrm{d}x=\frac{2}{3}$，故 $k\in[1,3]$.

评注　此题容易错误地认为 $k=3$，忽略概率密度在$(1,3)$内为 0，即 X 取值在$[1,3]$内任意子区间的概率为 0.

5. 常用分布的有关问题

【解题方法与技巧】

(1) 随机变量的分布形式确定后参数与概率分布相互唯一确定.

(2) 离散型随机变量的 0-1 分布、二项分布、几何分布与连续型随机变量的均匀分布常常需要从试验背景中提炼,故对上述分布的背景应该熟练掌握.

(3) 随机变量服从二项分布 $B(n,p)$时,其中参数 p 常是某事件的概率,由其他分布计算得到.

(4) 正态分布是概率论中最重要的分布,其相关结论(见第二章内容综述)是解题的基本思路.

例 2.5.1 假设一厂家生产的每台仪器,以概率 0.7 可以直接出厂;以概率 0.3 需进一步调试,经调试后以概率 0.8 可以出厂,以概率 0.2 定为不合格品,不能出厂.现该厂新生产了 $n(n\geqslant 2)$台仪器(假设各台仪器的生产过程相互独立).求:

(1) 全部能出厂的概率 α; (2) 其中恰好有 2 台不能出厂的概率 β;

(3) 其中至少有 2 台不能出厂的概率 θ.

分析 因为各台仪器的生产过程相互独立,所以 n 台仪器相当于 n 次独立试验.每台仪器都有两种可能:能出厂与不能出厂,又每台仪器能够出厂的概率是相等的,可知 n 台仪器能出厂的台数为一随机变量,其服从二项分布.应该先确定每台仪器能够出厂的概率.而一台仪器能够出厂的概率又由两部分构成:不用调试直接出厂的概率与经过调试可以出厂的概率.理出上面思路,此题该不难求解.

解 设 n 台仪器能出厂的台数为 X,每台仪器能够出厂的概率为 p,则 $X\sim B(n,p)$.

记 $A=\{$一台仪器能出厂$\}$,$B=\{$一台仪器不需调试$\}$,有

$$p=P(A)=P(AB)+P(A\bar{B})=P(B)P(A|B)+P(\bar{B})P(A|\bar{B})$$
$$=0.7\times 1+0.3\times 0.8=0.94.$$

(1) $\alpha=P\{X=n\}=C_n^n\ 0.94^n=0.94^n$.

(2) $\beta=P\{X=n-2\}=C_n^{n-2}\ 0.94^{n-2}\times 0.06^2=C_n^2\ 0.94^{n-2}\times 0.06^2$.

(3) $\theta=P\{X\leqslant n-2\}=1-P\{X=n\}-P\{X=n-1\}$

$$=1-0.94^n-C_n^1\ 0.94^{n-1}0.06=1-0.94^n-0.06n\times 0.94^{n-1}.$$

评注 本例考查了下列知识点:将实际问题抽象为二项分布;通过全概公式计算二项分布中的概率 p;二项分布概率的计算.

例 2.5.2 设随机变量 X 服从正态分布 $N(\mu_1,\sigma_1^2)$,Y 服从正态分布 $N(\mu_2,\sigma_2^2)$,且 $P\{|X-\mu_1|<1\}>P\{|Y-\mu_2|<1\}$,则必有( ).

(A) $\sigma_1<\sigma_2$ (B) $\sigma_1>\sigma_2$ (C) $\mu_1<\mu_2$ (D) $\mu_1>\mu_2$

分析 本例目的在于讨论正态随机变量取值的概率与参数 μ 和 σ 的关系,应先将一般正态分布取值的概率转化为标准正态分布取值的概率再进行比较.因为

$$P\{|X-\mu_1|<1\}=P\left\{\frac{|X-\mu_1|}{\sigma_1}<\frac{1}{\sigma_1}\right\}=2\Phi\left(\frac{1}{\sigma_1}\right)-1,$$

$$P\{|Y-\mu_2|<1\}=P\left\{\frac{|X-\mu_2|}{\sigma_2}<\frac{1}{\sigma_2}\right\}=2\Phi\left(\frac{1}{\sigma_2}\right)-1$$

(这里 $\Phi(\cdot)$为标准正态分布的分布函数,下同),又已知 $P\{|X-\mu_1|<1\}>P\{|Y-\mu_2|<1\}$,从而 $\Phi\left(\frac{1}{\sigma_1}\right)>\Phi\left(\frac{1}{\sigma_2}\right)$,则$\frac{1}{\sigma_1}>\frac{1}{\sigma_2}$,即 $\sigma_1<\sigma_2$,所以选(A).

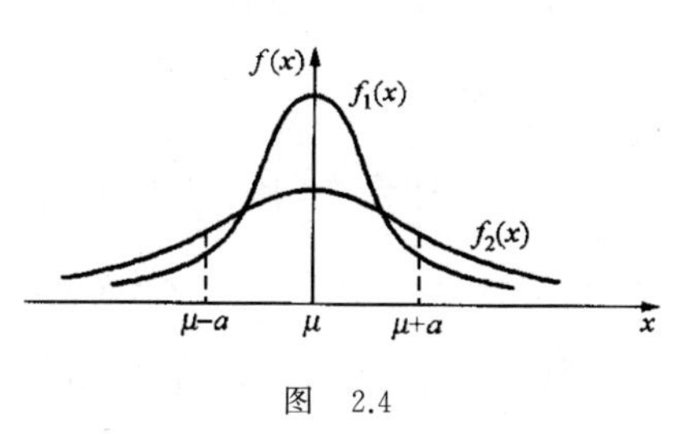

图　2.4

评注　对于正态分布,有结论:设 $X\sim N(\mu,\sigma^2)$,则对任意 μ 与 σ,X 取值在$(\mu-k\sigma,\mu+k\sigma)(k\in\mathbf{R})$内的概率相同.将该结论推广则有正态随机变量取值在 μ 两侧同样距离内,概率大者,必然方差小.利用图像可以对上述结论有更直观的认识,见图 2.4.理解该结论,遇到这类问题则可以直接做出判断.

例 2.5.3　设某种电池的寿命(单位:h)服从正态分布 $N(\mu,35^2)$,且已知该种电池寿命超过 250 h 的概率为 0.9236,求 a,使该种电池寿命在 $\mu-a$ 与 $\mu+a$ 之间的概率不小于 0.9.

分析　由电池寿命超过 250 h 的概率为 0.9236 可以解出正态分布的未知参数 μ,进一步建立方程解 a.

解　设该种电池寿命为 X,则 $X\sim N(\mu,35^2)$.已知

$$P\{X>250\}=P\left\{\frac{X-\mu}{35}>\frac{250-\mu}{35}\right\}=1-\Phi\left(\frac{250-\mu}{35}\right)=0.9236,$$

从而有

$$\Phi\left(\frac{\mu-250}{35}\right)=0.9236,\quad \frac{\mu-250}{35}=1.43,$$

解得 $\mu=300.05$.

令 $P\{300.05-a<X<300.05+a\}\geqslant 0.9$,即

$$P\left\{-\frac{a}{35}<\frac{X-300.05}{35}<\frac{a}{35}\right\}=2\Phi\left(\frac{a}{35}\right)-1\geqslant 0.9,$$

有

$$\Phi\left(\frac{a}{35}\right)\geqslant 0.95,\quad \frac{a}{35}\geqslant 1.645,$$

解得 $a\geqslant 57.575$.

例 2.5.4　设随机变量 X 的取值为区间$(-3,5)$上的随机点,求方程 $4t^2+4Xt+X+2=0$ 有实根的概率.

分析　X 的取值为区间$(-3,5)$上的随机点,即 X 服从区间$(-3,5)$上的均匀分布.要方程有实根,应该有方程的判别式 Δ 非负,由此确定随机变量 X 的取值范围,进而确定 X 取值在该范围的概率,即所求的概率.

解　由一元二次方程 $4t^2+4Xt+X+2=0$ 判别式非负有

$$\Delta=16X^2-16(X+2)\geqslant 0,\quad 即\quad X^2-X-2\geqslant 0,$$

解得 $\begin{cases}X\geqslant 2,\\ X\geqslant -1\end{cases}\Rightarrow X\geqslant 2$ 或 $\begin{cases}X\leqslant 2,\\ X\leqslant -1\end{cases}\Rightarrow X\leqslant -1.$

由题设知 X 服从均匀分布 $U(-3,5)$，从而其概率密度为

$$f(x)=\begin{cases}1/8, & -3<x<5,\\ 0, & \text{其他},\end{cases}$$

所以方程有实根的概率为

$$P\{(X\geqslant 2)\cup(X\leqslant -1)\}=P\{X\geqslant 2\}+P\{X\leqslant -1\}=\frac{3}{8}+\frac{2}{8}=\frac{5}{8}.$$

评注　计算均匀分布的概率可以通过对概率密度积分得到，如本例中

$$P\{X\leqslant -1\}=\int_{-3}^{-1}\frac{1}{8}\mathrm{d}x=\frac{1}{8}x\Big|_{-3}^{-1}=\frac{2}{8}.$$

也可以利用结论：若 $X\sim U(a,b)$，则 X 取值在 (c,d)（$(c,d)\subset(a,b)$）的概率为

$$P\{c<X<d\}=\frac{d-c}{b-a}.$$

例如，对本例有

$$P\{X\leqslant -1\}=P\{-3<X<-1\}=\frac{-1-(-3)}{5-(-3)}=\frac{2}{8}.$$

6. 求一维随机变量函数的分布

【解题方法与技巧】

(1) 设 X 为离散型随机变量，有分布律 $P\{X=x_i\}=p_i(i=1,2,\cdots)$. 若随机变量 $Y=g(X)$，其中 $y=g(x)$ 为初等函数，则 Y 也为离散型随机变量. 求 Y 的分布律时，应该先由函数关系及 X 的取值确定 Y 的所有可能取值. 若 $X=x_{i_1},x_{i_2},\cdots,x_{i_l}$ 使 Y 取同一数值 y，则

$$\begin{aligned}P\{Y=y\}&=P\{X=x_{i_1}\}+P\{X=x_{i_2}\}+\cdots+P\{X=x_{i_l}\}\\&=p_{i_1}+p_{i_2}+\cdots+p_{i_l}.\end{aligned}$$

有了 Y 的分布律，其分布函数易求得.

(2) 设 X 为连续型随机变量，有概率密度 $f_X(x)$. 若随机变量 $Y=g(X)$，其中 $y=g(x)$ 为初等函数，则 Y 一般也为连续型随机变量. 求 Y 的概率密度时，一般从分布函数着手，因为分布函数是概率，可以通过计算概率的方法得到. 基本步骤是：

(i) 先确定 Y 取值概率不为 0 的区间. 例如，设 $f_X(x)=\begin{cases}h(x), & a<x<b,\\ 0, & \text{其他},\end{cases}$ 且当 X 取值在 (a,b) 内时，Y 取值在 (c,d) 内，则 Y 取值概率不为 0 的区间一般为 (c,d).

(ii) 当 $y<c$ 时，$F_Y(y)=P\{Y\leqslant y\}=0$，$f_Y(y)=0$；当 $y>d$ 时，$F_Y(y)=P\{Y\leqslant y\}=1$，$f_Y(y)=0$.

(iii) 对任意 $y\in(c,d)$，求 Y 的分布函数 $F_Y(y)=P\{Y\leqslant y\}=P\{g(X)\leqslant y\}$. 对不等式 $g(X)\leqslant y$ 作等价变形，目标是将 X 从 $g(X)$ 中解出，使 $F_Y(y)=P\{g(X)\leqslant y\}$ 转化为用 X

的分布函数表示.

(iv) 对 Y 的分布函数求导，得到 Y 的概率密度.因为 Y 的分布函数用 X 的分布函数表示，实际是对 X 的分布函数求导，再利用 X 的概率密度已知，使运算简便.以 $y=g(x)$为单调增函数且反函数存在为例：

$$F_Y(y)=P\{Y\leqslant y\}=P\{g(X)\leqslant y\}=P\{X\leqslant g^{-1}(y)\}=F_X(g^{-1}(y)),$$

$$f_Y(y)=F_Y'(y)=[F_X(g^{-1}(y))]'=f_X(g^{-1}(y))(g^{-1}(y))'.$$

若 $y=g(x)$为单调减函数且反函数存在，则

$$F_Y(y)=P\{Y\leqslant y\}=P\{g(X)\leqslant y\}=P\{X\geqslant g^{-1}(y)\}=1-F_X(g^{-1}(y)),$$

$$f_Y(y)=F_Y'(y)=[1-F_X(g^{-1}(y))]'=-f_X(g^{-1}(y))(g^{-1}(y))'.$$

若 $y=g(x)$非单调，应该根据具体情况处理.

(v) 对于 $y=c,d$，在有意义的条件下可以对 $f_Y(c)$与 $f_Y(d)$任意赋值，因为概率密度在个别点的值不影响概率与分布函数的计算.

例 2.6.1　设随机变量 X 的分布函数为

$$F_X(x)=\begin{cases}0, & x<-2,\\ 0.2, & -2\leqslant x<-1,\\ 0.35, & -1\leqslant x<0,\\ 0.6, & 0\leqslant x<1,\\ 1, & x\geqslant 1.\end{cases}$$

令 $Y=|X+1|$，求随机变量 Y 的分布律.

分析　X 的分布函数为阶梯函数，故 X 为离散型随机变量.由 X 的分布函数直接求 Y 的分布函数，比较难确定规律.然而 X 有分布函数，其分布律易得到，因此可以由 X 的分布律先求得 Y 的分布律，再求 Y 的分布函数.求 Y 的分布律时，应该先确定 Y 的取值，可通过列表找各值的对应关系，再归纳.

解　由题设易知随机变量 X 的分布律为

X	-2	-1	0	1
P	0.2	0.15	0.25	0.4

X 与 Y 取值的对应关系如下表：

X	-2	-1	0	1
$Y=\|X+1\|$	1	0	1	2

经计算得 Y 的分布律为

Y	0	1	2
P	0.15	0.45	0.4

其中

$$P\{Y=0\}=P\{X=-1\}=0.15,$$
$$P\{Y=1\}=P\{(X=-2)\cup(X=0)\}=P\{X=-2\}+P\{X=0\}=0.45,$$
$$P\{Y=2\}=1-P\{Y=0\}-P\{Y=1\}=1-0.15-0.45=0.4.$$

例 2.6.2　已知随机变量 X 的分布律为 $P\{X=n\}=\dfrac{2}{3^n}(n=1,2,\cdots)$，试求 $Y=1+(-1)^X$ 的分布律.

分析　若不能直接看出两随机变量取值的对应关系，可以用几个具体数值试算，则会发现当 X 取奇数时 $Y=0$，当 X 取偶数时 $Y=2$. 显然 $Y=0$ 的概率应该是 X 取所有奇数概率的和；对于 $Y=2$ 类似.

解　由 X 的分布律及 $Y=1+(-1)^X$ 易知 Y 的取值为 0,2，且

$$P\{Y=0\}=P\left\{\bigcup_{k=0}^{\infty}(X=2k+1)\right\}=\sum_{k=0}^{\infty}P\{X=2k+1\}$$
$$=\sum_{k=0}^{\infty}\frac{2}{3^{2k+1}}=\frac{2/3}{1-(1/3)^2}=\frac{3}{4},$$
$$P\{Y=2\}=1-P\{Y=0\}=1/4,$$

所以 $Y=1+(-1)^X$ 的分布律为

Y	0	2
P	3/4	1/4

评注　求解过程写成

$$P\{Y=0\}=P\{X=2k+1\}=3/4$$

则是错误的，因为 $P\{X=2k+1\}$ 仅为 X 取某一个奇数的概率，并非取所有奇数的概率和.

例 2.6.3　设随机变量 $X\sim U(-1,2)$，求 $Y=|X|$ 的概率密度.

解　由题设 $X\sim U(-1,2)$ 知，X 的概率密度为

$$f_X(x)=\begin{cases}1/3, & -1<x<2,\\ 0, & \text{其他}.\end{cases}$$

当 X 取值在 $(-1,2)$ 内时，Y 的取值属于 $[0,2)$. 对任意 $y\in(0,2)$，有

$$F_Y(y)=P\{|X|\leqslant y\}=P\{-y\leqslant X\leqslant y\}=F_X(y)-F_X(-y),$$
$$f_Y(y)=F_Y'(y)=[F_X(y)-F_X(-y)]'=F_X'(y)-F_X'(-y)(-y)'$$
$$=f_X(y)-f_X(-y)(-1).$$

当 $0<y<1$ 时，$f_Y(y)=f_X(y)-f_X(-y)(-1)=1/3+1/3=2/3$；

当 $1<y<2$ 时，$f_Y(y)=f_X(y)-f_X(-y)(-1)=1/3$；

当 $y\leqslant 0$ 时，$F_Y(y)=0, f_Y(y)=0$；

当 $y\geqslant 2$ 时，$F_Y(y)=1, f_Y(y)=0$.

综上，$Y=|X|$ 的概率密度为

$$f_Y(y)=\begin{cases}2/3, & 0<y<1,\\ 1/3, & 1<y<2,\\ 0, & \text{其他}.\end{cases}$$

评注　(1) 当 $y\in(0,2)$ 时，求得 $f_Y(y)=f_X(y)-f_X(-y)(-1)$，而对 y 的不同取值 $f_X(-y)$ 取值不同，故应该分段讨论.

(2) 在 $y=1$ 处的概率密度定义为 $2/3, 1/3$ 或 0 均可，因为都满足概率密度条件，且不影响概率的计算.

例 2.6.4　设随机变量 X 的概率密度为

$$f_X(x)=\begin{cases}0, & x\leqslant 0,\\ 1/2, & 0<x<1,\\ 1/(2x^2), & x\geqslant 1,\end{cases}$$

求 $Y=\dfrac{1}{X}$ 的概率密度.

分析　随机变量 X 的概率密度在 $(0,+\infty)$ 上不为 0. 当 X 取值 $x\in(0,+\infty)$ 时，$Y=\dfrac{1}{X}$ 取值 $y=\dfrac{1}{x}\in(0,+\infty)$. 又 X 的概率密度在 $(0,+\infty)$ 上分段定义，使得 Y 的概率密度在 $(0,+\infty)$ 上一般也是分段函数，应该分段讨论.

解　当 X 在区间 $(0,+\infty)$ 上取值时，Y 的取值 $y\in(0,+\infty)$，其中当 X 的取值 $x\in(0,1)$ 时，Y 的取值 $y\in(1,+\infty)$；当 X 的取值 $x\in(1,+\infty)$ 时，Y 的取值 $y\in(0,1)$. 对任意 $y>0$，有

$$F_Y(y)=P\left\{\frac{1}{X}\leqslant y\right\}=P\left\{X\geqslant\frac{1}{y}\right\}=1-P\left\{X\leqslant\frac{1}{y}\right\},$$

$$\begin{aligned}f_Y(y)=F_Y'(y)&=\left[1-F_X\left(\frac{1}{y}\right)\right]'=-f_X\left(\frac{1}{y}\right)\left(\frac{1}{y}\right)'\\&=-f_X\left(\frac{1}{y}\right)\times\left(-\frac{1}{y^2}\right)=f_X\left(\frac{1}{y}\right)\times\frac{1}{y^2}.\end{aligned}$$

当 $0<y<1$ 时，$\dfrac{1}{y}>1$，从而 $f_Y(y)=f_X\left(\dfrac{1}{y}\right)\times\dfrac{1}{y^2}=\dfrac{1}{2\times\dfrac{1}{y^2}}\times\dfrac{1}{y^2}=\dfrac{1}{2}$；

当 $y>1$ 时，$0<\dfrac{1}{y}<1$，从而 $f_Y(y)=f_X\left(\dfrac{1}{y}\right)\times\dfrac{1}{y^2}=\dfrac{1}{2}\times\dfrac{1}{y^2}=\dfrac{1}{2y^2}$.

当 $y\leqslant 0$ 时，$F_Y(y)=0$，从而 $f_Y(y)=0$.

综上，Y 的概率密度为

$$f_Y(y)=\begin{cases}0, & y\leqslant 0,\\ 1/2, & 0<y<1,\\ 1/(2y^2), & 1\leqslant y<+\infty.\end{cases}$$

例 2.6.5　设随机变量 X 的概率密度为

$$f(x)=\begin{cases}\dfrac{1}{3x^{2/3}}, & 1\leqslant x\leqslant 8,\\ 0, & \text{其他},\end{cases}$$

函数 $F(x)$ 是 X 的分布函数.求 $Y=F(X)$ 的分布函数.

分析　可以先求出 X 的分布函数,得到 Y 与 X 的具体函数关系,再求解.

另外,$F(x)$ 是连续型随机变量 X 的分布函数,也可以利用其连续,在 $[1,8]$ 上严格单调增加,存在反函数等性质直接求解 $Y=F(X)$ 的分布函数.

解　*方法 1*　当 $1\leqslant x\leqslant 8$ 时,

$$F(x)=P\{X\leqslant x\}=\int_1^x \frac{1}{3}x^{-2/3}\mathrm{d}x=\frac{1}{3}\times 3x^{1/3}\Big|_1^x=\sqrt[3]{x}-1;$$

当 $x<1$ 时,$F(x)=0$;当 $x>8$ 时,$F(x)=1$.所以 X 的分布函数为

$$F(x)=\begin{cases}0, & x<1,\\ \sqrt[3]{x}-1, & 1\leqslant x\leqslant 8,\\ 1, & x>8,\end{cases}$$

从而

$$Y=F(X)=\begin{cases}0, & X<1,\\ \sqrt[3]{X}-1, & 1\leqslant X\leqslant 8,\\ 1, & X>8.\end{cases}$$

于是 Y 的取值在 $[0,1]$ 上.对任意 $y\in[0,1]$,有

$$F_Y(y)=P\{\sqrt[3]{X}-1\leqslant y\}=P\{\sqrt[3]{X}\leqslant y+1\}=P\{X\leqslant (y+1)^3\},$$

因为 $1\leqslant (y+1)^3\leqslant 8$,所以

$$F_Y(y)=P\{X\leqslant (y+1)^3\}=\sqrt[3]{(y+1)^3}-1=y.$$

故 $Y=F(X)$ 的分布函数为

$$F_Y(y)=\begin{cases}0, & y<0,\\ y, & 0\leqslant y\leqslant 1,\\ 1, & y>1.\end{cases}$$

方法 2　由题设当 $x\in[1,8]$ 时,随机变量 X 的概率密度 $f(x)>0$,可知 X 的分布函数 $F(x)$ 在 $[1,8]$ 上为连续严格单调增函数,存在反函数.

又由 X 的概率密度可知:当 $x<1$ 时,X 的分布函数 $F(x)=0$;当 $x>8$ 时,$F(x)=1$;当 $1\leqslant x\leqslant 8$ 时,$0\leqslant F(x)\leqslant 1$,也即 Y 的值域为 $[0,1]$. 对任意 $y\in[0,1]$,有

$$F_Y(y)=P\{F(X)\leqslant y\}=P\{X\leqslant F^{-1}(y)\}=F(F^{-1}(y))=y,$$

所以 $Y=F(X)$的分布函数为

$$F_Y(y)=\begin{cases}0, & y<0,\\ y, & 0\leqslant y\leqslant 1,\\ 1, & y>1.\end{cases}$$

评注 可见本例中的 $Y=F(X)$服从$[0,1]$上的均匀分布.

7. 综合例题

例 2.7.1 某批产品优等品率为 80%,每位检验员将优等品判断为优等品的概率为 97%,将非优等品判断为优等品的概率为 2%.为了提高检验结果的准确性,决定由三个人组成检验组进行检查.三人中至少有两人认为是优等品的产品,才能最终被确定为优等品.假设每位检验员的判断是相互独立的,那么被检查组判断为优等品的产品,它确实为优等品的概率是多少?

分析 该随机试验的内容是抽出一件产品,三个人分别进行检验.无论抽到的是优等品还是非优等品,三个人判断是否为优等品,均属三次独立试验,判断为优等品的人数是随机变量.应该先求出判断为优等品的概率,再进一步求条件概率.

解 设 $A=\{$抽到优等品$\}$,X 为检验组对一件产品判断为优等品的人数.在 A 发生条件下,$X\sim B(3,0.97)$;在 $\overline{A}$ 发生条件下,$X\sim B(3,0.02)$.故

$$\begin{aligned}P(\text{判断为优等品})&=P\{X\geqslant 2\}=P\{A(X\geqslant 2)\cup\overline{A}(X\geqslant 2)\}\\&=P(A)P\{X\geqslant 2|A\}+P(\overline{A})P\{X\geqslant 2|\overline{A}\}\\&=0.8(\mathrm{C}_3^2\times 0.97^2\times 0.03+0.97^3)+0.2(\mathrm{C}_3^2\times 0.02^2\times 0.98+0.02^3)\\&=0.7978,\end{aligned}$$

从而所求概率为

$$\begin{aligned}P(A|X\geqslant 2)&=\frac{P(A)P\{X\geqslant 2|A\}}{P\{X\geqslant 2\}}=\frac{0.8(\mathrm{C}_3^2\times 0.97^2\times 0.03+0.97^3)}{0.7978}\\&=\frac{0.8\times 0.997}{0.7978}=0.9997.\end{aligned}$$

评注 第一章介绍过的概率公式属于概率的基本关系式,用随机变量取值描述的事件的概率当然可以用基本关系式进行计算.

例 2.7.2 假设测量的随机误差 $X\sim N(0,10^2)$,试求 100 次独立重复测量中,至少有 3 次测量误差的绝对值大于 19.6 的概率 α,并利用泊松分布,求出 α 的近似值(要求小数点后取两位有效数字).

附表:

λ	1	2	3	4	5	6	7
$\mathrm{e}^{-\lambda}$	0.368	0.135	0.050	0.018	0.007	0.002	0.001

分析 100次独立重复测量中,测量误差的绝对值大于19.6的次数是随机变量,其服从二项分布$B(100,p)$,其中p为一次测量误差的绝对值大于19.6的概率,由正态分布可以确定.

解 设100次独立重复测量中误差绝对值大于19.6的次数为Y,则$Y\sim B(100,p)$,其中

$$p=P\{|X|>19.6\}=P\{|X/10|>1.96\}=0.05.$$

于是
$$\alpha=P\{Y\geqslant 3\}=\sum_{k=3}^{100}\mathrm{C}_{100}^{k}\times 0.05^{k}\times 0.95^{100-k}.$$

由泊松定理,Y近似服从参数为$np=100\times 0.05=5$的泊松分布$P(5)$,则

$$\alpha=P\{Y\geqslant 3\}\approx\sum_{k=3}^{100}\frac{5^{k}\mathrm{e}^{-5}}{k!}=1-\sum_{k=0}^{2}\frac{5^{k}\mathrm{e}^{-5}}{k!}$$
$$=1-\mathrm{e}^{-5}\left(1+\frac{5^{1}}{1}+\frac{5^{2}}{2}\right)=1-0.007\times 18.5=0.87.$$

评注 (1) 也可以直接查泊松分布表得$\displaystyle\sum_{k=3}^{100}\frac{5^{k}\mathrm{e}^{-5}}{k!}\approx\sum_{k=3}^{\infty}\frac{5^{k}\mathrm{e}^{-5}}{k!}=0.875.$

(2) 综合题常常是多个分布的综合,例如涉及二项分布$B(n,p)$,而其中的概率p又是另外分布中事件的概率,需要正确解读题目,层层分解.

例 2.7.3 设随机变量X服从指数分布,则随机变量$Y=\min\{X,2\}$的分布函数(　　).

(A) 是连续函数　　　　(B) 至少有两个间断点

(C) 是阶梯函数　　　　(D) 恰好有一个间断点

解 *方法1* 解出Y的分布函数.

因为X服从指数分布,故可设X的概率密度为

$$f(x)=\begin{cases}\theta\mathrm{e}^{-\theta x}, & x>0,\\ 0 & x\leqslant 0\end{cases}\quad(\theta>0),$$

即仅当$x>0$时,其概率密度$f(x)\neq 0$.又

$$Y=\min\{X,2\}=\begin{cases}X, & X<2,\\ 2, & X\geqslant 2,\end{cases}$$

故当X在$(0,+\infty)$上取值时,Y的取值$y\in(0,2]$.

当$0<y<2$时,$F_Y(y)=P\{Y\leqslant y\}=P\{X\leqslant y\}=\int_0^y\theta\mathrm{e}^{-\theta x}\,\mathrm{d}x=1-\mathrm{e}^{-\theta y}$;当$y\leqslant 0$时,$F_Y(y)=0$;当$y\geqslant 2$时,$F_Y(y)=1$.综上,$Y$的分布函数为

$$F_Y(y)=\begin{cases}0, & y\leqslant 0,\\ 1-\mathrm{e}^{-\theta y}, & 0<y<2,\\ 1, & y\geqslant 2.\end{cases}$$

显然Y的分布函数$F_Y(y)$在$(-\infty,2),(2,+\infty)$内连续.而

$$\lim_{y\to 2^-}(1-\mathrm{e}^{-\theta y})=1-\mathrm{e}^{-2\theta}\neq 1,$$

所以 $F_Y(y)$ 在 $y=2$ 处间断.故选(D).

方法 2　由 Y 与 X 的分布函数关系进行分析.由题设有 $Y=\begin{cases}X, & X<2,\\ 2, & X\geqslant 2,\end{cases}$ 即 Y 的取值小于等于 2.

对任意 $y<2$,有

$$F_Y(y)=P\{Y\leqslant y\}=P\{X\leqslant y\}=F_X(y).$$

因为指数分布的分布函数连续,所以随机变量 Y 的分布函数 $F_Y(y)$ 在 $(-\infty,2)$ 内连续.

当 $y\geqslant 2$ 时,$F_Y(y)=1$,而 $F_X(2)<1$,$\lim\limits_{y\to 2^-}F_Y(y)=\lim\limits_{y\to 2^-}F_X(y)=F_X(2)<1$,所以 $F_Y(y)$ 在 $y=2$ 处间断.故选(D).

例 2.7.4　假设随机变量 X 的绝对值不大于 1,$P\{X=-1\}=1/8$,$P\{X=1\}=1/4$;在事件 $\{-1<X<1\}$ 出现的条件下,X 在 $(-1,1)$ 内的任一子区间上取值的条件概率与该子区间长度成正比.试求:

(1) X 的分布函数 $F(x)$;　　(2) X 取负值的概率.

分析　从所给条件可知 X 取值在 $[-1,1]$ 上.因为 X 取个别值的概率不为 0,所以 X 为非连续型随机变量.由"X 在 $(-1,1)$ 内的任一子区间上取值的条件概率与该子区间长度成正比"又知道 X 也为非离散型随机变量.然而对任意随机变量,其分布函数的定义是相同的,求 X 的分布函数 $F(x)$,即对一切 $x\in\mathbf{R}$,求概率 $P\{X\leqslant x\}$.

解　(1) 当 $x<-1$ 时,$\{X\leqslant x\}$ 是不可能事件,所以 $F(x)=P\{X\leqslant x\}=0$;

当 $x\geqslant 1$ 时,$\{X\leqslant x\}$ 是必然事件,从而 $F(x)=P\{X\leqslant x\}=1$;

当 $x=-1$ 时,$F(-1)=P\{X\leqslant -1\}=P\{X<-1\}+P\{X=-1\}=1/8$.

当 $-1<x\leqslant 1$ 时,由题设知

$$P\{-1<X<x\mid -1<X<1\}=k[x-(-1)]=k(x+1),$$

其中 k 为比例系数.特别当 $x=1$ 时,有

$$P\{-1<X<1\mid -1<X<1\}=k[1-(-1)]=2k=1,\quad 所以\quad k=1/2.$$

故当 $-1<x<1$ 时,有

$$P\{-1<X\leqslant x\mid -1<X<1\}=\frac{P\{-1<X\leqslant x,-1<X<1\}}{P\{-1<X<1\}}$$

$$=\frac{P\{-1<X\leqslant x\}}{P\{-1<X<1\}}=\frac{1}{2}(x+1).$$

于是

$$P\{-1<X\leqslant x\}=\frac{1}{2}(x+1)\times P\{-1<X<1\}$$

$$=\frac{1}{2}(x+1)\left(1-\frac{1}{8}-\frac{1}{4}\right)=\frac{5}{16}(x+1).$$

所以，当$-1<x<1$时，

$$F(x)=P\{X\leqslant x\}=P\{X\leqslant -1\}+P\{-1<X\leqslant x\}=\frac{1}{8}+\frac{5}{16}(x+1).$$

综上，X 的分布函数为

$$F(x)=\begin{cases}0, & x<-1,\\ \frac{1}{8}+\frac{5}{16}(x+1), & -1\leqslant x<1,\\ 1, & x\geqslant 1.\end{cases}$$

(2) X 取负值的概率为

$$P\{X<0\}=P\{-1\leqslant X<0\}=F(0-0)-F(-1-0)=\frac{1}{8}+\frac{5}{16}-0=\frac{7}{16}.$$

评注 (1) 显然 $F(x)$在 $x=-1,1$ 处间断，故 X 为非连续型随机变量.

(2) 仔细比较条件为“$-1<x\leqslant 1$”，“$x=1$”，“$-1<x<1$”时的结论，条件保证了结论的严谨.

(3) 我们主要讨论离散型和连续型随机变量的分布.讨论非离散型也非连续型随机变量分布的例题不多，往往更有分量，其更能检验我们对概念理解的深度.注意分布函数对任意随机变量都适用，把握住随机变量 X 分布函数 $F(x)$的实质为$\{X\leqslant x\}$的概率，是解决这一类题的关键.

例 2.7.5 假设某大型设备在时间 t(单位：h)内发生故障的次数 $N(t)$服从参数为 λt 的泊松分布，求：

(1) 相继两次故障之间时间间隔 T 的概率分布；

(2) 在设备已经无故障工作 8 h 的情形下，再无故障工作 8 h 的概率 θ.

分析 首先应该清楚两次故障之间时间间隔 T 的取值范围.由于发生故障次数的随机性，使得 T 可能是 0，即一次故障紧接又一次故障，也可能取值无限增大，即一次故障后再不发生故障，所以 T 的值域为$[0,+\infty)$.

求 T 的分布函数 $F_T(t)$，即事件$\{T\leqslant t\}$的概率，只能借助发生故障的次数服从泊松分布这一条件.因为在时间 t 内发生 1 次，2 次，以至无穷多次故障，均为$\{T\leqslant t\}$发生，故$\{T\leqslant t\}$的概率不易计算.考虑通过逆事件$\{T>t\}$的概率计算 $P\{T\leqslant t\}$.容易证明事件$\{T>t\}$与$\{N(t)=0\}$等价.

解 (1) 两次故障之间时间间隔 T 的值域为$[0,+\infty)$，而对任意 $t>0$，有

$$\begin{aligned}F_T(t)&=P\{T\leqslant t\}=1-P\{T>t\}=1-P\{N(t)=0\}\\&=1-\frac{(\lambda t)^0\mathrm{e}^{-\lambda t}}{0!}=1-\mathrm{e}^{-\lambda t},\end{aligned}$$

所以两次故障之间时间间隔 T 的分布函数及概率密度分别为

$$F_T(t)=\begin{cases}1-\mathrm{e}^{-\lambda t}, & t>0,\\ 0, & t\leqslant 0,\end{cases}\quad f_T(t)=\begin{cases}\lambda\mathrm{e}^{-\lambda t}, & t>0,\\ 0, & t\leqslant 0,\end{cases}$$

即 T 服从参数为 λ 的指数分布.

(2) 因为

$$P\{T\geqslant t\}=\int_{t}^{+\infty}\lambda\,\mathrm{e}^{-\lambda t}\,\mathrm{d}t=-\mathrm{e}^{-\lambda t}\Big|_{t}^{+\infty}=\mathrm{e}^{-\lambda t},$$

故在无故障工作 8 h 的情形下,再无故障工作 8 h 的概率为

$$\theta=P\{T\geqslant 16\mid T\geqslant 8\}=\frac{P\{T\geqslant 16,T\geqslant 8\}}{P\{T\geqslant 8\}}=\frac{P\{T\geqslant 16\}}{P\{T\geqslant 8\}}=\frac{\mathrm{e}^{-16\lambda}}{\mathrm{e}^{-8\lambda}}=\mathrm{e}^{-8\lambda}.$$

评注 无故障工作 8 h 的概率 $P\{T\geqslant 8\}=\mathrm{e}^{-8\lambda}$,而由(2)的答案 $P\{T\geqslant 16\mid T\geqslant 8\}=\mathrm{e}^{-8\lambda}$,二者相等,这恰说明了指数分布的"无记忆性".

自 测 题 二

(时间:120 分钟;卷面分值:100 分)

一、单项选择题(每小题 2 分,共 12 分):

1. 若函数 $y=f(x)$ 为随机变量 X 的概率密度,则一定成立的是(　　).

(A) $f(x)$ 的定义域为 $[0,1]$　　(B) $f(x)$ 的值域为 $[0,1]$

(C) $f(x)$ 非负　　(D) $f(x)$ 在 $(-\infty,+\infty)$ 内连续

2. 若函数 $F(x)$ 为随机变量 X 的分布函数,则不一定成立的是(　　).

(A) $F(x)$ 为不减函数　　(B) $F(x)$ 取值在 $[0,1]$ 内

(C) $F(-\infty)=0$　　(D) $F(x)$ 为连续函数

3. 设随机变量 X 的概率密度 $f(x)$ 为偶函数,$F(x)$ 是 X 的分布函数,则 $P\{|X|>10\}$ 等于(　　).

(A) $2-F(10)$　　(B) $2F(10)-1$　　(C) $1-2F(10)$　　(D) $2[1-F(10)]$

4. 设随机变量 X 的分布函数为 $F(x)=\begin{cases}0, & x<0,\\ 1-0.8\mathrm{e}^{-0.8x}, & x\geqslant 0,\end{cases}$ 则 X 为(　　)随机变量.

(A) 离散型　　(B) 连续型

(C) 既非离散型又非连续型　　(D) 既是离散型又是连续型

5. 设随机变量 X 的概率密度为 $f(x)=\dfrac{1}{2\sqrt{\pi}}\mathrm{e}^{-\frac{(x+3)^2}{4}}\ (-\infty<x<+\infty)$,则服从标准正态分布 $N(0,1)$ 的随机变量是(　　).

(A) $\dfrac{X+3}{2}$　　(B) $\dfrac{X+3}{\sqrt{2}}$　　(C) $\dfrac{X-3}{2}$　　(D) $\dfrac{X-3}{\sqrt{2}}$

6. 设随机变量 X 与 Y 均服从正态分布:$X\sim N(\mu,4^2)$,$Y\sim N(\mu,5^2)$,又知 $p_1=P\{X\leqslant\mu-4\}$,$p_2=P\{Y\geqslant\mu+5\}$,则(　　).

(A) 对任何实数 μ,都有 $p_1=p_2$　　(B) 对任何实数 μ,都有 $p_1<p_2$

(C) 只对 μ 的个别值才有 $p_1=p_2$　　　　(D) 对任何实数 μ，都有 $p_1>p_2$

二、填空题(每小题 2 分，共 16 分)：

1. 设随机变量 X 的分布函数为

$$F(x)=\begin{cases}0, & x<0,\\ 0.3, & 0\leqslant x<1,\\ 1, & x\geqslant 1,\end{cases}$$

则 $P\{X>0\}=$__________，X 的分布律为__________.

2. 设掷一枚不均匀的硬币，出现正面的概率为 $p(0<p<1)$，X 为直至掷到正反面都出现为止所需要的次数，则 X 的分布律为__________.

3. 设连续型随机变量 X 的概率密度为 $f(x)=\begin{cases}2/x^2, & x\geqslant a,\\ 0, & x<a,\end{cases}$ 则常数 $a=$__________，$P\{1<X\leqslant 4\}=$__________.

4. 设连续型随机变量 X 的分布函数为

$$F(x)=\begin{cases}0, & x\leqslant 0,\\ 1-a\cos x, & 0<x<\pi/2,\\ 1, & x\geqslant \pi/2,\end{cases}$$

则 $a=$__________，X 的概率密度 $f(x)=$__________.

5. 设随机变量 X 服从二项分布 $B(3,0.4)$，则 X 的最可能取值为__________，随机变量 $Y=\dfrac{X(3-X)}{2}$ 的分布律为__________.

6. 某种商品每天的销售量(单位：件)服从参数为 λ 的泊松分布，已知售出 2 件与售出 3 件的概率相等，则参数 $\lambda=$__________，一天至少售出一件的概率为__________.

7. 设随机变量 $X\sim N(2,\sigma^2)$，且 $P\{2\leqslant X\leqslant 4\}=0.3$，则 $P\{X\leqslant 0\}=$__________.

8. 设随机变量 X 服从均匀分布 $U(0,4)$，则 X 的概率密度 $f(x)=$__________，对随机变量 X 独立观察两次，恰有一次 $X>1$ 的概率为__________.

三、判断题(每小题 2 分，共 12 分.正确在括号中画√，错误画×)：

1. 离散型随机变量的分布函数与分布律相互唯一确定.　(　　)

2. 连续型随机变量 X 的概率密度 $f(x)$ 与其分布函数 $F(x)$ 相互唯一确定.　(　　)

3. 数列 $\left\{a_k=\dfrac{\lambda^k e^{-\lambda}}{k!}:k=1,2,\cdots\right\}$ 能够作为某随机变量的分布律.　(　　)

4. 若函数 $f(x)$ 使得 $\int_{-\infty}^{+\infty}f(x)\mathrm{d}x=1$，则 $f(x)$ 可以作为某随机变量的概率密度.　(　　)

5. 函数 $F(x)=\begin{cases}e^{-(x/50)^2}/2, & x\leqslant 0,\\ 1-e^{-(x/50)^2}/2, & x>0,\end{cases}$ 能作为某随机变量的分布函数.　(　　)

6. 若 $\Phi(x)$ 是正态随机变量的分布函数，则 $\Phi(-x)=1-\Phi(x)$.　(　　)

四、计算题(共52分):

1. (6分)设随机变量 X 的概率密度为

$$f(x)=\begin{cases}a, & 0<x\leqslant 1,\\ x/2, & 1<x\leqslant 2,\\ 0, & \text{其他},\end{cases}$$

求 X 的分布函数 $F(x)$,并做 $f(x)$ 与 $F(x)$ 的图像.

2. (6分)设随机变量 X 的分布律为 $P\left\{X=\dfrac{i}{\mathrm{e}}\right\}=ai\ (i=1,2,\cdots,m)$,求常数 a 及 X 的分布函数.

3. (8分)设随机变量 X 的分布函数为

$$F(x)=\begin{cases}0, & x<a,\\ x^2+c, & a\leqslant x<b,\\ 1, & x\geqslant b,\end{cases}$$

又知 $P\{X\leqslant 1/2\}=1/4$,试确定常数 a,b,c 的值.

4. (8分)设随机变量 X 服从正态分布 $N(\mu,\sigma^2)$,且二次方程 $y^2+4y+X=0$ 无实根的概率为 $\dfrac{1}{2}$,求参数 μ.

5. (8分)某仪器装有3个独立工作的同型号电子元件,其寿命(单位:h)都服从同一指数分布,概率密度为

$$f(x)=\begin{cases}\dfrac{1}{600}\mathrm{e}^{-x/600}, & x>0,\\ 0, & x\leqslant 0,\end{cases}$$

试求在仪器使用的最初200 h内,至少有一个电子元件损坏的概率 α.

6. (8分)设随机变量 X 的概率密度为

$$f_X(x)=\begin{cases}1-|x|, & |x|\leqslant 1,\\ 0, & \text{其他},\end{cases}$$

求 $Y=X^2+1$ 的概率密度.

7. (8分)设市场上有3家工厂生产大量同种电子元件,价格相同.已知第1,2,3个厂家生产的元件在市场上占有的份额比为1:2:3,第 i 个厂家生产的元件寿命(单位:h)服从参数为 $\lambda_i(\lambda_i>0,i=1,2,3)$ 的指数分布.规定元件寿命在1000 h以上者为优质品.

(1) 求市场上该产品的优质品率;

(2) 从市场上购买 m 个这种元件,求至少有一个不是优质品的概率.

五、(8分)设随机变量 X 服从参数为2的指数分布,证明 $Y=1-\mathrm{e}^{-2X}$ 在区间(0,1)上服从均匀分布.

第三章　多维随机变量及其分布

一、内 容 综 述

设随机试验 E 的样本空间为 $S=\{e\}$，$X=X(e)$ 和 $Y=Y(e)$ 是定义在 S 上的两个随机变量，由 X 和 Y 构成的向量 (X,Y) 叫做**二维随机变量**.二维随机变量 (X,Y) 是一个整体，既分别与 X,Y 有关，又依赖于 X,Y 的相互关系.因此对二维随机变量 (X,Y)，既要作为一个整体来研究，又要对 X,Y 逐个进行研究.所以关于它需要讨论三种分布形式：

(1) 视 (X,Y) 为整体进行研究，称 (X,Y) 所服从的分布为联合分布；

(2) 对 X,Y 逐个进行研究，称 X,Y 各自所服从的分布为 (X,Y) 关于 X 与关于 Y 的边缘分布；

(3) 视一个变量作为条件，研究另一个变量的分布，称这种分布为条件分布.

对如上三种分布的每一种分布都要像一维随机变量一样研究三个内容：分布函数，离散型随机变量的分布律，连续型随机变量的概率密度.同时还要研究 X 与 Y 二者之间的独立性以及随机变量函数的概率分布等.

1. 二维随机变量的相关分布及独立性

名　称	定　义	性质与注释
联合分布函数	设 (X,Y) 是二维随机变量，二元函数 $F(x,y)=P\{X\leqslant x,Y\leqslant y\}$ $(-\infty<x,y<+\infty)$ 称为二维随机变量 (X,Y) 的分布函数	(1) 单调性：$F(x,y)$ 关于 x 和关于 y 都是单调不减函数； (2) 有界性：$0\leqslant F(x,y)\leqslant 1$，且对任意固定的 x,y，有 $F(x,-\infty)=0$，　$F(-\infty,y)=0$，$F(-\infty,-\infty)=0$，　$F(+\infty,+\infty)=1$； (3) 右连续性：$F(x+0,y)=F(x,y)$，　$F(x,y+0)=F(x,y)$； (4) 非负性：对任何 $x_1<x_2,y_1<y_2$，有 $F(x_2,y_2)-F(x_1,y_2)-F(x_2,y_1)+F(x_1,y_1)=P\{x_1<X\leqslant x_2,y_1<Y\leqslant y_2\}\geqslant 0$
边缘分布函数	关于 X 的边缘分布函数：$F_X(x)=F(x,+\infty)=\lim\limits_{y\to+\infty}F(x,y)$ 关于 Y 的边缘分布函数：$F_Y(y)=F(+\infty,y)=\lim\limits_{x\to+\infty}F(x,y)$	由 (X,Y) 的联合分布可确定关于 X 和关于 Y 的边缘分布；反之由关于 X 和关于 Y 的边缘分布一般不能确定 (X,Y) 的联合分布

（续表）

名　称	定　义	性质与注释
独立性	若对任意的实数 x,y，有 $P\{X\leqslant x,Y\leqslant y\}=P\{X\leqslant x\}P\{Y\leqslant y\}$，则称随机变量 X 与 Y 相互独立	X 与 Y 相互独立 $\Longleftrightarrow F(x,y)=F_X(x)F_Y(y)$ 对任意的实数 x,y 成立

2. 二维离散型随机变量的相关分布及独立性

名　称	定义与定理	性质与注释
联合分布律	$P\{X=x_i,Y=y_j\}=p_{ij}\quad(i,j=1,2,\cdots)$	(1) 非负性：$p_{ij}\geqslant 0(i,j=1,2,\cdots)$； (2) 规范性：$\sum\limits_i\sum\limits_j p_{ij}=1$
联合分布函数	$F(x,y)=P\{X\leqslant x,Y\leqslant y\}=\sum\limits_{x_i\leqslant x}\sum\limits_{y_j\leqslant y}p_{ij}$	略
边缘分布律	关于 X 的边缘分布律： $p_{i\cdot}=\sum\limits_j p_{ij}\quad(i=1,2,\cdots)$	(1) 非负性：$p_{i\cdot}\geqslant 0(i=1,2,\cdots)$； (2) 规范性：$\sum\limits_i p_{i\cdot}=\sum\limits_i\sum\limits_j p_{ij}=1$
	关于 Y 的边缘分布律： $p_{\cdot j}=\sum\limits_i p_{ij}\quad(j=1,2,\cdots)$	(1) 非负性：$p_{\cdot j}\geqslant 0(j=1,2,\cdots)$； (2) 规范性：$\sum\limits_j p_{\cdot j}=\sum\limits_j\sum\limits_i p_{ij}=1$
边缘分布函数	关于 X 的边缘分布函数： $F_X(x)=\sum\limits_{x_i\leqslant x}p_{i\cdot}=\sum\limits_{x_i\leqslant x}\sum\limits_j p_{ij}$	略
	关于 Y 的边缘分布函数： $F_Y(y)=\sum\limits_{y_j\leqslant y}p_{\cdot j}=\sum\limits_{y_j\leqslant y}\sum\limits_i p_{ij}$	
条件分布律	当 $P\{X=x_i\}=p_{i\cdot}\neq 0$ 时，在 $X=x_i$ 条件下，Y 的条件分布律： $P\{Y=y_j\mid X=x_i\}=\dfrac{p_{ij}}{p_{i\cdot}}\quad(j=1,2,\cdots)$	(1) 非负性： $P\{Y=y_j\mid X=x_i\}\geqslant 0\ (j=1,2,\cdots)$； (2) 规范性：$\sum\limits_j\dfrac{p_{ij}}{p_{i\cdot}}=1$
	当 $P\{Y=y_j\}=p_{\cdot j}\neq 0$ 时，在 $Y=y_j$ 条件下，X 的条件分布律： $P\{X=x_i\mid Y=y_j\}=\dfrac{p_{ij}}{p_{\cdot j}}\quad(i=1,2,\cdots)$	(1) 非负性： $P\{X=x_i\mid Y=y_j\}\geqslant 0\ (i=1,2,\cdots)$； (2) 规范性：$\sum\limits_i\dfrac{p_{ij}}{p_{\cdot j}}=1$

（续表）

名 称	定义与定理	性质与注释
条件分布函数	当 $P\{X=x_i\}=p_{i\cdot}\neq 0$时，在 $X=x_i$ 条件下，Y 的条件分布函数：$$F_{Y\mid X}(y\mid x_i)=\sum_{y_j\leqslant y}P\{Y=y_j\mid X=x_i\}$$	略
	当 $P\{Y=y_j\}=p_{\cdot j}\neq 0$时，在 $Y=y_j$ 条件下，X 的条件分布函数：$$F_{X\mid Y}(x\mid y_j)=\sum_{x_i\leqslant x}P\{X=x_i\mid Y=y_j\}$$	
独立性	X 与 Y 相互独立$\Longleftrightarrow p_{ij}=p_{i\cdot}p_{\cdot j}(i,j=1,2,\cdots)$	若存在某 x_i,y_j，使 $$P\{X=x_i,Y=y_j\}\neq P\{X=x_i\}P\{Y=y_j\},$$ 则 X 与 Y 不相互独立
$Z=g(X,Y)$ 的概率分布	$P\{Z=z_k\}=P\{g(X,Y)=z_k\}$ $=P\{(X,Y)\in\{(x_i,y_j)\mid g(x_i,y_j)=z_k\}\}$ $=\sum\limits_{g(x_i,y_j)=z_k}p_{ij}\ (k=1,2,\cdots)$	$P\{Z=z_k\}$是函数值为 z_k 的那些(X,Y)的取值所对应的概率之和

3. 二维连续型随机变量的相关分布及独立性

名 称	定义与定理	性质与注释
联合分布函数	$$F(x,y)=P\{X\leqslant x,Y\leqslant y\}=\int_{-\infty}^{x}\int_{-\infty}^{y}f(u,v)\mathrm{d}u\mathrm{d}v,$$ 其中 $f(x,y)$为(X,Y)的联合概率密度	$F(x,y)$是连续函数
联合概率密度	设 $F(x,y)$为(X,Y)的联合分布函数，若存在非负的 $f(x,y)$，使对任意的实数 x,y，有 $$F(x,y)=\int_{-\infty}^{x}\int_{-\infty}^{y}f(u,v)\mathrm{d}u\mathrm{d}v,$$ 则称(X,Y)为二维连续型随机变量，$f(x,y)$为(X,Y)的联合概率密度	(1) 非负性：$f(x,y)\geqslant 0$； (2) 规范性：$\int_{-\infty}^{+\infty}\int_{-\infty}^{+\infty}f(x,y)\mathrm{d}x\mathrm{d}y=1$； (3) $P\{(X,Y)\in G\}=\iint\limits_{G}f(x,y)\mathrm{d}x\mathrm{d}y$，$G$ 为 Oxy 平面上的区域； (4) 在 $f(x,y)$的连续点处，有 $$\frac{\partial^2F(x,y)}{\partial x\partial y}=f(x,y)$$

（续表）

名　称	定义与定理	性质与注释
边缘概率密度	关于 X 的边缘概率密度： $$f_X(x)=\int_{-\infty}^{+\infty} f(x,y)\mathrm{d}y$$	(1) 非负性：$f_X(x)\geqslant 0$； (2) 规范性： $$\int_{-\infty}^{+\infty} f_X(x)\mathrm{d}x=\int_{-\infty}^{+\infty}\int_{-\infty}^{+\infty} f(x,y)\mathrm{d}y\mathrm{d}x=1$$
	关于 Y 的边缘概率密度： $$f_Y(y)=\int_{-\infty}^{+\infty} f(x,y)\mathrm{d}x$$	(1) 非负性：$f_Y(y)\geqslant 0$； (2) 规范性： $$\int_{-\infty}^{+\infty} f_Y(y)\mathrm{d}y=\int_{-\infty}^{+\infty}\int_{-\infty}^{+\infty} f(x,y)\mathrm{d}x\mathrm{d}y=1$$
边缘分布函数	关于 X 的边缘分布函数： $$F_X(x)=\int_{-\infty}^{x} f_X(x)\mathrm{d}x=\int_{-\infty}^{x}\mathrm{d}x\int_{-\infty}^{+\infty} f(x,y)\mathrm{d}y$$	略
	关于 Y 的边缘分布函数： $$F_Y(y)=\int_{-\infty}^{y} f_Y(y)\mathrm{d}y=\int_{-\infty}^{y}\mathrm{d}y\int_{-\infty}^{+\infty} f(x,y)\mathrm{d}x$$	
条件概率密度	若对于固定的 x，$f_X(x)>0$，则在 $X=x$ 条件下，Y 的条件概率密度为 $$f_{Y\mid X}(y\mid x)=\frac{f(x,y)}{f_X(x)}$$	(1) 非负性：$f_{Y\mid X}(y\mid x)\geqslant 0$； (2) 规范性： $$\int_{-\infty}^{+\infty} f_{Y\mid X}(y\mid x)\mathrm{d}y=\frac{1}{f_X(x)}\int_{-\infty}^{+\infty} f(x,y)\mathrm{d}y=1$$
	若对于固定的 y，$f_Y(y)>0$，则在 $Y=y$ 条件下，X 的条件概率密度为 $$f_{X\mid Y}(x\mid y)=\frac{f(x,y)}{f_Y(y)}$$	(1) 非负性：$f_{X\mid Y}(x\mid y)\geqslant 0$； (2) 规范性： $$\int_{-\infty}^{+\infty} f_{X\mid Y}(x\mid y)\mathrm{d}x=\frac{1}{f_Y(y)}\int_{-\infty}^{+\infty} f(x,y)\mathrm{d}x=1$$
条件分布函数	若对于固定的 x，$f_X(x)>0$，则在 $X=x$ 条件下，Y 的条件分布函数为 $$F_{Y\mid X}(y\mid x)=P\{Y\leqslant y\mid X=x\}$$ $$=\int_{-\infty}^{y} f_{Y\mid X}(y\mid x)\mathrm{d}y=\int_{-\infty}^{y}\frac{f(x,y)}{f_X(x)}\mathrm{d}y$$	略
	若对于固定的 y，$f_Y(y)>0$，则在 $Y=y$ 条件下，X 的条件分布函数为 $$F_{X\mid Y}(x\mid y)=P\{X\leqslant x\mid Y=y\}$$ $$=\int_{-\infty}^{x} f_{X\mid Y}(x\mid y)\mathrm{d}x=\int_{-\infty}^{x}\frac{f(x,y)}{f_Y(y)}\mathrm{d}x$$	

（续表）

名 称	定义与定理	性质与注释
独立性	X 与 Y 相互独立$\Longleftrightarrow f(x,y)=f_X(x)f_Y(y)$ 几乎处处成立（平面上除去“面积”为零的点集以外处处成立）	若存在某区域 D，使当 $x,y\in D$ 时，$f(x,y)\neq f_X(x)f_Y(y)$，则 X 与 Y 不相互独立
函数 $U=g(X,Y)$ 的概率分布（离散型）	$P\{U=u_k\}=P\{g(X,Y)=u_k\}$ $=P\{(X,Y)\in D_k=\{(x,y)\mid g(x,y)=u_k\}\}$ $=\iint\limits_{D_k}f(x,y)\mathrm{d}x\mathrm{d}y\quad(k=1,2,\cdots)$	若 $V=h(X,Y)$，则可确定(U,V)的联合概率分布，可参考本章专题 12
函数 $Z=g(X,Y)$ 的概率分布（连续型）	$F_Z(z)=P\{g(X,Y)\leqslant z\}$ $=P\{(X,Y)\in D_z=\{(x,y)\mid g(x,y)\leqslant z\}\}$ $=\iint\limits_{D_z}f(x,y)\mathrm{d}x\mathrm{d}y$	概率密度为 $f_z(z)=F'_Z(z)$.特别地，对于函数 $Z=aZ+bY,XY,X/Y$ 的概率分布可参考本章专题 11 与 12

4. 二维均匀分布的相关分布及独立性

名 称	定义与定理	性质与注释
二维均匀分布	设 G 为平面上的有界区域，如果二维随机变量(X,Y)的概率密度为 $f(x,y)=\begin{cases}1/A, & (x,y)\in G,\\ 0, & \text{其他}\end{cases}$ （A 为 G 的面积）， 则称(X,Y)在区域 G 上服从二维均匀分布	若 $G_1\subset G$，G_1 的面积为 A_1，则 $P\{(X,Y)\in G_1\}=\dfrac{A_1}{A}$， 称其为几何概率
边缘分布（以例说明）	若(X,Y)在矩形区域 $D_1=\{(x,y)\mid a_0\leqslant x\leqslant a_0+a,b_0\leqslant y\leqslant b_0+b\}$上服从均匀分布，则 $X\sim U(a_0,a_0+a),\quad Y\sim U(b_0,b_0+b)$	设(Z,T)在圆域 $D_2=\{(z,t)\mid z^2+t^2\leqslant 1\}$上服从均匀分布，则其边缘概率分布均不服从均匀分布，即二维均匀分布的边缘分布未必是均匀分布，它与区域的形状有关
条件分布（以例说明）	在 $Y=y(b_0<y<b_0+b)$条件下， $X\sim U(a_0,a_0+a)$	在 $T=t(-1<t<1)$条件下， $Z\sim U(-(1-t)^{1/2},(1-t)^{1/2})$； 二维均匀分布的条件分布有可能是均匀分布

（续表）

名　称	定义与定理	性质与注释
独立性（以例说明）	若(X,Y)在矩形区域$D_1=\{(x,y)\mid a_0\leqslant x\leqslant a_0+a,b_0\leqslant y\leqslant b_0+b\}$上服从均匀分布，则$X$与$Y$相互独立	在$D_2=\{(z,t)\mid z^2+t^2\leqslant 1\}$内，$g(z,t)\neq g_Z(z)g_T(t)$，其中$g(z,t)$，$g_Z(z)$，$g_T(t)$分别为$(Z,T)$，$Z$，$T$的概率密度，所以$Z$与$T$不相互独立，即服从二维均匀分布的两个变量未必相互独立，请参考本章专题 15

5. 二维正态分布的相关分布及独立性

名　称	定义与定理	性质与注释
二维正态分布	如果二维随机变量(X,Y)的联合概率密度为 $$f(x,y)=\frac{1}{2\pi\sigma_1\sigma_2\sqrt{1-\rho^2}}e^{-\frac{1}{2(1-\rho^2)}\left[\frac{(x-\mu_1)^2}{\sigma_1^2}-2\rho\frac{(x-\mu_1)(y-\mu_2)}{\sigma_1\sigma_2}+\frac{(y-\mu_2)^2}{\sigma_2^2}\right]}$$ $(-\infty<x,y<+\infty)$， 其中$\mu_1,\mu_2,\sigma_1,\sigma_2,\rho$为常数，且$\sigma_1>0,\sigma_2>0,-1<\rho<1$，则称$(X,Y)$服从二维正态分布，记为$(X,Y)\sim N(\mu_1,\mu_2,\sigma_1^2,\sigma_2^2,\rho)$	$X+Y\sim N(\mu_1+\mu_2,\sigma_1^2+\sigma_2^2+2\rho\sigma_1\sigma_2)$
边缘分布	关于X的边缘概率密度： $$f_X(x)=\frac{1}{\sqrt{2\pi}\sigma_1}e^{-\frac{(x-\mu_1)^2}{2\sigma_1^2}}\quad(-\infty<x<+\infty)$$	$X\sim N(\mu_1,\sigma_1^2)$
	关于Y的边缘概率密度： $$f_Y(y)=\frac{1}{\sqrt{2\pi}\sigma_2}e^{-\frac{(y-\mu_2)^2}{2\sigma_2^2}}\quad(-\infty<y<+\infty)$$	$Y\sim N(\mu_2,\sigma_2^2)$

（续表）

名 称	定义与定理	性质与注释
条件分布	对任意固定的 y，$f_Y(y)>0$，则在 $Y=y$ 条件下，X 的条件概率密度为 $$f_{X\mid Y}(x\mid y)=\frac{1}{\sqrt{2\pi}\sigma_1\sqrt{1-\rho^2}}\mathrm{e}^{-\frac{1}{2\sigma_1^2(1-\rho^2)}\left[x-\left(\mu_1+\rho\frac{\sigma_1}{\sigma_2}(y-\mu_2)\right)\right]^2}$$ $(-\infty<x<+\infty)$	在 $Y=y$ 的条件下，$X\sim N\left(\mu_1+\rho\frac{\sigma_1}{\sigma_2}(y-\mu_2),\ \sigma_1^2(1-\rho^2)\right)$
	对任意固定的 x，$f_X(x)>0$，则在 $X=x$ 条件下，Y 的条件概率密度为 $$f_{Y\mid X}(y\mid x)=\frac{1}{\sqrt{2\pi}\sigma_2\sqrt{1-\rho^2}}\mathrm{e}^{-\frac{1}{2\sigma_2^2(1-\rho^2)}\left[y-\left(\mu_2+\rho\frac{\sigma_2}{\sigma_1}(x-\mu_1)\right)\right]^2}$$ $(-\infty<y<+\infty)$	在 $X=x$ 的条件下，$Y\sim N\left(\mu_2+\rho\frac{\sigma_2}{\sigma_1}(x-\mu_1),\ \sigma_2^2(1-\rho^2)\right)$
标准正态分布	如果 $(X,Y)\sim N(0,0,1,1,0)$，即其概率密度为 $$\varphi(x,y)=\frac{1}{2\pi}\mathrm{e}^{-\frac{1}{2}(x^2+y^2)}\quad(-\infty<x,y<+\infty),$$ 则称 (X,Y) 服从二维标准正态分布	$X\sim N(0,1)$，$Y\sim N(0,1)$，且 X 与 Y 相互独立
独立性	X 与 Y 相互独立 $\Longleftrightarrow\rho=0$	

6. 多维随机变量的相关分布及独立性(以连续型随机变量为例说明)

名 称	定 义	性质与注释
联合分布函数	设 $(X_1,X_2,\cdots,X_n)$ 是 n 维随机变量，n 元函数 $$F(x_1,x_2,\cdots,x_n)=P\{X_1\leqslant x_1,X_2\leqslant x_2,\cdots,X_n\leqslant x_n\}$$ $(-\infty<x_1,x_2,\cdots,x_n<+\infty)$ 称为 n 维随机变量 $(X_1,X_2,\cdots,X_n)$ 的联合分布函数	(1) 单调性：$F(x_1,x_2,\cdots,x_n)$ 关于每个变元都是单调不减函数； (2) 有界性：$0\leqslant F(x_1,x_2,\cdots,x_n)\leqslant 1$，且对于任意固定的 $x_1,\cdots,x_{i-1},x_{i+1},\cdots,x_n$，有 $F(x_1,\cdots,x_{i-1},-\infty,x_{i+1},\cdots,x_n)=0$，$F(+\infty,+\infty,\cdots,+\infty)=1$； (3) 右连续性：$F(x_1,x_2,\cdots,x_n)$ 关于每个变元都是右连续函数； (4) 非负性：类似二维随机变量联合分布函数的非负性
联合概率密度	如果 $f(x_1,x_2,\cdots,x_n)\geqslant 0$ 且满足 $$F(x_1,x_2,\cdots,x_n)=\int_{-\infty}^{x_1}\int_{-\infty}^{x_2}\cdots\int_{-\infty}^{x_n}f(t_1,t_2,\cdots,t_n)\mathrm{d}t_n\mathrm{d}t_{n-1}\cdots\mathrm{d}t_1,$$ 则称 $f(x_1,x_2,\cdots,x_n)$ 为 $(X_1,X_2,\cdots,X_n)$ 的联合概率密度	(1) 非负性：$f(x_1,x_2,\cdots,x_n)\geqslant 0$； (2) 规范性：$$\int_{-\infty}^{+\infty}\int_{-\infty}^{+\infty}\cdots\int_{-\infty}^{+\infty}f(x_1,x_2,\cdots,x_n)\mathrm{d}x_n\mathrm{d}x_{n-1}\cdots\mathrm{d}x_1=1$$

（续表）

名　称	定　义	性质与注释
边缘分布函数	关于 X_1 的边缘分布函数： $F_{X_1}(x_1)=F(x_1,+\infty,\cdots,+\infty)$	略
	关于(X_1,X_2)的边缘分布函数： $F_{X_1,X_2}(x_1,x_2)=F(x_1,x_2,+\infty,\cdots,+\infty)$	
边缘概率密度	关于 X_1 的边缘概率密度： $f_{X_1}(x_1)$ $=\int_{-\infty}^{+\infty}\int_{-\infty}^{+\infty}\cdots\int_{-\infty}^{+\infty}f(x_1,x_2,\cdots,x_n)\mathrm{d}x_n\cdots\mathrm{d}x_3\mathrm{d}x_2$	略
	关于(X_1,X_2)的边缘概率密度： $f_{X_1,X_2}(x_1,x_2)$ $=\int_{-\infty}^{+\infty}\int_{-\infty}^{+\infty}\cdots\int_{-\infty}^{+\infty}f(x_1,x_2,\cdots,x_n)\mathrm{d}x_n\cdots\mathrm{d}x_4\mathrm{d}x_3$	
独立性	如果对任意的实数 $x_1,x_2,\cdots,x_n$，有 $P\{X_1\leqslant x_1,X_2\leqslant x_2,\cdots,X_n\leqslant x_n\}$ $=P\{X_1\leqslant x_1\}P\{X_2\leqslant x_2\}\cdots P\{X_n\leqslant x_n\}$， 则称 $X_1,X_2,\cdots,X_n$ 相互独立，即 (1) $X_1,X_2,\cdots,X_n$ 相互独立$\Longleftrightarrow$对任意的实数 $x_1,x_2,\cdots,x_n$，有 $F(x_1,x_2,\cdots,x_n)=F_{X_1}(x_1)F_{X_2}(x_2)\cdots F_{X_n}(x_n)$； (2) $X_1,X_2,\cdots,X_n$ 相互独立$\Longleftrightarrow$几乎处处成立 $f(x_1,x_2,\cdots,x_n)=f_{X_1}(x_1)f_{X_2}(x_2)\cdots f_{X_n}(x_n)$	如果随机变量 $X_1,X_2,\cdots,X_n$ 相互独立，则 (1) 其中任意 $r(r\leqslant n)$个随机变量相互独立； (2) 随机变量 $g_1(X_1),g_2(X_2),\cdots,g_n(X_n)$相互独立，其中 $g_1,g_2,\cdots,g_n$ 为连续函数； (3) $X_{i_1},X_{i_2},\cdots,X_{i_r}$ 与 $X_{j_1},X_{j_2},\cdots,X_{j_s}$ 是其中任意两组不重叠的变量，则随机变量 $f(X_{i_1},\cdots,X_{i_r})$与 $g(X_{j_1},\cdots,X_{j_s})$相互独立，其中 f,g 为连续函数
	如果对任意的实数 $x_1,x_2,\cdots,x_m,y_1,y_2,\cdots,y_n$，有 $F(x_1,x_2,\cdots,x_m,y_1,y_2,\cdots,y_n)$ $=F_{X_1,X_2,\cdots,X_m}(x_1,x_2,\cdots,x_m)$ $\cdot F_{Y_1,Y_2,\cdots,Y_n}(y_1,y_2,\cdots,y_n)$， 则称$(X_1,X_2,\cdots,X_m)$与$(Y_1,Y_2,\cdots,Y_n)$相互独立	若$(X_1,X_2,\cdots,X_m)$与$(Y_1,Y_2,\cdots,Y_n)$相互独立，则 (1) $(X_1,X_2,\cdots,X_m)$的子向量与$(Y_1,Y_2,\cdots,Y_n)$的子向量相互独立. (2) $h(X_1,X_2,\cdots,X_m)$与 $g(Y_1,Y_2,\cdots,Y_n)$ 相互独立，其中 h,g 为连续函数

注　关于边缘分布只说明了关于 X_1 与关于(X_1,X_2)的，其他的边缘分布情形同理.

二、专题解析与例题精讲

1. 二维随机变量联合分布函数、分布律及概率密度的判别

【解题方法与技巧】

(1) 判别某二元函数 $F(x,y)$ 是否为某二维随机变量的联合分布函数，需要考查如下三个条件：

(i) 单调性：$F(x,y)$ 关于 x，关于 y 是单调不减函数.

(ii) 有界性：$0 \leqslant F(x,y) \leqslant 1$.特别地，对于任意固定的 y，有 $F(-\infty,y)=0$；对于任意固定的 x，有 $F(x,-\infty)=0$；另外，$F(-\infty,-\infty)=0$，$F(+\infty,+\infty)=1$.

(iii) 右连续性：对任意的 x，$F(x+0,y)=F(x,y)$；对任意的 y，$F(x,y+0)=F(x,y)$.

(iv) 非负性：对于任意的 $x_1<x_2$，$y_1<y_2$，有

$$F(x_2,y_2)-F(x_1,y_2)-F(x_2,y_1)+F(x_1,y_1) \geqslant 0.$$

如果 $F(x,y)$ 具备上述三条性质，则 $F(x,y)$ 必为某二维随机变量的联合分布函数.

(2) 判别下表是否为某二维离散型随机变量的联合分布律，需要考查如下两个条件：

X \ Y	y_1	y_2	…	y_j	…
x_1	p_{11}	p_{12}	…	p_{1j}	…
x_2	p_{21}	p_{22}	…	p_{2j}	…
⋮	⋮	⋮		⋮	
x_i	p_{i1}	p_{i2}	…	p_{ij}	…
⋮	⋮	⋮		⋮	

(i) 非负性：$p_{ij} \geqslant 0(i,j=1,2,\cdots)$；(ii) 规范性：$\sum\limits_j \sum\limits_i p_{ij}=1$.

如果上表具备上述两条性质，则其必为某二维离散型随机变量的联合分布律.

(3) 判别某二元函数 $f(x,y)$ 是否为某二维连续型随机变量的联合概率密度，需要考查如下两个条件：

(i) 非负性：$f(x,y) \geqslant 0$；(ii) 规范性：$\int_{-\infty}^{+\infty}\int_{-\infty}^{+\infty} f(x,y)\mathrm{d}x\mathrm{d}y=1$.

如果 $f(x,y)$ 具备上述两条性质，则 $f(x,y)$ 必为某二维连续型随机变量的联合概率密度.

例 3.1.1　判断下列函数是否为某二维随机变量的联合分布函数：

(1) $F(x,y)=\begin{cases}0, & x<0 \text{ 或 } y<0 \text{ 或 } x+y<2, \\ 1, & \text{其他};\end{cases}$

(2) $F(x,y)=\begin{cases}1/2+(1-\mathrm{e}^{-x})(1+\mathrm{e}^{-y}), & x>0,y>0, \\ 1/2, & \text{其他}.\end{cases}$

分析　考查 $F(x,y)$ 是否同时满足单调性、有界性、右连续性及非负性.

解 (1) 依题意,可验证 $F(x,y)$满足有界性与右连续性.但若取点$(2,2)$,$(0.5,0.2)$,则有

$$F(2,2)-F(2,0.2)-F(0.5,2)+F(0.5,0.2)=1-1-1-0=-1<0,$$

所以 $F(x,y)$不满足非负性.因此 $F(x,y)$不是二维随机变量的联合分布函数.

(2) $F(x,y)$显然不满足有界性: $0\leqslant F(x,y)\leqslant 1$,这是因为

$$\lim_{\substack{x\to+\infty\\ y\to+\infty}} F(x,y)=\frac{3}{2}\neq 1.$$

因此 $F(x,y)$不是二维随机变量的联合分布函数.

评注 判断某二元函数 $F(x,y)$是否为某二维随机变量的联合分布函数,需同时考查单调性、有界性、右连续性和非负性四条性质,当有一条不具备时,$F(x,y)$就不是二维随机变量的联合分布函数.

例 3.1.2 设二维随机变量(X,Y)的联合分布律为

X \ Y	-1	0
1	1/4	1/4
2	1/6	a

求常数 a 的值.

分析 由题设知,该表为(X,Y)的联合分布律,所以满足规范性,进而可求 a.

解 由规范性有$\frac{1}{4}+\frac{1}{4}+\frac{1}{6}+a=1$,解得 $a=\frac{1}{3}$.

评注 如果表格是联合分布律,则其应满足非负性与规范性.

例 3.1.3 判断函数 $f(x,y)=\begin{cases}x^2+y^2, & x^2+y^2\leqslant 1,\\ 0, & \text{其他}\end{cases}$ 是否为某二维连续型随机变量的联合概率密度.

分析 考查 $f(x,y)$是否满足非负性与规范性,依此判别 $f(x,y)$是否为概率密度.

解 虽然 $f(x,y)\geqslant 0$,即满足非负性,但是

$$\int_{-\infty}^{+\infty}\int_{-\infty}^{+\infty} f(x,y)\,\mathrm{d}x\,\mathrm{d}y=\iint\limits_{x^2+y^2\leqslant 1}(x^2+y^2)\,\mathrm{d}x\,\mathrm{d}y=\int_0^{2\pi}\mathrm{d}\theta\int_0^1 r^2\cdot r\,\mathrm{d}r=\frac{\pi}{2}\neq 1,$$

所以 $f(x,y)$不满足规范性,因此 $f(x,y)$不是二维连续型随机变量的联合概率密度.

评注 判断某二元函数 $f(x,y)$是否为某二维随机变量的联合概率密度,需考查非负性和规范性两条性质,当有一条不具备时,$f(x,y)$就不能作为二维随机变量的联合概率密度.

2. 求二维随机变量联合分布的未知参数

【解题方法与技巧】

(1) 对于离散型随机变量,可利用联合分布律的规范性 $\sum\limits_j\sum\limits_i p_{ij}=1$ 来确定未知参数.

(2) 对于连续型随机变量,可利用联合概率密度的规范性 $\int_{-\infty}^{+\infty}\int_{-\infty}^{+\infty} f(x,y)\mathrm{d}x\mathrm{d}y=1$ 来确定未知参数.

(3) 可利用联合分布函数的有界性 $F(x,-\infty)=0, F(-\infty,y)=0, F(-\infty,-\infty)=0$, $F(+\infty,+\infty)=1$来确定未知参数.

例 3.2.1 设二维随机变量(X,Y)的联合概率分布为

X \ Y	0	1
0	0.4	a
1	b	0.1

若事件$\{X=0\}$与$\{X+Y=1\}$相互独立,求常数 a,b 的值.

分析 依据联合分布律的规范性可确定 a,b 应满足的一个关系式,再由已知条件"事件$\{X=0\}$与$\{X+Y=1\}$相互独立"可确定 a,b 应满足的又一关系式,进而确定 a,b 的值.

解 由独立性可知 $P\{X=0,X+Y=1\}=P\{X=0\}P\{X+Y=1\}$,其中

$$P\{X=0,X+Y=1\}=P\{X=0,Y=1\}=a,$$
$$P\{X=0\}=P\{X=0,Y=0\}+P\{X=0,Y=1\}=0.4+a,$$
$$P\{X+Y=1\}=P\{X=0,Y=1\}+P\{X=1,Y=0\}=a+b,$$

于是

$$a=(0.4+a)(a+b).$$

又由规范性知 $a+b=0.5$,代入上式得 $a=(0.4+a)0.5$,解得 $a=0.4$.所以 $b=0.5-a=0.1$.

评注 求解本例的关键是利用联合分布律的规范性及事件$\{X=0\}$与$\{X+Y=1\}$的独立性.

例 3.2.2 设二维随机变量(X,Y)的联合概率密度为

$$f(x,y)=\begin{cases}A(6-x-y), & 0<x<2,\ 2<y<4,\\ 0, & \text{其他}.\end{cases}$$

(1) 确定常数 A; (2) 求 $P\{X<1,Y<3\}$, $P\{X+Y<4\}$.

分析 利用解题方法与技巧(2)确定常数 A;利用联合概率密度的性质 $P\{(X,Y)\in G\}=\iint\limits_G f(x,y)\mathrm{d}x\mathrm{d}y$ 求概率.

解 (1) 由联合概率密度的规范性有

$$1=\int_{-\infty}^{+\infty}\int_{-\infty}^{+\infty} f(x,y)\mathrm{d}x\mathrm{d}y=A\int_0^2\mathrm{d}x\int_2^4(6-x-y)\mathrm{d}y=8A,$$

解得 $A=1/8$.

(2) $P\{X<1,Y<3\}=\iint\limits_{x<1,y<3} f(x,y)\mathrm{d}x\mathrm{d}y=\iint\limits_{D_1}\frac{1}{8}(6-x-y)\mathrm{d}x\mathrm{d}y$

$$= \frac{1}{8}\int_0^1 \mathrm{d}x \int_2^3 (6-x-y)\mathrm{d}y = \frac{3}{8} \quad (\text{见图 3.1(a)}),$$

$$P\{X+Y<4\} = \iint\limits_{x+y<4} f(x,y)\mathrm{d}x\mathrm{d}y = \iint\limits_{D_2} \frac{1}{8}(6-x-y)\mathrm{d}x\mathrm{d}y$$

$$= \frac{1}{8}\int_0^2 \mathrm{d}x \int_2^{4-x} (6-x-y)\mathrm{d}y = \frac{2}{3} \quad (\text{见图 3.1(b)}).$$

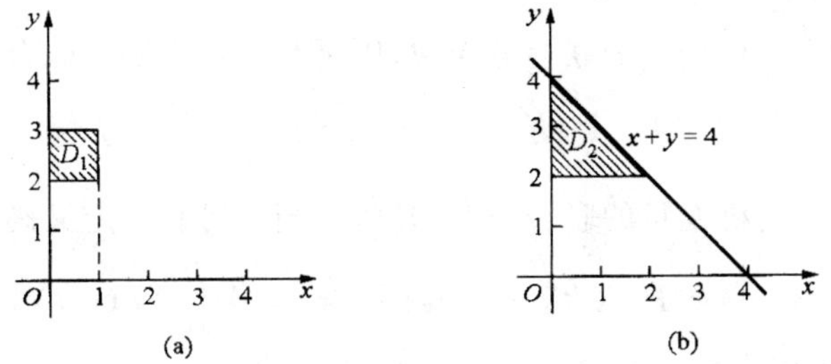

(a)　　(b)

图　3.1

评注　(1) 求解问题(2)的关键是利用联合概率密度的性质将概率 $P\{X<1,Y<3\}$ 转化为二重积分,同时注意积分区域应是联合概率密度不为 0 的区域与 $\{(x,y)\mid x<1,y<3\}$ 的公共部分 D_1.

(2) 在判断 $x+y<4$ 所指定的区域时,可采用"一点判别法",即以 $x+y=4$ 为界将全平面分为两部分,若其中一区域某点的坐标满足该不等式,则该点所在的区域即为所指定区域.例如点(0,0)满足 $x+y<4$,则直线 $x+y=4$ 左下方为满足 $x+y<4$ 的区域.

例 3.2.3　设二维随机变量(X,Y)的联合分布函数为

$$F(x,y) = A\left(B+\arctan\frac{x}{3}\right)\left(C+\arctan\frac{y}{2}\right) \quad (-\infty<x,\ y<+\infty).$$

(1) 确定常数 A,B,C 的值;　　(2) 求(X,Y)的联合概率密度 $f(x,y)$.

分析　(1) 利用解题方法与技巧(3)求解;(2) 利用公式 $f(x,y)=\dfrac{\partial^2 F(x,y)}{\partial x\partial y}$求解.

解　(1) 由联合分布函数的有界性知 $A\neq 0$,且对任意的 x,y,有

$$0 = F(x,-\infty) = A\left(B+\arctan\frac{x}{3}\right)\left(C-\frac{\pi}{2}\right) \Longrightarrow C=\frac{\pi}{2},$$

$$0 = F(-\infty,y) = A\left(B-\frac{\pi}{2}\right)\left(C+\arctan\frac{y}{2}\right) \Longrightarrow B=\frac{\pi}{2},$$

从而
$$1 = F(+\infty,+\infty) = A\left(\frac{\pi}{2}+\frac{\pi}{2}\right)\left(\frac{\pi}{2}+\frac{\pi}{2}\right) \Longrightarrow A=\frac{1}{\pi^2},$$

于是
$$F(x,y) = \frac{1}{\pi^2}\left(\frac{\pi}{2}+\arctan\frac{x}{3}\right)\left(\frac{\pi}{2}+\arctan\frac{y}{2}\right) \quad (-\infty<x,\ y<+\infty).$$

(2) $$f(x,y) = \frac{\partial^2 F(x,y)}{\partial x\partial y} = \frac{6}{\pi^2(9+x^2)(4+y^2)} \quad (-\infty<x,\ y<+\infty).$$

评注　如果随机变量(X,Y)的分布函数$F(x,y)$有二阶混合连续偏导数$\frac{\partial^2 F}{\partial x\partial y}$，则$\frac{\partial^2 F}{\partial x\partial y}$就是$(X,Y)$的联合概率密度.

3. 求二维随机变量的联合分布函数

【解题方法与技巧】

(1) 若已知离散型随机变量的联合分布律，则可利用定义确定联合分布函数：

$$F(x,y)=P\{X\leqslant x,Y\leqslant y\}=\sum_{x_i\leqslant x,y_j\leqslant y}p_{ij}.$$

(2) 若已知连续型随机变量的联合概率密度，则同样可利用定义确定联合分布函数：

$$F(x,y)=P\{X\leqslant x,Y\leqslant y\}=\int_{-\infty}^{x}\mathrm{d}s\int_{-\infty}^{y}f(s,t)\mathrm{d}t.$$

例 3.3.1　设二维随机变量(X,Y)的联合分布律为

X \ Y	0	2
1	1/6	1/3
3	1/4	1/4

求联合分布函数值$F(2,1)$，$F(4,1)$，$F(2,3)$，$F(4,3)$，$F(-1,1)$.

分析　依据解题方法与技巧(1)求联合分布函数值.比如，$F(4,1)$就应等于(X,Y)落入以$(4,1)$为右上顶点的向左下方无限延伸的无穷矩形区域内各个可能取值点处的概率之和，如图 3.2 所示.

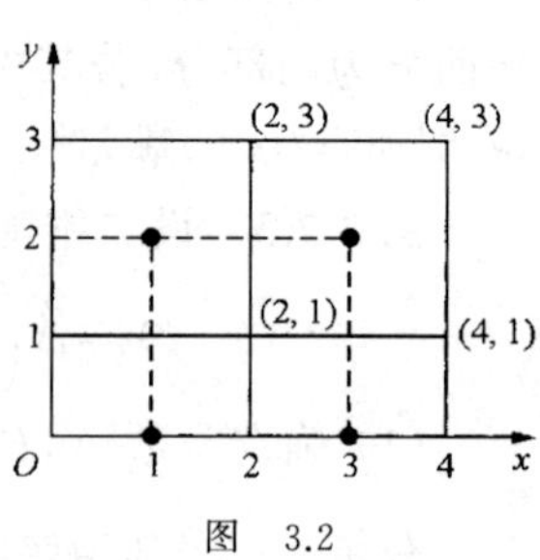

图　3.2

解　利用图 3.2 得

$$F(2,1)=P\{X\leqslant 2,Y\leqslant 1\}=P\{X=1,Y=0\}=1/6,$$

$$\begin{aligned}F(4,1)&=P\{X\leqslant 4,Y\leqslant 1\}=P\{X=1,Y=0\}+P\{X=3,Y=0\}\\&=1/4+1/6=5/12,\end{aligned}$$

$$\begin{aligned}F(2,3)&=P\{X\leqslant 2,Y\leqslant 3\}=P\{X=1,Y=0\}+P\{X=1,Y=2\}\\&=1/6+1/3=1/2,\end{aligned}$$

$$\begin{aligned}F(4,3)=P\{X\leqslant 4,Y\leqslant 3\}&=P\{X=1,Y=0\}+P\{X=3,Y=0\}\\&\quad+P\{X=1,Y=2\}+P\{X=3,Y=2\}=1,\end{aligned}$$

$$F(-1,1)=P\{X\leqslant -1,Y\leqslant 1\}=P(\varnothing)=0.$$

评注　由图 3.2 可以看出，对二维离散型随机变量而言，联合分布函数值$F(x_0,y_0)$就是(X,Y)在以(x_0,y_0)为右上顶点的，向左下方无限延伸的广口矩形区域内各个可能取值点处的概率之和.

例 3.3.2 设二维随机变量(X,Y)的联合分布律为

$X \backslash Y$	0	1
0	7/21	4/21
1	7/21	3/21

(1) 求(X,Y)的联合分布函数$F(x,y)$； (2) 求概率$P\{0\leqslant X\leqslant 1,1\leqslant Y\leqslant 2\}$.

分析 (1) 由联合分布律可知(X,Y)所有可能取值点为$(0,0),(1,0),(0,1),(1,1)$.由此可将平面划分五个区域,在每个区域内,依据解题方法与技巧(1)求解$F(x,y)$.

(2) 先明确区域$\{(x,y)\mid 0\leqslant x\leqslant 1,1\leqslant y\leqslant 2\}$内有多少$(X,Y)$的可能取值点,则概率$P\{0\leqslant X\leqslant 1,1\leqslant Y\leqslant 2\}$等于各点概率之和.

解 (1) 参考图3.3,易得

当$x<0$或$y<0$时,$F(x,y)=0$；

当$0\leqslant x<1,0\leqslant y<1$时,$F(x,y)=P\{X=0,Y=0\}=7/21$；

当$0\leqslant x<1,y\geqslant 1$时,$F(x,y)=P\{X=0,Y=0\}+P\{X=0,Y=1\}=11/21$；

当$x\geqslant 1,0\leqslant y<1$时,$F(x,y)=P\{X=0,Y=0\}+P\{X=1,Y=0\}=14/21$；

当$x\geqslant 1,y\geqslant 1$时,$F(x,y)=1$.

所以(X,Y)的联合分布函数为

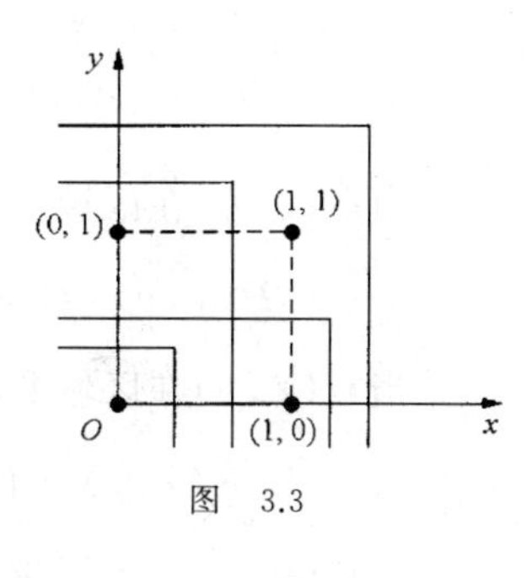

图 3.3

$$F(x,y)=\begin{cases}0, & x<0 \text{ 或 } y<0,\\ \dfrac{7}{21}, & 0\leqslant x<1,0\leqslant y<1,\\ \dfrac{11}{21}, & 0\leqslant x<1,y\geqslant 1,\\ \dfrac{14}{21}, & x\geqslant 1,0\leqslant y<1,\\ 1, & x\geqslant 1,y\geqslant 1.\end{cases}$$

(2) $P\{0\leqslant X\leqslant 1,1\leqslant Y\leqslant 2\}=P\{X=0,Y=1\}+P\{X=1,Y=1\}=1/3$.

评注 (1) 离散型随机变量的联合分布通常用联合分布律来表述,因为联合分布函数的形式较复杂.

(2) 概率$P\{0\leqslant X\leqslant 1,1\leqslant Y\leqslant 2\}$也可通过联合分布函数来确定.

例 3.3.3 已知随机变量X和Y的联合概率密度为

$$f(x,y)=\begin{cases}4xy, & 0\leqslant x<1,0\leqslant y<1,\\ 0, & \text{其他},\end{cases}$$

求(X,Y)的联合分布函数$F(x,y)$.

分析 利用$f(x,y)$非0区域的边界直线$x=0,x=1,y=0,y=1$分割Oxy平面成五个区域,在每个区域上依据解题方法与技巧(2)求解.

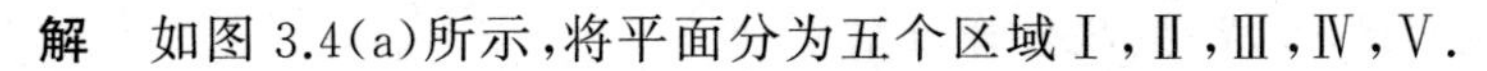

解　如图 3.4(a)所示,将平面分为五个区域Ⅰ,Ⅱ,Ⅲ,Ⅳ,Ⅴ.

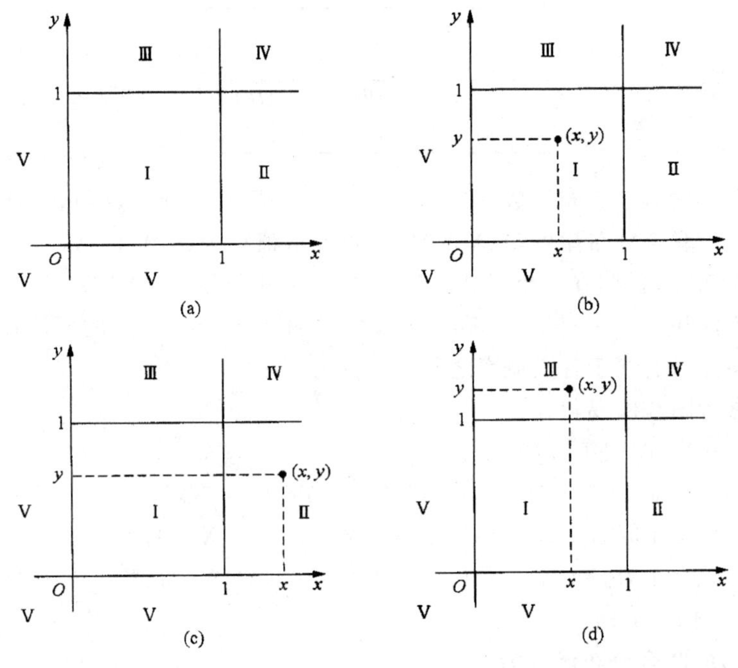

图　3.4

当点(x,y)在区域Ⅰ时,

$$F(x,y)=\int_0^x \mathrm{d}s\int_0^y f(s,t)\mathrm{d}t=4\int_0^x s\mathrm{d}s\int_0^y t\mathrm{d}t=x^2y^2\quad(\text{见图 }3.4(\mathrm{b}));$$

当点(x,y)在区域Ⅱ时,

$$F(x,y)=\int_0^x \mathrm{d}s\int_0^y f(s,t)\mathrm{d}t=4\int_0^1 s\mathrm{d}s\int_0^y t\mathrm{d}t=y^2\quad(\text{见图 }3.4(\mathrm{c}));$$

当点(x,y)在区域Ⅲ时,

$$F(x,y)=\int_0^x \mathrm{d}s\int_0^y f(s,t)\mathrm{d}t=4\int_0^x s\mathrm{d}s\int_0^1 t\mathrm{d}t=x^2\quad(\text{见图 }3.4(\mathrm{d}));$$

当点(x,y)在区域Ⅳ时,$F(x,y)=\int_0^x \mathrm{d}s\int_0^y f(s,t)\mathrm{d}t=4\int_0^1 s\mathrm{d}s\int_0^1 t\mathrm{d}t=1$;

当点(x,y)在区域Ⅴ时,$F(x,y)=0$.

于是,所求的联合分布函数为

$$F(x,y)=\begin{cases}0, & x<0\text{ 或 }y<0,\\ x^2y^2, & 0\leqslant x<1,0\leqslant y<1,\\ y^2, & x\geqslant 1,0\leqslant y<1,\\ x^2, & 0\leqslant x<1,y\geqslant 1,\\ 1, & x\geqslant 1,y\geqslant 1.\end{cases}$$

评注 (1) 求解本例的关键是根据联合概率密度划分区域，进而分别确定分布函数.

(2) 由联合概率密度可知 X 与 Y 相互独立，因此还可通过先求边缘概率密度、边缘分布函数，再求联合分布函数的方法求解(见本章专题 9).

例 3.3.4 已知二维随机变量(X,Y)的联合概率密度为

$$f(x,y)=\begin{cases}2\mathrm{e}^{-(x+y)}, & 0<x<y,\\ 0, & \text{其他},\end{cases}$$

求(X,Y)的联合分布函数 $F(x,y)$.

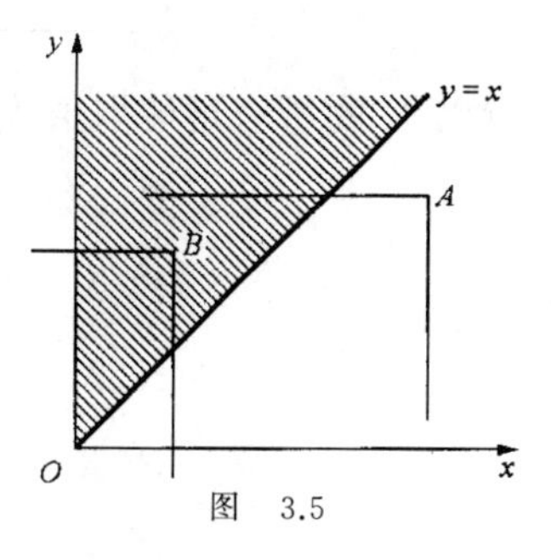

图 3.5

分析 按 $f(x,y)$是否为 0 将平面分成三个部分，再依据解题方法与技巧(2)求解.

解 当 $x<0$ 或 $y<0$ 时，显然 $F(x,y)=0$；

当 $0\leqslant y\leqslant x$ 时，如图 3.5 中的 A 点，此时

$$F(x,y)=\int_{-\infty}^{x}\mathrm{d}s\int_{-\infty}^{y}f(s,t)\mathrm{d}t=2\int_{0}^{y}\mathrm{e}^{-t}\mathrm{d}t\int_{0}^{t}\mathrm{e}^{-s}\mathrm{d}s=1-2\mathrm{e}^{-y}+\mathrm{e}^{-2y};$$

当 $0\leqslant x<y$ 时，如图 3.5 中的 B 点，此时

$$F(x,y)=\int_{-\infty}^{x}\mathrm{d}s\int_{-\infty}^{y}f(s,t)\mathrm{d}t=2\int_{0}^{x}\mathrm{e}^{-s}\mathrm{d}s\int_{s}^{y}\mathrm{e}^{-t}\mathrm{d}t=1-2\mathrm{e}^{-y}-\mathrm{e}^{-2x}+2\mathrm{e}^{-(x+y)}.$$

于是，(X,Y)的联合分布函数为

$$F(x,y)=\begin{cases}0, & x<0\text{ 或 }y<0,\\ 1-2\mathrm{e}^{-y}+\mathrm{e}^{-2y}, & 0\leqslant y<x,\\ 1-2\mathrm{e}^{-y}-\mathrm{e}^{-2x}+2\mathrm{e}^{-(x+y)}, & 0\leqslant x<y.\end{cases}$$

评注 求解本例的关键是累次积分限的确定. 比如当 $0\leqslant y<x$ 时，$F(x,y)=2\int_{0}^{y}\mathrm{e}^{-t}\mathrm{d}t\int_{0}^{t}\mathrm{e}^{-s}\mathrm{d}s$，先就外层积分明确 $0\leqslant t\leqslant y$，而当 t 在$[0,y]$内暂时固定时，s 在$[0,t]$内取值.

4. 求二维离散型随机变量的联合分布律

【解题方法与技巧】

在求二维离散型随机变量(X,Y)的联合分布律时，一般是先根据题设确定 X 的所有可能取值 $x_1,x_2,\cdots$与 Y 的所有可能取值 $y_1,y_2,\cdots$，再确定(X,Y)在各可能取值(x_i,y_j)处的概率 $p_{ij}=P\{X=x_i,Y=y_j\}(i,j=1,2,\cdots)$，同时注意 $\sum\limits_{j}\sum\limits_{i}p_{ij}=1$.

例 3.4.1 将一枚均匀的硬币抛掷 3 次，设 X 为 3 次中正面朝上的次数，Y 为正反面出现次数之差的绝对值，求(X,Y)的联合分布律.

分析 先由硬币正、反面朝上的次数确定 Y 的取值，再明确事件$\{X=x_i,Y=y_j\}$的实际意义，进而计算概率.

解 设反面朝上的次数为 Z，由题设可得下表：

X	0	1	2	3
Z	3	2	1	0
$Y=\|X-Z\|$	3	1	1	3

所以 X 的所有可能取值为 0,1,2,3,Y 的所有可能取值为 1,3.由于

$$P\{X=0,Y=1\}=P(\varnothing)=0,$$

$$P\{X=0,Y=3\}=P\{X=0,Z=3\}=(1/2)^3=1/8,$$

$$P\{X=1,Y=1\}=P\{X=1,Z=2\}=C_3^1(1/2)^3=3/8,$$

$$P\{X=1,Y=3\}=P(\varnothing)=0,$$

$$P\{X=2,Y=1\}=P\{X=2,Z=1\}=C_3^1(1/2)^3=3/8,$$

$$P\{X=2,Y=3\}=P(\varnothing)=0,$$

$$P\{X=3,Y=1\}=P(\varnothing)=0,$$

$$P\{X=3,Y=3\}=P\{X=3,Z=0\}=(1/2)^3=1/8,$$

于是(X,Y)的联合分布律为

X \ Y	1	3
0	0	1/8
1	3/8	0
2	3/8	0
3	0	1/8

评注 求解本例的关键是利用 X 和中间变量 Z 的取值确定 Y 的所有可能取值及事件$\{X=x_i,Y=y_j\}$的实际意义,进而确定相应的概率.

例 3.4.2 在 5 张卡片上分别写有数字 1,2,3,4,5.从中随机抽取 3 张,记 X,Y 分别表示 3 张卡片上数字的最小值和最大值,求 X 与 Y 的联合分布律.

分析 先明确事件$\{X=x_i,Y=y_j\}$的实际意义,再确定概率,比如事件$\{X=1,Y=4\}$表示取出的 3 张卡片分别写有数字 1,2,4 或数字 1,3,4.

解 由题意知,X 的可能取值为 1,2,3,Y 的可能取值为 3,4,5,且有

$$P\{X=1,Y=3\}=1/C_5^3=0.1,\quad P\{X=1,Y=4\}=C_2^1/C_5^3=0.2,$$

$$P\{X=1,Y=5\}=C_3^1/C_5^3=0.3,\quad P\{X=2,Y=3\}=P(\varnothing)=0,$$

$$P\{X=2,Y=4\}=1/C_5^3=0.1,\quad P\{X=2,Y=5\}=C_2^1/C_5^3=0.2,$$

$$P\{X=3,Y=3\}=P(\varnothing)=0,\quad P\{X=3,Y=4\}=P(\varnothing)=0,$$

$$P\{X=3,Y=5\}=1/C_5^3=0.1,$$

于是 X 与 Y 的联合分布律为

X \ Y	3	4	5
1	0.1	0.2	0.3
2	0	0.1	0.2
3	0	0	0.1

评注 求解本例的关键是明确事件$\{X=x_i,Y=y_j\}$的实际意义.可用规范性验证结果的正确性.

例 3.4.3 一盒子内装有大小相同的 18 个球,分别标有号码 1,2,…,18.现从中随机取出一球,以 $X=0$,$X=1$ 分别记取得球的号码为偶数和奇数的事件,以 $Y=0$ 和 $Y=1$ 分别记取得球的号码是 3 的倍数与不是 3 的倍数的事件.求(X,Y)的联合分布律.

分析 与上例一样,应先明确事件$\{X=x_i,Y=y_j\}$的实际意义,再确定其概率,比如事件$\{X=1,Y=0\}$表示取得的号码为 3,9,15.

解 (X,Y)的可能取值为$(0,0)$,$(0,1)$,$(1,0)$,$(1,1)$,且有

$$P\{X=0,Y=0\}=P\{\text{取得的号码为 }6,12,18\}=3/18=1/6,$$

$$P\{X=0,Y=1\}=P\{\text{取得的号码为 }2,4,8,10,14,16\}=6/18=2/6,$$

$$P\{X=1,Y=0\}=P\{\text{取得的号码为 }3,9,15\}=3/18=1/6,$$

$$P\{X=1,Y=1\}=P\{\text{取得的号码为 }1,5,7,11,13,17\}=6/18=2/6,$$

于是(X,Y)的联合分布律为

X \ Y	0	1
0	1/6	2/6
1	1/6	2/6

评注 求解本例的关键同样是明确事件$\{X=x_i,Y=y_j\}$的实际意义.

例 3.4.4 设事件 A,B 满足 $P(A)=1/4$,$P(B|A)=P(A|B)=1/2$.令

$$X=\begin{cases}1, & A\text{ 发生},\\ 0, & \overline{A}\text{ 发生},\end{cases}\qquad Y=\begin{cases}1, & B\text{ 发生},\\ 0, & \overline{B}\text{ 发生},\end{cases}$$

试求(X,Y)的联合分布律.

分析 先确定(X,Y)的可能取值,再由题设确定(X,Y)在各个可能值的概率,比如

$$P(X=0,Y=1)=P(\overline{A}B)=P(B-AB)=P(B)-P(AB)$$

$$=\frac{P(A)P(B|A)}{P(A|B)}-P(A)P(B|A).$$

解 由题设有

$$P(B|A)=\frac{P(AB)}{P(A)}=\frac{1}{2},\quad P(AB)=P(B|A)P(A)=\frac{1}{8},$$

$$P(A|B)=\frac{P(AB)}{P(B)}=\frac{1}{2},\quad P(B)=2P(AB)=\frac{1}{4}.$$

(X,Y)的可能取值点为$(0,0),(0,1),(1,0),(1,1)$，且

$$P\{X=0,Y=0\}=P(\bar{A}\,\bar{B})=P(\overline{A\cup B})=1-P(A\cup B)$$

$$=1-P(A)-P(B)+P(AB)=\frac{5}{8},$$

$$P\{X=0,Y=1\}=P(\bar{A}B)=P(B-AB)=P(B)-P(AB)=\frac{1}{4}-\frac{1}{8}=\frac{1}{8},$$

$$P\{X=1,Y=0\}=P(A\bar{B})=P(A-AB)=P(A)-P(AB)=\frac{1}{4}-\frac{1}{8}=\frac{1}{8},$$

$$P\{X=1,Y=1\}=P(AB)=\frac{1}{8},$$

故所求(X,Y)的联合分布律为

X \ Y	0	1
0	5/8	1/8
1	1/8	1/8

评注　求解本例的关键是由事件A与B的相关概率确定事件$\{X=x_i,Y=y_j\}$的概率.

5. 已知二维随机变量的联合分布，求边缘分布

【解题方法与技巧】

(1) 由联合分布函数确定边缘分布函数：

$$F_X(x)=F(x,+\infty),\quad F_Y(y)=F(+\infty,y).$$

(2) 由联合分布律确定边缘分布律：

$$p_{i\cdot}=\sum_j p_{ij}\ (i=1,2,\cdots),\quad p_{\cdot j}=\sum_i p_{ij}\ (j=1,2,\cdots).$$

(3) 由联合概率密度确定边缘概率密度：

$$f_X(x)=\int_{-\infty}^{+\infty}f(x,y)\mathrm{d}y,\quad f_Y(y)=\int_{-\infty}^{+\infty}f(x,y)\mathrm{d}x.$$

例 3.5.1　设二维随机变量(X,Y)的联合分布函数为

$$F(x,y)=\frac{1}{\pi^2}\left(\frac{\pi}{2}+\arctan\frac{x}{3}\right)\left(\frac{\pi}{2}+\arctan\frac{y}{2}\right)\quad(-\infty<x,y<+\infty),$$

(1) 求关于X与关于Y的边缘分布函数$F_X(x),F_Y(y)$；

(2) 求关于X与关于Y的边缘概率密度$f_X(x),f_Y(y)$.

分析　(1) 利用解题方法与技巧(1)求解；(2) 由边缘分布函数通过求导数求解.

解　(1) $F_X(x)=F(x,+\infty)=\frac{1}{\pi^2}\left(\frac{\pi}{2}+\arctan\frac{x}{3}\right)\lim\limits_{y\to+\infty}\left(\frac{\pi}{2}+\arctan\frac{y}{2}\right)$

$$=\frac{1}{\pi^2}\left(\frac{\pi}{2}+\arctan\frac{x}{3}\right)\left(\frac{\pi}{2}+\frac{\pi}{2}\right)=\frac{1}{\pi}\left(\frac{\pi}{2}+\arctan\frac{x}{3}\right)$$

$$(-\infty<x<+\infty),$$

$$F_Y(y)=F(+\infty,y)=\frac{1}{\pi^2}\left(\frac{\pi}{2}+\arctan\frac{y}{2}\right)\lim_{x\to+\infty}\left(\frac{\pi}{2}+\arctan\frac{x}{3}\right)$$

$$=\frac{1}{\pi^2}\left(\frac{\pi}{2}+\arctan\frac{y}{2}\right)\left(\frac{\pi}{2}+\frac{\pi}{2}\right)=\frac{1}{\pi}\left(\frac{\pi}{2}+\arctan\frac{y}{2}\right)$$

$$(-\infty<y<+\infty).$$

(2) $f_X(x)=F'_X(x)=\dfrac{3}{\pi(9+x^2)}\quad(-\infty<x<+\infty)$,

$f_Y(y)=F'_Y(y)=\dfrac{2}{\pi(4+y^2)}\quad(-\infty<y<+\infty)$.

评注 (1) 本例问题(2)也可先由联合分布函数确定联合概率密度,再利用解题方法与技巧(3)求解.

(2) 从某种意义上讲,二维随机变量的边缘分布就是一维随机变量的分布,它具有一维随机变量的性质.但从整体来看,二维随机变量的边缘分布是在三维空间上考虑问题,而一维随机变量的分布只是在平面上考虑问题.例如二维随机变量(X,Y)的边缘分布函数$F_X(x)=P\{X\leqslant x,Y<+\infty\}$表示随机点$(X,Y)$落在区域$\{(s,t)\mid-\infty<s\leqslant x,-\infty<t<+\infty\}$内的概率,从而当$(X,Y)$为连续型时,在几何上$F_X(x)$表示体积.而一维随机变量$X$的分布函数$F(x)=P\{X\leqslant x\}$表示随机点$X$落在区间$(-\infty,x]$内的概率,故当$X$为连续型时,在几何上$F(x)$表示面积.

例 3.5.2 设袋中有 2 个白球及 3 个黑球.现随机地抽取 2 次,每次抽取一球,并定义随机变量如下:

$$X_1=\begin{cases}0, & \text{第 1 次取出黑球},\\ 1, & \text{第 1 次取出白球},\end{cases}$$

$$X_2=\begin{cases}0, & \text{第 2 次取出黑球},\\ 1, & \text{第 2 次取出白球}.\end{cases}$$

试就下面两种情况求(X_1,X_2)的联合分布律及关于X_1与关于X_2的边缘分布律:

(1) 第 1 次取球后放回; (2) 第 1 次取球后不放回.

分析 先确定联合分布律,再利用解题方法与技巧(2)确定边缘分布律.

解 (1) 依题意,X_1与X_2的所有可能取值均为 0,1,且

$P\{X_1=0,X_2=0\}=P\{$第 1 次取出黑球且第 2 次也取出黑球$\}=9/25$,

$P\{X_1=0,X_2=1\}=P\{$第 1 次取出黑球且第 2 次取出白球$\}=6/25$,

$P\{X_1=1,X_2=0\}=P\{$第 1 次取出白球且第 2 次取出黑球$\}=6/25$,

$P\{X_1=1,X_2=1\}=P\{$第 1 次取出白球且第 2 次取出白球$\}=4/25$,

于是(X_1,X_2)的联合分布律及关于X_1与关于X_2的边缘分布律为

X_1 \ X_2	0	1	$P\{X_1=x_{1i}\}$
0	9/25	6/25	3/5
1	6/25	4/25	2/5
$P\{X_2=x_{2j}\}$	3/5	2/5	1

(2) 依题意，X_1 与 X_2 的所有可能取值均为 0，1，且

$P\{X_1=0,X_2=0\}=P\{$第 1 次取出黑球且第 2 次也取出黑球$\}=6/20$，

$P\{X_1=0,X_2=1\}=P\{$第 1 次取出黑球且第 2 次取出白球$\}=6/20$，

$P\{X_1=1,X_2=0\}=P\{$第 1 次取出白球且第 2 次取出黑球$\}=6/20$，

$P\{X_1=1,X_2=1\}=P\{$第 1 次取出白球且第 2 次取出白球$\}=2/20$，

于是(X_1,X_2)的联合分布律及关于 X_1 与关于 X_2 的边缘分布律为

X_1 \ X_2	0	1	$P\{X_1=x_{1i}\}$
0	6/20	6/20	3/5
1	6/20	2/20	2/5
$P\{X_2=x_{2j}\}$	3/5	2/5	1

评注　可见两种情况下的联合分布律不同，但边缘分布律是相同的.这说明，相同的边缘分布可能会由不同的联合分布得到.因此，由边缘分布不能唯一地确定联合分布.

例 3.5.3　设二维随机变量(X,Y)的联合概率密度为

$$f(x,y)=\begin{cases} e^{-y}, & 0<x<y, \\ 0, & \text{其他}. \end{cases}$$

(1) 求关于 X 与关于 Y 的边缘概率密度 $f_X(x)$，$f_Y(y)$；

(2) 求 $P\{X+Y\leqslant 2 \mid Y\geqslant 1\}$.

分析　(1) 利用解题方法与技巧(3)求解；(2) 利用条件概率的定义及联合概率密度的性质求解：

$$P(B\mid A)=\frac{P(AB)}{P(A)},\quad P(A)>0,\quad P\{(X,Y)\in D\}=\iint_D f(x,y)\mathrm{d}x\mathrm{d}y.$$

解　(1) 联合概率密度 $f(x,y)$只在图 3.6(a)的阴影区域 D_1 内取非 0 值.

当 $x\leqslant 0$ 时，$f(x,y)=0$，因此 $f_X(x)=\int_{-\infty}^{+\infty} f(x,y)\mathrm{d}y=0$；

当 $x>0$ 时，$f_X(x)=\int_{-\infty}^{+\infty} f(x,y)\mathrm{d}y=\int_x^{+\infty} e^{-y}\mathrm{d}y=e^{-x}$.

所以关于 X 的边缘概率密度为

$$f_X(x)=\begin{cases} e^{-x}, & x>0, \\ 0, & x\leqslant 0. \end{cases}$$

当 $y\leqslant 0$ 时，$f(x,y)=0$，因此 $f_Y(y)=\int_{-\infty}^{+\infty}f(x,y)\mathrm{d}x=0$；

当 $y>0$ 时，$f_Y(y)=\int_{-\infty}^{+\infty}f(x,y)\mathrm{d}x=\int_0^y \mathrm{e}^{-y}\mathrm{d}x=y\mathrm{e}^{-y}$.

所以关于 Y 的边缘概率密度为

$$f_Y(y)=\begin{cases} y\mathrm{e}^{-y}, & y>0,\\ 0, & y\leqslant 0.\end{cases}$$

(2) $P\{X+Y\leqslant 2\mid Y\geqslant 1\}=\dfrac{P\{X+Y\leqslant 2,Y\geqslant 1\}}{P\{Y\geqslant 1\}}$

$$=\frac{\displaystyle\iint\limits_{\substack{x+y\leqslant 2\\ y\geqslant 1}}f(x,y)\mathrm{d}x\mathrm{d}y}{\displaystyle\int_1^{+\infty}f_Y(y)\mathrm{d}y}=\frac{\displaystyle\iint\limits_{D_2}\mathrm{e}^{-y}\mathrm{d}x\mathrm{d}y}{\displaystyle\int_1^{+\infty}y\mathrm{e}^{-y}\mathrm{d}y}=\frac{\displaystyle\int_0^1\mathrm{d}x\int_1^{2-x}\mathrm{e}^{-y}\mathrm{d}y}{2\mathrm{e}^{-1}}$$

$$=\frac{\mathrm{e}^{-2}}{2\mathrm{e}^{-1}}=\frac{1}{2}\mathrm{e}^{-1}\quad(\text{见图 3.6(b)}).$$

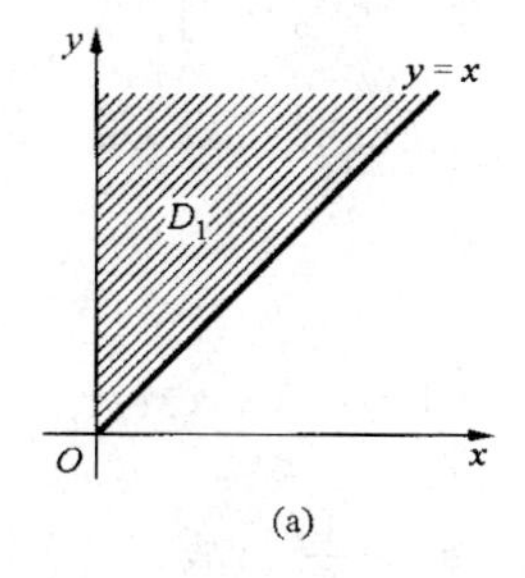

(a)

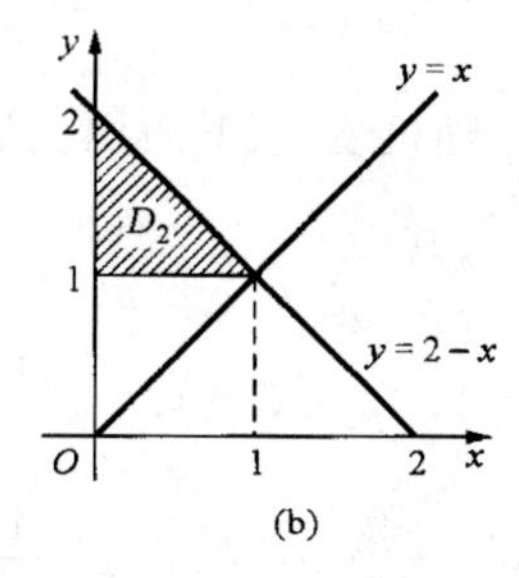

(b)

图 3.6

评注　在求概率时，辅以图形会有助于分析与理解.也可通过

$$P\{Y\geqslant 1\}=\int_{-\infty}^{+\infty}\mathrm{d}x\int_1^{+\infty}f(x,y)\mathrm{d}y$$

来求概率 $P\{Y\geqslant 1\}$.

例 3.5.4　设二维随机变量 (X,Y) 的联合概率密度为

$$f(x,y)=\frac{1}{2\pi}\mathrm{e}^{-\frac{x^2+y^2}{2}}(1+\sin x\sin y)\quad(-\infty<x,y<+\infty),$$

求关于 X 与关于 Y 的边缘概率密度.

分析　利用解题方法与技巧(3)求解，其中注意关于广义积分收敛性的判别.

解　关于 X 的边缘概率密度为

$$f_X(x)=\int_{-\infty}^{+\infty}f(x,y)\mathrm{d}y=\frac{1}{2\pi}\int_{-\infty}^{+\infty}\mathrm{e}^{-\frac{x^2+y^2}{2}}(1+\sin x\sin y)\mathrm{d}y$$

$$=\frac{1}{2\pi}\mathrm{e}^{-\frac{x^2}{2}}\left(\int_{-\infty}^{+\infty}\mathrm{e}^{-\frac{y^2}{2}}\mathrm{d}y+\sin x\int_{-\infty}^{+\infty}\mathrm{e}^{-\frac{y^2}{2}}\sin y\mathrm{d}y\right).$$

因为$\left|\sin y\, e^{-\frac{y^2}{2}}\right| \leqslant e^{-\frac{y^2}{2}}$，而$\int_{-\infty}^{+\infty} e^{-\frac{y^2}{2}} dy = \sqrt{2\pi}$ 收敛，所以$\int_{-\infty}^{+\infty} e^{-\frac{y^2}{2}} \sin y\, dy$ 绝对收敛.又注意到被积函数 $e^{-\frac{y^2}{2}} \sin y$ 为奇函数，所以$\int_{-\infty}^{+\infty} e^{-\frac{y^2}{2}} \sin y\, dy = 0$.将它们代入上式得

$$f_X(x) = \frac{1}{\sqrt{2\pi}} e^{-\frac{x^2}{2}} \quad (-\infty < x < +\infty), \quad 即 \quad X \sim N(0,1).$$

同理得关于 Y 的边缘概率密度

$$f_Y(y) = \frac{1}{\sqrt{2\pi}} e^{-\frac{y^2}{2}} \quad (-\infty < y < +\infty), \quad 即 \quad Y \sim N(0,1).$$

评注　(1) 本例中的联合分布不是二维正态分布，但两边缘分布却都是正态分布 $N(0,1)$.又，若联合分布为 $N(0,0,1,1,\rho)(-1<\rho<1)$，则其边缘分布均为正态分布 $N(0,1)$. 这再次说明了边缘分布不能唯一确定联合分布.

(2) 本例中的 X 与 Y 虽然都是正态随机变量，但 $Z=X+Y$ 不是正态随机变量.事实上，通过公式 $f_Z(z) = \int_{-\infty}^{+\infty} f(z-y, y) dy$，可求得

$$f_Z(z) = \frac{1}{2\sqrt{\pi}} e^{-\frac{z^2}{4}} \left(1 - \frac{1}{2}\cos z + \frac{1}{2} e^{-1}\right).$$

由此可知 Z 不是正态随机变量.下面用反证法对此进行说明.若 Z 是正态随机变量，则可设 $f_Z(z) = \frac{1}{\sqrt{2\pi}\sigma} e^{-\frac{(z-\mu)^2}{2\sigma^2}}$，其中

$$\mu = E(z) = \int_{-\infty}^{+\infty} z f_Z(z) dz = \frac{1}{2\sqrt{\pi}} \int_{-\infty}^{+\infty} z e^{-\frac{z^2}{4}} \left(1 - \frac{1}{2}\cos z + \frac{1}{2} e^{-1}\right) dz = 0.$$

所以 $f_Z(z) = \frac{1}{\sqrt{2\pi}\sigma} e^{-\frac{z^2}{2\sigma^2}}$.令 $z=0$，得到$\frac{1}{4\sqrt{\pi}}(1+e^{-1}) = \frac{1}{\sigma\sqrt{2\pi}}$，故

$$\sigma = \frac{2\sqrt{2}}{1+e^{-1}} = \frac{2\sqrt{2}e}{1+e} > \sqrt{2}.$$

又由$\frac{1}{2\sqrt{\pi}} e^{-\frac{z^2}{4}} \left(1 - \frac{1}{2}\cos z + \frac{1}{2} e^{-1}\right) = \frac{1}{\sqrt{2\pi}\sigma} e^{-\frac{z^2}{2\sigma^2}}$ 得

$$\frac{\sigma}{\sqrt{2}} e^{-\left(\frac{1}{4} - \frac{1}{2\sigma^2}\right) z^2} \left(1 - \frac{1}{2}\cos z + \frac{1}{2} e^{-1}\right) = 1.$$

因 $\sigma > \sqrt{2}$，所以上式令 $z \to +\infty$，则 $0=1$，矛盾！所以 $Z=X+Y$ 不是正态随机变量，即正态随机变量的和未必是正态随机变量.但非正态变量的和可能是正态变量，请参看例 3.13.2.

(3) X 与 Y 同服从分布 $N(0,1)$，但显然 $f(x,y) \neq f_X(x) f_Y(y)(x>0, y>0)$，所以 X 与 Y 不相互独立，即同分布的随机变量未必相互独立.

6. 已知二维随机变量的联合分布，求条件分布

【解题方法与技巧】

(1) 已知联合分布律，可利用如下方法确定条件分布律：

(i) 对于固定的 x_i,若 $P\{X=x_i\}>0$,则在 $X=x_i$ 条件下,Y 的条件分布律为

$$P\{Y=y_j|X=x_i\}=\frac{P\{X=x_i,Y=y_j\}}{P\{X=x_i\}}\quad (j=1,2,\cdots);$$

(ii) 对于固定的 y_j,若 $P\{Y=y_j\}>0$,则在 $Y=y_j$ 条件下,X 的条件分布律为

$$P\{X=x_i|Y=y_j\}=\frac{P\{X=x_i,Y=y_j\}}{P\{Y=y_j\}}\quad (i=1,2,\cdots).$$

(2) 已知联合概率密度,可利用如下方法确定条件概率密度:

(i) 对于固定的 x,若 $f_X(x)>0$,则在 $X=x$ 条件下,Y 的条件概率密度

$$f_{Y|X}(y|x)=\frac{f(x,y)}{f_X(x)};$$

(ii) 对于固定的 y,若 $f_Y(y)>0$,则在 $Y=y$ 条件下,X 的条件概率密度

$$f_{X|Y}(x|y)=\frac{f(x,y)}{f_Y(y)}.$$

例 3.6.1 设二维随机变量(X,Y)的联合分布律及关于 X 与关于 Y 的边缘分布律如下表:

X \ Y	-1	0	1	$P\{X=x_i\}$
-1	0	1/4	0	1/4
0	1/4	0	1/4	1/2
1	0	1/4	0	1/4
$P\{Y=y_j\}$	1/4	1/2	1/4	1

求在 $Y=0$ 条件下,X 的条件分布律.

分析 利用解题方法与技巧(1)求解.

解 因为 $P\{Y=0\}=1/2>0$,所以

$$P\{X=-1|Y=0\}=\frac{P\{X=-1,Y=0\}}{P\{Y=0\}}=\frac{1/4}{1/2}=\frac{1}{2},$$

$$P\{X=0|Y=0\}=\frac{P\{X=0,Y=0\}}{P\{Y=0\}}=\frac{0}{1/2}=0,$$

$$P\{X=1|Y=0\}=\frac{P\{X=1,Y=0\}}{P\{Y=0\}}=\frac{1/4}{1/2}=\frac{1}{2},$$

即在 $Y=0$ 条件下,X 的条件分布律为

X	-1	0	1
$P\{X=x_i\|Y=0\}$	1/2	0	1/2

评注 注意验证作为条件事件的概率,若其为 0,则条件概率无意义.

例 3.6.2　已知(X,Y)联合分布律为

$$P\{X=n,Y=m\}=\frac{e^{-14}(7.14)^m(6.86)^{n-m}}{m!(n-m)!}\quad(n=0,1,2,\cdots;\ m=0,1,2,\cdots,n).$$

(1) 求(X,Y)关于X与关于Y的边缘分布律;

(2) 求条件分布律.

分析　(1) 利用公式$p_{i\cdot}=\sum\limits_j p_{ij}$和$p_{\cdot j}=\sum\limits_i p_{ij}$求解;(2) 利用解题方法与技巧(1)求解.

解　(1) 关于X的边缘分布律为

$$\begin{aligned}P\{X=n\}&=\sum_{m=0}^{n}P\{X=n,Y=m\}=\sum_{m=0}^{n}\frac{e^{-14}\times 7.14^m\times 6.86^{n-m}}{m!(n-m)!}\\&=\frac{e^{-14}}{n!}\sum_{m=0}^{n}\frac{n!}{m!(n-m)!}7.14^m\times 6.86^{n-m}=\frac{e^{-14}}{n!}(7.14+6.86)^n\\&=\frac{14^n e^{-14}}{n!}\quad(n=0,1,2,\cdots).\end{aligned}$$

可见X服从参数为14的泊松分布,即$X\sim P(14)$.

关于Y的边缘分布律为

$$\begin{aligned}P\{Y=m\}&=\sum_{n=m}^{\infty}P\{X=n,Y=m\}=\sum_{n=m}^{\infty}\frac{e^{-14}\times 7.14^m\times 6.86^{n-m}}{m!(n-m)!}\\&=\frac{e^{-14}\times 7.14^m}{m!}\sum_{n=m}^{\infty}\frac{6.86^{n-m}}{(n-m)!}=\frac{e^{-14}\times 7.14^m}{m!}\sum_{k=0}^{\infty}\frac{6.86^k}{k!}\quad(k=n-m)\\&=\frac{e^{-14}\times 7.14^m}{m!}e^{6.86}=\frac{7.14^m e^{-7.14}}{m!}\quad(m=0,1,2,\cdots).\end{aligned}$$

可见Y服从参数为7.14的泊松分布,即$Y\sim P(7.14)$.

(2) 当$m=0,1,2,\cdots$时,$P\{Y=m\}=\dfrac{7.14^m e^{-7.14}}{m!}>0$,所以在$Y=m$条件下,$X$的条件分布律为

$$P\{X=n|Y=m\}=\frac{P\{X=n,Y=m\}}{P\{Y=m\}}=\frac{\dfrac{e^{-14}\times 7.14^m\times 6.86^{n-m}}{m!(n-m)!}}{\dfrac{7.14^m e^{-7.14}}{m!}}$$

$$=\frac{6.86^{n-m}e^{-6.86}}{(n-m)!}\quad(n=m,m+1,m+2,\cdots).$$

当$n=0,1,2,\cdots$时,$P\{X=n\}=\dfrac{14^n e^{-14}}{n!}>0$,所以在$X=n$条件下,$Y$的条件分布律为

$$P\{Y=m|X=n\}=\frac{P\{X=n,Y=m\}}{P\{X=n\}}=\frac{\dfrac{e^{-14}\times 7.14^m\times 6.86^{n-m}}{m!(n-m)!}}{\dfrac{14^n e^{-14}}{n!}}$$

$$=\frac{n!}{m!(n-m)!}\left(\frac{7.14}{14}\right)^m\left(\frac{6.86}{14}\right)^{n-m}=C_n^m\times 0.51^m\times 0.49^{n-m}\quad(m=0,1,\cdots,n).$$

由上式可知,在 $X=n(n>1)$ 条件下,Y 服从参数为 n,0.51 的二项分布.

评注　在求概率 $P\{X=n|Y=m\}$ 时,m 是固定的,而 $n=m,m+1,m+2,\cdots$;同理在求概率 $P\{Y=m|X=n\}$ 时,n 是固定的,而 $m=0,1,2,\cdots,n$.

例 3.6.3　设二维随机变量 (X,Y) 的联合概率密度为

$$f(x,y)=\begin{cases}k, & 0<x^2<y<x<1,\\ 0, & 其他,\end{cases}$$

(1) 确定常数 k;　　(2) 求边缘概率密度 $f_X(x),f_Y(y)$;

(3) 求条件概率密度 $f_{Y|X}(y|x)$ 及 $f_{Y|X}\left(y\,\middle|\,x=\frac{1}{2}\right)$,$f_{X|Y}(x|y)$ 及 $f_{X|Y}\left(x\,\middle|\,y=\frac{1}{4}\right)$;

(4) 求条件概率 $P\left\{Y\leqslant\frac{1}{3}\,\middle|\,X=\frac{1}{2}\right\}$,$P\left\{X\geqslant\frac{1}{3}\,\middle|\,Y=\frac{1}{4}\right\}$,$P\left\{Y\leqslant\frac{1}{3}\,\middle|\,X\geqslant\frac{1}{2}\right\}$.

分析　(1) 利用联合概率密度的规范性确定常数 k;(2) 利用边缘概率密度的定义求 $f_X(x),f_Y(y)$;(3) 利用解题方法与技巧(2)确定条件概率密度;(4) 由条件概率密度及条件概率的定义求概率.

解　显然 $f(x,y)$ 只在图 3.7(a)的阴影部分取非 0 值.

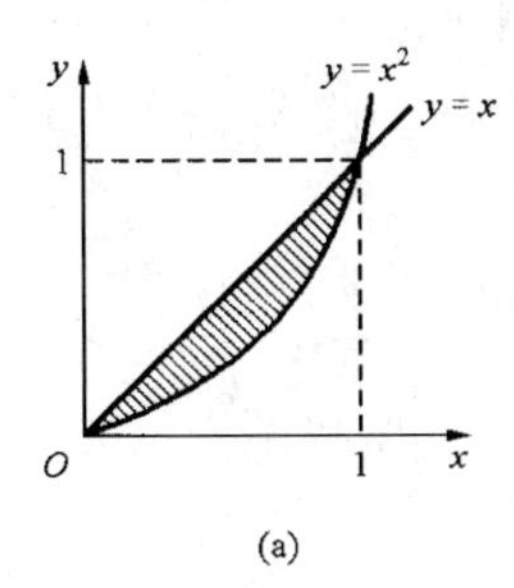

(a)

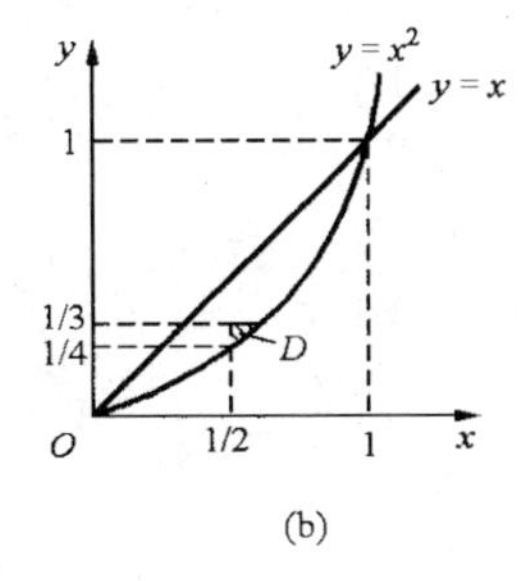

(b)

图　3.7

(1) 由联合概率密度的规范性及图 3.7(a)有

$$1=\int_{-\infty}^{+\infty}\int_{-\infty}^{+\infty}f(x,y)\mathrm{d}x\mathrm{d}y=k\int_0^1\mathrm{d}x\int_{x^2}^{x}\mathrm{d}y=k\int_0^1(x-x^2)\mathrm{d}x=\frac{k}{6},$$

解得 $k=6$.

(2) 借助图 3.7(a)易得

$$f_X(x)=\int_{-\infty}^{+\infty}f(x,y)\mathrm{d}y=\begin{cases}\displaystyle\int_{x^2}^{x}6\mathrm{d}y, & 0<x<1,\\ 0, & 其他\end{cases}=\begin{cases}6(x-x^2), & 0<x<1,\\ 0, & 其他,\end{cases}$$

$$f_Y(y)=\int_{-\infty}^{+\infty}f(x,y)\mathrm{d}x=\begin{cases}\displaystyle\int_{y}^{\sqrt{y}}6\mathrm{d}x, & 0<y<1,\\ 0, & 其他\end{cases}=\begin{cases}6(\sqrt{y}-y), & 0<y<1,\\ 0, & 其他.\end{cases}$$

(3) 当 $0<x<1$ 时，$f_X(x)=6(x-x^2)>0$，则在 $X=x(0<x<1)$ 条件下，Y 的条件概率密度为

$$f_{Y|X}(y|x)=\frac{f(x,y)}{f_X(x)}=\begin{cases}\dfrac{1}{x-x^2}, & x^2<y<x,\\ 0, & \text{其他}.\end{cases}$$

特别地，在 $X=\dfrac{1}{2}$ 条件下，

$$f_{Y|X}\left(y\,\middle|\,x=\frac{1}{2}\right)=\begin{cases}4, & 1/4<y<1/2,\\ 0, & \text{其他}.\end{cases}$$

当 $0<y<1$ 时，$f_Y(y)=6(\sqrt{y}-y)>0$，则在 $Y=y(0<y<1)$ 条件下，X 的条件概率密度为

$$f_{X|Y}(x|y)=\frac{f(x,y)}{f_Y(y)}=\begin{cases}\dfrac{1}{\sqrt{y}-y}, & y<x<\sqrt{y},\\ 0, & \text{其他}.\end{cases}$$

特别地，在 $Y=\dfrac{1}{4}$ 条件下，

$$f_{X|Y}\left(x\,\middle|\,y=\frac{1}{4}\right)=\begin{cases}4, & 1/4<x<1/2,\\ 0, & \text{其他}.\end{cases}$$

(4) $$P\left\{Y\leqslant\frac{1}{3}\,\middle|\,X=\frac{1}{2}\right\}=\int_{-\infty}^{1/3}f_{Y|X}\left(y\,\middle|\,x=\frac{1}{2}\right)\mathrm{d}y=\int_{1/4}^{1/3}4\mathrm{d}y=\frac{1}{3},$$

$$P\left\{X\geqslant\frac{1}{3}\,\middle|\,Y=\frac{1}{4}\right\}=\int_{1/3}^{+\infty}f_{X|Y}\left(x\,\middle|\,y=\frac{1}{4}\right)\mathrm{d}x=\int_{1/3}^{1/2}4\mathrm{d}x=\frac{2}{3},$$

$$P\left\{Y\leqslant\frac{1}{3}\,\middle|\,X\geqslant\frac{1}{2}\right\}=\frac{P\left\{X\geqslant\frac{1}{2},Y\leqslant\frac{1}{3}\right\}}{P\left\{X\geqslant\frac{1}{2}\right\}}=\frac{\iint\limits_D 6\mathrm{d}x\,\mathrm{d}y}{\int_{1/2}^{+\infty}f_X(x)\mathrm{d}x}$$

$$=\frac{\int_{1/4}^{1/3}\mathrm{d}y\int_{1/2}^{\sqrt{y}}6\mathrm{d}x}{\int_{1/2}^{1}6(x-x^2)\mathrm{d}x}=\frac{\frac{4\sqrt{3}}{9}-\frac{3}{4}}{\frac{1}{2}}=\frac{8\sqrt{3}}{9}-\frac{3}{2}$$ (见图 3.7(b)).

评注 (1) 在计算条件概率密度时，应注意其中某个变量是固定的，比如求解 $f_{Y|X}(y|x)$ 时，X 固定在 $x(0<x<1)$ 处，所以 $f_X(x)$ 是定值，$f(x,y)$ 是一元函数，且仅当 $x^2<y<x$ 时 $f(x,y)\neq 0$，由此可得条件概率密度.

(2) 对于连续型随机变量的条件概率 $P\{Y\leqslant y|X=x\}$，可利用条件概率密度求解.

(3) 本例中的两个条件分布都是均匀分布.

例 3.6.4 某公司为员工提供一个基本人寿保险及一个附加保险，购买附加保险必须先买基本人寿保险.假定购买基本人寿保险与购买附加保险的人所占比例数分别为随机变量

X 与 Y,且有联合概率密度

$$f(x,y)=\begin{cases}2(x+y), & 0\leqslant y\leqslant x\leqslant 1,\\ 0, & \text{其他},\end{cases}$$

求在已知10%的员工购买基本人寿保险的条件下，购买附加保险的员工小于5%的概率.

分析　所求概率为 $P\{Y<0.05|X=0.1\}$,因此需求条件概率密度 $f_{Y|X}(y|x=0.1)$,从而需先知条件概率密度 $f_{Y|X}(y|x)$及边缘概率密度 $f_X(x)$.

解　由题设,X 的边缘概率密度为

$$f_X(x)=\int_{-\infty}^{+\infty}f(x,y)\mathrm{d}y=\begin{cases}\int_0^x 2(x+y)\mathrm{d}y, & 0\leqslant x\leqslant 1,\\ 0, & \text{其他}\end{cases}=\begin{cases}3x^2, & 0\leqslant x\leqslant 1,\\ 0, & \text{其他}.\end{cases}$$

当 $0<x\leqslant 1$ 时,$f_X(x)>0$,从而在 $X=x(0<x\leqslant 1)$条件下,Y 的条件概率密度为

$$f_{Y|X}(y|x)=\frac{f(x,y)}{f_X(x)}=\begin{cases}\dfrac{2(x+y)}{3x^2}, & 0<y<x,\\ 0, & \text{其他}.\end{cases}$$

特别地,在 $X=0.1$ 条件下,Y 的条件概率密度为

$$f_{Y|X}(y|x=0.1)=\frac{f(x,y)}{f_X(x)}=\begin{cases}20(1+10y)/3, & 0<y<0.10,\\ 0, & \text{其他}.\end{cases}$$

于是

$$P\{Y<0.05|X=0.1\}=\int_0^{0.05}\frac{20}{3}(1+10y)\mathrm{d}y=\frac{5}{12}.$$

评注　这是关于条件概率的应用题,所求的概率必须通过条件概率密度确定.

7. 已知边缘分布或条件分布等相关条件,求联合分布

【解题方法与技巧】

(1) 若已知边缘分布律及某条件,可依据联合分布律与边缘分布律的关系确定联合分布律.

(2) 若已知边缘分布律及条件分布律：$P\{X=x_i\}$及 $P\{Y=y_j|X=x_i\}(i,j=1,2,\cdots)$,则可利用如下公式确定$(X,Y)$的联合分布律：

$$P\{X=x_i,Y=y_j\}=P\{Y=y_j|X=x_i\}P\{X=x_i\}\quad(i,j=1,2,\cdots).$$

若已知边缘分布律及条件分布律：$P\{Y=y_j\}$,$P\{X=x_i|Y=y_j\}(i,j=1,2,\cdots)$,则

$$P\{X=x_i,Y=y_j\}=P\{X=x_i|Y=y_j\}P\{Y=y_j\}\quad(i,j=1,2,\cdots).$$

(3) 若已知边缘概率密度及条件概率密度：$f_X(x)$及 $f_{Y|X}(y|x)$,则可利用如下公式确定(X,Y)的联合概率密度：

$$f(x,y)=f_{Y|X}(y|x)f_X(x).$$

同样若已知边缘概率密度及条件概率密度：$f_Y(y)$及 $f_{X|Y}(x|y)$,则

$$f(x,y)=f_{X|Y}(x|y)f_Y(y).$$

例 3.7.1　设随机变量 X 与 Y 的分布律分别为

X	-1	0	1
P	$1/4$	$1/4$	$1/2$

Y	-1	0	1
P	$5/12$	$1/4$	$1/3$

已知 $P\{X<Y\}=0, P\{X>Y\}=1/4$，求(X,Y)的联合分布律.

分析　由已知条件 $P\{X<Y\}=0$ 可知 $P\{X=-1,Y=0\}=P\{X=0,Y=1\}=P\{X=-1,Y=1\}=0$，再利用已知条件 $P\{X>Y\}=1/4$ 及联合分布律与边缘分布律的关系可确定联合分布律.

解　由 $P\{X<Y\}=0$ 得

$$P\{X=-1,Y=0\}=P\{X=0,Y=1\}=P\{X=-1,Y=1\}=0.$$

于是可设(X,Y)的联合分布律为

X \ Y	-1	0	1	$P\{X=x_i\}$
-1	p_{11}	0	0	$1/4$
0	p_{21}	p_{22}	0	$1/4$
1	p_{31}	p_{32}	p_{33}	$1/2$
$P\{Y=y_j\}$	$5/12$	$1/4$	$1/3$	1

由联合分布律与边缘分布律的关系可得

$$p_{11}=1/4,\quad p_{33}=1/3,$$

又已知 $P\{X<Y\}=0, P\{X>Y\}=1/4$，从而

$$P\{X=Y\}=1-P\{X<Y\}-P\{X>Y\}=3/4,$$

所以

$$p_{22}=P\{X=Y\}-p_{11}-p_{33}=3/4-1/4-1/3=1/6,$$

$$p_{32}=1/4-p_{22}=1/12,\quad p_{21}=1/4-p_{22}=1/12,$$

$$p_{31}=5/12-p_{11}-p_{21}=1/12.$$

故(X,Y)的联合分布律为

X \ Y	-1	0	1	$P\{X=x_i\}$
-1	$1/4$	0	0	$1/4$
0	$1/12$	$1/6$	0	$1/4$
1	$1/12$	$1/12$	$1/3$	$1/2$
$P\{Y=y_j\}$	$5/12$	$1/4$	$1/3$	1

评注　求解本例的关键是利用已知条件及联合分布律与边缘分布律的关系.

例 3.7.2　设某班车起点站上车人数 X 服从参数为 $\lambda(\lambda>0)$ 的泊松分布，每位乘客在中途下车的概率为 $p(0<p<1)$，且中途下车与否相互独立，Y 表示在中途下车的人数，求：

(1) 在发车时有 n 位乘客的条件下，中途有 m 人下车的概率；

(2) 二维随机变量 (X,Y) 的联合概率分布；

(3) Y 的分布律.

分析　(1) 先判别在 $X=n$ 条件下，Y 所服从的分布，再求概率；(2) 利用解题方法与技巧(2)求联合分布律；(3) 利用公式 $P\{Y=m\}=\sum\limits_{n=m}^{\infty}P\{X=n,Y=m\}$ 求关于 Y 的边缘分布律.

解　(1) 将每位乘客在中途下车看成是一次独立重复的试验，则事件 $\{Y=m|X=n\}$ 表示 n 重伯努利试验中有 m 次成功.于是所求概率为

$$P\{Y=m|X=n\}=C_n^m p^m(1-p)^{n-m}\quad(m=0,1,2,\cdots,n;\ n=0,1,2,\cdots).$$

(2) (X,Y) 的联合分布律为

$$P\{X=n,Y=m\}=P\{Y=m|X=n\}P\{X=n\}=C_n^m p^m(1-p)^{n-m}\frac{\lambda^n e^{-\lambda}}{n!}$$

$$(m=0,1,2,\cdots,n;\ n=0,1,2,\cdots).$$

(3) Y 的分布律为

$$\begin{aligned}P\{Y=m\}&=\sum_{n=0}^{\infty}P\{X=n,Y=m\}=\sum_{n=m}^{\infty}P\{X=n,Y=m\}\\&=\sum_{n=m}^{\infty}C_n^m p^m(1-p)^{n-m}\frac{\lambda^n e^{-\lambda}}{n!}=e^{-\lambda}\sum_{n=m}^{\infty}\frac{n!}{m!\,(n-m)!}p^m(1-p)^{n-m}\frac{\lambda^n}{n!}\\&=e^{-\lambda}\frac{(\lambda p)^m}{m!}\sum_{n=m}^{\infty}\frac{[\lambda(1-p)]^{n-m}}{(n-m)!}=e^{-\lambda}\frac{(\lambda p)^m}{m!}e^{\lambda(1-p)}\\&=\frac{(\lambda p)^m}{m!}e^{-\lambda p}\quad(m=0,1,2,\cdots).\end{aligned}$$

可见 Y 服从参数为 λp 的泊松分布，即 $Y\sim P(\lambda p)$.

评注　(1) 由边缘分布律及条件分布律可确定联合分布律.

(2) 本例中 Y 服从参数为 λp 的泊松分布，但在 $X=n(n>1)$ 条件下，Y 服从参数为 n,p 的二项分布，即 $Y\sim B(n,p)$.

例 3.7.3　设随机变量 X 在 $(0,1)$ 上服从均匀分布；在 $X=x(0<x<1)$ 条件下，随机变量 Y 在 $(0,x)$ 上服从均匀分布.求：

(1) 二维随机变量 (X,Y) 的联合概率密度；　　(2) Y 的概率密度；

(3) $P\{X+Y>1\}$，$P\{Y\leqslant 1/4|X=1/2\}$，$P\{X^2+Y^2\leqslant 1|X=1/2\}$.

分析　(1) 由题设可知 X 的概率分布及在 $X=x$ 条件下 Y 的概率分布，利用解题方法与技巧(3)可确定 (X,Y) 的联合概率密度；(2) 由联合概率密度即可求关于 Y 的边缘概率密度；(3) 利用公式 $P\{X,Y\in D\}=\iint\limits_D f(x,y)\mathrm{d}x\mathrm{d}y$ 计算 $P\{X+Y<1\}$，利用条件概率密度 $f_{Y|X}\{y|x=1/2\}$ 计算条件概率 $P\{Y\leqslant 1/4|X=1/2\}$ 及 $P\{X^2+Y^2\leqslant 1|X=1/2\}$.

解　由题设,X 的概率密度为

$$f_X(x)=\begin{cases}1, & 0<x<1,\\ 0, & \text{其他}.\end{cases}$$

当 $0<x<1$ 时,$f_X(x)>0$,所以在 $X=x(0<x<1)$ 条件下,Y 的条件概率密度为

$$f_{Y|X}(y|x)=\begin{cases}1/x, & 0<y<x,\\ 0, & \text{其他}.\end{cases}$$

(1) (X,Y)的联合概率密度为

$$f(x,y)=f_X(x)f_{Y|X}(y|x)=\begin{cases}1/x, & 0<y<x<1,\\ 0, & \text{其他}.\end{cases}$$

(2) $f(x,y)$只在图 3.8(a)中阴影部分取非 0 值,据此可得 Y 的概率密度为

$$f_Y(y)=\int_{-\infty}^{+\infty}f(x,y)\mathrm{d}x=\begin{cases}\int_y^1\frac{1}{x}\mathrm{d}x, & 0<y<1,\\ 0, & \text{其他}\end{cases}=\begin{cases}-\ln y, & 0<y<1,\\ 0, & \text{其他}.\end{cases}$$

(3) $$P\{X+Y>1\}=\iint\limits_{x+y>1}f(x,y)\mathrm{d}x\mathrm{d}y=\iint\limits_{D}\frac{1}{x}\mathrm{d}x\mathrm{d}y=\int_{1/2}^{1}\mathrm{d}x\int_{1-x}^{x}\frac{1}{x}\mathrm{d}y$$
$$=1-\ln 2\quad(\text{见图 }3.8(\mathrm{b})).$$

当 $x=1/2$ 时,$f_X(1/2)>0$,所以在 $X=1/2$ 条件下,Y 的条件概率密度为

$$f_{Y|X}(y|x=1/2)=\begin{cases}2, & 0<y<1/2,\\ 0, & \text{其他}.\end{cases}$$

因此

$$P\left\{Y\leqslant\frac{1}{4}\,\middle|\,X=\frac{1}{2}\right\}=\int_{-\infty}^{1/4}f_{Y|X}\left(y\,\middle|\,x=\frac{1}{2}\right)\mathrm{d}y=\int_0^{1/4}2\mathrm{d}y=\frac{1}{2},$$

$$P\left\{X^2+Y^2\leqslant 1\,\middle|\,X=\frac{1}{2}\right\}=P\left\{Y^2\leqslant\frac{3}{4}\,\middle|\,X=\frac{1}{2}\right\}$$
$$=P\left\{-\frac{\sqrt{3}}{2}\leqslant Y\leqslant\frac{\sqrt{3}}{2}\,\middle|\,X=\frac{1}{2}\right\}=\int_{-\sqrt{3}/2}^{\sqrt{3}/2}f_{Y|X}\left(y\,\middle|\,x=\frac{1}{2}\right)\mathrm{d}y$$
$$=\int_0^{1/2}2\mathrm{d}y=1.$$

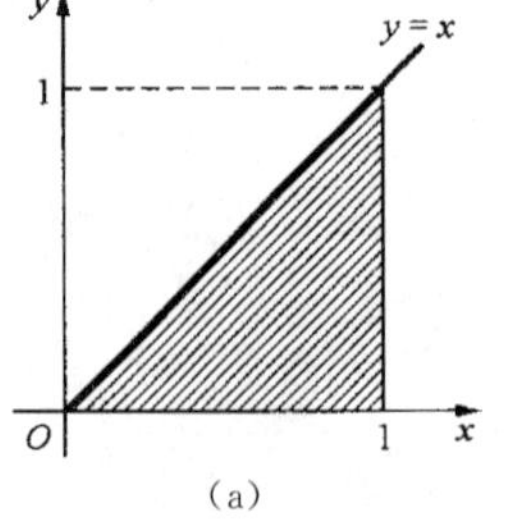

(a)

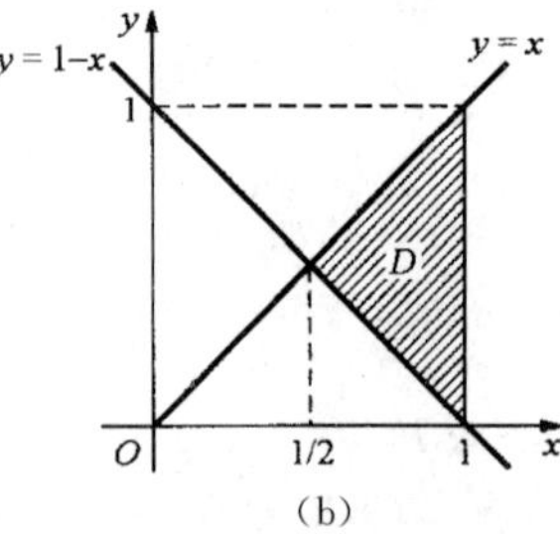

(b)

图　3.8

评注 (1) 联合概率密度也可由边缘概率密度与条件概率密度确定.

(2) 求概率 $P\{Y^2+X^2\leqslant 1|X=1/2\}$的关键是将其转化为

$$P\left\{-\frac{\sqrt{3}}{2}\leqslant Y\leqslant\frac{\sqrt{3}}{2}\,\middle|\,X=\frac{1}{2}\right\}.$$

例 3.7.4 设 $\Phi(t)$及 $\varphi(t)$分别为标准正态变量的分布函数及概率密度,试证对任何 $k(|k|<1)$,$f(x,y)=\varphi(x)\varphi(y)\{1+k[2\Phi(x)-1][2\Phi(y)-1]\}$是联合概率密度,且以 $\varphi(x)$,$\varphi(y)$为其边缘概率密度.

分析 证明 $f(x,y)$满足非负性与规范性,依此说明 $f(x,y)$必为联合概率密度;再根据定义确定边缘概率密度.

证 因为 $0\leqslant\Phi(x)\leqslant 1$,$0\leqslant\Phi(y)\leqslant 1$,$-1\leqslant 2\Phi(x)-1\leqslant 1$,$-1\leqslant 2\Phi(y)-1\leqslant 1$,$\varphi(x)\geqslant 0$,$\varphi(y)\geqslant 0$,$-1<k<1$,所以 $f(x,y)\geqslant 0$.又

$$\begin{aligned}
&\int_{-\infty}^{+\infty}\int_{-\infty}^{+\infty}f(x,y)\mathrm{d}x\mathrm{d}y\\
&=\int_{-\infty}^{+\infty}\int_{-\infty}^{+\infty}\varphi(x)\varphi(y)\{1+k[2\Phi(x)-1][2\Phi(y)-1]\}\mathrm{d}x\mathrm{d}y\\
&=\int_{-\infty}^{+\infty}\varphi(x)\mathrm{d}x\int_{-\infty}^{+\infty}\varphi(y)\mathrm{d}y+k\int_{-\infty}^{+\infty}\varphi(x)[2\Phi(x)-1]\mathrm{d}x\int_{-\infty}^{+\infty}\varphi(y)[2\Phi(y)-1]\mathrm{d}y\\
&=1+k\int_{-\infty}^{+\infty}[2\Phi(x)-1]\mathrm{d}\Phi(x)\int_{-\infty}^{+\infty}[2\Phi(y)-1]\mathrm{d}\Phi(y)\\
&=1+k[\Phi^2(x)-\Phi(x)]_{-\infty}^{+\infty}[\Phi^2(y)-\Phi(y)]_{-\infty}^{+\infty}\\
&=1+0=1\quad(\text{其中 }\Phi(-\infty)=0,\Phi(+\infty)=1).
\end{aligned}$$

所以对任何 $k(|k|<1)$,$f(x,y)$满足非负性与规范性,从而 $f(x,y)$必为联合概率密度,设其所对应的随机变量为(X,Y).

因为

$$\begin{aligned}
f_Y(y)&=\int_{-\infty}^{+\infty}f(x,y)\mathrm{d}x=\varphi(y)\int_{-\infty}^{+\infty}\varphi(x)\{1+k[2\Phi(x)-1][2\Phi(y)-1]\}\mathrm{d}x\\
&=\varphi(y)\left\{\int_{-\infty}^{+\infty}\varphi(x)\mathrm{d}x+k[2\Phi(y)-1]\int_{-\infty}^{+\infty}\varphi(x)[2\Phi(x)-1]\mathrm{d}x\right\}\\
&=\varphi(y)\left\{1+k[2\Phi(y)-1]\int_{-\infty}^{+\infty}[2\Phi(x)-1]\mathrm{d}\Phi(x)\right\}\\
&=\varphi(y)\{1+k[2\Phi(y)-1][\Phi^2(x)-\Phi(x)]_{-\infty}^{+\infty}\}=\varphi(y),
\end{aligned}$$

即 $f_Y(y)=\varphi(y)$,同理 $f_X(x)=\varphi(x)$,所以 $\varphi(x)$,$\varphi(y)$分别为(X,Y)关于 X 和关于 Y 的边缘概率密度.

评注 (1) 本例给出了由标准正态分布构造二维连续型随机变量概率分布的方法.此方法对于其他连续型随机变量的概率分布也适用.

(2) 虽然 $X\sim N(0,1)$,$Y\sim N(0,1)$,但(X,Y)未必是二维正态随机变量.事实上,若

(X,Y)是二维正态随机变量，不妨设$(X,Y)\sim N(0,0,1,1,\rho)$ $(-1<\rho<1)$，则其概率密度为

$$f(x,y)=\frac{1}{2\pi\sqrt{1-\rho^2}}\mathrm{e}^{-\frac{1}{2(1-\rho^2)}[x^2-2\rho xy+y^2]}\quad(-\infty<x,y<+\infty).\qquad ①$$

特别地，$f(0,0)=\dfrac{1}{2\pi\sqrt{1-\rho^2}}$，但由$f(x,y)$的定义式，有

$$\begin{aligned}f(0,0)&=\varphi(0)\varphi(0)\{1+k[2\Phi(0)-1][2\Phi(0)-1]\}\\&=\varphi(0)\varphi(0)=\frac{1}{\sqrt{2\pi}}\cdot\frac{1}{\sqrt{2\pi}}=\frac{1}{2\pi},\end{aligned}$$

所以$\dfrac{1}{2\pi\sqrt{1-\rho^2}}=\dfrac{1}{2\pi}$，即得$\rho=0$.将其代入①式，得

$$f(x,y)=\frac{1}{2\pi}\mathrm{e}^{-\frac{1}{2}[x^2+y^2]}=\varphi(x)\varphi(y).$$

将其代入$f(x,y)$的定义式，当$k\neq0$时，有$[2\Phi(x)-1][2\Phi(y)-1]=0$.令$x\to+\infty$，$y\to+\infty$，得$1=0$，矛盾！故$(X,Y)$不是二维正态随机变量.当$k=0$时，可得到$(X,Y)$服从二维正态分布.此例再次告诉我们，两正态随机变量的联合分布未必是正态分布.如果两正态随机变量相互独立，则其联合分布必是正态分布(见例3.5.4及例4.15.3).

8. 随机变量独立性的判别

【解题方法与技巧】

(1) 随机变量X与Y相互独立$\Longleftrightarrow F(x,y)=F_X(x)F_Y(y)$对任意实数$x,y$成立，其中$F(x,y)$为$(X,Y)$的联合分布函数，$F_X(x)$，$F_Y(y)$分别为关于$X$和关于$Y$的边缘分布函数.

(2) 离散型随机变量X与Y相互独立$\Longleftrightarrow p_{ij}=p_{i\cdot}p_{\cdot j}$对任意的$i,j$成立，其中

$$p_{ij}=P\{X=x_i,Y=y_j\},\quad p_{i\cdot}=P\{X=x_i\},\quad p_{\cdot j}=P\{Y=y_j\}\quad(i,j=1,2,\cdots).$$

(3) 连续型随机变量X与Y相互独立$\Longleftrightarrow f(x,y)=f_X(x)f_Y(y)$几乎处处成立，其中$f(x,y)$为$(X,Y)$的联合概率密度，$f_X(x)$，$f_Y(y)$分别为关于$X$和关于$Y$的边缘概率密度.

例 3.8.1 设X与Y相互独立同分布：$P\{X=-1\}=1/2$，$P\{X=1\}=1/2$.令$Z=XY$，试证X,Y,Z两两相互独立，但不相互独立.

分析 先确定X与Z的联合分布律，再确定Z的分布律，进而论证X与Z相互独立.同理可证Y与Z相互独立.然后再就某事件说明X,Y,Z不相互独立，比如

$$P\{X=1,Y=1,Z=-1\}\neq P\{X=1\}P\{Y=1\}P\{Z=-1\}.$$

证 由题设，X与Z的所有可能取值均为$-1,1$，且

$$\begin{aligned}P\{X=-1,Z=-1\}&=P\{X=-1,XY=-1\}=P\{X=-1,Y=1\}\\&=P\{X=-1\}P\{Y=1\}=1/4,\\P\{X=-1,Z=1\}&=P\{X=-1,XY=1\}=P\{X=-1,Y=-1\}\\&=P\{X=-1\}P\{Y=-1\}=1/4,\end{aligned}$$

$$P\{X=1,Z=-1\}=P\{X=1,XY=-1\}=P\{X=1,Y=-1\}$$
$$=P\{X=1\}P\{Y=-1\}=1/4,$$
$$P\{X=1,Z=1\}=P\{X=1,XY=1\}=P\{X=1,Y=1\}$$
$$=P\{X=1\}P\{Y=1\}=1/4,$$

即 X 与 Z 的联合分布律为

X \ Z	-1	1
-1	$1/4$	$1/4$
1	$1/4$	$1/4$

由此得 Z 的分布律为

Z	-1	1
P	$1/2$	$1/2$

因为

$$P\{X=-1,Z=-1\}=1/4=P\{X=-1\}P\{Z=-1\},$$
$$P\{X=-1,Z=1\}=1/4=P\{X=-1\}P\{Z=1\},$$
$$P\{X=1,Z=-1\}=1/4=P\{X=1\}P\{Z=-1\},$$
$$P\{X=1,Z=1\}=1/4=P\{X=1\}P\{Z=1\},$$

所以 X 与 Z 相互独立.同理可证 Y 与 Z 相互独立,即 X,Y,Z 两两相互独立.

但 $P\{X=1,Y=1,Z=-1\}=P(\varnothing)=0$,而 $P\{X=1\}P\{Y=1\}P\{Z=-1\}=1/8$,所以 $P\{X=1,Y=1,Z=-1\}\neq P\{X=1\}P\{Y=1\}P\{Z=-1\}$,因此 X,Y,Z 不相互独立.

评注　表面上看 Z 与 X,Z 与 Y 都不相互独立,但理论证明它们是相互独立的.此例再次例证了三个两两相互独立的随机变量未必相互独立.

例 3.8.2　设二维随机变量 (X,Y) 的联合分布函数为

$$F(x,y)=\frac{1}{\pi^2}\left(\frac{\pi}{2}+\arctan\frac{x}{5}\right)\left(\frac{\pi}{2}+\arctan\frac{y}{10}\right)\quad(-\infty<x,y<+\infty),$$

判别 X 与 Y 的独立性.

分析　由联合分布函数 $F(x,y)$ 可确定边缘分布函数 $F_X(x)$,$F_Y(y)$,再利用解题方法与技巧(1)可判别 X 与 Y 的独立性.

解　关于 X 的边缘分布函数为

$$F_X(x)=F(x,+\infty)=\lim_{y\to+\infty}F(x,y)=\lim_{y\to+\infty}\frac{1}{\pi^2}\left(\frac{\pi}{2}+\arctan\frac{x}{5}\right)\left(\frac{\pi}{2}+\arctan\frac{y}{10}\right)$$
$$=\frac{1}{\pi}\left(\frac{\pi}{2}+\arctan\frac{x}{5}\right)\quad(-\infty<x<+\infty),$$

关于 Y 的边缘分布函数为

$$F_Y(y)=F(+\infty,y)=\lim_{x\to+\infty}F(x,y)=\lim_{x\to+\infty}\frac{1}{\pi^2}\left(\frac{\pi}{2}+\arctan\frac{x}{5}\right)\left(\frac{\pi}{2}+\arctan\frac{y}{10}\right)$$

$$=\frac{1}{\pi}\left(\frac{\pi}{2}+\arctan\frac{y}{10}\right)\quad(-\infty<y<+\infty),$$

所以对任意实数 x,y 有

$$F(x,y)=\frac{1}{\pi}\left(\frac{\pi}{2}+\arctan\frac{x}{5}\right)\frac{1}{\pi}\left(\frac{\pi}{2}+\arctan\frac{y}{10}\right)=F_X(x)F_Y(y),$$

因此 X 与 Y 相互独立.

评注　利用 $F(x,y)=F_X(x)F_Y(y)$ 判别独立性时,等式必须对任意的实数 x,y 都成立.

例 3.8.3　若二维随机变量(X,Y)的联合概率密度为

$$f(x,y)=\begin{cases}8xy, & 0<x<y<1,\\ 0, & \text{其他},\end{cases}$$

问:X 与 Y 是否相互独立?

分析　由联合概率密度 $f(x,y)$可确定边缘概率密度 $f_X(x)$,$f_Y(y)$,再依据解题方法与技巧(3)判别 X 与 Y 的独立性.

解　显然 $f(x,y)$只在图 3.9 中阴影部分取非 0 值,据此得关于 X 与关于 Y 的边缘概率密度分别为

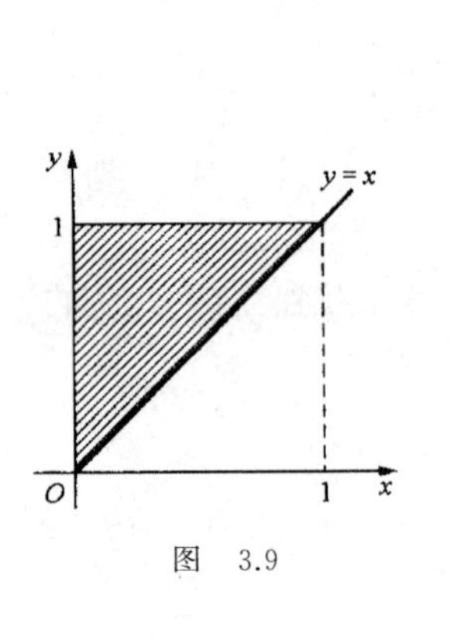

图　3.9

$$f_X(x)=\int_{-\infty}^{+\infty}f(x,y)\mathrm{d}y=\begin{cases}\int_x^1 8xy\mathrm{d}y, & 0<x<1,\\ 0, & \text{其他}\end{cases}$$

$$=\begin{cases}8x\left(\frac{1}{2}-\frac{x^2}{2}\right), & 0<x<1,\\ 0, & \text{其他},\end{cases}$$

$$f_Y(y)=\int_{-\infty}^{+\infty}f(x,y)\mathrm{d}x=\begin{cases}\int_0^y 8xy\mathrm{d}x, & 0<y<1,\\ 0, & \text{其他}\end{cases}$$

$$=\begin{cases}4y^3, & 0<y<1,\\ 0, & \text{其他}.\end{cases}$$

显然在 $0<x<y<1$ 内,$f(x,y)\neq f_X(x)f_Y(y)$,因此 X 与 Y 不相互独立.

评注　从联合概率密度的表达式上看,$8xy$ 中 x 与 y 可分离,X 与 Y 似乎独立,但因受取值区域的限制,X 与 Y 不独立.因此,判断 X 与 Y 的独立性时取值区域的考查也至关重要.

例 3.8.4　设二维随机变量(X,Y)的联合概率密度为

$$f(x,y)=\begin{cases}(1+xy)/4, & |x|<1,\ |y|<1,\\ 0, & \text{其他},\end{cases}$$

证明 X 与 Y 不相互独立，但 X^2 与 Y^2 相互独立.

分析　先由 $f(x,y)$ 确定边缘概率密度 $f_X(x)$，$f_Y(y)$，再依据解题方法与技巧(3)证明 X 与 Y 不相互独立.

当 $0\leqslant x\leqslant 1$ 时，(X^2,Y^2) 关于 X^2 的边缘分布函数 $F_{X^2}(x)=P\{X^2\leqslant x,Y^2<+\infty\}=P\{-\sqrt{x}\leqslant X\leqslant\sqrt{x},-1\leqslant Y\leqslant 1\}=\iint\limits_{\substack{-\sqrt{x}<t<\sqrt{x}\\-1<s<1}} f(s,t)\mathrm{d}s\mathrm{d}t$. 由此方法可确定 $F_{X^2}(x)$. 同理可确定关于 Y^2 的边缘分布函数 $F_{Y^2}(y)$. 而 (X^2,Y^2) 的联合分布函数 $F(x,y)$ 可由定义分区域确定，再由解题方法与技巧(1)证明 X^2 与 Y^2 相互独立.

证　关于 X 与关于 Y 的边缘概率密度分别为

$$f_X(x)=\begin{cases}\displaystyle\int_{-1}^{1}\frac{1+xy}{4}\mathrm{d}y, & -1<x<1,\\ 0, & \text{其他}\end{cases}=\begin{cases}\dfrac{1}{2}, & -1<x<1,\\ 0, & \text{其他},\end{cases}$$

$$f_Y(y)=\begin{cases}\displaystyle\int_{-1}^{1}\frac{1+xy}{4}\mathrm{d}x, & -1<y<1,\\ 0, & \text{其他}\end{cases}=\begin{cases}\dfrac{1}{2}, & -1<y<1,\\ 0, & \text{其他}.\end{cases}$$

显然在区域 $0<|x|<1,0<|y|<1$ 内，$f(x,y)\neq f_X(x)f_Y(y)$，所以 X 与 Y 不相互独立.

设 X^2 的分布函数为 $F_{X^2}(x)$，则在 $0\leqslant x\leqslant 1$ 内，

$$\begin{aligned}F_{X^2}(x)&=P\{X^2\leqslant x,Y^2<+\infty\}=P\{-\sqrt{x}\leqslant X\leqslant\sqrt{x},Y^2\leqslant 1\}\\&=\int_{-1}^{1}\mathrm{d}y\int_{-\sqrt{x}}^{\sqrt{x}}\frac{1}{4}(1+xy)\mathrm{d}x=\sqrt{x};\end{aligned}$$

当 $x<0$ 时，$F_{X^2}(x)=0$；当 $x\geqslant 1$ 时，$F_{X^2}(x)=1$. 于是

$$F_{X^2}(x)=\begin{cases}0, & x<0,\\ \sqrt{x}, & 0\leqslant x<1,\\ 1, & x\geqslant 1.\end{cases}$$

同理 Y^2 的分布函数为

$$F_{Y^2}(y)=\begin{cases}0, & y<0,\\ \sqrt{y}, & 0\leqslant y<1,\\ 1, & y\geqslant 1.\end{cases}$$

设 (X^2,Y^2) 的联合分布函数为 $F(x,y)$，则

当 $x<0$ 或 $y<0$ 时，$F(x,y)=P\{X^2\leqslant x,Y^2\leqslant y\}=0$；

当 $0\leqslant x<1$ 且 $0\leqslant y<1$ 时，

$$F(x,y)=P\{X^2\leqslant x,Y^2\leqslant y\}=\int_{-\sqrt{x}}^{\sqrt{x}}\mathrm{d}x\int_{-\sqrt{y}}^{\sqrt{y}}\frac{1+xy}{4}\mathrm{d}y=\sqrt{xy};$$

当 $0\leqslant x<1$ 且 $y\geqslant 1$ 时，

$$F(x,y)=P\{X^2\leqslant x,Y^2\leqslant y\}=P\{X^2\leqslant x,Y^2\leqslant 1\}$$
$$=\int_{-1}^{1}\mathrm{d}y\int_{-\sqrt{x}}^{\sqrt{x}}\frac{1}{4}(1+xy)\mathrm{d}x=\sqrt{x};$$

当 $x\geqslant 1$ 且 $0\leqslant y<1$ 时，

$$F(x,y)=P\{X^2\leqslant x,Y^2\leqslant y\}=P\{X^2\leqslant 1,Y^2\leqslant y\}$$
$$=\int_{-1}^{1}\mathrm{d}x\int_{-\sqrt{y}}^{\sqrt{y}}\frac{1}{4}(1+xy)\mathrm{d}y=\sqrt{y};$$

当 $x\geqslant 1$ 且 $y\geqslant 1$ 时，

$$F(x,y)=P\{X^2\leqslant x,Y^2\leqslant y\}=P\{X^2\leqslant 1,Y^2\leqslant 1\}=1.$$

于是(X^2,Y^2)的联合分布函数为

$$F(x,y)=\begin{cases}0, & x<0 \text{ 或 } y<0,\\ \sqrt{xy}, & 0\leqslant x<1,0\leqslant y<1,\\ \sqrt{x}, & 0\leqslant x<1,y\geqslant 1,\\ \sqrt{y}, & x\geqslant 1,0\leqslant y<1,\\ 1, & x\geqslant 1,y\geqslant 1.\end{cases}$$

经验证，对任意的实数 x,y，成立 $F(x,y)=F_{X^2}(x)F_{Y^2}(y)$，所以 X^2 与 Y^2 相互独立.

评注　我们知道，若 X 与 Y 是相互独立的，则 X^2 与 Y^2 必相互独立.而在本例中虽然 X 与 Y 不相互独立，但 X^2 与 Y^2 却是相互独立的，即 $f(X)$与 $g(Y)$相互独立未必 X 与 Y 相互独立.此例说明，判断两随机变量的独立性必须根据定义考查，而不能凭主观推测.

9. 求两个相互独立随机变量的联合分布

【解题方法与技巧】

(1) 设离散型随机变量 X 与 Y 相互独立，且分布律分别为 $P\{X=x_i\}=p_{i\cdot}$，$P\{Y=y_j\}=p_{\cdot j}\ (i,j=1,2,\cdots)$，则$(X,Y)$的联合分布律为

$$p_{ij}=P\{X=x_i,Y=y_j\}=P\{X=x_i\}P\{Y=y_j\}=p_{i\cdot}p_{\cdot j}\quad (i,j=1,2,\cdots).$$

(2) 设连续型随机变量 X 与 Y 相互独立，且它们的概率密度分别为 $f_X(x)$，$f_Y(y)$，则 $f(x,y)=f_X(x)f_Y(y)$几乎处处成立，其中 $f(x,y)$为(X,Y)的联合概率密度.

例 3.9.1　设二维随机变量(X,Y)的联合分布律为

Y \ X	x_1	x_2	x_3
y_1	a	1/9	c
y_2	1/9	b	1/3

若 X 与 Y 相互独立，求常数 a,b,c.

分析　先确定边缘分布律 $p_{i\cdot}=\sum_j p_{ij}, p_{\cdot j}=\sum_i p_{ij}$，再利用解题方法与技巧(1)求 a，b，c.

解　由 $p_{i\cdot}=\sum_j p_{ij}, p_{\cdot j}=\sum_i p_{ij}$ 得关于 X 及关于 Y 的边缘分布律如下表所示：

$Y \backslash X$	x_1	x_2	x_3	$P\{Y=y_j\}$
y_1	a	$1/9$	c	$a+c+1/9$
y_2	$1/9$	b	$1/3$	$b+4/9$
$P\{X=x_i\}$	$a+1/9$	$b+1/9$	$c+1/3$	1

又由 $p_{ij}=P\{X=x_i, Y=y_j\}=P\{X=x_i\}P\{Y=y_j\}$ 有

$$p_{22}=b=(b+1/9)(b+4/9) \Longrightarrow b=2/9,$$

$$p_{32}=1/3=(c+1/3)(2/9+4/9) \Longrightarrow c=1/6,$$

$$p_{12}=1/9=(a+1/9)(2/9+4/9) \Longrightarrow a=1/18.$$

评注　应注意选事件的技巧，比如由独立性可直接利用事件 $\{X=x_2, Y=y_2\}$ 确定未知参数 b，利用事件 $\{X=x_3, Y=y_2\}$ 确定未知参数 c，利用事件 $\{X=x_1, Y=y_2\}$ 确定未知参数 a.当然也可直接利用联合分布律的规范性来确定未知参数 a 等.

例 3.9.2　设随机变量 X 与 Y 相互独立，下表为 (X,Y) 的联合分布律及边缘分布律的部分数值，又知 $P\{X+Y=2\}=1/4$，试将其余值填入表中.

$X \backslash Y$	0	1	2	$P\{X=x_i\}=p_{i\cdot}$
0			1/12	
1				
$P\{Y=y_j\}=p_{\cdot j}$		1/4		1

分析　由于 $P\{X+Y=2\}=P\{X=1,Y=1\}+P\{X=0,Y=2\}$，而 $P\{X+Y=2\}=1/4$，$P\{X=0,Y=2\}=1/12$，从而可得 $P\{X=1,Y=1\}$，再由 X 与 Y 的独立性及 $P\{Y=1\}=1/4$ 可确定 $P\{X=1\}$，进而可求得 $P\{X=0\}=1-P\{X=1\}$.类似地可求出其他概率.

解　由 $1/4=P\{X+Y=2\}=P\{X=1,Y=1\}+P\{X=0,Y=2\}=P\{X=1,Y=1\}+1/12$ 得

$$P\{X=1,Y=1\}=1/6.$$

由联合分布律与边缘分布律的关系有

$$\begin{aligned}1/4=P\{Y=1\}&=P\{X=0,Y=1\}+P\{X=1,Y=1\}\\&=P\{X=0,Y=1\}+1/6,\end{aligned}$$

从而

$$P\{X=0,Y=1\}=1/12,$$

再由独立性知

$$1/6=P\{X=1,Y=1\}=P\{X=1\}P\{Y=1\}=P\{X=1\}(1/4)$$
$$\Longrightarrow P\{X=1\}=2/3,$$
$$1/12=P\{X=0,Y=1\}=P\{X=0\}P\{Y=1\}=P\{X=0\}(1/4)$$
$$\Longrightarrow P\{X=0\}=1/3,$$
$$1/12=P\{X=0,Y=2\}=P\{X=0\}P\{Y=2\}=(1/3)P\{Y=2\}$$
$$\Longrightarrow P\{Y=2\}=1/4,$$

于是 $$P\{X=1,Y=2\}=P\{X=1\}P\{Y=2\}=1/6.$$

由边缘分布律的规范性有

$$1=P\{Y=0\}+P\{Y=1\}+P\{Y=2\}\Longrightarrow P\{Y=0\}=1/2,$$

再由独立性知

$$P\{X=0,Y=0\}=P\{X=0\}P\{Y=0\}=1/6,$$
$$P\{X=1,Y=0\}=P\{X=1\}P\{Y=0\}=1/3.$$

于是 X 与 Y 的联合分布律为

X \ Y	0	1	2	$P\{X=x_i\}=p_{i\cdot}$
0	1/6	1/12	1/12	1/3
1	1/3	1/6	1/6	2/3
$P\{Y=y_j\}=p_{\cdot j}$	1/2	1/4	1/4	1

评注 本例采用了“环环相扣,步步为营”的解题策略,将独立性、规范性和已知条件综合起来,形成如下一个链条,逐一求解,如:

$$\left.\begin{matrix}P\{X+Y=2\}\\P\{X=0,Y=2\}\end{matrix}\right\}\Longrightarrow\left.\begin{matrix}P\{X=1,Y=1\}\\P\{Y=1\}\end{matrix}\right\}\Longrightarrow\left\{\begin{matrix}P\{X=1\}\\P\{X=0,Y=1\}\end{matrix}\right.\Longrightarrow P\{X=0\}.$$

例 3.9.3 设 X 与 Y 是相互独立的随机变量,X 在 $(0,1)$ 上服从均匀分布,Y 的概率密度为

$$f_Y(y)=\begin{cases}\dfrac{1}{2}\mathrm{e}^{-\frac{y}{2}}, & y>0,\\ 0, & \text{其他}.\end{cases}$$

(1) 求 X 与 Y 的联合概率密度;

(2) 求关于 a 的二次方程 $a^2+2Xa+Y=0$ 有实根的概率.

分析 (1) 由解题方法与技巧(2)求解;(2) 由联合概率密度确定所求概率,同时注意方程有实根的判别.

解 (1) 由题设,X 的概率密度为

$$f_X(x)=\begin{cases}1, & 0<x<1,\\ 0, & \text{其他}.\end{cases}$$

因 X 与 Y 相互独立，故(X,Y)的联合概率密度为

$$f(x,y)=f_X(x)f_Y(y)=\begin{cases}\dfrac{1}{2}\mathrm{e}^{-\frac{y}{2}}, & 0<x<1,y>0,\\ 0, & \text{其他}.\end{cases}$$

(2) 因事件$\{a$ 的二次方程有实根$\}=\{$判别式 $\Delta=4X^2-4Y\geqslant 0\}=\{X^2-Y\geqslant 0\}$，故所求概率为

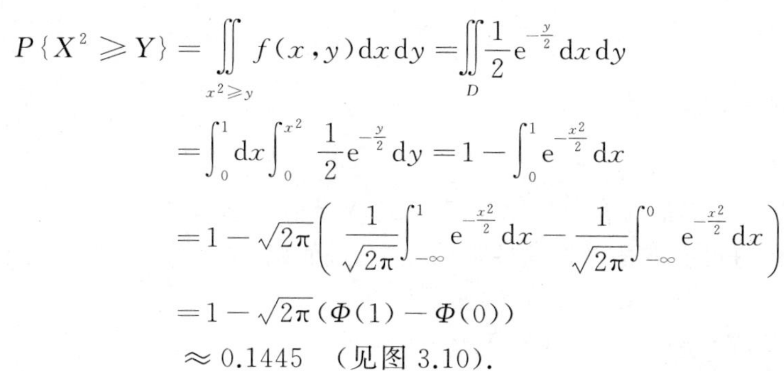

$$\begin{aligned}P\{X^2\geqslant Y\}&=\iint\limits_{x^2\geqslant y}f(x,y)\mathrm{d}x\mathrm{d}y=\iint\limits_{D}\frac{1}{2}\mathrm{e}^{-\frac{y}{2}}\mathrm{d}x\mathrm{d}y\\&=\int_0^1\mathrm{d}x\int_0^{x^2}\frac{1}{2}\mathrm{e}^{-\frac{y}{2}}\mathrm{d}y=1-\int_0^1\mathrm{e}^{-\frac{x^2}{2}}\mathrm{d}x\\&=1-\sqrt{2\pi}\left(\frac{1}{\sqrt{2\pi}}\int_{-\infty}^1\mathrm{e}^{-\frac{x^2}{2}}\mathrm{d}x-\frac{1}{\sqrt{2\pi}}\int_{-\infty}^0\mathrm{e}^{-\frac{x^2}{2}}\mathrm{d}x\right)\\&=1-\sqrt{2\pi}(\Phi(1)-\Phi(0))\\&\approx 0.1445\quad(\text{见图 3.10}).\end{aligned}$$

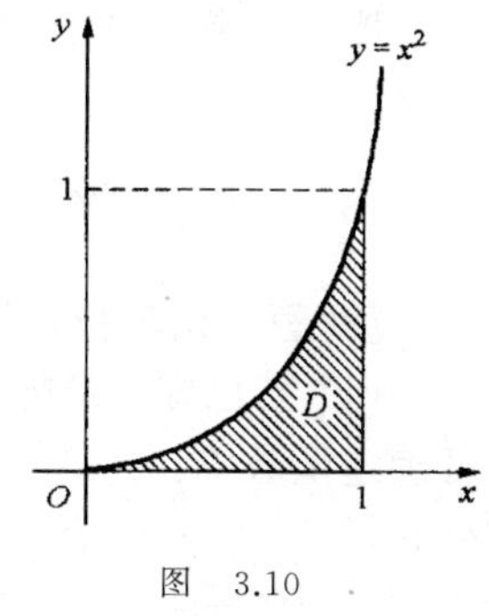

图　3.10

评注　将事件$\{a$ 的二次方程有实根$\}$化为事件$\{X^2-Y\geqslant 0\}$是求解本例的关键.本例涵盖了均匀分布、指数分布、正态分布、独立性等内容.同时注意解题技巧：

$$\frac{1}{\sqrt{2\pi}}\int_0^1\mathrm{e}^{-\frac{x^2}{2}}\mathrm{d}x=\frac{1}{\sqrt{2\pi}}\left(\int_{-\infty}^1\mathrm{e}^{-\frac{x^2}{2}}\mathrm{d}x-\int_{-\infty}^0\mathrm{e}^{-\frac{x^2}{2}}\mathrm{d}x\right)=\Phi(1)-\Phi(0).$$

例 3.9.4　设连续型随机变量 X 与 Y 相互独立，且有相同的概率密度 $f(x)$，试证 $P\{X\leqslant Y\}=1/2$.

分析　在两个独立变量各概率分布已知的前提下可求其联合概率分布，进而证明 $P\{X\leqslant Y\}=1/2$.

证　*方法 1*　因为 X 与 Y 相互独立，所以(X,Y)的联合概率密度 $f(x,y)=f_X(x)f_Y(y)$几乎处处成立，于是

$$\begin{aligned}P\{X\leqslant Y\}&=\iint\limits_{x\leqslant y}f(x,y)\mathrm{d}x\mathrm{d}y=\iint\limits_{x\leqslant y}f_X(x)f_Y(y)\mathrm{d}x\mathrm{d}y\\&=\int_{-\infty}^{+\infty}f_Y(y)\mathrm{d}y\int_{-\infty}^{y}f_X(x)\mathrm{d}x=\int_{-\infty}^{+\infty}f_Y(y)F_X(y)\mathrm{d}y.\end{aligned}$$

由题意，对任意的 y，有 $F_X(y)=F_Y(y)$，因此

$$P\{X\leqslant Y\}=\int_{-\infty}^{+\infty}f_Y(y)F_Y(y)\mathrm{d}y=\int_{-\infty}^{+\infty}F_Y(y)\mathrm{d}F_Y(y)=\frac{1}{2}[F_Y(y)]^2\Big|_{-\infty}^{+\infty}=\frac{1}{2}.$$

方法 2　因为 X 与 Y 相互独立且同分布，所以对任意的 x,y，有

$$f_X(y)=f_Y(y),\quad f_Y(x)=f_X(x),$$

故由对称性有

$$P\{X \leqslant Y\} = \iint_{x \leqslant y} f(x,y)\mathrm{d}x\mathrm{d}y = \iint_{x \leqslant y} f_X(x) f_Y(y)\mathrm{d}x\mathrm{d}y = \iint_{y \leqslant x} f_X(y) f_Y(x)\mathrm{d}x\mathrm{d}y$$

$$= \iint_{y \leqslant x} f_Y(y) f_X(x)\mathrm{d}x\mathrm{d}y = \iint_{y \leqslant x} f(x,y)\mathrm{d}x\mathrm{d}y = P\{Y < X\},$$

而 $1=P\{X\leqslant Y\}+P\{X>Y\}$，故 $P\{X\leqslant Y\}=1/2$.

评注　若连续型随机变量 X 与 Y 相互独立且服从同一分布，则

$$P\{X \leqslant Y\} = 1/2, \quad P\{Y \leqslant X\} = 1/2.$$

10. 求离散型随机变量函数的概率分布

【解题方法与技巧】

(1) 若已知二维随机变量 (X,Y) 的联合分布律 $P\{X=x_i, Y=y_j\}=p_{ij}(i,j=1,2,\cdots)$，则可确定函数 $Z=g(X,Y)$ 的所有可能取值及取这些值的概率，进而确定 $Z=g(X,Y)$ 的概率分布：

$$P\{Z=z_k\} = P\{g(X,Y)=z_k\} = P\{(X,Y) \in \{(x_i,y_j) \mid g(x_i,y_j)=z_k\}\}$$

$$= \sum_{g(x_i,y_j)=z_k} p_{ij} \quad (k=1,2,\cdots).$$

(2) 如果随机变量 X 与 Y 相互独立，它们都取非负整数值，且分布律分别为 $P\{X=k\}=p_k$，$P\{Y=k\}=q_k(k=0,1,2,\cdots)$，则 $X+Y$ 的分布律为

$$P\{X+Y=k\} = P\{X=0\}P\{Y=k\} + P\{X=1\}P\{Y=k-1\}$$

$$+ \cdots + P\{X=k\}P\{Y=0\},$$

即
$$P\{X+Y=k\} = p_0 q_k + p_1 q_{k-1} + \cdots + p_k q_0 \quad (k=0,1,2,\cdots).$$

此式称为**离散卷积公式**.

例 3.10.1　设二维随机变量 (X,Y) 的联合分布律为

X \ Y	-1	1	2
-1	5/20	2/20	6/20
2	3/20	3/20	1/20

求：(1) 关于 X 与关于 Y 的边缘分布律，并判断 X,Y 是否相互独立；

(2) $Z=X+Y, W=X-Y, T=XY, U=\max\{X,Y\}, V=\min\{X,Y\}$ 的分布律；

(3) (U,V) 的联合分布律；　　(4) 在 $V=-1$ 条件下，U 的条件分布律.

分析　(1) 利用公式 $p_{i\cdot}=\sum_j p_{ij}, p_{\cdot j}=\sum_i p_{ij}$ 求解边缘分布律，依据 $p_{i\cdot}p_{\cdot j}=p_{ij}(i,j=1,2,\cdots)$ 是否成立判断独立性；(2) 利用解题方法与技巧(1)求 Z,W,T,U,V 的分布律；(3) 利用 (X,Y) 的联合概率分布确定 (U,V) 的联合概率分布；(4) 根据公式 $P\{U=u_i \mid V=-1\}=\dfrac{P\{U=u_i, V=-1\}}{P\{V=-1\}}(i=1,2,\cdots)$ 求解条件分布律.

解　(1) 由(X,Y)的联合分布律易求得关于X与关于Y的边缘分布律如下表所示：

X \ Y	-1	1	2	$P\{X=x_i\}$
-1	5/20	2/20	6/20	13/20
2	3/20	3/20	1/20	7/20
$P\{Y=y_j\}$	8/20	5/20	7/20	1

由上表可知$P\{X=2,Y=2\}=1/20\neq 49/400=P\{X=2\}P\{Y=2\}$，所以$X$与$Y$不相互独立.

(2) 将联合分布律如下表达：

P	5/20	2/20	6/20	3/20	3/20	1/20
(X,Y)	$(-1,-1)$	$(-1,1)$	$(-1,2)$	$(2,-1)$	$(2,1)$	$(2,2)$
$X+Y$	-2	0	1	1	3	4
$X-Y$	0	-2	-3	3	1	0
XY	1	-1	-2	-2	2	4
$\max\{X,Y\}$	-1	1	2	2	2	2
$\min\{X,Y\}$	-1	-1	-1	-1	1	2

其中有某些函数值相等，把它们作适当并项得如下分布律：

$X+Y$	-2	0	1	3	4
P	5/20	2/20	9/20	3/20	1/20

$X-Y$	-3	-2	0	1	3
P	6/20	2/20	6/20	3/20	3/20

XY	-2	-1	1	2	4
P	9/20	2/20	5/20	3/20	1/20

$U=\max\{X,Y\}$	-1	1	2
P	5/20	2/20	13/20

$V=\min\{X,Y\}$	-1	1	2
P	16/20	3/20	1/20

(3) 由U,V的定义可知，必有$U\geqslant V$，所以$P\{U<V\}=0$，即

$$P\{U=-1,V=1\}=P\{U=-1,V=2\}=P\{U=1,V=2\}=0.$$

其余概率值分别为

$$P\{U=1,V=1\}=P\{X=1,Y=1\}=P(\varnothing)=0,$$

$$P\{U=-1,V=-1\}=P\{X=-1,Y=-1\}=5/20,$$

$$P\{U=1,V=-1\}=P\{X=-1,Y=1\}=2/20,$$

$$P\{U=2,V=-1\}=P\{X=-1,Y=2\}+P\{X=2,Y=-1\}=9/20,$$

$$P\{U=2,V=1\}=P\{X=2,Y=1\}=3/20,$$

$$P\{U=2,V=2\}=P\{X=2,Y=2\}=1/20.$$

故(U,V)的联合分布律为

U \ V	-1	1	2	$P\{U=u_i\}$
-1	5/20	0	0	5/20
1	2/20	0	0	2/20
2	9/20	3/20	1/20	13/20
$P\{V=v_j\}$	16/20	3/20	1/20	1

由上表所示的边缘分布律可以看出，与(2)的相应结果一致，而且U与V显然是不相互独立的.

(4) 因$P\{V=-1\}=16/20>0$，故有条件概率

$$P\{U=-1|V=-1\}=\frac{P\{U=-1,V=-1\}}{P\{V=1\}}=\frac{5}{16},$$

$$P\{U=1|V=-1\}=\frac{P\{U=1,V=-1\}}{P\{V=-1\}}=\frac{1}{8},$$

$$P\{U=2|V=-1\}=\frac{P\{U=2,V=-1\}}{P\{V=-1\}}=\frac{9}{16},$$

即在$V=-1$条件下，U的条件分布律为

U	-1	1	2
$P\{U=u_i\|V=-1\}$	5/16	1/8	9/16

评注　求解本例的关键是将随机变量函数取某可能值的事件表示为关于X,Y的积事件或积事件的和事件，比如$\{\max\{X,Y\}=2\}=\{X=-1,Y=2\}\cup\{X=2,Y=1\}\cup\{X=2,Y=-1\}\cup\{X=2,Y=2\}$.

例 3.10.2　设随机变量$X\sim P(\lambda_1)$，$Y\sim P(\lambda_2)$，且X与Y相互独立.

(1) 求证$X+Y\sim P(\lambda_1+\lambda_2)$；

(2) 求$P\{X=k|X+Y=n\}(k=0,1,2,\cdots,n;\ n=0,1,2,\cdots)$.

分析　(1) 利用泊松分布及解题方法与技巧(2)证明；(2) 利用条件概率定义求解.

解　(1) 证　由题设知 $X+Y$ 可能的取值为 $0,1,2,\cdots$，并且

$$\begin{aligned}P\{X+Y=k\}&=P\{X=0\}P\{Y=k\}+P\{X=1\}P\{Y=k-1\}\\&\quad+\cdots+P\{X=k\}P\{Y=0\}\\&=\frac{\lambda_1^0}{0!}e^{-\lambda_1}\cdot\frac{\lambda_2^k}{k!}e^{-\lambda_2}+\frac{\lambda_1^1}{1!}e^{-\lambda_1}\cdot\frac{\lambda_2^{k-1}}{(k-1)!}e^{-\lambda_2}\\&\quad+\cdots+\frac{\lambda_1^{k-1}}{(k-1)!}e^{-\lambda_1}\cdot\frac{\lambda_2^1}{1!}e^{-\lambda_2}+\frac{\lambda_1^k}{k!}e^{-\lambda_1}\cdot\frac{\lambda_2^0}{0!}e^{-\lambda_2}\\&=\sum_{l=0}^{k}\frac{\lambda_1^l}{l!}e^{-\lambda_1}\cdot\frac{\lambda_2^{k-l}}{(k-l)!}e^{-\lambda_2}=\frac{e^{-(\lambda_1+\lambda_2)}}{k!}\sum_{l=0}^{k}\frac{k!}{l!\,(k-l)!}\lambda_1^l\lambda_2^{k-l}\\&=\frac{e^{-(\lambda_1+\lambda_2)}}{k!}\sum_{l=0}^{k}C_k^l\lambda_1^l\lambda_2^{k-l}=\frac{e^{-(\lambda_1+\lambda_2)}}{k!}(\lambda_1+\lambda_2)^k\quad(k=0,1,2,\cdots),\end{aligned}$$

即 $X+Y\sim P(\lambda_1+\lambda_2)$.

(2) 当 $n=0,1,2,\cdots$ 时，$P\{X+Y=n\}=\dfrac{e^{-(\lambda_1+\lambda_2)}}{n!}(\lambda_1+\lambda_2)^n>0$，从而

$$\begin{aligned}P\{X=k\mid X+Y=n\}&=\frac{P\{X=k,Y=n-k\}}{P\{X+Y=n\}}=\frac{P\{X=k\}P\{Y=n-k\}}{P\{X+Y=n\}}\\&=\frac{\dfrac{\lambda_1^k}{k!}e^{-\lambda_1}\ \dfrac{\lambda_2^{n-k}}{(n-k)!}e^{-\lambda_2}}{\dfrac{(\lambda_1+\lambda_2)^n}{n!}e^{-(\lambda_1+\lambda_2)}}=\frac{n!}{k!\,(n-k)!}\cdot\frac{\lambda_1^k\lambda_2^{n-k}}{(\lambda_1+\lambda_2)^n}\\&=C_n^k\left(\frac{\lambda_1}{\lambda_1+\lambda_2}\right)^k\left(\frac{\lambda_2}{\lambda_1+\lambda_2}\right)^{n-k}\quad(k=0,1,2,\cdots,n).\end{aligned}$$

评注　(1) 两个相互独立的泊松分布：$X\sim P(\lambda_1)$ 与 $Y\sim P(\lambda_2)$，可以“合成”一个泊松分布：$X+Y\sim P(\lambda_1+\lambda_2)$.这个结论可以推广：设 $X_1,X_2,\cdots,X_n$ 相互独立，且 $X_i\sim P(\lambda_i)$ $(i=1,2,\cdots,n)$，则

$$X_1+X_2+\cdots+X_n\sim P(\lambda_1+\lambda_2+\cdots+\lambda_n).$$

类似地，两个独立的二项分布变量：$X\sim B(n_1,p)$ 与 $Y\sim B(n_2,p)$，可以“合成”一个二项分布：$X+Y\sim B(n_1+n_2,p)$.此结论也可推广：设 $X_1,X_2,\cdots,X_k$ 相互独立，且 $X_i\sim B(n_i,p)(i=1,2,\cdots,k)$，则

$$X_1+X_2+\cdots+X_k\sim B(n_1+n_2+\cdots+n_k,p).$$

(2) 本例中，在 $X+Y=n(n>1)$ 条件下，X 的条件分布为二项分布 $B\left(n,\dfrac{\lambda_1}{\lambda_1+\lambda_2}\right)$.

例 3.10.3　设随机变量 Y_1,Y_2,Y_3,Y_4 独立同分布，且 $P\{Y_i=0\}=0.6,P\{Y_i=1\}=0.4$ $(i=1,2,3,4)$，求：

(1) 行列式 $Y=\begin{vmatrix}Y_1&Y_2\\Y_3&Y_4\end{vmatrix}$ 的概率分布；　(2) 方程组 $\begin{cases}Y_1x_1+Y_2x_2=0,\\Y_3x_1+Y_4x_2=0\end{cases}$ 只有零解的概率.

分析　(1) 先确定 $Z_1=Y_1Y_4$ 及 $Z_2=Y_2Y_3$ 的概率分布，再确定 $Y=Z_1-Z_2$ 的概率分布.

(2) 由克莱姆法则知，若方程组只有零解，则 $\begin{vmatrix} Y_1 & Y_2 \\ Y_3 & Y_4 \end{vmatrix} \neq 0$，即 $Y \neq 0$. 故所求概率为 $P\{Y \neq 0\}$.

解 (1) 由行列式的定义有

$$Y = \begin{vmatrix} Y_1 & Y_2 \\ Y_3 & Y_4 \end{vmatrix} = Y_1 Y_4 - Y_2 Y_3.$$

令 $Z_1 = Y_1 Y_4, Z_2 = Y_2 Y_3$，则 Z_1 与 Z_2 的所有可能取值为 0,1. 据题意，Y_1, Y_2, Y_3, Y_4 相互独立，所以 Z_1 与 Z_2 相互独立. 又因为

$$\{Z_1 = 0\} = \{Y_1 Y_4 = 0\} = \{Y_1 = 0, Y_4 = 0\} \cup \{Y_1 = 0, Y_4 = 1\} \cup \{Y_1 = 1, Y_4 = 0\},$$

所以

$$\begin{aligned} P\{Z_1 = 0\} &= P\{Y_1 Y_4 = 0\} \\ &= P\{Y_1 = 0, Y_4 = 0\} + P\{Y_1 = 0, Y_4 = 1\} + P\{Y_1 = 1, Y_4 = 0\} \\ &= P\{Y_1 = 0\} P\{Y_4 = 0\} + P\{Y_1 = 0\} P\{Y_4 = 1\} \\ &\quad + P\{Y_1 = 1\} P\{Y_4 = 0\} = 0.84, \\ P\{Z_1 = 1\} &= 1 - P\{Z_1 = 0\} = 0.16; \end{aligned}$$

同理 $$P\{Z_2 = 0\} = 0.84, \quad P\{Z_2 = 1\} = 0.16.$$

由 $Y = Z_1 - Z_2$ 知，Y 的所有可能取值为 $-1, 0, 1$，且

$$\begin{aligned} P\{Y = -1\} &= P\{Z_1 - Z_2 = -1\} = P\{Z_1 = 0, Z_2 = 1\} \\ &= P\{Z_1 = 0\} P\{Z_2 = 1\} = 0.1344, \\ P\{Y = 1\} &= P\{Z_1 - Z_2 = 1\} = P\{Z_1 = 1, Z_2 = 0\} \\ &= P\{Z_1 = 1\} P\{Z_2 = 0\} = 0.1344, \\ P\{Y = 0\} &= 1 - P\{Y = -1\} - P\{Y = 1\} = 0.7312, \end{aligned}$$

于是 Y 的概率分布为

Y	-1	0	1
P	0.1344	0.7312	0.1344

(2) 齐次线性方程组只有零解的充要条件是系数行列式不为零，故所要求的概率为

$$P\{Y \neq 0\} = 1 - P\{Y = 0\} = 0.2688.$$

评注　求解本例的关键是利用行列式与线性方程组的相关结论求事件的概率.

11. 求连续型随机变量和、差、积、商的概率分布

【解题方法与技巧】

(1) 若已知二维随机变量 (X, Y) 的概率密度为 $f(x, y)$，则 X 与 Y 的和、差、积、商的概率密度如下：

(i) $U=X+Y$ 的概率密度为

$$f_U(u)=\int_{-\infty}^{+\infty} f(x,u-x)\mathrm{d}x \quad 或 \quad f_U(u)=\int_{-\infty}^{+\infty} f(u-y,y)\mathrm{d}y.$$

特别地,如果 X 与 Y 相互独立,则有卷积公式

$$f_U(u)=\int_{-\infty}^{+\infty} f_X(x)f_Y(u-x)\mathrm{d}x \quad 或 \quad f_U(u)=\int_{-\infty}^{+\infty} f_X(u-y)f_Y(y)\mathrm{d}y.$$

(ii) $V=X-Y$ 的概率密度为

$$f_V(v)=\int_{-\infty}^{+\infty} f(x,x-v)\mathrm{d}x \quad 或 \quad f_V(v)=\int_{-\infty}^{+\infty} f(v+y,y)\mathrm{d}y.$$

特别地,如果 X 与 Y 相互独立,则有

$$f_V(v)=\int_{-\infty}^{+\infty} f_X(x)f_Y(x-v)\mathrm{d}x \quad 或 \quad f_V(v)=\int_{-\infty}^{+\infty} f_X(v+y)f_Y(y)\mathrm{d}y.$$

(iii) $W=X/Y$ 的概率密度为

$$f_W(w)=\int_{-\infty}^{+\infty} |y|\, f(yw,y)\mathrm{d}y.$$

特别地,如果 X 与 Y 相互独立,则有

$$f_W(w)=\int_{-\infty}^{+\infty} |y|\, f_X(yw)f_Y(y)\mathrm{d}y.$$

(iv) $Z=XY$ 的概率密度为

$$f_Z(z)=\int_{-\infty}^{+\infty} \frac{1}{|y|}f\left(\frac{z}{y},y\right)\mathrm{d}y \ (y\neq 0) \quad 或 \quad f_Z(z)=\int_{-\infty}^{+\infty} \frac{1}{|x|}f\left(x,\frac{z}{x}\right)\mathrm{d}x \ (x\neq 0).$$

特别地,如果 X 与 Y 相互独立,则有

$$f_Z(z)=\int_{-\infty}^{+\infty} \frac{1}{|y|}f_X\left(\frac{z}{y}\right)f_Y(y)\mathrm{d}y \ (y\neq 0)$$

或

$$f_Z(z)=\int_{-\infty}^{+\infty} \frac{1}{|x|}f_X(x)f_Y\left(\frac{z}{x}\right)\mathrm{d}x \ (x\neq 0).$$

这里 $f_X(x)$,$f_Y(y)$分别为(X,Y)关于 X 与关于 Y 的边缘概率密度.利用上述公式确定随机变量 X 与 Y 的和、差、积、商概率分布的方法称为**公式法**.

(2) 若已知二维随机变量(X,Y)的概率密度为 $f(x,y)$,则 X 与 Y 的函数 $Z=g(X,Y)$ 的分布函数为

$$F_Z(z)=P\{Z\leqslant z\}=P\{g(X,Y)\leqslant z\}=P\{(X,Y)\in G\}=\iint_G f(x,y)\mathrm{d}x\mathrm{d}y,$$

其中 $G=\{(x,y)\,|\,g(x,y)\leqslant z\}$. 若 Z 为连续型,则其概率密度为

$$f_z(z)=F_Z'(z).$$

利用此两公式确定随机变量函数概率分布的方法称为**分布函数法**.

例 3.11.1 设随机变量 X 与 Y 相互独立,且 $X\sim U(0,1)$,$Y\sim U(0,1)$,求 $Z=X+Y$ 的

概率密度 $f_Z(z)$.

分析　由题设,易得 X,Y 的概率密度 $f_X(x)$ 和 $f_Y(y)$,进而可利用公式 $f_Z(z)=\int_{-\infty}^{+\infty} f_X(x)f_Y(z-x)\mathrm{d}x$ 求解.

解　利用公式法求解.由题设知 X 与 Y 的概率密度函数分别为

$$f_X(x)=\begin{cases}1, & 0<x<1,\\ 0, & \text{其他},\end{cases}\qquad f_Y(y)=\begin{cases}1, & 0<y<1,\\ 0, & \text{其他}.\end{cases}$$

由 X 与 Y 的独立性,则 $Z=X+Y$ 的概率密度为

$$f_Z(z)=\int_{-\infty}^{+\infty} f_X(x)f_Y(z-x)\mathrm{d}x,$$

其中被积函数不为 0 的区域为

$$\begin{cases}0<x<1,\\ 0<z-x<1\end{cases}\Longrightarrow\begin{cases}0<x<1,\\ x<z<1+x.\end{cases}$$

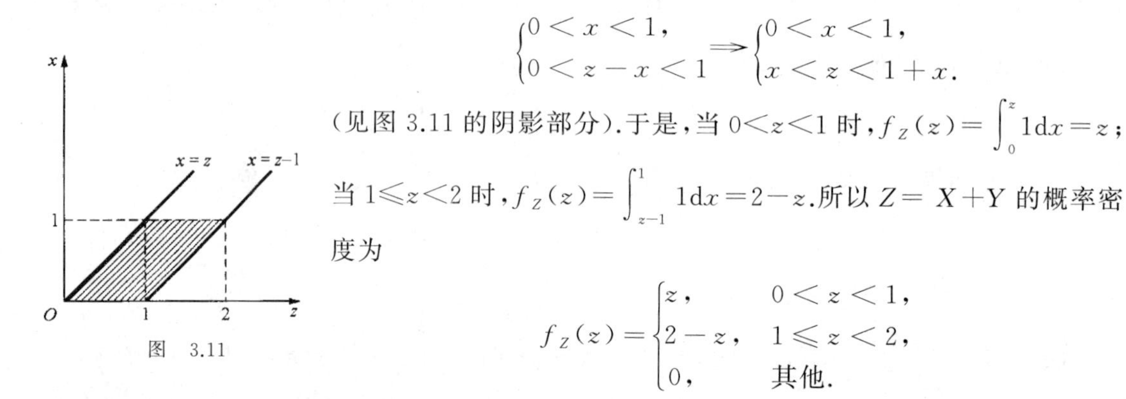

图　3.11

(见图 3.11 的阴影部分).于是,当 $0<z<1$ 时,$f_Z(z)=\int_0^z 1\mathrm{d}x=z$;当 $1\leqslant z<2$ 时,$f_Z(z)=\int_{z-1}^1 1\mathrm{d}x=2-z$.所以 $Z=X+Y$ 的概率密度为

$$f_Z(z)=\begin{cases}z, & 0<z<1,\\ 2-z, & 1\leqslant z<2,\\ 0, & \text{其他}.\end{cases}$$

评注　(1) 在本例中,随机变量 Z 服从**三角分布**.

(2) X 与 Y 相互独立,均服从均匀分布 $U(0,1)$,但 $X+Y$ 不服从均匀分布,即相互独立且均服从均匀分布的随机变量之和未必服从均匀分布.

(3) X 与 Y 相互独立且都是连续型随机变量,则 (X,Y) 为二维连续型随机变量,因此 $Z=X+Y$ 为一连续型随机变量.但若连续型随机变量 X 与 Y 不相互独立,$X+Y$ 与 $X-Y$ 未必为连续型随机变量,因此 (X,Y) 也就不一定是二维连续型随机变量.请看例 3.13.1.

(4) $Z=X+Y$ 的概率密度也可通过"分布函数法"求解.

例 3.11.2　设二维随机变量 (X,Y) 的联合概率密度为

$$f(x,y)=\begin{cases}3x, & 0<x<1,0<y<x,\\ 0, & \text{其他},\end{cases}$$

求随机变量 $Z=X-Y$ 的概率密度 $f_Z(z)$.

分析　已知 (X,Y) 的联合概率密度,则 $Z=X-Y$ 的概率密度可通过公式 $f_Z(z)=\int_{-\infty}^{+\infty} f(z+y,y)\mathrm{d}y$ 求解或利用 $F_Z(z)=P\{Z\leqslant z\}=P\{X-Y\leqslant z\}=\iint\limits_{x-y\leqslant z} f(x,y)\mathrm{d}x\mathrm{d}y$ 和 $f_Z(z)=F_Z'(z)$ 求解.

解　方法 1　由公式法求解.$Z=X-Y$ 的概率密度为

$$f_Z(z)=\int_{-\infty}^{+\infty} f(z+y,y)\mathrm{d}y,$$

其中被积函数不为 0 的区域为

$$\begin{cases}0<y<1,\\ y<x<1\end{cases}\Rightarrow\begin{cases}0<y<1,\\ y<y+z<1\end{cases}\Rightarrow\begin{cases}0<y<1,\\ 0<z<1-y\end{cases}$$ （见图 3.12(a) 的阴影部分），

于是

$$f_Z(z)=\int_{-\infty}^{+\infty} f(y+z,y)\mathrm{d}y=\begin{cases}\int_0^{1-z} 3(y+z)\mathrm{d}y, & 0<z<1,\\ 0, & \text{其他}\end{cases}$$

$$=\begin{cases}\dfrac{3}{2}(1-z^2), & 0<z<1,\\ 0, & \text{其他}.\end{cases}$$

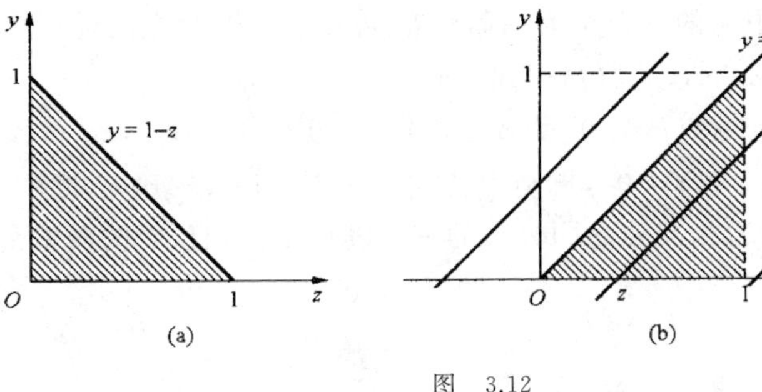

图　3.12

方法 2　由分布函数法求解.$Z=X-Y$ 的分布函数为

$$F_Z(z)=P\{Z\leqslant z\}=\iint\limits_{x-y\leqslant z} f(x,y)\mathrm{d}x\mathrm{d}y.$$

因为 $f(x,y)$ 只在图 3.12(b) 中阴影区域内取非 0 值，所以，当 $z<0$ 时，$F_Z(z)=0$；当 $z\geqslant 1$ 时，$F_Z(z)=1$；当 $0\leqslant z<1$ 时，

$$F_Z(z)=\int_0^z 3x\mathrm{d}x\int_0^x \mathrm{d}y+\int_z^1 3x\mathrm{d}x\int_{x-z}^x \mathrm{d}y=\frac{z}{2}(3-z^2).$$

故

$$F_Z(z)=\begin{cases}0, & z<0,\\ \dfrac{z}{2}(3-z^2), & 0\leqslant z<1,\\ 1, & z\geqslant 1,\end{cases}$$

从而

$$f_Z(z)=F_Z'(z)=\begin{cases}\dfrac{3}{2}(1-z^2), & 0<z<1,\\ 0, & \text{其他}.\end{cases}$$

评注　两方法比较而言，方法 1 较简便，但应注意被积函数 $f(y+z,y)$ 非 0 区域的确定.

例 3.11.3　设随机变量 X 与 Y 相互独立，且均服从标准正态分布 $N(0,1)$，试证明 $Z=X/Y$ 的概率密度为

$$f_Z(z)=\frac{1}{\pi(1+z^2)}\quad(-\infty<z<+\infty).$$

分析　X 与 Y 相互独立且均服从 $N(0,1)$，可利用公式 $f_Z(z)=\int_{-\infty}^{+\infty}|y|f_X(zy)f_Y(y)\mathrm{d}y$ 求解 $Z=X/Y$ 的概率密度.

证　设 $\varphi_X(x),\varphi_Y(y)$ 分别为 X,Y 的概率密度.因为均服从分布 $N(0,1)$，且 X 与 Y 独立，所以 $Z=X/Y$ 的概率密度为

$$\begin{aligned}f_Z(z)&=\int_{-\infty}^{+\infty}|y|\varphi_X(zy)\varphi_Y(y)\mathrm{d}y=\frac{1}{2\pi}\int_{-\infty}^{+\infty}|y|\mathrm{e}^{-\frac{(1+z^2)y^2}{2}}\mathrm{d}y\\&=\frac{1}{\pi}\int_0^{+\infty}y\mathrm{e}^{-\frac{(1+z^2)y^2}{2}}\mathrm{d}y=\frac{1}{\pi(1+z^2)}\quad(-\infty<z<+\infty).\end{aligned}$$

评注　(1) 本例中 Z 服从的分布称为**柯西分布**.可见若相互独立的随机变量 X 与 Y 同服从分布 $N(0,1)$，则其商 $Z=X/Y$ 服从柯西分布.

(2) 本例也可利用分布函数法先确定 $Z=X/Y$ 的分布函数 $F_Z(z)=P\{X/Y\leqslant z\}=P\{X\leqslant zY,Y>0\}+P\{X\geqslant zY,Y<0\}$，再利用公式 $f_Z(z)=F_Z'(z)$确定概率密度.

例 3.11.4　设 X,Y,Z 为相互独立同分布的三个随机变量，且 X 的概率密度为

$$f_X(x)=\begin{cases}\lambda\mathrm{e}^{-\lambda x}, & x>0,\\0, & x\leqslant 0,\end{cases}$$

记 $T=X+Y+Z$，试求 T 的概率分布.

分析　分两步求解，先求 $U=X+Y$ 的概率密度，可利用公式

$$f_U(u)=\int_{-\infty}^{+\infty}f_X(x)f_Y(u-x)\mathrm{d}x.$$

因为 X,Y,Z 相互独立，所以 U 与 Z 相互独立.再确定 $T=U+Z$ 的概率密度，可利用公式

$$f_T(t)=\int_{-\infty}^{+\infty}f_U(u)f_Z(t-u)\mathrm{d}u.$$

解　设 $U=X+Y$，由题设 X 与 Y 相互独立，则有卷积公式

$$f_U(u)=\int_{-\infty}^{+\infty}f_X(x)f_Y(u-x)\mathrm{d}x,$$

其中被积函数不为 0 的区域为

$$\begin{cases}x>0,\\u-x>0\end{cases}\Longrightarrow\begin{cases}x>0,\\u>x\end{cases}\quad(\text{见图 3.13(a) 的阴影部分}),$$

于是

$$f_U(u)=\begin{cases}\int_0^u\lambda\mathrm{e}^{-\lambda x}\cdot\lambda\mathrm{e}^{-\lambda(u-x)}\mathrm{d}x, & u>0,\\0, & u\leqslant 0\end{cases}=\begin{cases}\lambda^2u\mathrm{e}^{-\lambda u}, & u>0,\\0, & u\leqslant 0.\end{cases}$$

称 U 所服从的分布是参数为 $2,\lambda$ 的埃尔兰分布.

由题设知 $T=U+Z$,且 U 与 Z 相互独立,则有卷积公式

$$f_T(t)=\int_{-\infty}^{+\infty} f_U(u)f_Z(t-u)\mathrm{d}u,$$

其中被积函数不为 0 的区域为

$$\begin{cases}u>0,\\ t-u>0\end{cases}\Longrightarrow 0<u<t \quad \text{(见图 3.13(b) 的阴影部分)},$$

于是

$$f_T(t)=\begin{cases}\displaystyle\int_0^t \lambda^2 u\mathrm{e}^{-\lambda u}\cdot\lambda\mathrm{e}^{-\lambda(t-u)}\mathrm{d}u, & t>0,\\ 0, & t\leqslant 0\end{cases}=\begin{cases}\dfrac{\lambda^3 t^2}{2}\mathrm{e}^{-\lambda t}, & t>0,\\ 0, & t\leqslant 0.\end{cases}$$

称 T 所服从的分布是参数为 $3,\lambda$ 的埃尔兰分布.

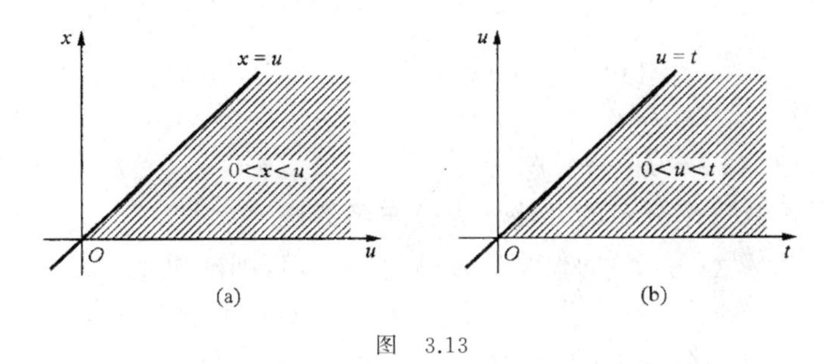

图 3.13

评注 由本例可得结论:两个相互独立且同服从参数为 λ 的指数分布的随机变量之和服从参数为 $2,\lambda$ 的埃尔兰分布,三个相互独立且同服从参数为 λ 的指数分布的随机变量之和服从参数为 $3,\lambda$ 的埃尔兰分布.此结论可推广如下:

n 个相互独立且同服从参数为 λ 的指数分布的随机变量之和 $W=X_1+X_2+\cdots+X_n$ 服从参数为 n,λ 的埃尔兰分布,其概率密度为

$$f(w)=\begin{cases}\dfrac{\lambda^n}{(n-1)!}w^{n-1}\mathrm{e}^{-\lambda w}, & w>0,\\ 0, & w\leqslant 0\end{cases}=\begin{cases}\dfrac{\lambda^n}{\Gamma(n)}w^{n-1}\mathrm{e}^{-\lambda w}, & w>0,\\ 0, & w\leqslant 0.\end{cases}$$

另外请注意三个独立变量之和的概率分布的求解方法.

12. 求连续型随机变量其他函数的概率分布

【解题方法与技巧】

(1) 若连续型随机变量 U 的概率密度为 $f(u)$,且离散型随机变量 $X=h(U)$ 与 $Y=g(U)$,则可按下列方法确定(X,Y)的概率分布:

$$\begin{aligned}P\{X=x_i,Y=y_j\}&=P\{h(U)=x_i,g(U)=y_j\}\\&=P\{U\in D_{ij}=\{u\,|\,h(u)=x_i,g(u)=y_j\}\}\\&=\int_{D_{ij}}f(u)\mathrm{d}u\quad(i,j=1,2,\cdots).\end{aligned}$$

(2) 若二维连续型随机变量(U,V)的概率密度为$f(u,v)$,且离散型随机变量$X=h(U,V)$与$Y=g(U,V)$,则可按下列方法确定(X,Y)的概率分布:

$$\begin{aligned}P\{X=x_i,Y=y_j\}&=P\{h(U,V)=x_i,g(U,V)=y_j\}\\&=P\{(U,V)\in D_{ij}=\{(u,v)\mid h(u,v)=x_i,g(u,v)=y_j\}\}\\&=\iint\limits_{D_{ij}}f(u,v)\mathrm{d}u\mathrm{d}v\quad(i,j=1,2,\cdots).\end{aligned}$$

(3) 若(X,Y)的概率密度为$f(x,y)$,则连续型随机变量$Z=g(X,Y)$的概率分布为

$$\begin{aligned}F_Z(z)&=P\{Z\leqslant z\}=P\{g(X,Y)\leqslant z\}\\&=P\{(X,Y)\in D_z=\{(x,y)\,|\,g(x,y)\leqslant z\}\}\\&=\iint\limits_{D_z}f(x,y)\mathrm{d}x\mathrm{d}y,\\f_Z(z)&=F_Z'(z).\end{aligned}$$

这种确定随机变量函数概率分布的方法称为**分布函数法**.

(4) 设二维随机变量(X,Y)的概率密度为$f(x,y)$,则随机变量$Z=aX+bY(ab\neq0)$的概率密度为

$$f_Z(z)=\frac{1}{|a|}\int_{-\infty}^{+\infty}f\left(\frac{z-by}{a},y\right)\mathrm{d}y\quad\text{或}\quad f_Z(z)=\frac{1}{|b|}\int_{-\infty}^{+\infty}f\left(x,\frac{z-ax}{b}\right)\mathrm{d}x.$$

特别地,若X,Y相互独立,关于X与关于Y的边缘概率密度分别为$f_X(x),f_Y(y)$,则$Z=aX+bY(a,b\neq0)$的概率密度为

$$f_Z(z)=\frac{1}{|a|}\int_{-\infty}^{+\infty}f_X\left(\frac{z-by}{a}\right)f_Y(y)\mathrm{d}y\quad\text{或}\quad f_Z(z)=\frac{1}{|b|}\int_{-\infty}^{+\infty}f_X(x)f_Y\left(\frac{z-ax}{b}\right)\mathrm{d}x.$$

这种确定随机变量函数概率分布的方法称为**公式法**.

例 3.12.1　设随机变量U在区间$[-3,3]$上服从均匀分布,随机变量

$$X=\begin{cases}-1, & U\leqslant-2,\\1, & U>-2,\end{cases}\quad Y=\begin{cases}-1, & U\leqslant 2,\\1, & U>2,\end{cases}$$

求:(1) (X,Y)的联合概率分布,$X+Y$的概率分布;　(2) $P\{X+Y=0\,|\,X=1\}$.

分析　(1) 可利用U的概率分布确定(X,Y)的联合概率分布,比如$P\{X=1,Y=-1\}=P\{-2\leqslant U\leqslant 2\}$,进而可确定$X+Y$的概率分布;(2) 通过$(X,Y)$的联合分布律可求出$P\{X=1\}$及$P\{X=1,Y=-1\}$,进而可得到$P\{X+Y=0\,|\,X=1\}=\dfrac{P\{X=1,Y=-1\}}{P\{X=1\}}$.

解　由题设知随机变量U的概率密度为

$$f_U(u)=\begin{cases}1/6, & -3<u<3,\\ 0, & \text{其他}.\end{cases}$$

(1) (X,Y)的所有可能取值为$(-1,-1)$,$(-1,1)$,$(1,-1)$,$(1,1)$,且

$$P\{X=-1,Y=-1\}=P\{U\leqslant -2,U\leqslant 2\}=P\{U\leqslant -2\}$$
$$=\int_{-3}^{-2}\frac{1}{6}\mathrm{d}u=\frac{1}{6},$$
$$P\{X=-1,Y=1\}=P\{U\leqslant -2,U>2\}=P(\varnothing)=0,$$
$$P\{X=1,Y=-1\}=P\{U>-2,U\leqslant 2\}=P\{-2<U\leqslant 2\}$$
$$=\int_{-2}^{2}\frac{1}{6}\mathrm{d}u=\frac{2}{3},$$
$$P\{X=1,Y=1\}=1-P\{X=-1,Y=-1\}-P\{X=-1,Y=1\}$$
$$-P\{X=1,Y=-1\}=1/6,$$

于是 X 与 Y 的联合分布律及关于 X 与关于 Y 的边缘分布律为

X \ Y	-1	1	$P\{X=x_i\}$
-1	$1/6$	0	$1/6$
1	$2/3$	$1/6$	$5/6$
$P\{Y=y_j\}$	$5/6$	$1/6$	1

由 X 与 Y 的所有可能取值知,$X+Y$ 的所有可能取值为$-2,0,2$,且有

$$P\{X+Y=-2\}=P\{X=-1,Y=-1\}=1/6,$$
$$P\{X+Y=0\}=P\{X=-1,Y=1\}+P\{X=1,Y=-1\}=2/3,$$
$$P\{X+Y=2\}=P\{X=1,Y=1\}=1/6,$$

于是得 $X+Y$ 的分布律为

$X+Y$	-2	0	2
P	$1/6$	$2/3$	$1/6$

(2) 因为 $P\{X=1\}=5/6\neq 0$,所以由条件概率的定义有

$$P\{X+Y=0|X=1\}=\frac{P\{X=1,X+Y=0\}}{P\{X=1\}}$$
$$=\frac{P\{X=1,Y=-1\}}{P\{X=1\}}=\frac{2/3}{5/6}=\frac{4}{5}.$$

评注　若由连续型随机变量U 构造了两个离散型随机变量X 与Y,则可利用U 的概率分布确定(X,Y)的联合概率分布.

例 3.12.2　设随机变量 X 与 Y 相互独立,且 $X\sim N(0,1)$,$Y\sim N(0,1)$.记

$$U=\begin{cases}0, & X^2+Y^2\leqslant 1,\\ 1, & X^2+Y^2>1,\end{cases}\quad V=\begin{cases}0, & X^2+Y^2\leqslant 2,\\ 1, & X^2+Y^2>2,\end{cases}$$

求二维随机变量(U,V)的联合分布律.

分析　由X与Y独立同服从分布$N(0,1)$可确定(X,Y)的联合概率分布,进而可求得(U,V)的联合分布律,比如$P\{U=1,V=0\}=P\{1<X^2+Y^2<2\}$.

解　由题设知X与Y的联合概率密度为

$$f(x,y)=\frac{1}{2\pi}\mathrm{e}^{-\frac{x^2+y^2}{2}}\quad(-\infty<x,y<+\infty).$$

(U,V)的可能取值为$(0,0),(0,1),(1,0),(1,1)$,且

$$P\{U=0,V=0\}=P\{X^2+Y^2\leqslant 1,X^2+Y^2\leqslant 2\}=P\{X^2+Y^2\leqslant 1\}$$
$$=\iint\limits_{x^2+y^2\leqslant 1}\frac{1}{2\pi}\mathrm{e}^{-\frac{x^2+y^2}{2}}\mathrm{d}x\mathrm{d}y=\frac{1}{2\pi}\int_0^{2\pi}\mathrm{d}\theta\int_0^1\mathrm{e}^{-\frac{r^2}{2}}r\mathrm{d}r=1-\mathrm{e}^{-\frac{1}{2}},$$

$$P\{U=0,V=1\}=P\{X^2+Y^2\leqslant 1,X^2+Y^2>2\}=P(\varnothing)=0,$$

$$P\{U=1,V=0\}=P\{X^2+Y^2>1,X^2+Y^2\leqslant 2\}=P\{1<X^2+Y^2\leqslant 2\}$$
$$=\iint\limits_{1<x^2+y^2\leqslant 2}\frac{1}{2\pi}\mathrm{e}^{-\frac{x^2+y^2}{2}}\mathrm{d}x\mathrm{d}y=\frac{1}{2\pi}\int_0^{2\pi}\mathrm{d}\theta\int_1^{\sqrt{2}}\mathrm{e}^{-\frac{r^2}{2}}r\mathrm{d}r=\mathrm{e}^{-\frac{1}{2}}-\mathrm{e}^{-1},$$

$$P\{U=1,V=1\}=1-P\{U=0,V=0\}-P\{U=0,V=1\}$$
$$-P\{U=1,V=0\}=\mathrm{e}^{-1},$$

所以(U,V)的联合分布律为

U \ V	0	1
0	$1-\mathrm{e}^{-1/2}$	0
1	$\mathrm{e}^{-1/2}-\mathrm{e}^{-1}$	e^{-1}

评注　求解本例的关键是将离散型随机变量(U,V)相关概率的计算转化为连续型随机变量(X,Y)相关概率的计算,比如

$$P\{U=1,V=0\}=P\{1<X^2+Y^2\leqslant 2\}=\iint\limits_{1<x^2+y^2\leqslant 2}f(x,y)\mathrm{d}x\mathrm{d}y.$$

例 3.12.3　设随机变量X与Y相互独立,且概率密度分别为

$$f_X(x)=\begin{cases}1, & 0<x<1,\\ 0, & 其他,\end{cases}\quad f_Y(y)=\begin{cases}\mathrm{e}^{-y}, & y>0,\\ 0, & 其他,\end{cases}$$

(1) 求随机变量$Z_1=2X+Y$的概率密度$f_{Z_1}(z)$;

(2) 求随机变量 $Z_2=2X-Y$ 的概率密度 $f_{Z_2}(z)$.

分析 (1) 可采用如下方法求解:

方法 1: 先确定分布函数 $F_Z(z)=P\{2X+Y\leqslant z\}=\iint\limits_{2x+y\leqslant z}f(x,y)\mathrm{d}x\mathrm{d}y$,再求概率密度

$$f_Z(z)=F_Z'(z).$$

方法 2: 令 $U=2X$,确定 $f_U(u)$,再由 U 与 Y 相互独立确定 $Z=U+Y$ 的概率密度:

$$f_Z(z)=\int_{-\infty}^{+\infty}f_U(u)f_Y(z-u)\mathrm{d}u.$$

方法 3: 利用公式

$$f_Z(z)=\frac{1}{2}\int_{-\infty}^{+\infty}f_X\left(\frac{1}{2}(z-y)\right)f_Y(y)\mathrm{d}y \quad 或 \quad f_Z(z)=\int_{-\infty}^{+\infty}f_X(x)f_Y(z-2x)\mathrm{d}x$$

求解.

(2) 类似地,可采用(1)中所述三种方法求解.

解 (1) 方法 1 由于 X 与 Y 相互独立,所以(X,Y)的联合概率密度为

$$f(x,y)=f_X(x)f_Y(y)=\begin{cases}\mathrm{e}^{-y}, & 0<x<1,y>0,\\ 0, & 其他.\end{cases}$$

$Z_1=2X+Y$ 的分布函数为

$$F_{Z_1}(z)=P\{2X+Y\leqslant z\}=\iint\limits_{2x+y\leqslant z}f(x,y)\mathrm{d}x\mathrm{d}y.$$

当 $z<0$ 时,显然 $F_{Z_1}(z)=0$;

当 $0\leqslant z/2<1$,即 $0\leqslant z<2$ 时,如图 3.14(a),有

$$F_{Z_1}(z)=\iint\limits_{2x+y\leqslant z}f(x,y)\mathrm{d}x\mathrm{d}y=\iint\limits_{D_1}\mathrm{e}^{-y}\mathrm{d}x\mathrm{d}y=\int_0^{z/2}\mathrm{d}x\int_0^{z-2x}\mathrm{e}^{-y}\mathrm{d}y=\frac{z}{2}-\frac{1}{2}(1-\mathrm{e}^{-z});$$

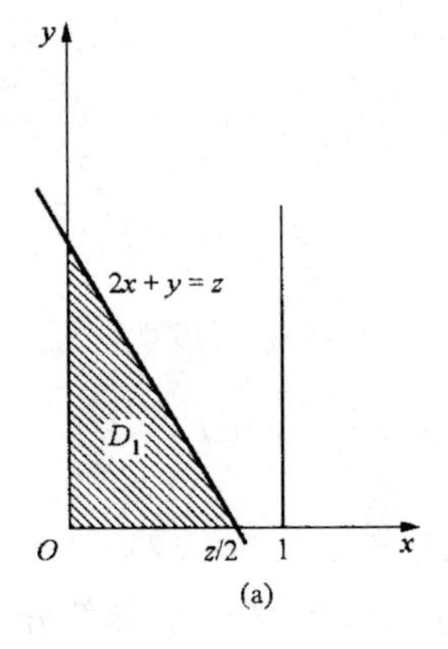

(a)

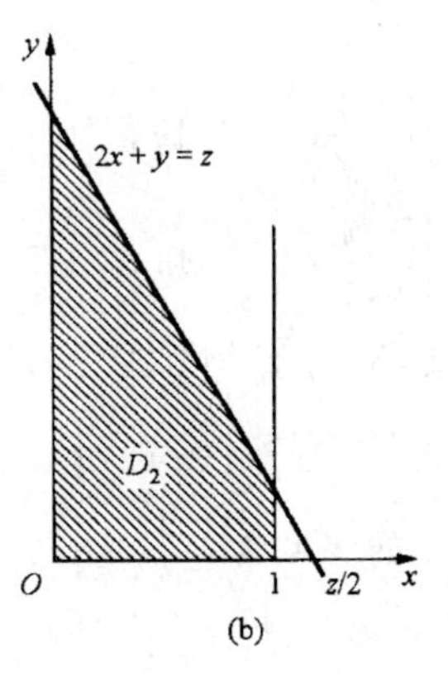

(b)

图 3.14

当 $z/2\geqslant 1$,即 $z\geqslant 2$ 时,如图 3.14(b),有

$$F_{Z_1}(z)=\iint_{2x+y\leqslant z} f(x,y)\mathrm{d}x\mathrm{d}y=\iint_{D_2}\mathrm{e}^{-y}\mathrm{d}x\mathrm{d}y$$

$$=\int_0^1\mathrm{d}x\int_0^{z-2x}\mathrm{e}^{-y}\mathrm{d}y=1-\frac{1}{2}(\mathrm{e}^2-1)\mathrm{e}^{-z}.$$

所以，Z_1 的分布函数为

$$F_{Z_1}(z)=\begin{cases}0, & z<0,\\ z/2-(1-\mathrm{e}^{-z})/2, & 0\leqslant z<2,\\ 1-(\mathrm{e}^2-1)\mathrm{e}^{-z}/2, & z\geqslant 2,\end{cases}$$

于是 Z_1 的概率密度为

$$f_{Z_1}(z)=\begin{cases}0, & z<0,\\ (1-\mathrm{e}^{-z})/2, & 0\leqslant z<2,\\ (\mathrm{e}^2-1)\mathrm{e}^{-z}/2, & z\geqslant 2.\end{cases}$$

方法 2　令 $U=2X$，则 U 的概率密度为

$$f_U(u)=\begin{cases}1/2, & 0<u<2,\\ 0, & \text{其他}.\end{cases}$$

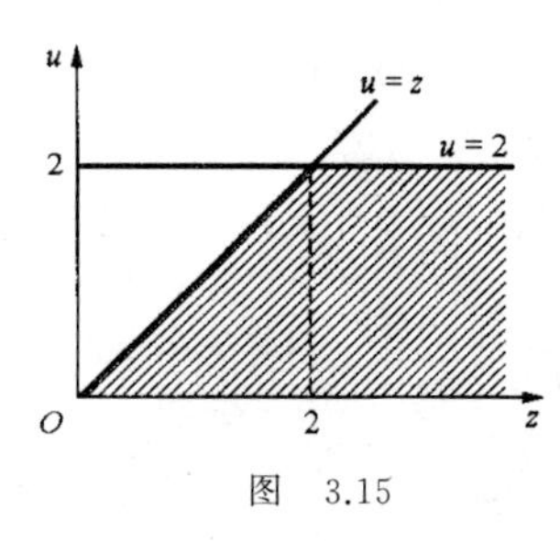

图　3.15

因为 X 与 Y 相互独立，所以 U 与 Y 相互独立.由卷积公式得 $Z_1=U+Y$ 的概率密度

$$f_{Z_1}(z)=\int_{-\infty}^{+\infty}f_U(u)f_Y(z-u)\mathrm{d}u,$$

其中被积函数不为 0 的区域为

$$\begin{cases}0<u<2,\\ z-u>0\end{cases}\Rightarrow\begin{cases}0<u<2,\\ z>u\end{cases}\quad\text{（见图 3.15 的阴影部分），}$$

于是

$$f_{Z_1}(z)=\begin{cases}0, & z<0,\\ \displaystyle\int_0^z\frac{1}{2}\mathrm{e}^{-(z-u)}\mathrm{d}u, & 0\leqslant z<2,\\ \displaystyle\int_0^2\frac{1}{2}\mathrm{e}^{-(z-u)}\mathrm{d}u, & z\geqslant 2\end{cases}=\begin{cases}0, & z<0,\\ \dfrac{1}{2}(1-\mathrm{e}^{-z}), & 0\leqslant z<2,\\ \dfrac{1}{2}(\mathrm{e}^2-1)\mathrm{e}^{-z}, & z\geqslant 2.\end{cases}$$

方法 3　由题设，X 与 Y 相互独立，$Z_1=2X+Y$ 的概率密度为

$$f_{Z_1}(z)=\int_{-\infty}^{+\infty}f_X(x)f_Y(z-2x)\mathrm{d}x,$$

其中被积函数不为 0 的区域为

$$\begin{cases}0<x<1,\\ z-2x>0\end{cases}\Rightarrow\begin{cases}0<x<1,\\ z>2x\end{cases}\quad\text{（见图 3.16 的阴影部分），}$$

于是

$$f_{Z_1}(z)=\begin{cases}0, & z<0,\\ \int_0^{\frac{z}{2}} e^{-(z-2x)}\mathrm{d}x, & 0\leqslant z<2,\\ \int_0^1 e^{-(z-2x)}\mathrm{d}x, & z\geqslant 2\end{cases}=\begin{cases}0, & z<0,\\ \frac{1}{2}(1-e^{-z}), & 0\leqslant z<2,\\ \frac{1}{2}(e^2-1)e^{-z}, & z\geqslant 2.\end{cases}$$

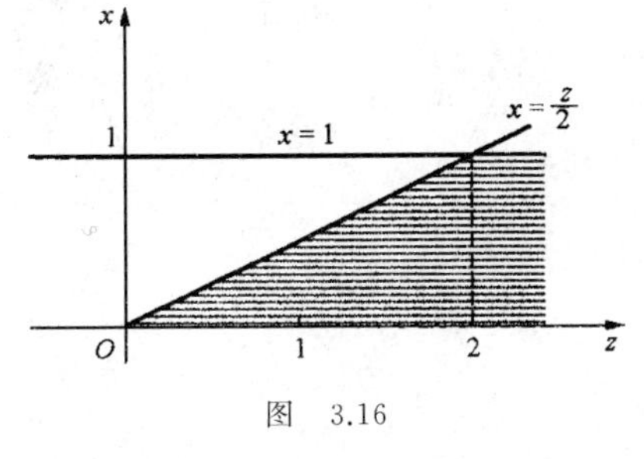

图　3.16

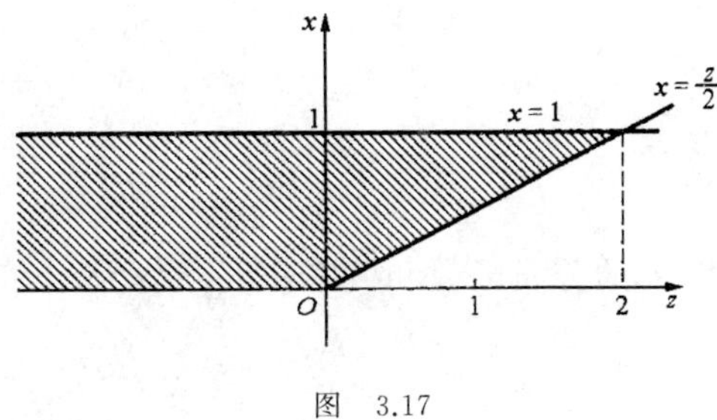

图　3.17

(2) 由于 X 与 Y 相互独立,故 $Z_2=2X-Y$ 的概率密度为

$$f_{Z_2}(z)=\int_{-\infty}^{+\infty} f_X(x)f_Y(2x-z)\mathrm{d}x,$$

其中被积函数不为 0 的区域为

$$\begin{cases}0<x<1,\\ 2x-z>0\end{cases}\Longrightarrow\begin{cases}0<x<1,\\ z<2x\end{cases}\quad\text{（见图 3.17 的阴影部分）}$$

于是

$$f_{Z_2}(z)=\begin{cases}\int_0^1 e^{-(2x-z)}\mathrm{d}x, & z<0,\\ \int_{z/2}^1 e^{-(2x-z)}\mathrm{d}x, & 0\leqslant z<2,\\ 0, & z\geqslant 2\end{cases}=\begin{cases}\frac{1}{2}(1-e^{-2})e^{z}, & z<0,\\ \frac{1}{2}(1-e^{z-2}), & 0\leqslant z<2,\\ 0, & z\geqslant 2.\end{cases}$$

其他方法略.

评注　本例问题(1)采用了三种方法求解,相比较而言方法 3 更简捷,但应注意积分限的确定,而问题(2)又将这一简捷方法进行了强化.

例 3.12.4　设随机变量 X,Y 相互独立,且均服从正态分布 $N(0,\sigma^2)$.记 $Z=\sqrt{X^2+Y^2}$,求 Z 的概率密度 $f_Z(z)$.

分析　先确定 Z 的分布函数 $F_Z(z)=P\{\sqrt{X^2+Y^2}\leqslant z\}=\iint\limits_{x^2+y^2\leqslant z^2} f(x,y)\mathrm{d}x\mathrm{d}y$,再求概率密度 $f_Z(z)=F'_Z(z)$.

解　由题设知(X,Y)的联合概率密度为

$$f(x,y)=f_X(x)f_Y(y)=\frac{1}{2\pi\sigma^2}e^{-\frac{x^2+y^2}{2\sigma^2}}\quad(-\infty<x,y<+\infty).$$

设 Z 的分布函数为 $F_Z(z)$,则

$$F_Z(z)=P\{\sqrt{X^2+Y^2}\leqslant z\}=\iint\limits_{\sqrt{x^2+y^2}\leqslant z} f(x,y)\mathrm{d}x\mathrm{d}y.$$

当 $z<0$ 时,$F_Z(z)=0$;当 $z\geqslant 0$ 时,

$$F_Z(z)=\iint\limits_{x^2+y^2\leqslant z^2} f(x,y)\mathrm{d}x\mathrm{d}y=\frac{1}{2\pi\sigma^2}\iint\limits_{x^2+y^2\leqslant z^2}\mathrm{e}^{-\frac{x^2+y^2}{2\sigma^2}}\mathrm{d}x\mathrm{d}y$$

$$=\frac{1}{2\pi\sigma^2}\int_0^{2\pi}\mathrm{d}\theta\int_0^z \mathrm{e}^{-\frac{r^2}{2\sigma^2}} r\mathrm{d}r=1-\mathrm{e}^{-\frac{z^2}{2\sigma^2}}.$$

于是 Z 的分布函数和概率密度分别为

$$F_Z(z)=\begin{cases}1-\mathrm{e}^{-\frac{z^2}{2\sigma^2}}, & z\geqslant 0,\\ 0, & z<0,\end{cases}\quad f_Z(z)=F_Z'(z)=\begin{cases}\dfrac{z}{\sigma^2}\mathrm{e}^{-\frac{z^2}{2\sigma^2}}, & z>0,\\ 0, & z\leqslant 0.\end{cases}$$

评注　由独立性确定(X,Y)的联合概率密度是解本例的关键.本例中 Z 服从的分布称为**瑞利分布**.

13. 求离散型随机变量与连续型随机变量函数的概率分布

【解题方法与技巧】

若已知取值有限的离散型随机变量 X 的分布律及连续型随机变量 Y 的概率密度,且 X 与 Y 相互独立,则 $X+Y,X-Y,XY$ 的概率分布可依据分布函数的定义确定.

例 3.13.1　设随机变量 X 与 Y 相互独立,X 的分布律为 $P\{X=i\}=1/3(i=-1,0,1)$, Y 的概率密度为 $f_Y(y)=\begin{cases}1, & 0\leqslant y\leqslant 1,\\ 0, & \text{其他},\end{cases}$ 记 $Z=X+Y$.

(1) 求 $P\{Z\leqslant 1/2|X=0\}$;　　(2) 求 Z 的分布函数 $F_Z(z)$.

分析　(1) $P\{Z\leqslant 1/2|X=0\}=P\{X+Y\leqslant 1/2|X=0\}=P\{Y\leqslant 1/2|X=0\}=P\{Y\leqslant 1/2\}$(因 X 与 Y 相互独立).

(2) 利用分布函数定义及全概率公式求解 $F_Z(z)$.

解　由题设知 X 的分布律为

X	-1	0	1
P	$1/3$	$1/3$	$1/3$

Y 的分布函数为

$$F_Y(y)=\begin{cases}0, & y<0,\\ y, & 0\leqslant y<1,\\ 1, & y\geqslant 1.\end{cases}$$

(1) 由 X 与 Y 相互独立,得

$$P\{Z \leqslant 1/2 \mid X=0\}=P\{X+Y \leqslant 1/2 \mid X=0\}=P\{Y \leqslant 1/2 \mid X=0\}$$
$$=P\{Y \leqslant 1/2\}=F_Y(1/2)=1/2.$$

(2) 由于 $\{X=-1\}$, $\{X=0\}$ 与 $\{X=1\}$ 组成一个完备事件组,因此由全概率公式得

$$\begin{aligned}F_Z(z)&=P\{X+Y \leqslant z\}\\&=P\{X+Y \leqslant z \mid X=-1\}P\{X=-1\}+P\{X+Y \leqslant z \mid X=0\}P\{X=0\}\\&\quad+P\{X+Y \leqslant z \mid X=1\}P\{X=1\}\\&=P\{Y \leqslant z+1 \mid X=-1\}P\{X=-1\}+P\{Y \leqslant z \mid X=0\}P\{X=0\}\\&\quad+P\{Y \leqslant z-1 \mid X=1\}P\{X=1\}\\&=\frac{1}{3}(P\{Y \leqslant z+1\}+P\{Y \leqslant z\}+P\{Y \leqslant z-1\}) \quad (\text{因 } X \text{ 与 } Y \text{ 相互独立})\\&=\frac{1}{3}(F_Y(z+1)+F_Y(z)+F_Y(z-1)),\end{aligned}$$

当 $z<-1$ 时, $F_Y(z+1)=F_Y(z)=F_Y(z-1)=0 \Longrightarrow F_Z(z)=0$;
当 $z \geqslant 2$ 时, $F_Y(z+1)=F_Y(z)=F_Y(z-1)=1 \Longrightarrow F_Z(z)=1$;
当 $-1 \leqslant z<0$ 时, $F_Y(z+1)=z+1, F_Y(z)=F_Y(z-1)=0 \Longrightarrow F_Z(z)=(z+1)/3$;
当 $0 \leqslant z<1$ 时, $F_Y(z+1)=1, F_Y(z)=z, F_Y(z-1)=0 \Longrightarrow F_Z(z)=(z+1)/3$;
当 $1 \leqslant z<2$ 时, $F_Y(z+1)=1, F_Y(z)=1, F_Y(z-1)=z-1 \Longrightarrow F_Z(z)=(z+1)/3$.
于是 $Z=X+Y$ 的分布函数为

$$F_Z(z)=\begin{cases}0, & z<-1,\\(z+1)/3, & -1 \leqslant z<2,\\1, & z \geqslant 2.\end{cases}$$

评注 (1) 求解本例的关键是利用全概率公式及独立性.

(2) 由结论可知 Z 为连续型随机变量,因为存在非负函数

$$f_Z(z)=\begin{cases}1/3, & -1<z<2,\\0, & \text{其他},\end{cases}$$

使对任意实数 z,有 $F_Z(z)=\int_{-\infty}^{z} f_Z(z)\,\mathrm{d}z$.可见离散型随机变量与连续型随机变量之和可能是连续型随机变量.

(3) 若 (ξ,η) 是二维连续型随机变量,则 ξ 与 η 都是连续型随机变量, $\xi \pm \eta$ 也是连续型随机变量,其概率密度均可由 (ξ,η) 的联合概率密度确定.但反之,若 ξ 与 η 都是连续型随机变量, $\xi \pm \eta$ 未必是连续型随机变量, (ξ,η) 也就未必是二维连续型随机变量.在本例中, Y 与 Z 均是连续型随机变量,但 $P\{Z-Y=0\}=P\{X=0\}=1/3 \neq 0$,显然 $Z-Y$ 不是连续型随机变量,因此 (Z,Y) 也不是二维连续型随机变量.其原因在于 Z 与 Y 不相互独立.如果 Z 与 Y 相互独立,则 (Z,Y) 必是二维连续型随机变量,从而 $Z-Y$ 必是连续型随机变量.

例 3.13.2 设随机变量 X 与 Y 相互独立, X 服从参数为 $1/2$ 的 0-1 分布, $Y \sim N(0,1)$.

令 $Z=\begin{cases} Y, & X=0, \\ -Y, & X=1, \end{cases}$ 求 Z 的分布函数 $F_Z(z)$.

分析　利用分布函数的定义及全概率公式求解.

解　由于$\{X=0\}$与$\{X=1\}$组成一个完备事件组,因此由全概率公式得

$$\begin{aligned} F_Z(z) &= P\{Z \leqslant z\} = P\{Z \leqslant z \mid X=0\}P\{X=0\} + P\{Z \leqslant z \mid X=1\}P\{X=1\} \\ &= P\{Y \leqslant z \mid X=0\}P\{X=0\} + P\{-Y \leqslant z \mid X=1\}P\{X=1\} \\ &= \frac{1}{2}(P\{Y \leqslant z\} + P\{-Y \leqslant z\}) \quad (\text{因 } X \text{ 与 } Y \text{ 相互独立}) \\ &= \frac{1}{2}(P\{Y \leqslant z\} + P\{Y \geqslant -z\}) \quad (\text{因 } P\{Y \leqslant z\} = P\{Y \geqslant z\}) \\ &= P\{Y \leqslant z\} \quad (\text{因 } Y \sim N(0,1)) \\ &= \Phi(z), \end{aligned}$$

即 Z 为标准正态随机变量.

评注　因为 $P\{Z+Y=0\}=P\{X=1\}=1/2\neq 0$,$P\{Z-Y=0\}=P\{X=0\}=1/2\neq 0$,所以 $Z+Y$ 与 $Z-Y$ 都不是连续型随机变量.当然 $Z+Y$ 与 $Z-Y$ 都不是正态随机变量,即两正态随机变量之和、差未必是正态随机变量,但$(Z+Y)+(Z-Y)=2Z$ 是正态随机变量,即两个非正态随机变量之和可能是正态随机变量.又 $Y+(Z-Y)=Z$ 是正态随机变量,即一个正态随机变量与一个非正态随机变量之和也可能是正态随机变量.

例 3.13.3　设随机变量 X 与 Y 相互独立,其中 X 的分布律为 $P\{X=1\}=0.3$,$P\{X=2\}=0.7$,而 Y 的概率密度为 $f_Y(y)$,求随机变量 $Z=X+Y$ 的概率密度 $f_Z(z)$.

分析　利用分布函数的定义及全概率公式先求分布函数,再求概率密度.

解　设 Z 的分布函数为 $F_Z(z)$.由于$\{X=1\}$与$\{X=2\}$组成一个完备事件组,因此由全概率公式得

$$\begin{aligned} F_Z(z) &= P\{Z \leqslant z\} = P\{X+Y \leqslant z\} \\ &= P\{X+Y \leqslant z \mid X=1\}P\{X=1\} + P\{X+Y \leqslant z \mid X=2\}P\{X=2\} \\ &= P\{Y \leqslant z-1 \mid X=1\}P\{X=1\} + P\{Y \leqslant z-2 \mid X=2\}P\{X=2\} \\ &= P\{Y \leqslant z-1\}P\{X=1\} + P\{Y \leqslant z-2\}P\{X=2\} \quad (\text{因 } X \text{ 与 } Y \text{ 相互独立}) \\ &= 0.3F_Y(z-1) + 0.7F_Y(z-2), \end{aligned}$$

于是得 Z 的概率密度为 $f_Z(z)=0.3f_Y(z-1)+0.7f_Y(z-2)$.

评注　Z 为一连续型随机变量.

例 3.13.4　设随机变量 X 服从参数为 $p(0<p<1)$的 0-1 分布,Y 服从$(0,1)$上的均匀分布,求 $Z=XY$ 的分布函数.

分析　利用分布函数的定义及全概率公式求解.

解 由题设，X 的分布律为

X	0	1
P	$1-p$	p

Y 的分布函数为

$$F_Y(y)=\begin{cases}0, & y<0,\\ y, & 0\leqslant y<1,\\ 1, & \text{其他}.\end{cases}$$

设 $Z=XY$ 的分布函数为 $F_Z(z)$.由于$\{X=0\}$与$\{X=1\}$组成一个完备事件组，故由全概率公式得

$$\begin{aligned}F_Z(z)&=P\{Z\leqslant z\}=P\{XY\leqslant z\}\\&=P\{XY\leqslant z\mid X=0\}P\{X=0\}+P\{XY\leqslant z\mid X=1\}P\{X=1\}\\&=P\{XY\leqslant z\mid X=0\}(1-p)+P\{XY\leqslant z\mid X=1\}p.\end{aligned}$$

当 $z<0$ 时，$P\{XY\leqslant z\mid X=0\}=0$，$P\{XY\leqslant z\mid X=1\}=0$，从而 $F_Z(z)=0$；

当 $0\leqslant z<1$ 时，$P\{XY\leqslant z\mid X=0\}=1$，$P\{XY\leqslant z\mid X=1\}=z$，从而 $F_Z(z)=1-p+zp$；

当 $z\geqslant1$ 时，$P\{XY\leqslant z\mid X=0\}=1$，$P\{XY\leqslant z\mid X=1\}=1$，从而 $F_Z(z)=1$.

于是 $Z=XY$ 的分布函数为

$$F_Z(z)=\begin{cases}0, & z<0,\\ 1-p+zp, & 0\leqslant z<1,\\ 1, & z\geqslant1.\end{cases}$$

评注 $F_Z(z)$在点 $z=0$ 处不连续，故 Z 不是连续型随机变量.$F_Z(z)$只有一个不连续点 $z=0$，注意到在 $F_Z(z)$的任一连续点 a 处，有 $P\{Z=a\}=0$，而在不连续点 $z=0$ 处，$P\{Z=0\}=F_Z(0)-F_Z(0-0)=1-p$，故不可能取到可列多或有限个值 $z_1,z_2,\cdots$，使得 $\sum\limits_{k=1}^{\infty}P\{Z=z_k\}=1$，从而 Z 不是离散型随机变量.

14. 求有限个相互独立随机变量最大值与最小值的概率分布

【解题方法与技巧】

(1) 设随机变量 X_1,X_2 相互独立，且已知 $P\{X_i=x_{ij}\}=p_{ij}\,(i=1,2;j=1,2,\cdots)$，记 $Y=\max\{X_1,X_2\}$，则可先确定 Y 的所有可能取值及取各个可能值的概率，进而得到概率分布.例如当 X_1,X_2 只取正整数值时，有

$$\begin{aligned}P\{Y=k\}&=P\{X_1=k,X_2=k\}+P\{X_1=k,X_2=k-1\}\\&\quad+\cdots+P\{X_1=k,X_2=1\}+P\{X_1=k-1,X_2=k\}\\&\quad+P\{X_1=k-2,X_2=k\}+\cdots+P\{X_1=1,X_2=k\}\\&=P\{X_1=k\}P\{X_2=k\}+P\{X_1=k\}P\{X_2=k-1\}\end{aligned}$$

$$+\cdots+P\{X_1=k\}P\{X_2=1\}+P\{X_1=k-1\}P\{X_2=k\}$$
$$+P\{X_1=k-2\}P\{X_2=k\}+\cdots+P\{X_1=1\}P\{X_2=k\}.$$

同理可确定 $Z=\min\{X_1,X_2\}$ 的概率分布.

(2) 设随机变量 $X_1,X_2,\cdots,X_n$ 相互独立,$F_i(x)$ 为 $X_i(i=1,2,\cdots,n)$ 的分布函数,记

$$Y=\max\{X_1,X_2,\cdots,X_n\},\quad Z=\min\{X_1,X_2,\cdots,X_n\},$$

其分布函数分别为 $F_Y(y),F_Z(z)$,则

$$F_Y(y)=F_1(y)F_2(y)\cdots F_n(y),$$
$$F_Z(z)=1-[1-F_1(z)][1-F_2(z)]\cdots[1-F_n(z)].$$

若 $X_1,X_2,\cdots,X_n$ 相互独立且服从同一分布,其分布函数为 $F(x)$,则

$$F_Y(y)=[F(y)]^n,\quad F_Z(z)=1-[1-F(z)]^n.$$

例 3.14.1 设 X 与 Y 是独立同分布的随机变量,均服从参数为 p 的几何分布,求 $Z=\max\{X,Y\}$ 的概率分布.

分析 先确定 Z 的所有可能取值,再利用解题方法与技巧(1)求解.

解 由题设,有

$$P\{X=k\}=P\{Y=k\}=p(1-p)^{k-1}\quad(k=1,2,\cdots).$$

$Z=\max\{X,Y\}$ 的所有取值为 $1,2,\cdots$,且事件

$$\{Z=k\}=\{X=1,Y=k\}\cup\{X=2,Y=k\}\cup\cdots\cup\{X=k,Y=k\}$$
$$\cup\{X=k,Y=1\}\cup\{X=k,Y=2\}\cup\cdots\cup\{X=k,Y=k-1\}$$
$$(k=1,2,\cdots).$$

由 X 与 Y 相互独立和离散卷积公式得

$$\begin{aligned}P\{Z=k\}&=P\{X=1\}P\{Y=k\}+P\{X=2\}P\{Y=k\}+\cdots+P\{X=k\}P\{Y=k\}\\&\quad+P\{X=k\}P\{Y=1\}+P\{X=k\}P\{Y=2\}+\cdots\\&\quad+P\{X=k\}P\{Y=k-1\}\\&=pq^{k-1}(p+pq+pq^2+\cdots+pq^{k-1})+pq^{k-1}(p+pq+pq^2+\cdots+pq^{k-2})\\&=p^2q^{k-1}\left(\frac{1-q^k}{1-q}+\frac{1-q^{k-1}}{1-q}\right)=pq^{k-1}(2-q^k-q^{k-1})\\&\qquad(q=1-p;\ k=1,2,\cdots).\end{aligned}$$

评注 求解本例的关键是利用离散卷积公式.

例 3.14.2 设随机变量 $X_1,X_2,\cdots,X_n$ 相互独立,且有共同的概率密度

$$f(x)=\begin{cases}2x, & 0<x<1,\\0, & 其他.\end{cases}$$

记 $Z_n=n(1-\max\{X_1,X_2,\cdots,X_n\})$ 的分布函数为 $G_n(z)$,证明 $\lim\limits_{n\to\infty}G_n(z)=G(z)(-\infty<z<+\infty)$,其中 $G(z)=\begin{cases}1-\mathrm{e}^{-2z}, & z>0,\\0, & z\leqslant0.\end{cases}$

分析 先由同一分布函数确定最值分布函数,再求 Z_n 的分布函数,并由此证明结论.

证 由题设易求得随机变量 $X_1, X_2, \cdots, X_n$ 的共同分布函数为

$$F(x)=\begin{cases}0, & x<0,\\ x^2, & 0\leqslant x<1,\\ 1, & x\geqslant 1.\end{cases}$$

令 $Y=\max\{X_1,X_2,\cdots,X_n\}$，由于 $X_1,X_2,\cdots,X_n$ 相互独立，则 Y 的分布函数为

$$F_Y(y)=[F(y)]^n=\begin{cases}0, & y<0,\\ y^{2n}, & 0\leqslant y<1,\\ 1, & y\geqslant 1.\end{cases}$$

于是

$$\begin{aligned}G_n(z)&=P\{Z_n\leqslant z\}=P\{n(1-Y)\leqslant z\}\\ &=P\{Y\geqslant 1-z/n\}=1-P\{Y<1-z/n\}\\ &=1-F_Y\left(1-\frac{z}{n}\right)=\begin{cases}1, & 1-z/n<0,\\ 1-(1-z/n)^{2n}, & 0\leqslant 1-z/n<1,\\ 0, & 1-z/n\geqslant 1,\end{cases}\end{aligned}$$

即

$$G_n(z)=\begin{cases}0, & z\leqslant 0,\\ 1-(1-z/n)^{2n}, & 0<z\leqslant n,\\ 1, & z>n,\end{cases}$$

从而

$$\lim_{n\to\infty}G_n(z)=\begin{cases}0, & z\leqslant 0,\\ \lim\limits_{n\to\infty}\left[1-\left(1-\frac{z}{n}\right)^{2n}\right], & z>0\end{cases}=\begin{cases}0, & z\leqslant 0,\\ 1-\lim\limits_{n\to\infty}\left[\left(1-\frac{z}{n}\right)^{-\frac{n}{z}}\right]^{-2z}, & z>0\end{cases}$$

$$=\begin{cases}0, & z\leqslant 0,\\ 1-\mathrm{e}^{-2z}, & z>0\end{cases}=G(z).$$

评注 求解本例的关键在于由最值随机变量的概率分布确定 Z_n 的概率分布.

例 3.14.3 设随机变量 $X_i(1,2,\cdots,n)$ 服从指数分布且相互独立，其概率密度分别为

$$f_{X_i}(x)=\begin{cases}\lambda_i\mathrm{e}^{-\lambda_i x}, & x>0,\\ 0, & x\leqslant 0\end{cases}\quad (i=1,2,\cdots,n),$$

求 $Y=\min\{X_1,X_2,\cdots,X_n\}$ 所服从的分布.

分析 利用解题方法与技巧(2)确定 Y 的分布函数 $F_Y(y)$，再求导数确定概率密度 $f_Y(y)$.

解 设随机变量 $X_1,X_2,\cdots,X_n$ 的分布函数分别为 $F_{X_1}(x), F_{X_2}(x), \cdots, F_{X_n}(x)$，则

$$F_{X_i}(x)=\begin{cases}1-\mathrm{e}^{-\lambda_i x}, & x>0,\\ 0, & x\leqslant 0\end{cases}\quad (i=1,2,\cdots,n).$$

由题设 $X_1,X_2,\cdots,X_n$ 相互独立,得 $Y=\min\{X_1,X_2,\cdots,X_n\}$的分布函数为

$$F_Y(y)=P\{Y\leqslant y\}=P\{\min(X_1,X_2,\cdots,X_n)\leqslant y\}$$
$$=1-[1-F_{X_1}(y)][1-F_{X_2}(y)]\cdots[1-F_{X_n}(y)].$$

当 $y\leqslant 0$ 时,$F_Y(y)=0$;当 $y>0$ 时,

$$F_Y(y)=1-\mathrm{e}^{-\lambda_1 y}\mathrm{e}^{-\lambda_2 y}\cdots\mathrm{e}^{-\lambda_n y}=1-\mathrm{e}^{-(\lambda_1+\lambda_2+\cdots+\lambda_n)y}.$$

所以 Y 的分布函数及概率密度分别为

$$F_Y(y)=\begin{cases}1-\mathrm{e}^{-(\lambda_1+\lambda_2+\cdots+\lambda_n)y}, & y>0,\\ 0, & y\leqslant 0,\end{cases}$$

$$f_Y(y)=\begin{cases}(\lambda_1+\lambda_2+\cdots+\lambda_n)\mathrm{e}^{-(\lambda_1+\lambda_2+\cdots+\lambda_n)y}, & y>0,\\ 0, & y\leqslant 0.\end{cases}$$

显然 $Y=\min\{X_1,X_2,\cdots,X_n\}$也服从指数分布.

评注　有限个相互独立均服从指数分布的随机变量的最小值变量仍服从指数分布.

例 3.14.4　设随机变量 $X_1,X_2,\cdots,X_n$ 相互独立,其分布函数均为 $F(x)$.记

$$U=\max\{X_1,X_2,\cdots,X_n\},\quad V=\min\{X_1,X_2,\cdots,X_n\},$$

求(U,V)的联合分布函数 $F(u,v)$.

分析　利用解题方法与技巧(2)确定 U 与 V 的分布函数,再据定义确定 $F(u,v)$.

解　由定义得(U,V)的联合分布函数为

$$F(u,v)=P\{\max\{X_1,X_2,\cdots,X_n\}\leqslant u,\min\{X_1,X_2,\cdots,X_n\}\leqslant v\}$$
$$=P\{\max\{X_1,X_2,\cdots,X_n\}\leqslant u\}$$
$$-P\{\max\{X_1,X_2,\cdots,X_n\}\leqslant u,\min\{X_1,X_2,\cdots,X_n\}>v\}.$$

由于 $X_1,X_2,\cdots,X_n$ 相互独立,且共同的分布函数为 $F(x)$,所以

$$F_U(u)=P\{\max\{X_1,X_2,\cdots,X_n\}\leqslant u\}=[F(u)]^n,$$
$$P\{\max\{X_1,X_2,\cdots,X_n\}\leqslant u,\min\{X_1,X_2,\cdots,X_n\}>v\}$$
$$=\begin{cases}P(\varnothing)=0, & u\leqslant v,\\ P\{v\leqslant X_1\leqslant u,\cdots,v\leqslant X_n\leqslant u\}, & u>v\end{cases}$$
$$=\begin{cases}0, & u\leqslant v,\\ P\{v\leqslant X_1\leqslant u\}\cdots P\{v\leqslant X_n\leqslant u\}, & u>v\end{cases}$$
$$=\begin{cases}0, & u\leqslant v,\\ [F(u)-F(v)]^n, & u>v.\end{cases}$$

故 U 与 V 的联合分布函数为

$$F(u,v)=\begin{cases}[F(u)]^n, & u\leqslant v,\\ [F(u)]^n-[F(u)-F(v)]^n, & u>v.\end{cases}$$

评注　(1) 注意本例的解题技巧:

$$F(u,v)=P\{\max\{X_1,X_2,\cdots,X_n\}\leqslant u,\min\{X_1,X_2,\cdots,X_n\}\leqslant v\}$$

$$=P\{\max\{X_1,X_2,\cdots,X_n\}\leqslant u\}$$
$$-P\{\max\{X_1,X_2,\cdots,X_n\}\leqslant u,\min\{X_1,X_2,\cdots,X_n\}>v\}.$$

(2) 注意本例的结论.

15. 二维均匀分布的有关问题

【解题方法与技巧】

若二维随机变量(X,Y)在平面有界区域 G 上服从均匀分布,则其概率密度为

$$f(x,y)=\begin{cases}\dfrac{1}{A}, & (x,y)\in G,\\ 0, & \text{其他},\end{cases}\quad \text{其中 } A \text{ 为 } G \text{ 的面积}.$$

若 $D\subset G$,A_1 为 D 的面积,则

$$P\{(X,Y)\in D\}=\iint\limits_D f(x,y)\mathrm{d}x\mathrm{d}y=\frac{A_1}{A}=\frac{D\text{ 的面积}}{G\text{ 的面积}}.$$

例 3.15.1　在长为 a 的线段中点两边,随机地选取两点,求两点间距离小于 $a/3$ 的概率.

分析　在线段中点两边所取两点的坐标是两个随机变量,均服从均匀分布,且相互独立.由此可确定联合概率密度,进而求概率.

解　把线段放在数轴上,让线段的左端点与原点 O 重合.以 X 表示中点左边的随机点到原点 O 的距离,则 X 在$(0,a/2)$上服从均匀分布,其概率密度为

$$f_X(x)=\begin{cases}2/a, & 0<x<a/2,\\ 0, & \text{其他};\end{cases}$$

以 Y 表示中点右边的随机点到原点 O 的距离,则 Y 在$(a/2,a)$上服从均匀分布,其概率密度为

$$f_Y(y)=\begin{cases}2/a, & a/2<y<a,\\ 0, & \text{其他}.\end{cases}$$

因为两点是在中点左、右随机地选取,故 X 与 Y 相互独立,从而(X,Y)的联合概率密度为

$$f(x,y)=\begin{cases}4/a^2, & 0<x<a/2,a/2<y<a,\\ 0, & \text{其他}.\end{cases}$$

所以(X,Y)服从区域$\{(x,y)\mid 0<x<a/2,a/2<y<a\}$上的均匀分布,故所求概率为

$$P\{Y-X<a/3\}=\iint\limits_{y-x<a/3}f(x,y)\mathrm{d}x\mathrm{d}y=\iint\limits_D\frac{4}{a^2}\mathrm{d}x\mathrm{d}y=\int_{\frac{a}{6}}^{\frac{a}{2}}\mathrm{d}x\int_{\frac{a}{2}}^{\frac{a}{3}+x}\frac{4}{a^2}\mathrm{d}y=\frac{2}{9},$$

其中 D 为图 3.18 的阴影部分.

或者可如下求得结果:因为(X,Y)在区域$\{(x,y)\mid 0<x<a/2,a/2<y<a\}$上服从均匀分布,所以利用面积比得

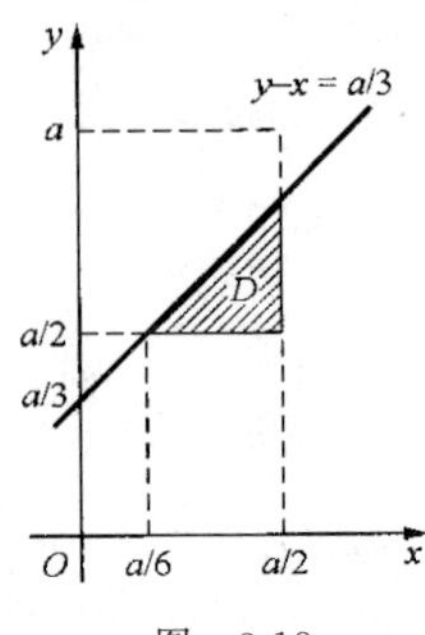

图 3.18

$$P\left\{Y-X<\frac{a}{3}\right\}=\frac{\frac{1}{2}\times\frac{a}{3}\times\frac{a}{3}}{\frac{a}{2}\times\frac{a}{2}}=\frac{2}{9}.$$

评注 如果(X,Y)服从区域G上的均匀分布，则对G中任一区域D，必有

$$P\{(X,Y)\in D\}=\frac{S_D}{S_G},$$

其中S_D表示区域D的面积.这里(X,Y)落入区域D的概率与D的位置、形状无关，而与D的面积成正比，因此也称这类概率为几何概率.

例 3.15.2 设二维随机变量(X,Y)在单位圆$\{(x,y)\mid x^2+y^2\leqslant 1\}$上服从均匀分布.

(1) 求边缘概率密度； (2) 求条件概率密度； (3) X与Y是否相互独立？

分析 由题设先确定(X,Y)的联合概率密度，再确定边缘概率密度及条件概率密度.通过考查“$f(x,y)=f_X(x)f_Y(y)$几乎处处成立”是否满足来判断独立性.

解 (1) 由题设知(X,Y)的概率密度为

$$f(x,y)=\begin{cases}1/\pi, & x^2+y^2\leqslant 1,\\ 0, & \text{其他},\end{cases}$$

于是关于Y的边缘概率密度为

$$f_Y(y)=\int_{-\infty}^{+\infty}f(x,y)\mathrm{d}x=\begin{cases}\displaystyle\int_{-\sqrt{1-y^2}}^{\sqrt{1-y^2}}\frac{1}{\pi}\mathrm{d}x, & -1\leqslant y\leqslant 1,\\ 0, & \text{其他}\end{cases}$$

$$=\begin{cases}\dfrac{2}{\pi}\sqrt{1-y^2}, & -1\leqslant y\leqslant 1,\\ 0, & \text{其他}.\end{cases}$$

同理可得关于X的边缘概率密度为

$$f_X(x)=\begin{cases}\dfrac{2}{\pi}\sqrt{1-x^2}, & -1\leqslant x\leqslant 1,\\ 0, & \text{其他}.\end{cases}$$

(2) 当$-1<y<1$时，$f_Y(y)>0$，故在$Y=y(-1<y<1)$条件下，X的条件概率密度为

$$f_{X|Y}(x|y)=\frac{f(x,y)}{f_Y(y)}=\begin{cases}\dfrac{1}{2\sqrt{1-y^2}}, & -\sqrt{1-y^2}\leqslant x\leqslant\sqrt{1-y^2},\\ 0, & \text{其他};\end{cases}$$

当$-1<x<1$时，$f_X(x)>0$，故在$X=x(-1<x<1)$条件下，Y的条件概率密度为

$$f_{Y|X}(y|x)=\frac{f(x,y)}{f_X(x)}=\begin{cases}\dfrac{1}{2\sqrt{1-x^2}}, & -\sqrt{1-x^2}\leqslant y\leqslant\sqrt{1-x^2},\\ 0, & \text{其他}.\end{cases}$$

(3) 因为在区域 $x^2+y^2<1$ 内，$f(x,y)\neq f_X(x)f_Y(y)$，因此 X 与 Y 不相互独立.

评注 由本例可见：如果(X,Y)服从圆域上的均匀分布，则 X 与 Y 不相互独立，且其边缘分布不是均匀分布.而其条件分布却是均匀分布.

例 3.15.3 试证：如果(X,Y)在矩形区域 $D=\{(x,y)\mid a_0<x<a_0+a,b_0<y<b_0+b\}$ 上服从均匀分布，即(X,Y)的联合概率密度为

$$f(x,y)=\begin{cases}1/(ab), & a_0<x<a_0+a,b_0<y<b_0+b,\\0, & \text{其他},\end{cases}$$

则 X 与 Y 相互独立，且 $X\sim U(a_0,a_0+a)$，$Y\sim U(b_0,b_0+b)$.反之，若 $X\sim U(a_0,a_0+a)$，$Y\sim U(b_0,b_0+b)$，且 X 与 Y 相互独立，则(X,Y)在矩形区域 D 上服从均匀分布.

分析 利用均匀分布的定义及独立随机变量概率密度与联合概率密度的关系证明.

证 由联合概率密度 $f(x,y)$可得关于 X 与关于 Y 的边缘概率密度分别为

$$f_X(x)=\int_{-\infty}^{+\infty}f(x,y)\mathrm{d}y=\begin{cases}\displaystyle\int_{b_0}^{b_0+b}\frac{1}{ab}\mathrm{d}y, & a_0<x<a_0+a,\\0, & \text{其他}\end{cases}$$

$$=\begin{cases}1/a, & a_0<x<a_0+a,\\0, & \text{其他},\end{cases}$$

$$f_Y(y)=\int_{-\infty}^{+\infty}f(x,y)\mathrm{d}x=\begin{cases}1/b, & b_0<y<b_0+b,\\0, & \text{其他},\end{cases}$$

因此，$X\sim U(a_0,a_0+a)$，$Y\sim U(b_0,b_0+b)$，且对任意的 x,y，有 $f(x,y)=f_X(x)f_Y(y)$，即 X 与 Y 相互独立.

反之，若 $X\sim U(a_0,a_0+a)$，$Y\sim U(b_0,b_0+b)$，则 X 与 Y 的概率密度分别为

$$f_X(x)=\begin{cases}1/a, & a_0<x<a_0+a,\\0, & \text{其他},\end{cases}\qquad f_Y(y)=\begin{cases}1/b, & b_0<y<b_0+b,\\0, & \text{其他},\end{cases}$$

又 X 与 Y 是相互独立，从而(X,Y)的联合概率密度为

$$f(x,y)=f_X(x)f_Y(y)=\begin{cases}1/(ab), & a_0<x<a_0+a,b_0<y<b_0+b,\\0, & \text{其他},\end{cases}$$

即(X,Y)在矩形区域 $D=\{(x,y)\mid a_0<x<a_0+a,b_0<y<b_0+b\}$上服从均匀分布.

评注 本例的结论即：(X,Y)在正矩形区域上服从均匀分布的充要条件是 X 与 Y 相互独立且在相应区间上均服从均匀分布.

例 3.15.4 设随机变量 X 与 Y 相互独立，且服从$(0,a)$上的均匀分布，求：

(1) $Z=X/Y$ 的概率密度； (2) $V=|X-Y|$的概率密度；

(3) $U=\max\{X,Y\}$的概率密度.

分析 (1) 利用公式 $f_Z(z)=\int_{-\infty}^{+\infty}|y|f(yz,y)\mathrm{d}y$ 确定 $Z=X/Y$ 的概率密度；

(2) 利用公式 $F_Z(z)=P\{|X-Y|\leqslant z\}=\iint\limits_{|x-y|\leqslant 2} f(x,y)\mathrm{d}x\mathrm{d}y$ 确定 $V=|X-Y|$ 的分布函数,再求概率密度;

(3) 先利用公式 $F_U(u)=[F(u)]^2$ 确定 $\max\{X,Y\}$ 的分布函数,再求概率密度.

解　据题意,(X,Y) 的联合概率密度为

$$f(x,y)=\begin{cases}1/a^2, & 0<x<a, 0<y<a,\\ 0, & \text{其他}.\end{cases}$$

(1) $Z=X/Y$ 的概率密度为

$$f_Z(z)=\int_{-\infty}^{+\infty}|y|\, f(yz,y)\mathrm{d}y,$$

其中被积函数不为 0 的区域为

$$\begin{cases}0<yz<a,\\ 0<y<a\end{cases}\Longrightarrow\begin{cases}0<z<\dfrac{a}{y},\\ 0<y<a\end{cases}\quad\text{(见图 3.19(a) 的阴影部分).}$$

当 $z<0$ 时,显然 $f_Z(z)=0$;当 $0\leqslant z<1$ 时,$f_Z(z)=\int_0^a y\dfrac{1}{a^2}\mathrm{d}y=\dfrac{1}{2}$;当 $z\geqslant 1$ 时,$f_Z(z)=\int_0^{a/z} y\dfrac{1}{a^2}\mathrm{d}y=\dfrac{1}{2z^2}$. 于是 $Z=\dfrac{X}{Y}$ 的概率密度为

$$f_Z(z)=\begin{cases}0, & z<0,\\ 1/2, & 0\leqslant z<1,\\ 1/(2z^2), & z\geqslant 1.\end{cases}$$

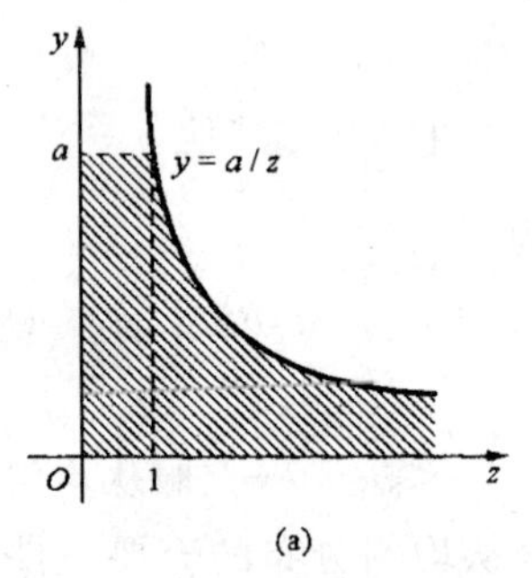

(a)

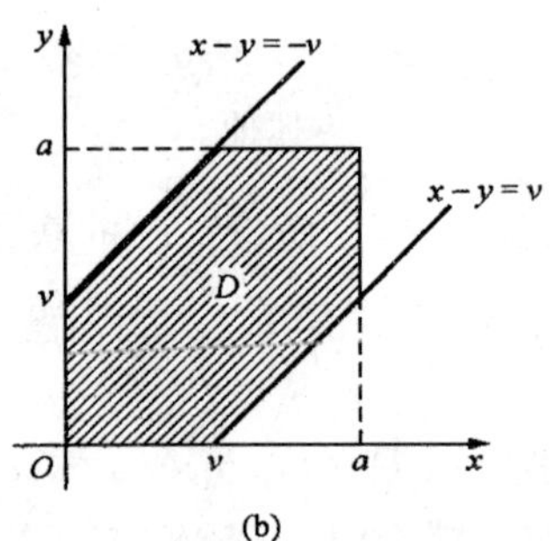

(b)

图　3.19

(2) 设 $V=|X-Y|$ 的分布函数为 $F_V(v)$,则

$$F_V(v)=P\{|X-Y|\leqslant v\}=\iint\limits_{|x-y|\leqslant v} f(x,y)\mathrm{d}x\mathrm{d}y.$$

当 $v<0$ 时,$F_V(v)=P\{|X-Y|\leqslant v\}=P(\varnothing)=0$;当 $0\leqslant v<a$ 时,利用图 3.19(b),有

$$F_V(v)=\iint\limits_{|x-y|\leqslant v} f(x,y)\mathrm{d}x\mathrm{d}y=\frac{1}{a^2}\iint\limits_D \mathrm{d}x\mathrm{d}y=\frac{a^2-2\times\frac{1}{2}\times(a-v)^2}{a^2}=\frac{2av-v^2}{a^2};$$

当 $v\geqslant a$ 时,$F_V(v)=1$.故 $V=|X-Y|$ 的分布函数为

$$F_V(v)=\begin{cases}0, & v<0,\\ (2av-v^2)/a^2, & 0\leqslant v<a,\\ 1, & v\geqslant a,\end{cases}$$

从而所求的概率密度为

$$f_V(v)=\begin{cases}2(a-v)/a^2, & 0<v<a,\\ 0, & \text{其他}.\end{cases}$$

(3) 由题设,X 与 Y 相互独立,且共同分布函数为

$$F(z)=\begin{cases}0, & z<0,\\ z/a, & 0\leqslant z<a,\\ 1, & z>a.\end{cases}$$

设 $U=\max\{X,Y\}$ 的分布函数为 $F_U(u)$,则

$$F_U(u)=[F(u)]^2=\begin{cases}0, & u<0,\\ u^2/a^2, & 0\leqslant u<a,\\ 1, & u>a,\end{cases}$$

于是 U 的概率密度为

$$f(u)=\begin{cases}2u/a^2, & 0<u<a,\\ 0, & \text{其他}.\end{cases}$$

评注 依本例结果可知,独立同服从均匀分布的随机变量 X 与 Y,其函数 $Z=X/Y,V=|X-Y|,U=\max\{X,Y\}$ 无一服从均匀分布.

16. 二维正态分布的有关问题

【解题方法与技巧】

如果二维随机变量(X,Y)的联合概率密度为

$$f(x,y)=\frac{1}{2\pi\sigma_1\sigma_2\sqrt{1-\rho^2}}\mathrm{e}^{-\frac{1}{2(1-\rho^2)}\left[\frac{(x-\mu_1)^2}{\sigma_1^2}-2\rho\frac{(x-\mu_1)(y-\mu_2)}{\sigma_1\sigma_2}+\frac{(y-\mu_2)^2}{\sigma_2^2}\right]},$$

其中 $\mu_1,\mu_2,\sigma_1,\sigma_2,\rho$ 为常数,且 $\sigma_1>0,\sigma_2>0,-1<\rho<1$,则$(X,Y)$服从二维正态分布,记为$(X,Y)\sim N(\mu_1,\mu_2,\sigma_1^2,\sigma_2^2,\rho)$.其边缘分布分别为 $X\sim N(\mu_1,\sigma_1^2),Y\sim N(\mu_2,\sigma_2^2)$,且 X 与 Y 相互独立的充要条件是 $\rho=0$.

例 3.16.1 设随机变量(X,Y)服从二维正态分布,其联合概率密度为

$$f(x,y)=\frac{1}{2\pi\sigma_1\sigma_2\sqrt{1-\rho^2}}e^{-\frac{1}{2(1-\rho^2)}\left[\frac{(x-\mu_1)^2}{\sigma_1^2}-2\rho\frac{(x-\mu_1)(y-\mu_2)}{\sigma_1\sigma_2}+\frac{(y-\mu_2)^2}{\sigma_2^2}\right]}$$

$$(-\infty<x,y<+\infty),$$

求边缘概率密度及条件概率密度.

分析　依据边缘概率密度与条件概率密度的定义求解.

解　$\frac{(x-\mu_1)^2}{\sigma_1^2}-2\rho\frac{(x-\mu_1)(y-\mu_2)}{\sigma_1\sigma_2}+\frac{(y-\mu_2)^2}{\sigma_2^2}$可分解为

$$(1-\rho^2)\frac{(x-\mu_1)^2}{\sigma_1^2}+\rho^2\frac{(x-\mu_1)^2}{\sigma_1^2}-2\rho\frac{(x-\mu_1)(y-\mu_2)}{\sigma_1\sigma_2}+\frac{(y-\mu_2)^2}{\sigma_2^2}$$

$$=(1-\rho^2)\frac{(x-\mu_1)^2}{\sigma_1^2}+\left(\rho\frac{(x-\mu_1)}{\sigma_1}-\frac{(y-\mu_2)}{\sigma_2}\right)^2,$$

于是

$$f(x,y)=\frac{1}{\sqrt{2\pi}\sigma_1}e^{-\frac{(x-\mu_1)^2}{2\sigma_1^2}}\frac{1}{\sqrt{2\pi}\sigma_2\sqrt{1-\rho^2}}e^{-\frac{1}{2\sigma_2^2(1-\rho^2)}\left[y-\left(\mu_2+\rho\frac{\sigma_2}{\sigma_1}(x-\mu_1)\right)\right]^2};\quad ①$$

同理

$$f(x,y)=\frac{1}{\sqrt{2\pi}\sigma_2}e^{-\frac{(y-\mu_2)^2}{2\sigma_2^2}}\frac{1}{\sqrt{2\pi}\sigma_1\sqrt{1-\rho^2}}e^{-\frac{1}{2\sigma_1^2(1-\rho^2)}\left[x-\left(\mu_1+\rho\frac{\sigma_1}{\sigma_2}(y-\mu_2)\right)\right]^2}.\quad ②$$

由分解式①和②得关于 X 的边缘概率密度为

$$f_X(x)=\int_{-\infty}^{+\infty}f(x,y)\mathrm{d}y$$

$$=\frac{1}{\sqrt{2\pi}\sigma_1}e^{-\frac{(x-\mu_1)^2}{2\sigma_1^2}}\frac{1}{\sqrt{2\pi}\sigma_2\sqrt{1-\rho^2}}\int_{-\infty}^{+\infty}e^{-\frac{1}{2\sigma_2^2(1-\rho^2)}\left[y-\left(\mu_2+\rho\frac{\sigma_2}{\sigma_1}(x-\mu_1)\right)\right]^2}\mathrm{d}y$$

$$=\frac{1}{\sqrt{2\pi}\sigma_1}e^{-\frac{(x-\mu_1)^2}{2\sigma_1^2}}\quad(-\infty<x<+\infty);$$

同理得关于 Y 的边缘概率密度为

$$f_Y(y)=\frac{1}{\sqrt{2\pi}\sigma_2}e^{-\frac{(y-\mu_2)^2}{2\sigma_2^2}}\quad(-\infty<y<+\infty).$$

由此可知二维正态分布的边缘分布均为正态分布：$X\sim N(\mu_1,\sigma_1^2)$，$Y\sim N(\mu_2,\sigma_2^2)$.

因 $f_Y(y)>0$，故由条件概率密度的定义及②式知在 $Y=y$ 条件下，X 的条件概率密度为

$$f_{X|Y}(x|y)=\frac{f(x,y)}{f_Y(y)}=\frac{1}{\sqrt{2\pi}\sigma_1\sqrt{1-\rho^2}}e^{-\frac{1}{2\sigma_1^2(1-\rho^2)}\left[x-\left(\mu_1+\rho\frac{\sigma_1}{\sigma_2}(y-\mu_2)\right)\right]^2}\quad(-\infty<x<+\infty),$$

即在 $Y=y$ 条件下，$X\sim N\left(\mu_1+\rho\dfrac{\sigma_1}{\sigma_2}(y-\mu_2),\sigma_1^2(1-\rho^2)\right)$.

同样 $f_X(x)>0$，从而在 $X=x$ 条件下，Y 的条件概率密度为

$$f_{Y|X}(y|x)=\frac{f(x,y)}{f_X(x)}=\frac{1}{\sqrt{2\pi}\sigma_2\sqrt{1-\rho^2}}\mathrm{e}^{-\frac{1}{2\sigma_2^2(1-\rho^2)}\left[y-\left(\mu_2+\rho\frac{\sigma_2}{\sigma_1}(x-\mu_1)\right)\right]^2}\quad(-\infty<y<+\infty),$$

即在 $X=x$ 条件下，$Y\sim N\left(\mu_2+\rho\dfrac{\sigma_2}{\sigma_1}(x-\mu_1),\sigma_2^2(1-\rho^2)\right)$.

评注 由本例可知，二维正态分布的边缘分布及条件分布均为正态分布.

例 3.16.2 设二维随机变量 (X,Y) 的联合概率密度为

$$f(x,y)=\frac{1}{50\pi}\mathrm{e}^{-\frac{(x^2+y^2)}{50}}\quad(-\infty<x,y<+\infty).$$

(1) 确定 (X,Y) 所服从的分布及分布参数； (2) 求 $P\{Y\geqslant X\}$，$P\{Y>|X|\}$.

分析 (1) 利用二维正态分布的定义求解；(2) 利用概率计算公式 $P\{(X,Y)\in G\}=\iint\limits_G f(x,y)\mathrm{d}x\mathrm{d}y$ 求解.

解 (1) 对 $f(x,y)$ 变形得

$$f(x,y)=\frac{1}{50\pi}\mathrm{e}^{-\frac{(x^2+y^2)}{50}}=\frac{1}{2\pi\cdot 25}\mathrm{e}^{-\frac{1}{2}\left(\frac{x^2}{25}+\frac{y^2}{25}\right)}\quad(-\infty<x,y<+\infty),$$

与二维正态分布的概率密度比较知

$$(X,Y)\sim N(0,0,5^2,5^2,0).$$

(2) 如图 3.20(a)，记阴影部分区域为 D_1，则

$$P\{Y\geqslant X\}=\iint\limits_{y\geqslant x}f(x,y)\mathrm{d}x\mathrm{d}y=\iint\limits_{D_1}\frac{1}{50\pi}\mathrm{e}^{-\frac{(x^2+y^2)}{50}}\mathrm{d}x\mathrm{d}y=\frac{1}{50\pi}\int_{\pi/4}^{5\pi/4}\mathrm{d}\theta\int_0^{+\infty}\mathrm{e}^{-\frac{r^2}{50}}r\mathrm{d}r=\frac{1}{2}.$$

如图 3.20(b)，记阴影部分区域为 D_2，则

$$P\{Y\geqslant|X|\}=\iint\limits_{y\geqslant|x|}f(x,y)\mathrm{d}x\mathrm{d}y=\iint\limits_{D_2}\frac{1}{50\pi}\mathrm{e}^{-\frac{(x^2+y^2)}{50}}\mathrm{d}x\mathrm{d}y=\frac{1}{50\pi}\int_{\pi/4}^{3\pi/4}\mathrm{d}\theta\int_0^{+\infty}\mathrm{e}^{-\frac{r^2}{50}}r\mathrm{d}r=\frac{1}{4}.$$

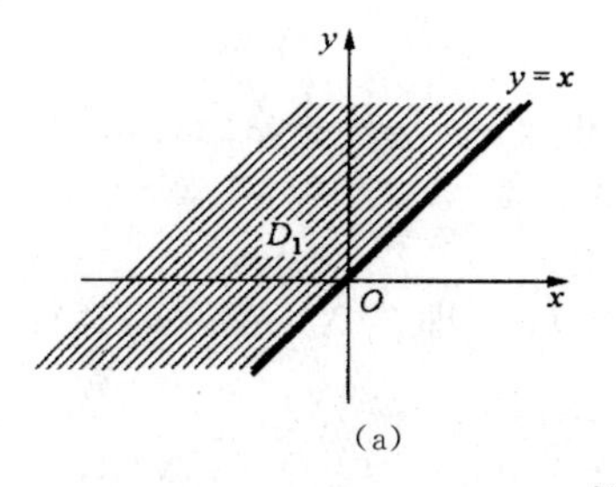

(a)

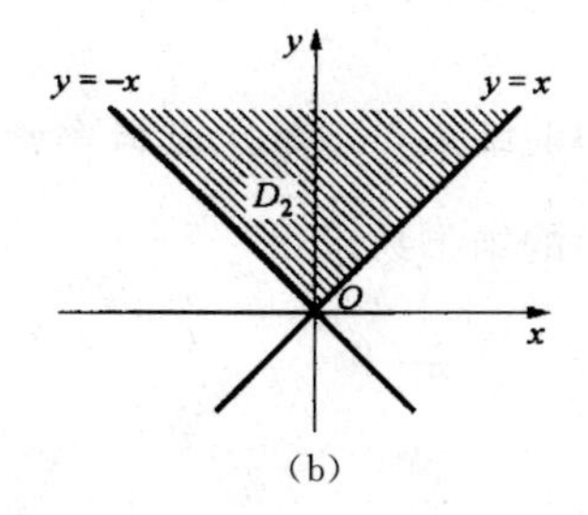

(b)

图 3.20

评注　(1) 将二维正态随机变量(X,Y)的概率密度表达成标准形式,进而可确定参数.

(2) 对于二维正态随机变量的概率密度而言,因为 $f(x,y)=f(y,x)$,所以

$$P\{Y\geqslant X\}=\iint\limits_{y\geqslant x}f(x,y)\mathrm{d}x\mathrm{d}y=\iint\limits_{x\geqslant y}f(y,x)\mathrm{d}y\mathrm{d}x=\iint\limits_{x\geqslant y}f(x,y)\mathrm{d}y\mathrm{d}x=P\{X>Y\},$$

从而

$$P\{Y\geqslant X\}=\frac{1}{2}(P\{Y\geqslant X\}+P\{Y<X\})=\frac{1}{2}.$$

也可参考例 3.9.4 的结论.因为$(X,Y)\sim N(0,0.5^2,5^2,0)$,所以 X 与 Y 独立且均服从正态分布 $N(0,5^2)$.

例 3.16.3　设二维正态随机变量(X,Y)的概率密度为

$$f(x,y)=\frac{1}{2\pi}\mathrm{e}^{-\frac{1}{2}(2x^2+y^2+2xy-22x-14y+65)}\quad(-\infty<x,y<+\infty).$$

(1) 把 $f(x,y)$化为二维正态概率密度的标准形式;

(2) 指出该二维正态分布的参数 $\mu_1,\mu_2,\sigma_1^2,\sigma_2^2,\rho$;

(3) 求边缘概率密度 $f_X(x),f_Y(y)$及条件概率密度 $f_{X|Y}(x|y)$.

分析　(1) 按配方法将联合概率密度化为二维正态分布的标准形式;(2) 由标准形式确定各参数;(3) 利用联合概率密度确定边缘概率密度;(4) 依定义确定条件概率密度.

解　(1) 将二元函数$\frac{1}{2}(2x^2+y^2+2xy-22x-14y+65)$配方如下,同时注意 x^2,y^2,xy 的系数:

$$(x+a)^2+\frac{1}{2}(y+b)^2+(x+a)(y+b).$$

比较 x,y 的系数及常数项得

$$\begin{cases}2a+b=-11,\\ a+b=-7,\\ a^2+b^2/2+ab=65/2,\end{cases}$$

解得 $a=-4$, $b=-3$.于是

$$f(x,y)=\frac{1}{2\pi}\mathrm{e}^{-\left[(x-4)^2+\frac{1}{2}(y-3)^2+(x-4)(y-3)\right]}$$

$$=\frac{1}{2\pi\cdot1\cdot\sqrt{2}\sqrt{1-\left(-\frac{1}{\sqrt{2}}\right)^2}}\mathrm{e}^{-\frac{1}{2\left(1-\left(-\frac{1}{\sqrt{2}}\right)^2\right)}\left[\frac{(x-4)^2}{1}-2\left(-\frac{1}{\sqrt{2}}\right)\frac{(x-4)(y-3)}{1\cdot\sqrt{2}}+\frac{(y-3)^2}{(\sqrt{2})^2}\right]}.$$

(2) 将(1)的结果与二维正态概率密度比较知 $\mu_1=4,\mu_2=3,\sigma_1^2=1,\sigma_2^2=2,\rho=-\frac{1}{\sqrt{2}}$.

(3) 由(2)的结果易求得

$$f_X(x)=\frac{1}{\sqrt{2\pi}}\mathrm{e}^{-\frac{(x-4)^2}{2}}\quad(-\infty<x<+\infty),\quad 即\quad X\sim N(4,1^2);$$

$$f_Y(y)=\frac{1}{\sqrt{2\pi}\sqrt{2}}\mathrm{e}^{-\frac{(y-3)^2}{2(\sqrt{2})^2}}\quad(-\infty<y<+\infty),\quad 即\quad Y\sim N(3,(\sqrt{2})^2).$$

显然 $f_Y(y)>0$，从而在 $Y=y$ 条件下，有

$$f_{X|Y}(x\mid y)=\frac{f(x,y)}{f_Y(y)}=\frac{1}{\sqrt{\pi}}\mathrm{e}^{-\left[x-\left(-\frac{y}{2}+\frac{11}{2}\right)\right]^2}$$

$$=\frac{1}{\sqrt{2\pi}\,\frac{1}{\sqrt{2}}}\mathrm{e}^{-\frac{\left[x-\left(-\frac{y}{2}+\frac{11}{2}\right)\right]^2}{2\left(\frac{1}{\sqrt{2}}\right)^2}}\quad(-\infty<x<+\infty),$$

即在 $Y=y$ 条件下，$X\sim N\left(-\frac{y}{2}+\frac{11}{2},\left(\frac{1}{\sqrt{2}}\right)^2\right)$.

评注 注意确定分布参数 $\mu_1,\mu_2,\sigma_1^2,\sigma_2^2,\rho$ 的方法.

17. 综合例题

例 3.17.1 设二维随机变量 (X,Y) 的联合分布律为

$X \backslash Y$	-1	0	1
-1	0.2	0	0.2
0	0.1	a	0.2
1	0	0.1	b

其中 a,b 为常数，且 $P\{Y\leqslant 0\mid X\leqslant 0\}=0.5$.记 $Z=X+Y$，求：

(1) a,b 的值； (2) Z 的分布律； (3) $P\{X=Z\}$.

分析 由联合分布律的规范性及 $P\{Y\leqslant 0\mid X\leqslant 0\}=0.5$ 可确定 a,b 的值及 Z 的概率分布；由等式 $P\{X=Z\}=P\{Y=0\}$ 求概率 $P\{X=Z\}$.

解 (1) 由联合分布律的规范性有 $a+b=0.2$.又 $P\{X\leqslant 0\}=0.7+a$，$P\{X\leqslant 0,Y\leqslant 0\}=0.3+a$，于是

$$P\{Y\leqslant 0\mid X\leqslant 0\}=\frac{P\{X\leqslant 0,Y\leqslant 0\}}{P\{X\leqslant 0\}}=\frac{0.3+a}{0.7+a}=0.5,$$

解得 $a=0.1$.所以 $b=0.2-a=0.2-0.1=0.1$.

(2) 由(1)知，(X,Y) 的联合分布律为

$X \backslash Y$	-1	0	1
-1	0.2	0	0.2
0	0.1	0.1	0.2
1	0	0.1	0.1

$Z=X+Y$ 的所有可能取值为 $-2,-1,0,1,2$，且

$$P\{Z=-2\}=P\{X=-1,Y=-1\}=0.2,$$
$$P\{Z=-1\}=P\{X=-1,Y=0\}+P\{X=0,Y=-1\}=0+0.1=0.1,$$
$$P\{Z=0\}=P\{X=-1,Y=1\}+P\{X=0,Y=0\}+P\{X=1,Y=-1\}$$
$$=0.2+0.1+0=0.3,$$
$$P\{Z=1\}=P\{X=0,Y=1\}+P\{X=1,Y=0\}=0.2+0.1=0.3,$$
$$P\{Z=2\}=P\{X=1,Y=1\}=0.1,$$

于是 Z 的分布律为

Z	-2	-1	0	1	2
P	0.2	0.1	0.3	0.3	0.1

(3) $P\{X=Z\}=P\{Y=0\}=0.2$.

评注 求解本例的关键是由联合分布律的规范性及条件概率确定 a,b 的值,进而解答其他问题.

例 3.17.2 设随机变量 X 与 Y 相互独立,同服从标准正态分布 $N(0,1)$.令

$$Z=\begin{cases}|Y|, & X\geqslant 0.\\ -|Y|, & X<0,\end{cases}$$

试证明 Z 也服从分布 $N(0,1)$,但(Y,Z)不服从二维正态分布.

分析 利用分布函数的定义证明 Z 的分布函数是标准正态分布函数.若(Y,Z)服从二维正态分布,则 $Y-Z$ 应是连续型随机变量,所以可先考查概率 $P\{Y-Z=0\}$是否为 0.若 $P\{Y-Z=0\}\neq 0$,显然 $Y-Z$ 不是连续型随机变量,进而(Y,Z)不服从二维正态分布.

证 由题设,

$$P\{Z\leqslant z\}=P\{Z\leqslant z,X\geqslant 0\}+P\{Z\leqslant z,X<0\}$$
$$=P\{-|Y|\leqslant z,X<0\}+P\{|Y|\leqslant z,X\geqslant 0\}$$
$$=P\{-|Y|\leqslant z\}P\{X<0\}+P\{|Y|\leqslant z\}P\{X\geqslant 0\}.\quad(\text{因 } X \text{ 与 } Y \text{ 相互独立})$$

因为 $X\sim N(0,1)$,所以 $P\{X<0\}=P\{X\geqslant 0\}=1/2$.代入上式得

$$P\{Z\leqslant z\}=(1/2)(P\{-|Y|\leqslant z\}+P\{|Y|\leqslant z\}).$$

当 $z\geqslant 0$ 时,

$$P\{Z\leqslant z\}=(1/2)(1+P\{-z\leqslant Y\leqslant z\})=(1/2)(1+\Phi(z)-\Phi(-z))=\Phi(z);$$

当 $z<0$ 时,$P\{Z\leqslant z\}=(1/2)(P\{|Y|\geqslant -z\}+0)=(1/2)(1-P\{|Y|\leqslant -z\})=\Phi(z)$.

所以随机变量 $Z\sim N(0,1)$.

因为

$$P\{Y-Z=0\}=P\{Y-Z=0,X<0\}+P\{Y-Z=0,X\geqslant 0\}$$
$$=P\{Y+|Y|=0,X<0\}+P\{Y-|Y|=0,X\geqslant 0\}$$
$$=P\{Y+|Y|=0\}P\{X<0\}+P\{Y-|Y|=0\}P\{X\geqslant 0\}$$

$$=P\{Y\leqslant 0\}P\{X<0\}+P\{Y\geqslant 0\}P\{X\geqslant 0\}$$
$$=0.5\times 0.5+0.5\times 0.5=1/2,$$

即 $P\{Y-Z=0\}\neq 0$,所以 $Y-Z$ 显然不是连续型随机变量,因此(Y,Z)不是二维连续型随机变量,当然(Y,Z)不服从二维正态分布.

评注　由本例的结论可知:(1) 虽然 Y,Z 均为连续型随机变量,$Y\pm Z$ 未必是连续型随机变量,因此(Y,Z)未必是二维连续型随机变量.(2) 虽然 Y,Z 均服从正态分布,$Y\pm Z$ 未必服从正态分布,因此(Y,Z)未必服从二维正态分布.

例 3.17.3　设二维随机变量(X,Y)的联合概率密度为

$$f(x,y)=\begin{cases}Ae^{-x}, & 0<y<x<+\infty,\\ 0, & \text{其他}.\end{cases}$$

(1) 确定常数 A;　(2) 求关于 X 与关于 Y 的边缘概率密度 $f_X(x),f_Y(y)$;

(3) X 与 Y 是否相互独立?　(4) 求条件概率密度 $f_{X|Y}(x|y),f_{Y|X}(y|x)$;

(5) 求 $P\{X+Y<1\},P\{X<1|Y<1\},P\{X<2|Y=1\}$;

(6) 求 $P\{\min\{X,Y\}\leqslant 1\},P\{\max\{X,Y\}\geqslant 1\}$;

(7) 求(X,Y)的联合分布函数 $F(x,y)$;　(8) 求 $Z_1=X+Y$ 的概率密度 $f_{Z_1}(z)$;

(9) 求 $Z_2=2X-Y$ 的概率密度 $f_{Z_2}(z)$.

分析　(1) 利用概率密度的规范性求解:$\int_{-\infty}^{+\infty}\int_{-\infty}^{+\infty}f(x,y)\mathrm{d}x\mathrm{d}y=1$;

(2) 利用边缘概率密度的定义求解:

$$f_X(x)=\int_{-\infty}^{+\infty}f(x,y)\mathrm{d}y,\quad f_Y(y)=\int_{-\infty}^{+\infty}f(x,y)\mathrm{d}x;$$

(3) 根据充要条件考查:X 与 Y 独立$\Longleftrightarrow f(x,y)=f_X(x)f_Y(y)$几乎处处成立;

(4) 根据条件概率密度的定义求解:

$$f_{X|Y}(x|y)=\frac{f(x,y)}{f_Y(y)},\quad f_{Y|X}(y|x)=\frac{f(x,y)}{f_X(x)}\quad(\text{其中 } f_X(x)\neq 0,f_Y(y)\neq 0);$$

(5) 根据如下公式求解:

$$P\{(X,Y)\in D\}=\iint_D f(x,y)\mathrm{d}x\mathrm{d}y,\quad P(A|B)=\frac{P(AB)}{P(B)},$$

$$P\{X<x|Y=y_0\}=\int_{-\infty}^{x}f_{X|Y}(x|y=y_0)\mathrm{d}x;$$

(6) 根据如下公式求解:

$$P\{\min\{X,Y\}\leqslant 1\}=1-P\{\min\{X,Y\}>1\}=1-P\{X>1,Y>1\},$$
$$P\{\max\{X,Y\}>1\}=1-P\{\max\{X,Y\}\leqslant 1\}=1-P\{X\leqslant 1,Y\leqslant 1\};$$

(7) 根据分布函数的定义求解:$F(x,y)=P\{X\leqslant x,Y\leqslant y\}$;

(8) 根据公式 $f_{Z_1}(z)=\int_{-\infty}^{+\infty}f(z-y,y)\mathrm{d}y$ 求解,或者先确定分布函数

$$F_{Z_1}(z)=P\{X+Y\leqslant z\}=\iint\limits_{x+y\leqslant z} f(x,y)\mathrm{d}x\mathrm{d}y,$$

再求导数得概率密度；

(9) 利用公式 $f_{Z_2}(z)=\int_{-\infty}^{+\infty} f(x,2x-z)\mathrm{d}x$ 或 $f_{Z_2}(z)=\frac{1}{2}\int_{-\infty}^{+\infty} f\left(\frac{z+y}{2},y\right)\mathrm{d}y$ 求解，也可先确定分布函数 $F_{Z_2}(z)=P\{2X-Y\leqslant z\}=\iint\limits_{2x-y\leqslant z} f(x,y)\mathrm{d}x\mathrm{d}y$，再求导数得概率密度.

解　(1) 由规范性有

$$1=\iint\limits_{0<y<x<+\infty} f(x,y)\mathrm{d}x\mathrm{d}y=A\int_0^{+\infty}\mathrm{e}^{-x}\mathrm{d}x\int_0^x\mathrm{d}y=A\int_0^{+\infty}x\mathrm{e}^{-x}\mathrm{d}x=A,$$

所以 $A=1$.

(2) $$f_X(x)=\int_{-\infty}^{+\infty} f(x,y)\mathrm{d}y=\begin{cases}\int_0^x \mathrm{e}^{-x}\mathrm{d}y, & x>0,\\ 0, & x\leqslant 0\end{cases}=\begin{cases}x\mathrm{e}^{-x}, & x>0,\\ 0, & x\leqslant 0,\end{cases}$$

$$f_Y(y)=\int_{-\infty}^{+\infty} f(x,y)\mathrm{d}x=\begin{cases}\int_y^{+\infty} \mathrm{e}^{-x}\mathrm{d}x, & y>0,\\ 0, & y\leqslant 0\end{cases}=\begin{cases}\mathrm{e}^{-y}, & y>0,\\ 0, & y\leqslant 0.\end{cases}$$

(3) 由于在区域$\{(x,y)|0<y<x\}$内，$f(x,y)\neq f_X(x)f_Y(y)$，所以 X 与 Y 不相互独立.

(4) 当 $y>0$ 时，$f_Y(y)>0$，所以在 $Y=y(y>0)$条件下，有

$$f_{X|Y}(x|y)=\frac{f(x,y)}{f_Y(y)}=\frac{f(x,y)}{\mathrm{e}^{-y}}=\begin{cases}\mathrm{e}^{-(x-y)}, & x>y,\\ 0, & \text{其他；}\end{cases}$$

当 $x>0$ 时，$f_X(x)>0$，所以在 $X=x(x>0)$条件下，有

$$f_{Y|X}(y|x)=\frac{f(x,y)}{f_X(x)}=\frac{f(x,y)}{x\mathrm{e}^{-x}}=\begin{cases}1/x, & 0<y<x,\\ 0, & \text{其他.}\end{cases}$$

(5) $$P\{X+Y<1\}=\iint\limits_{x+y<1} f(x,y)\mathrm{d}x\mathrm{d}y=\iint\limits_{D_1}\mathrm{e}^{-x}\mathrm{d}x\mathrm{d}y=\int_0^{1/2}\mathrm{d}y\int_y^{1-y}\mathrm{e}^{-x}\mathrm{d}x$$

$$=\int_0^{1/2}[\mathrm{e}^{-y}-\mathrm{e}^{-(1-y)}]\mathrm{d}y=1-2\mathrm{e}^{-1/2}+\mathrm{e}^{-1}\quad \text{(见图 3.21(a))；}$$

$$P\{X<1|Y<1\}=\frac{P\{X<1,Y<1\}}{P\{Y<1\}}=\frac{\iint\limits_{D_2}\mathrm{e}^{-x}\mathrm{d}x\mathrm{d}y}{\int_{-\infty}^{1} f_Y(y)\mathrm{d}y}$$

$$=\frac{\int_0^1\mathrm{e}^{-x}\mathrm{d}x\int_0^x\mathrm{d}y}{\int_0^1\mathrm{e}^{-y}\mathrm{d}y}=\frac{1-2\mathrm{e}^{-1}}{1-\mathrm{e}^{-1}}\quad \text{(见图 3.21(b))；}$$

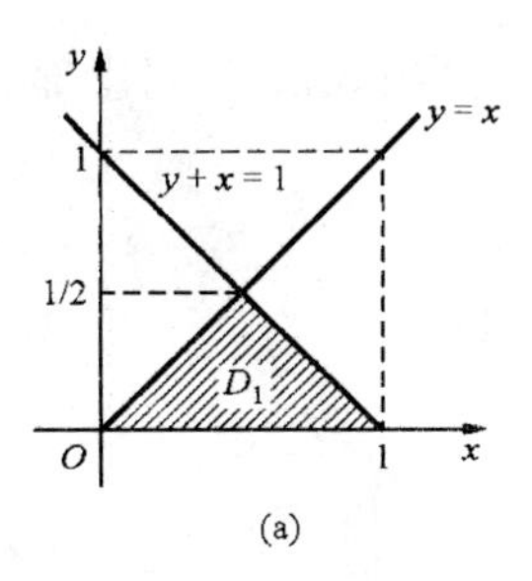

(a)

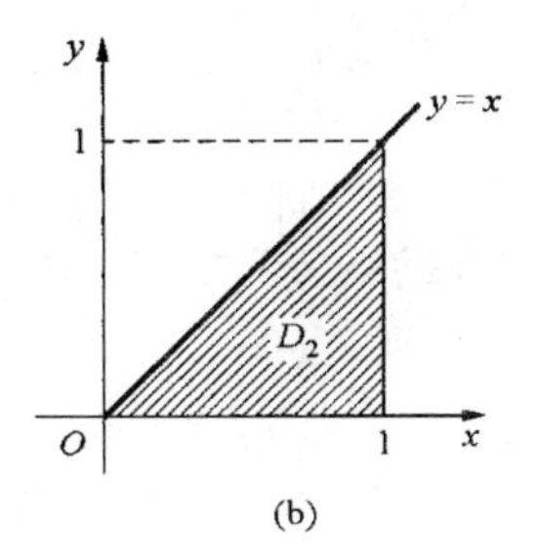

(b)

图 3.21

由(4)知 $f_{X|Y}(x|y=1)=\begin{cases}e^{-(x-1)}, & x>1,\\ 0, & 其他,\end{cases}$ 所以

$$P\{X<2|Y=1\}=\int_{-\infty}^{2}f_{X|Y}(x|y=1)\mathrm{d}x=\int_{1}^{2}e^{-(x-1)}\mathrm{d}x=1-e^{-1}.$$

(6) $P\{\min\{X,Y\}\leqslant 1\}=1-P\{\min\{X,Y\}>1\}=1-P\{X>1,Y>1\}$

$$=1-\int_{1}^{+\infty}e^{-x}\mathrm{d}x\int_{1}^{x}\mathrm{d}y=1-e^{-1},$$

$$P\{\max(X,Y)>1\}=1-P\{\max\{X,Y\}\leqslant 1\}=1-P\{X\leqslant 1,Y\leqslant 1\}$$

$$=1-\int_{0}^{1}e^{-x}\mathrm{d}x\int_{0}^{x}\mathrm{d}y=1-(1-2e^{-1})=2e^{-1}.$$

(7) 设(X,Y)的联合分布函数为$F(x,y)$,根据定义

$$F(x,y)=P\{X\leqslant x,Y\leqslant y\}.$$

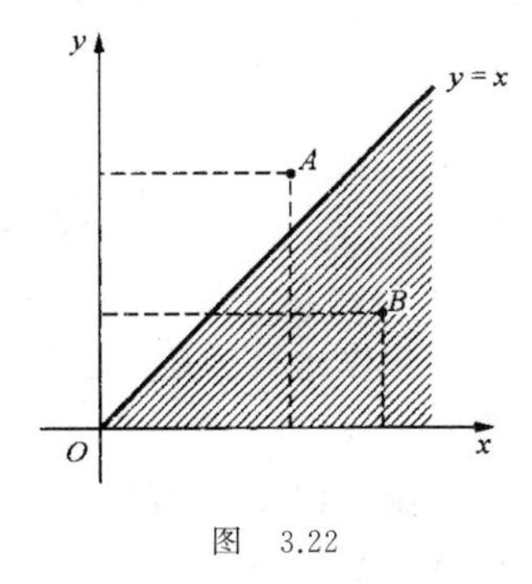

图 3.22

当 $x<0$ 或 $y<0$ 时,显然 $F(x,y)=0$;

当 $0<x<y$ 时,如图 3.22 中的 A 点,有

$$F(x,y)=\int_{0}^{x}e^{-u}\mathrm{d}u\int_{0}^{u}\mathrm{d}v=1-xe^{-x}-e^{-x};$$

当 $0<y<x$ 时,如图 3.22 中的 B 点,有

$$F(x,y)=\int_{0}^{y}\mathrm{d}v\int_{v}^{x}e^{-u}\mathrm{d}u=1-ye^{-x}-e^{-y}.$$

所以

$$F(x,y)=\begin{cases}1-xe^{-x}-e^{-x}, & 0<x<y,\\ 1-ye^{-x}-e^{-y}, & 0<y<x,\\ 0, & 其他.\end{cases}$$

(8) $Z_1=X+Y$ 的概率密度为

$$f_{Z_1}(z)=\int_{-\infty}^{+\infty}f(z-y,y)\mathrm{d}y,$$

其中被积函数不为 0 的区域为

$$\begin{cases} y > 0, \\ x > y \end{cases} \Rightarrow \begin{cases} y > 0, \\ z - y > y \end{cases} \Rightarrow \begin{cases} y > 0, \\ z > 2y \end{cases}$$（见图 3.23 的阴影部分），

于是
$$f_{Z_1}(z) = \begin{cases} \int_0^{z/2} e^{-(z-y)} dy, & z > 0, \\ 0, & \text{其他} \end{cases} = \begin{cases} e^{-z/2} - e^{-z}, & z > 0, \\ 0, & \text{其他}. \end{cases}$$

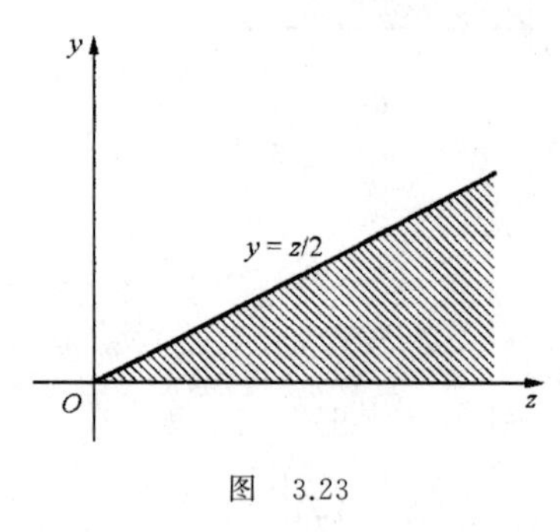

图　3.23

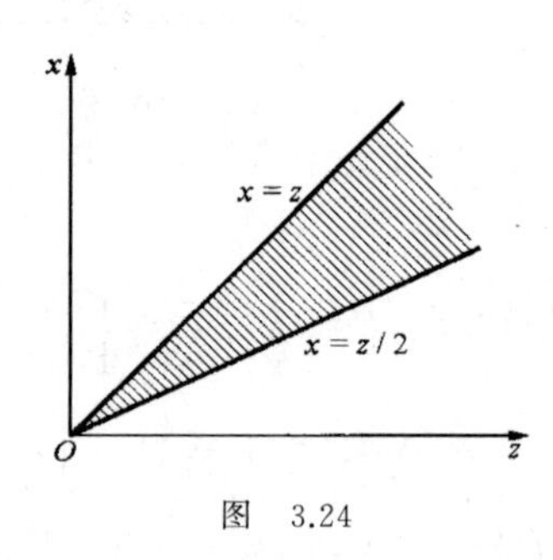

图　3.24

(9) $Z_2 = 2X - Y$ 的概率密度为

$$f_{Z_2}(z) = \int_{-\infty}^{+\infty} f(x, 2x - z) dx,$$

其中被积函数不为 0 的区域为

$$\begin{cases} x > 0, \\ 0 < 2x - z < x \end{cases} \Rightarrow \begin{cases} x > 0, \\ x < z < 2x \end{cases}$$（见图 3.24 的阴影部分），

于是
$$f_{Z_2}(z) = \begin{cases} \int_{z/2}^{z} e^{-x} dx, & z > 0, \\ 0, & z \leqslant 0 \end{cases} = \begin{cases} e^{-\frac{z}{2}} - e^{-z}, & z > 0, \\ 0, & z \leqslant 0. \end{cases}$$

评注　本例是一道典型的综合题，其中的(8)，(9)两问还可依分析所述采用其他方法求解.

例 3.17.4　设随机变量 X, Y, Z 相互独立，均服从区间$(0,1)$上的均匀分布，求概率 $P\{X \geqslant YZ\}$.

分析　求概率就需要确定概率分布.令 $U = YZ$，由 Y 与 Z 相互独立，可依据公式

$$f_U(u) = \int_{-\infty}^{+\infty} \frac{1}{|y|} f_Y(y) f_Z\left(\frac{u}{y}\right) dy$$

确定 U 的概率密度.又 X 与 U 相互独立，则可确定(X, U)的概率密度：

$$g(x, u) = f_X(x) f_U(u).$$

解　由题设知，X, Y, Z 的共同概率密度为

$$f(t) = \begin{cases} 1, & 0 < t < 1, \\ 0, & \text{其他}. \end{cases}$$

令 $U = YZ$，由 Y 与 Z 相互独立，则 U 的概率密度为

$$f_U(u)=\int_{-\infty}^{+\infty}\frac{1}{|y|}f(y)f\left(\frac{u}{y}\right)\mathrm{d}y,$$

其中被积函数不为 0 的区域为

$$\begin{cases}0<y<1,\\0<u/y<1\end{cases}\Longrightarrow\begin{cases}0<y<1,\\0<u<y\end{cases}\quad\text{（见图 3.25 的阴影部分）},$$

于是

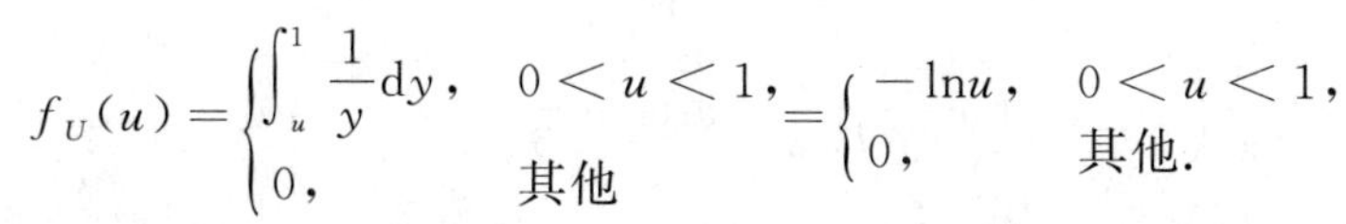

$$f_U(u)=\begin{cases}\displaystyle\int_u^1\frac{1}{y}\mathrm{d}y, & 0<u<1,\\0, & \text{其他}\end{cases}=\begin{cases}-\ln u, & 0<u<1,\\0, & \text{其他}.\end{cases}$$

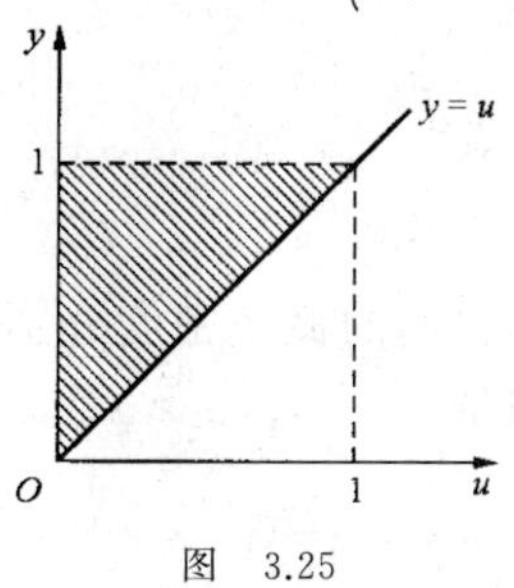

图 3.25

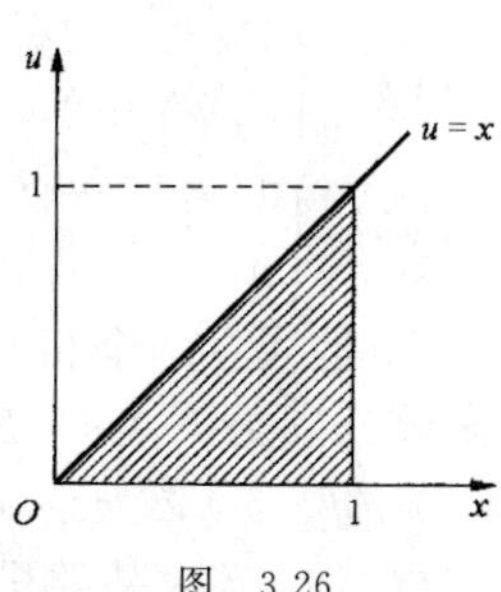

图 3.26

因为 X,Y,Z 相互独立，所以 X 与 U 相互独立，(X,U)的联合概率密度为

$$g(x,u)=f(x)f_U(u)=\begin{cases}-\ln u, & 0<x<1,0<u<1,\\0, & \text{其他}.\end{cases}$$

借助图 3.26 得

$$P\{X\geqslant YZ\}=P\{X\geqslant U\}=\iint\limits_{x\geqslant u}g(x,u)\mathrm{d}x\mathrm{d}u=\int_0^1(-\ln u)\mathrm{d}u\int_u^1\mathrm{d}x$$

$$=-\int_0^1(1-u)\ln u\,\mathrm{d}u=\lim_{t\to0+}\int_t^1(1-u)\ln u\,\mathrm{d}u=\frac{3}{4}.$$

评注 在本例中，由独立性先确定 YZ 的概率密度，再确定(X,YZ)的概率密度，进而求概率 $P\{X\geqslant YZ\}$.

自 测 题 三

（时间：120 分钟；卷面分值：100 分）

一、单项选择题（每小题 2 分，共 8 分）：

1. 设随机变量 X 与 Y 相互独立，且 $X\sim N(3,\sigma^2)$，$Y\sim N(-1,\sigma^2)$，则下列式子中正确的是(　　).

(A) $P\{X+Y\leqslant-2\}=1/2$　　(B) $P\{X+Y\leqslant2\}=1/2$

(C) $P\{X-Y\leqslant-2\}=1/2$　　(D) $P\{X-Y\leqslant2\}=1/2$

2. 设随机变量 X 与 Y 独立同分布：$P\{X=-1\}=P\{Y=-1\}=1/2$，$P\{X=1\}=$

$P\{Y=1\}=1/2$,则下列各式中成立的是(　　).

(A) $P\{X=Y\}=1/2$　　(B) $P\{X=Y\}=1$

(C) $P\{X+Y=0\}=1/4$　　(D) $P\{XY=1\}=1/4$

3. 下列二元函数中,不能作为二维随机变量(X,Y)分布函数的是(　　).

(A) $F(x,y)=\begin{cases}(1-\mathrm{e}^{-x})(1-\mathrm{e}^{-y}), & 0<x<+\infty, 0<y<+\infty,\\ 0, & 其他\end{cases}$

(B) $F(x,y)=\dfrac{1}{\pi^2}\left(\dfrac{\pi}{2}+\arctan\dfrac{x}{2}\right)\left(\dfrac{\pi}{2}+\arctan\dfrac{y}{3}\right)$

(C) $F(x,y)=\begin{cases}1, & x+2y\geqslant 1,\\ 0, & x+2y<1\end{cases}$

(D) $F(x,y)=\begin{cases}1-2^{-x}-2^{-y}+2^{-x-y}, & x>0, y>0,\\ 0, & 其他\end{cases}$

4. 设X_1,X_2是任意两个相互独立的连续型随机变量,它们的概率密度分别为$f_1(x)$,$f_2(x)$,分布函数分别为$F_1(x),F_2(x)$,则下列结论正确的是(　　).

(A) $f_1(x)+f_2(x)$必为某随机变量的概率密度

(B) $f_1(x)f_2(x)$必为某随机变量的概率密度

(C) $F_1(x)+F_2(x)$必为某随机变量的分布函数

(D) $F_1(x)F_2(x)$必为某随机变量的分布函数

二、填空题(每小题2分,共12分):

1. 设随机变量X与Y相互独立,其分布函数分别为$F_X(x),F_Y(y)$,则$Z=\min\{X,Y\}-1$的分布函数$F_Z(z)=$__________.

2. 设随机变量X与Y相互独立,$X\sim B(2,p)$,$Y\sim B(3,p)$,且$P\{X\geqslant 1\}=5/9$,则概率$P\{X+Y=1\}=$__________.

3. 设X和Y为两个随机变量,且$P\{X\geqslant 0,Y\geqslant 0\}=\dfrac{2}{5}$,$P\{X\geqslant 0\}=P\{Y\geqslant 0\}=\dfrac{3}{5}$,则$P\{\max\{X,Y\}\geqslant 0\}=$__________.

4. 设二维随机变量(X,Y)的联合概率密度为$f(x,y)=\begin{cases}6x, & 0\leqslant x\leqslant y\leqslant 1,\\ 0, & 其他,\end{cases}$则概率$P\{X+Y\leqslant 1\}=$__________.

5. 设二维随机变量(X,Y)服从区域$G=\{(x,y)\mid 0\leqslant x\leqslant 1,\ 0\leqslant y\leqslant 2\}$上的均匀分布.令$Z=\max\{X,Y\}$,则$P\{Z>1/2\}=$__________.

6. 已知二维随机变量$(X,Y)\sim N(1,2,2,4,0)$.若随机变量$Z=2X+Y-3$,则Z的概率密度$f_Z(z)=$__________.

三、计算题(共80分):

1. (共10分)设一口袋中有4个球,依次标有数字1,2,3,2.从这个口袋中任取一球后,不放回袋中,再任取一球,以X,Y分别记第1次和第2次取得的球上标有的数字.试求:

(1) (6分)(X,Y)的联合分布律;

(2) (4分)在$X=3$条件下,Y的条件分布律.

2.(10分) 已知随机变量 X 与 Y 相互独立，下表列出了二维随机变量(X,Y)联合分布律的部分已知数值，试将其余数值填入表中：

X \ Y	y_1	y_2	y_3	$P\{X=x_i\}$
x_1	1/8	3/8	1/4	
x_2			1/12	
$P\{Y=y_j\}$				1

3.(共10分)甲、乙两厂生产同类型的产品，它们的寿命(单位：h)分别为 X 和 Y，且 X 与 Y 相互独立，概率密度分别为

$$f_X(x)=\frac{1}{40\sqrt{2\pi}}e^{-\frac{(x-460)^2}{3200}}\quad(-\infty<x<+\infty),$$

$$f_Y(y)=\begin{cases}\dfrac{360}{y^2}, & y>360,\\ 0, & \text{其他}.\end{cases}$$

假定产品寿命超过460 h才算合格，今从两厂的产品中各取一件，问：

(1) (5分)其中至少有一件产品不合格的概率为多少?

(2) (5分)其中最多有一件产品不合格的概率为多少?

4.(共30分) 设二维随机变量(X,Y)的联合概率密度为

$$f(x,y)=\begin{cases}2, & 0\leqslant x\leqslant 1, 0\leqslant y\leqslant x,\\ 0, & \text{其他}.\end{cases}$$

(1) (6分)求(X,Y)关于 X 和关于 Y 的边缘概率密度，并判断 X 与 Y 是否相互独立；

(2) (5分)求概率 $P\{X+Y\leqslant 1\}$，$P\left\{X\geqslant\frac{1}{2}\middle|Y\leqslant\frac{1}{2}\right\}$；

(3) (5分)求条件概率密度 $f_{Y|X}(y|x)$，$f_{X|Y}(x|y)$；

(4) (3分)求概率 $P\left\{X\geqslant\frac{1}{2}\middle|Y=\frac{1}{2}\right\}$；

(5) (5分)求 $Z_1=X+Y$ 的概率密度 $f_{Z_1}(z)$；

(6) (6分)求 $Z_2=X-2Y$ 的概率密度 $f_{Z_2}(z)$.

5.(共20分)某电子仪器由两个部件组成，以 X 和 Y 分别表示两个部件的寿命(单位：10^3 h)，已知 X 与 Y 的联合分布函数为

$$F(x,y)=\begin{cases}1-e^{-0.5x}-e^{-0.5y}+e^{-0.5(x+y)}, & x>0, y>0,\\ 0, & \text{其他}.\end{cases}$$

(1) (8分)求关于 X 与关于 Y 的边缘分布函数与边缘概率密度；

(2) (3分)X 和 Y 是否相互独立?

(3) (3分)求(X,Y)的联合概率密度；

(4) (3分)求两部件寿命都超过100 h的概率；

(5) (3分)求两部件寿命之和超过200 h的概率.

第四章　随机变量的数字特征

随机变量的概率分布对随机变量的概率性质已作了完整的阐述，但是在实际问题中，有时并不需要也不可能确切地了解一个随机变量概率分布的全貌，而只需或只可能了解它的某些特征.况且有时候随机变量的概率分布并不能很好地说明问题，而只需要某些更集中、更概括地反映随机变量的特征的量——随机变量的数字特征.

一、内 容 综 述

1. 数学期望的定义与公式

名　称	定义与定理
离散型随机变量的数学期望(或均值)	有限型：设随机变量 X 的分布律为 $P\{X=x_i\}=p_i(i=1,2,\cdots,n)$，则称 $\mathrm{E}(X)=\sum\limits_{i=1}^{n}x_ip_i$ 为 X 的数学期望(或均值)
	无限型：设随机变量 X 的分布律为 $P\{X=x_i\}=p_i(i=1,2,\cdots)$，如果级数 $\sum\limits_{i=1}^{\infty}x_ip_i$ 绝对收敛，则称 $\mathrm{E}(X)=\sum\limits_{i=1}^{\infty}x_ip_i$ 为 X 的数学期望(或均值)
离散型随机变量函数的数学期望	一维情形：设随机变量 X 的分布律为 $P\{X=x_i\}=p_i(i=1,2,\cdots)$，$Y=g(X)$，$g$ 为连续(或分段连续)函数，如果级数 $\sum\limits_{i=1}^{\infty}g(x_i)p_i$ 绝对收敛，则随机变量 Y 的数学期望存在，为 $$\mathrm{E}(g(X))=\sum_{i=1}^{\infty}g(x_i)p_i$$
	二维情形：设随机变量 (X,Y) 的联合分布律为 $P\{X=x_i,Y=y_j\}=p_{ij}(i,j=1,2,\cdots)$，$Z=g(X,Y)$，$g$ 为连续(或分段连续)函数，如果级数 $\sum\limits_{i=1}^{\infty}\sum\limits_{j=1}^{\infty}g(x_i,y_j)p_{ij}$ 绝对收敛，则随机变量 Z 的数学期望存在，为 $$\mathrm{E}(Z)=\sum_{i=1}^{\infty}\sum_{j=1}^{\infty}g(x_i,y_j)p_{ij}.$$ 特别地，　$\mathrm{E}(X)=\sum\limits_{i=1}^{\infty}x_i\sum\limits_{j=1}^{\infty}p_{ij}$，　$\mathrm{E}(Y)=\sum\limits_{j=1}^{\infty}y_j\sum\limits_{i=1}^{\infty}p_{ij}$

（续表）

名　称	定义与公式
连续型随机变量的数学期望(或均值)	设随机变量 X 的概率密度为 $f(x)$,如果积分 $\int_{-\infty}^{+\infty} xf(x)\mathrm{d}x$ 绝对收敛,则称 $\mathrm{E}(X)=\int_{-\infty}^{+\infty} xf(x)\mathrm{d}x$ 为 X 的数学期望(或均值)
连续型随机变量函数的数学期望	一维情形：设随机变量 X 的概率密度为 $f(x)$,$Y=g(X)$,g 为连续(或分段连续)函数,如果积分 $\int_{-\infty}^{+\infty} g(x)f(x)\mathrm{d}x$ 绝对收敛,则随机变量 Y 的数学期望存在,为 $$\mathrm{E}(Y)=\int_{-\infty}^{+\infty} g(x)f(x)\mathrm{d}x$$
	二维情形：设随机变量(X,Y)的联合概率密度为 $f(x,y)$,$Z=g(X,Y)$,g 为连续(或分段连续)函数,如果积分 $\int_{-\infty}^{+\infty}\int_{-\infty}^{+\infty} g(x,y)f(x,y)\mathrm{d}x\mathrm{d}y$ 绝对收敛,则随机变量 Z 的数学期望存在,为 $$\mathrm{E}(Z)=\int_{-\infty}^{+\infty}\int_{-\infty}^{+\infty} g(x,y)f(x,y)\mathrm{d}x\mathrm{d}y.$$ 特别地,$\mathrm{E}(X)=\int_{-\infty}^{+\infty} x\mathrm{d}x\int_{-\infty}^{+\infty} f(x,y)\mathrm{d}y$,　$\mathrm{E}(Y)=\int_{-\infty}^{+\infty} y\mathrm{d}y\int_{-\infty}^{+\infty} f(x,y)\mathrm{d}x$

2. 数学期望的性质

(1) $\mathrm{E}(C)=C$(其中 C 为常数).

(2) $\mathrm{E}(X+C)=\mathrm{E}(X)+C$(其中 C 为常数).

(3) $\mathrm{E}(CX)=C\mathrm{E}(X)$(其中 C 为常数).

(4) $\mathrm{E}(X+Y)=\mathrm{E}(X)+\mathrm{E}(Y)$.

一般地,

$$\begin{aligned}&\mathrm{E}(a_1X_1+a_2X_2+\cdots+a_nX_n+C)\\&\quad=a_1\mathrm{E}(X_1)+a_2\mathrm{E}(X_2)+\cdots+a_n\mathrm{E}(X_n)+C,\end{aligned}$$

其中 $a_1,a_2,\cdots,a_n,C$ 为常数.

(5) 设 X 与 Y 相互独立,则 $\mathrm{E}(XY)=\mathrm{E}(X)\mathrm{E}(Y)$.

一般地,若 $X_1,X_2,\cdots,X_n$ 相互独立,则 $\mathrm{E}(X_1X_2\cdots X_n)=\mathrm{E}(X_1)\mathrm{E}(X_2)\cdots\mathrm{E}(X_n)$.

注　假设以上出现的数学期望均存在.

3. 方差的定义与公式

名　称	定义与公式
方　差	如果数学期望 $\mathrm{E}[X-\mathrm{E}(X)]^2$ 存在,则称其为随机变量 X 的方差,即 $\mathrm{D}(X)=\mathrm{E}[X-\mathrm{E}(X)]^2$　或者　$\mathrm{D}(X)=\mathrm{E}(X^2)-[\mathrm{E}(X)]^2$
标准差	$\sigma=\sqrt{\mathrm{D}(X)}$

（续表）

名　称	定义与公式
离散型随机变量的方差	一维情形：设随机变量 X 的分布律为 $P\{X=x_i\}=p_i(i=1,2,\cdots)$，则 X 的方差为 $$D(X)=E[X-E(X)]^2=\sum_{i=1}^{\infty}[x_i-E(X)]^2p_i$$
	二维情形：设随机变量 (X,Y) 的联合分布律为 $P\{X=x_i,Y=y_j\}=p_{ij}(i,j=1,2,\cdots)$，则 X 与 Y 的方差分别为 $$D(X)=\sum_{i=1}^{\infty}[x_i-E(X)]^2p_{i\cdot}=\sum_{i=1}^{\infty}[x_i-E(X)]^2\sum_{j=1}^{\infty}p_{ij},$$ $$D(Y)=\sum_{j=1}^{\infty}[y_j-E(Y)]^2p_{\cdot j}=\sum_{j=1}^{\infty}[y_j-E(Y)]^2\sum_{i=1}^{\infty}p_{ij}$$
连续型随机变量的方差	一维情形：设随机变量 X 的概率密度为 $f(x)$，则 X 的方差为 $$D(X)=E[X-E(X)]^2=\int_{-\infty}^{+\infty}[x-E(X)]^2f(x)dx$$
	二维情形：设随机变量 (X,Y) 的联合概率密度为 $f(x,y)$，其关于 X 与关于 Y 的边缘概率密度分别为 $f_X(x),f_Y(y)$，则 X 与 Y 的方差分别为 $$D(X)=\int_{-\infty}^{+\infty}[x-E(X)]^2f_X(x)dx=\int_{-\infty}^{+\infty}[x-E(X)]^2dx\int_{-\infty}^{+\infty}f(x,y)dy,$$ $$D(Y)=\int_{-\infty}^{+\infty}[y-E(Y)]^2f_Y(y)dy=\int_{-\infty}^{+\infty}[y-E(Y)]^2dy\int_{-\infty}^{+\infty}f(x,y)dx$$

注 假设表中出现的方差均存在.

4. 方差的性质

(1) $D(C)=0$（其中 C 为常数）.

(2) $D(X+C)=D(X)$（其中 C 为常数）.

(3) $D(CX)=C^2D(X)$（其中 C 为常数）.

(4) $D(X+Y)=D(X)+D(Y)+2E\{[X-E(X)][Y-E(Y)]\}$.

(5) 设 X 与 Y 相互独立，则 $D(X\pm Y)=D(X)+D(Y)$.

一般地，若 $X_1,X_2,\cdots,X_n$ 相互独立，则

$$D(X_1+X_2+\cdots+X_n)=D(X_1)+D(X_2)+\cdots+D(X_n).$$

(6) 设 X 与 Y 相互独立，则

$$D(XY)=D(X)D(Y)+D(X)[E(Y)]^2+D(Y)[E(X)]^2.$$

(7) $D(X)=0\Longleftrightarrow P\{X=C\}=1$，其中 $C=E(X)$.

(8) 若 $C\neq E(X)$，则 $D(X)<E(X-C)^2$（其中 C 为常数）.

注 假设以上出现的方差均存在.

5. 常用分布的数学期望与方差

分布	参数	分布律或概率密度	数学期望	方差
0-1分布	$0<p<1$	$P\{X=k\}=p^k(1-p)^{1-k}\quad(k=0,1)$	p	$p(1-p)$
二项分布 $B(n,p)$	$n\geqslant 1$, $0<p<1$	$P\{X=k\}=C_n^k p^k(1-p)^{n-k}$ $(k=0,1,2,\cdots,n)$	np	$np(1-p)$
几何分布	$0<p<1$	$P\{X=k\}=p(1-p)^{k-1}\quad(k=1,2,\cdots)$	$1/p$	$(1-p)/p^2$
超几何分布	$M,n\leqslant N$, M,N,n 为正整数	$P\{X=k\}=\dfrac{C_M^k C_{N-M}^{n-k}}{C_N^n}$ $(k=0,1,2,\cdots,\min\{M,n\})$	$\dfrac{nM}{N}$	$\dfrac{nM}{N}\left(1-\dfrac{M}{N}\right)\dfrac{N-n}{N-1}$
泊松分布 $P(\lambda)$	$\lambda>0$	$P\{X=k\}=\dfrac{\lambda^k e^{-\lambda}}{k!}\quad(k=0,1,2,\cdots)$	λ	λ
巴斯卡分布	$0<p<1$, r 为正整数	$P\{X=k\}=C_{k-1}^{r-1}p^r(1-p)^{k-r}$ $(k=r,r+1,\cdots)$	$\dfrac{r}{p}$	$\dfrac{r(1-p)}{p^2}$
均匀分布 $U(a,b)$	$a<b$	$f(x)=\begin{cases}\dfrac{1}{b-a}, & a<x<b,\\ 0, & 其他\end{cases}$	$\dfrac{a+b}{2}$	$\dfrac{(b-a)^2}{12}$
正态分布 $N(\mu,\sigma^2)$	$\mu,\sigma>0$	$f(x)=\dfrac{1}{\sqrt{2\pi}\sigma}e^{-\frac{(x-\mu)^2}{2\sigma^2}}\quad(-\infty<x<+\infty)$	μ	σ^2
指数分布 $e(\theta)$	$\theta>0$	$f(x)=\begin{cases}\theta e^{-\theta x}, & x>0,\\ 0, & 其他\end{cases}$	$\dfrac{1}{\theta}$	$\dfrac{1}{\theta^2}$
柯西分布	$\mu,\lambda>0$	$f(x)=\dfrac{1}{\pi}\cdot\dfrac{\lambda}{\lambda^2+(x-\mu)^2}\quad(-\infty<x<+\infty)$	不存在	不存在

6. 协方差的定义与公式

名称	定义与公式
协方差	如果数学期望 $E\{[X-E(X)][Y-E(Y)]\}$ 存在,则称其为随机变量 X 与 Y 的协方差,记为 $\mathrm{cov}(X,Y)$,即 $\mathrm{cov}(X,Y)=E\{[X-E(X)][Y-E(Y)]\}$ 或者 $\mathrm{cov}(X,Y)=E(XY)-E(X)E(Y)$
离散型随机变量的协方差	设二维随机变量 (X,Y) 的联合分布律为 $P\{X=x_i,Y=y_j\}=p_{ij}\ (i,j=1,2,\cdots)$,则 X 与 Y 的协方差为 $\mathrm{cov}(X,Y)=\sum\limits_i\sum\limits_j[x_i-E(X)][y_j-E(Y)]p_{ij}$
连续型随机变量的协方差	设二维随机变量 (X,Y) 的联合概率密度为 $f(x,y)$,则 X 与 Y 的协方差为 $\mathrm{cov}(X,Y)=\int_{-\infty}^{+\infty}\int_{-\infty}^{+\infty}[x-E(X)][y-E(Y)]f(x,y)\mathrm{d}x\mathrm{d}y$

注 假设表中出现的协方差均存在.

7. 协方差的性质

(1) $\mathrm{cov}(X,Y)=\mathrm{cov}(Y,X)$.

(2) $\mathrm{cov}(aX+b,cY+d)=ac\,\mathrm{cov}(X,Y)$(其中 a,b,c,d 为常数).

(3) $\mathrm{cov}(X+Y,Z)=\mathrm{cov}(X,Z)+\mathrm{cov}(Y,Z)$.

(4) $\mathrm{D}(X\pm Y)=\mathrm{D}(X)+\mathrm{D}(Y)\pm 2\mathrm{cov}(X,Y)$.

(5) $\mathrm{D}(a_1X_1+a_2X_2+\cdots+a_nX_n)=\sum\limits_{i=1}^{n}a_i^2\mathrm{D}(X_i)+\sum\limits_{i=1}^{n}\sum\limits_{\substack{j=1\\ j\neq i}}^{n}a_ia_j\mathrm{cov}(X_i,X_j)$(其中 a_i $(i=1,2,\cdots,n)$为常数).

(6) $[\mathrm{cov}(X,Y)]^2\leqslant \mathrm{D}(X)\mathrm{D}(Y)$.

(7) 若 X 与 Y 相互独立,则 $\mathrm{cov}(X,Y)=0$.

注 假设以上出现的方差及协方差均存在.

8. 相关系数的定义、性质与不相关的概念

名　称	定　义	性质与注释
相关系数	随机变量 X 与 Y 的相关系数定义为 $\rho_{XY}=\dfrac{\mathrm{cov}(X,Y)}{\sqrt{\mathrm{D}(X)}\sqrt{\mathrm{D}(Y)}}$,其中 $\mathrm{D}(X)\neq 0,\mathrm{D}(Y)\neq 0$	(1) $\lvert\rho_{XY}\rvert\leqslant 1$. (2) $\rho_{XY}=-1\Longleftrightarrow$存在常数 $a(a<0),b$,使 $P\{Y=aX+b\}=1$.这时称 X 与 Y 完全负相关. (3) $\rho_{XY}=1\Longleftrightarrow$存在常数 $a(>0),b$,使 $P\{Y=aX+b\}=1$.这时称 X 与 Y 完全正相关. (4) 若 $\mathrm{D}(X)=0$,则 $P\{X=C\}=1$(C 为常数),从而 X 与任何随机变量相互独立,因而也不相关,所以定义相关系数为 0
不相关	若 $\rho_{XY}=0$,则称随机变量 X 与 Y 不相关	(1) 下面四个命题等价: (i) X 与 Y 不相关; (ii) $\mathrm{cov}(X,Y)=0$; (iii) $\mathrm{E}(XY)=\mathrm{E}(X)\mathrm{E}(Y)$; (iv) $\mathrm{D}(X\pm Y)=\mathrm{D}(X)+\mathrm{D}(Y)$. (2) X 与 Y 相互独立$\Longrightarrow X$ 与 Y 不相关;X 与 Y 不相关$\not\Longrightarrow X$ 与 Y 相互独立. (3) 若(X,Y)服从二维正态分布,则 X 与 Y 不相关$\Longleftrightarrow X$ 与 Y 相互独立. (4) 若 X 与 Y 都服从 0-1 分布,则 X 与 Y 不相关$\Longleftrightarrow X$ 与 Y 相互独立

注 假设表中出现的数学期望、方差及协方差均存在.

9. 矩与协方差矩阵的定义

名　称	定　义	注　释
k 阶原点矩	如果 $E(X^k)$ 存在 $(k=1,2,\cdots)$，则称其为随机变量 X 的 k 阶原点矩	$E(X)$ 为 X 的 1 阶原点矩
k 阶中心矩	如果 $E[X-E(X)]^k$ 存在 $(k=2,3,\cdots)$，则称其为随机变量 X 的 k 阶中心矩	$D(X)$ 为 X 的 2 阶中心矩
$k+m$ 阶混合原点矩	如果 $E[(X)^k(Y)^m]$ 存在 $(k,m=1,2,\cdots)$，则称其为随机变量 X 和 Y 的 $k+m$ 阶混合原点矩	
$k+m$ 阶混合中心矩	如果 $E\{[X-E(X)]^k[Y-E(Y)]^m\}$ 存在 $(k,m=1,2,\cdots)$，则称其为随机变量 X 和 Y 的 $k+m$ 阶混合中心矩	$\mathrm{cov}(X,Y)$ 为 X 和 Y 的 2 阶混合中心矩
协方差矩阵	二维随机变量 (X,Y) 的协方差矩阵定义为 $\begin{pmatrix} D(X) & \mathrm{cov}(X,Y) \\ \mathrm{cov}(Y,X) & D(Y) \end{pmatrix}$	协方差矩阵是对称矩阵

注　假设表中出现的数学期望、方差及协方差均存在.

10. n 维正态分布的性质

(1) 若 $(X_1,X_2,\cdots,X_n)$ 服从 n 维正态分布，则每一分量 $X_i(i=1,2,\cdots,n)$ 都服从正态分布.

(2) 若 $X_i(i=1,2,\cdots,n)$ 服从正态分布，且 $X_1,X_2,\cdots,X_n$ 相互独立，则 $(X_1,X_2,\cdots,X_n)$ 服从 n 维正态分布.

(3) n 维随机变量 $(X_1,X_2,\cdots,X_n)$ 服从 n 维正态分布 $\Longleftrightarrow$ $X_1,X_2,\cdots,X_n$ 的任意线性组合 $k_1X_1+k_2X_2+\cdots+k_nX_n$（其中 $k_1,k_2,\cdots,k_n$ 不全为 0）服从正态分布.

(4) 若 $(X_1,X_2,\cdots,X_n)$ 服从 n 维正态分布，设 $Y_1,Y_2,\cdots,Y_k$ 是 $X_j(j=1,2,\cdots,n)$ 的线性函数，则 $(Y_1,Y_2,\cdots,Y_k)$ 也服从多维正态分布.

(5) 设 $(X_1,X_2,\cdots,X_n)$ 服从 n 维正态分布，则

$$X_1,X_2,\cdots,X_n \text{ 相互独立} \Longleftrightarrow X_1,X_2,\cdots,X_n \text{ 两两不相关}.$$

11. 切比雪夫不等式

设随机变量 X 具有数学期望 $E(X)=\mu$，方差 $D(X)=\sigma^2$，则对任意正数 ε，有切比雪夫不等式成立：

$$P\{|X-\mu|\geqslant\varepsilon\}\leqslant\frac{\sigma^2}{\varepsilon^2} \quad \text{或者} \quad P\{|X-\mu|<\varepsilon\}\geqslant 1-\frac{\sigma^2}{\varepsilon^2}.$$

二、专题解析与例题精讲

1. 求离散型随机变量的数学期望与方差

【解题方法与技巧】

(1) 有限型：设随机变量 X 的分布律为 $P\{X=x_i\}=p_i(i=1,2,\cdots,n)$，则

$$\mathrm{E}(X)=\sum_{i=1}^{n}x_ip_i,\quad \mathrm{D}(X)=\sum_{i=1}^{n}[x_i-\mathrm{E}(X)]^2p_i.$$

(2) 无限型：设随机变量 X 的分布律为 $P\{X=x_i\}=p_i(i=1,2,\cdots)$，如果无穷级数 $\sum_{i=1}^{\infty}x_ip_i$ 绝对收敛，则 $\mathrm{E}(X)=\sum_{i=1}^{\infty}x_ip_i$；如果无穷级数 $\sum_{i=1}^{\infty}[x_i-\mathrm{E}(X)]^2p_i$ 绝对收敛，则

$$\mathrm{D}(X)=\sum_{i=1}^{\infty}[x_i-\mathrm{E}(X)]^2p_i.$$

(3) $\mathrm{D}(X)=\mathrm{E}(X^2)-[\mathrm{E}(X)]^2$.

例 4.1.1　设随机变量 X 的取值为 $x_k=(-1)^k2^k/k(k=1,2,\cdots)$，其对应的概率为

$$P\{X=x_k\}=1/2^k=p_k\quad(k=1,2,\cdots),$$

讨论 X 的数学期望是否存在.

分析　讨论级数 $\sum_{k=1}^{\infty}x_kp_k$ 的绝对收敛性，进而确定 $\mathrm{E}(X)$是否存在.

解　尽管 $\sum_{k=1}^{\infty}x_kp_k=\sum_{k=1}^{\infty}(-1)^k\frac{1}{k}=-\ln 2$，但由于 $\sum_{k=1}^{\infty}|x_k|p_k=\sum_{k=1}^{\infty}\frac{1}{k}=\infty$，所以级数 $\sum_{k=1}^{\infty}x_kp_k$ 非绝对收敛，因此 $\mathrm{E}(X)$不存在，进而可知 $\mathrm{D}(X)$也不存在.

评注　仅 $\sum_{k=1}^{\infty}x_kp_k$ 收敛是不能说明数学期望存在的，必须 $\sum_{k=1}^{\infty}x_kp_k$ 绝对收敛数学期望才存在.

例 4.1.2　设随机变量 X 的分布律为

X	-2	-1	0	1	2	3
P	$\frac{1}{8}$	$\frac{1}{8}$	$\frac{1}{4}$	$\frac{1}{4}$	$\frac{1}{8}$	$\frac{1}{8}$

求 $\mathrm{E}(X)$，$\mathrm{D}(X)$.

分析　利用解题方法与技巧(1)及(3)求解.

解　$\mathrm{E}(X)=(-2)\times P\{X=-2\}+(-1)\times P\{X=-1\}+0\times P\{X=0\}$

$$+1\times P\{X=1\}+2\times P\{X=2\}+3\times P\{X=3\}$$

$$=(-2)\times\frac{1}{8}+(-1)\times\frac{1}{8}+0\times\frac{1}{4}+1\times\frac{1}{4}+2\times\frac{1}{8}+3\times\frac{1}{8}=\frac{1}{2},$$

$$\begin{aligned}E(X^2)=&(-2)^2\times P\{X=-2\}+(-1)^2\times P\{X=-1\}+0^2\times P\{X=0\}\\&+1^2\times P\{X=1\}+2^2\times\{X=2\}+3^2\times P\{X=3\}\\=&(-2)^2\times\frac{1}{8}+(-1)^2\times\frac{1}{8}+0^2\times\frac{1}{4}+1^2\times\frac{1}{4}+2^2\times\frac{1}{8}+3^2\times\frac{1}{8}=\frac{5}{2},\end{aligned}$$

$$D(X)=E(X^2)-[E(X)]^2=5/2-1/4=9/4.$$

评注 也可利用解题方法与技巧(1)求方差,但不如利用公式 $D(X)=E(X^2)-[E(X)]^2$ 计算简便.

例 4.1.3 设随机变量 X 服从参数为 p 的几何分布,其分布律为

$$p_k=P\{X=k\}=pq^{k-1}\quad(k=1,2,\cdots;\ 0<p<1;\ q=1-p),$$

求 $E(X)$,$D(X)$.

分析 利用收敛级数的性质以及解题方法与技巧(2)及(3)求解.

解
$$\begin{aligned}E(X)=&\sum_{k=1}^{\infty}kp_k=\sum_{k=1}^{\infty}kpq^{k-1}=p(1+2q+3q^2+\cdots+nq^{n-1}+\cdots)\\=&p(1+q+q^2+\cdots+q^n+\cdots)'=p\left(\frac{1}{1-q}\right)'=p\ \frac{1}{(1-q)^2}=\frac{1}{p}.\end{aligned}$$

又
$$\begin{aligned}E(X^2)=&\sum_{k=1}^{\infty}k^2p_k=p+2^2pq+3^2pq^2+\cdots+n^2pq^{n-1}+\cdots\\=&p(1+2^2q+3^2q^2+\cdots+n^2q^{n-1}+\cdots)=p(q+2q^2+3q^3+\cdots+nq^n+\cdots)'\\=&p[q(1+2q+3q^2+\cdots+nq^{n-1}+\cdots)]'=p[q(q+q^2+q^3+\cdots+q^n+\cdots)']'\\=&p\left[q\left(\frac{q}{1-q}\right)'\right]'=p\left[q\ \frac{1}{(1-q)^2}\right]'=p\ \frac{1+q}{(1-q)^3}=\frac{2-p}{p^2},\end{aligned}$$

所以

$$D(X)=E(X^2)-[E(X)]^2=\frac{1-p}{p^2}.$$

评注 本例出现的无穷级数 $\sum_{k=1}^{\infty}kp_k$ 为正项级数,所以它的收敛决定了 $E(X)$存在.由本例得到结论:若 X 服从参数为 p 的几何分布,则

$$E(X)=\frac{1}{p},\quad D(X)=\frac{1-p}{p^2}.$$

例 4.1.4 假设一部机器在一天内发生故障的概率为 0.2,机器发生故障时全天停止工作.若一周 5 个工作日内无故障,可获利润 10 万元;发生 1 次故障仍可获利润 5 万元;发生 2 次故障所获利润 0 元;发生 3 次或 3 次以上故障就要亏损 2 万元.求一周内利润的期望值.

分析 由一部机器在一周内发生故障次数的概率分布确定一周内利润的概率分布,进而求利润的期望值.

解 设 X 为一周 5 天内发生故障的次数,则 $X\sim B(5,0.2)$.设一周内的利润为 Y,则 Y 的可能值为 10,5,0,−2,且有

$$P\{Y=10\}=P\{X=0\}=0.8^5=0.328,$$
$$P\{Y=5\}=P\{X=1\}=C_5^1\times 0.2\times 0.8^4=0.410,$$
$$P\{Y=0\}=P\{X=2\}=C_5^2\times 0.2^2\times 0.8^3=0.205,$$
$$P\{Y=-2\}=P\{X\geqslant 3\}=0.057,$$

故 Y 的分布律为

Y	-2	0	5	10
P	0.057	0.205	0.410	0.328

于是所求利润的期望值为

$$E(Y)=(-2\text{ 万元})\times 0.057+5\text{ 万元}\times 0.410+10\text{ 万元}\times 0.328=5.21\text{ 万元}.$$

评注　求解本例的关键是由随机变量 X 的概率分布确定随机变量 Y 的概率分布.

2. 求连续型随机变量的数学期望与方差

【解题方法与技巧】

(1) 设随机变量 X 的概率密度为 $f(x)$,如果广义积分 $\int_{-\infty}^{+\infty}xf(x)\mathrm{d}x$ 绝对收敛,则

$$E(X)=\int_{-\infty}^{+\infty}xf(x)\mathrm{d}x.$$

(2) $D(X)=E(X^2)-[E(X)]^2$.

例 4.2.1　设随机变量 X 服从柯西分布,其概率密度为

$$f(x)=\frac{1}{\pi}\cdot\frac{1}{1+x^2}\quad(-\infty<x<+\infty),$$

试讨论 X 的数学期望是否存在.

分析　讨论广义积分 $\int_{-\infty}^{+\infty}xf(x)\mathrm{d}x$ 的绝对收敛性,进而确定 $E(X)$ 是否存在.

解　因为

$$\int_{-\infty}^{0}|x|f(x)\mathrm{d}x=\int_{-\infty}^{0}(-x)\cdot\frac{1}{\pi}\cdot\frac{1}{1+x^2}\mathrm{d}x=-\lim_{a\to-\infty}\frac{1}{2\pi}\ln(1+x^2)\Big|_a^0$$
$$=\lim_{a\to-\infty}\frac{1}{2\pi}\ln(1+a^2)=+\infty$$

或者

$$\int_{0}^{+\infty}|x|f(x)\mathrm{d}x=\int_{0}^{+\infty}x\cdot\frac{1}{\pi}\cdot\frac{1}{1+x^2}\mathrm{d}x=\lim_{b\to+\infty}\frac{1}{2\pi}\ln(1+x^2)\Big|_0^b$$
$$=\lim_{b\to+\infty}\frac{1}{2\pi}\ln(1+b^2)=+\infty,$$

所以广义积分 $\int_{-\infty}^{+\infty}xf(x)\mathrm{d}x$ 不绝对收敛,故 $E(X)$不存在,当然 $D(X)$也不存在.

评注　本例结论说明服从柯西分布的随机变量的数学期望与方差均不存在.

例 4.2.2 设随机变量 X 服从参数为 σ 的瑞利分布，其概率密度为

$$f(x)=\begin{cases}\dfrac{x}{\sigma^2}\mathrm{e}^{-\frac{x^2}{2\sigma^2}}, & x>0,\\ 0, & x\leqslant 0,\end{cases}$$

求 $\mathrm{E}(X),\mathrm{D}(X)$.

分析 利用解题方法与技巧(1)及(2)求解.

解 $\mathrm{E}(X)=\int_{-\infty}^{+\infty}xf(x)\mathrm{d}x=\int_0^{+\infty}x\dfrac{x}{\sigma^2}\mathrm{e}^{-\frac{x^2}{2\sigma^2}}\mathrm{d}x=-\int_0^{+\infty}x\mathrm{d}\mathrm{e}^{-\frac{x^2}{2\sigma^2}}$

$$=-\left(x\mathrm{e}^{-\frac{x^2}{2\sigma^2}}\Big|_0^{+\infty}-\int_0^{+\infty}\mathrm{e}^{-\frac{x^2}{2\sigma^2}}\mathrm{d}x\right)$$

$$=-0+\sqrt{\frac{\pi}{2}}\sigma=\sqrt{\frac{\pi}{2}}\sigma\quad\left(因\int_0^{+\infty}\mathrm{e}^{-\frac{x^2}{2}}\mathrm{d}x=\sqrt{\frac{\pi}{2}}\right),$$

$$\mathrm{E}(X^2)=\int_{-\infty}^{+\infty}x^2f(x)\mathrm{d}x=\int_0^{+\infty}x^2\frac{x}{\sigma^2}\mathrm{e}^{-\frac{x^2}{2\sigma^2}}\mathrm{d}x=-\int_0^{+\infty}x^2\mathrm{d}\mathrm{e}^{-\frac{x^2}{2\sigma^2}}$$

$$=-\left(x^2\mathrm{e}^{-\frac{x^2}{2\sigma^2}}\Big|_0^{+\infty}-\int_0^{+\infty}\mathrm{e}^{-\frac{x^2}{2\sigma^2}}\mathrm{d}x^2\right)$$

$$=-0+2\sigma^2=2\sigma^2\quad\left(因\int_0^{+\infty}\mathrm{e}^{-x}\mathrm{d}x=1\right),$$

$$\mathrm{D}(X)=\mathrm{E}(X^2)-[\mathrm{E}(X)]^2=2\sigma^2-\left(\sqrt{\frac{\pi}{2}}\sigma\right)^2=\frac{4-\pi}{2}\sigma^2.$$

评注 由本例得到结论：若随机变量 X 服从参数为 σ 的瑞利分布，则 $\mathrm{E}(X)=\sqrt{\dfrac{\pi}{2}}\sigma$，$\mathrm{D}(X)=\dfrac{4-\pi}{2}\sigma^2$.注意其中利用的相关结论：$\int_{-\infty}^{+\infty}\mathrm{e}^{-\frac{x^2}{2}}\mathrm{d}x=\sqrt{2\pi}$，$\int_0^{+\infty}\mathrm{e}^{-x}\mathrm{d}x=1$.

例 4.2.3 设随机变量 X 服从拉普拉斯分布，其概率密度为 $f(x)=\dfrac{1}{2}\mathrm{e}^{-|x|}(-\infty<x<+\infty)$，求 $\mathrm{E}(X),\mathrm{D}(X)$.

分析 利用解题方法与技巧(1)及(2)求解.

解 $\mathrm{E}(X)=\int_{-\infty}^{+\infty}xf(x)\mathrm{d}x=\int_{-\infty}^{+\infty}x\dfrac{1}{2}\mathrm{e}^{-|x|}\mathrm{d}x=0$ （被积函数为奇函数），

$$\mathrm{E}(X^2)=\int_{-\infty}^{+\infty}x^2f(x)\mathrm{d}x=\int_{-\infty}^{+\infty}x^2\frac{1}{2}\mathrm{e}^{-|x|}\mathrm{d}x=\int_0^{+\infty}x^2\mathrm{e}^{-x}\mathrm{d}x=-\int_0^{+\infty}x^2\mathrm{d}\mathrm{e}^{-x}$$

$$=-\left(x^2\mathrm{e}^{-x}\Big|_0^{+\infty}-2\int_0^{+\infty}x\mathrm{e}^{-x}\mathrm{d}x\right)=0-2\int_0^{+\infty}x\mathrm{d}\mathrm{e}^{-x}$$

$$=-2\left(x\mathrm{e}^{-x}\Big|_0^{+\infty}-\int_0^{+\infty}\mathrm{e}^{-x}\mathrm{d}x\right)=2,$$

$$\mathrm{D}(X)=\mathrm{E}(X^2)-[\mathrm{E}(X)]^2=2.$$

评注 由本例得到结论：若随机变量 X 服从拉普拉斯分布，则 $\mathrm{E}(X)=0,\mathrm{D}(X)=2$.

例 4.2.4　设随机变量 X 的概率密度为

$$f(x)=\begin{cases}1-|1-x|, & 0<x<2,\\ 0, & 其他,\end{cases}$$

求 $E(X),D(X)$.

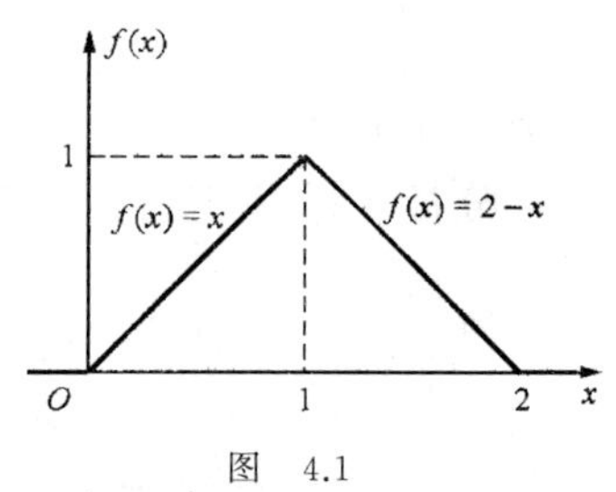

图　4.1

分析　先将 $f(x)$的表达式中绝对值号去掉，再利用解题方法与技巧(1)及(2)求解.

解　由题设 $f(x)=\begin{cases}x, & 0<x<1,\\ 2-x, & 1\leqslant x<2,\\ 0, & 其他,\end{cases}$ 如图 4.1 所示，

于是

$$E(X)=\int_{-\infty}^{+\infty}xf(x)\mathrm{d}x=\int_0^1 x^2\mathrm{d}x+\int_1^2 x(2-x)\mathrm{d}x=\frac{1}{3}+\frac{2}{3}=1,$$

$$E(X^2)=\int_{-\infty}^{+\infty}x^2f(x)\mathrm{d}x=\int_0^1 x^3\mathrm{d}x+\int_1^2 x^2(2-x)\mathrm{d}x=\frac{1}{4}+\frac{11}{12}=\frac{7}{6},$$

所以
$$D(X)=E(X^2)-[E(X)]^2=7/6-1=1/6.$$

评注　去掉绝对值符号，明确概率密度的具体表达式是求解本例的关键.

3. 求一维离散型随机变量函数的数学期望与方差

【解题方法与技巧】

(1) 设随机变量 X 的分布律为 $P\{X=x_i\}=p_i\ (i=1,2,\cdots)$，$Y=g(X)$，$g$ 为连续(或分段连续)函数.若 $\sum\limits_i g(x_i)p_i$ 绝对收敛，则 $E(Y)=\sum\limits_i g(x_i)p_i$.

(2) $D(Y)=E(Y^2)-[E(Y)]^2$.

(3) 利用数学期望与方差的性质，求数学期望与方差.

例 4.3.1　一汽车沿一街道行驶，需要通过 3 个均设有红、绿信号灯的路口，每个信号灯为红或绿与其他信号灯为红或绿相互独立，且红、绿两种信号灯显示的时间相等.以 X 表示该汽车首次遇到红灯前已通过路口的个数，求：

(1) X 的概率分布；　　(2) $E\left(\dfrac{1}{1+X}\right)$.

分析　(1) 由题设确定 X 的所有可能取值及取各个可能值的概率，其中$\{X=1\}=\{$第 1 个路口遇到绿灯，第 2 个路口遇到红灯$\}$，其他同理；(2) 由解题方法与技巧(1)即可求 $E\left(\dfrac{1}{1+X}\right)$.

解　(1) X 的可能值为 0,1,2,3，以 A_i 表示事件{汽车在第 i 个路口遇到红灯}，则 A_1，A_2，A_3 相互独立，且

$$P(A_i)=P(\overline{A_i})=1/2\quad(i=1,2,3).$$

由此得

$$P\{X=0\}=P(A_1)=1/2,$$
$$P\{X=1\}=P(\overline{A_1}A_2)=P(\overline{A_1})P(A_2)=1/4,$$
$$P\{X=2\}=P(\overline{A_1}\,\overline{A_2}A_3)=P(\overline{A_1})P(\overline{A_2})P(A_3)=1/8,$$
$$P\{X=3\}=P(\overline{A_1}\,\overline{A_2}\,\overline{A_3})=P(\overline{A_1})P(\overline{A_2})P(\overline{A_3})=1/8,$$

故 X 的概率分布为

X	0	1	2	3
P	1/2	1/4	1/8	1/8

(2) $\mathrm{E}\left(\dfrac{1}{1+X}\right)=\displaystyle\sum_{i=0}^{3}\frac{1}{1+i}P\{X=i\}=\frac{67}{96}.$

评注　求解本例问题(2)时,无需确定随机变量$\dfrac{1}{1+X}$的概率分布,而由 X 的概率分布即可确定 $\mathrm{E}\left(\dfrac{1}{1+X}\right)$.

例 4.3.2　设有 100 名战士参加实弹演习,每名战士一次射击的命中率为 0.8.规定每名战士至多射击 4 次,若已射中则不再射击.问该次演习至少应准备多少发子弹?

分析　引入随机变量 $X_i=\{$第 i 名战士需用的子弹数$\}$,则 $X=X_1+\cdots+X_{100}$ 为总共所需子弹数,它是一随机变量,所以该次演习至少应准备的子弹数为 $\mathrm{E}(X)$.

解　以 X_i 表示第 i 名战士需用的子弹数,则 $X_i(i=1,2,\cdots,100)$的可能取值为 1,2,3,4,且 100 名战士实弹演习总共需用的子弹数为 $X=X_1+X_2+\cdots+X_{100}$,而演习至少应准备的子弹数为 $\mathrm{E}(X)=\mathrm{E}(X_1)+\mathrm{E}(X_2)+\cdots+\mathrm{E}(X_{100})$.又对一切 i 有

$$P\{X_i=1\}=0.8,\qquad P\{X_i=2\}=0.2\times0.8=0.16,$$
$$P\{X_i=3\}=0.2^2\times0.8=0.032,\quad P\{X_i=4\}=0.2^3\times0.8+0.2^4=0.008,$$

于是第 i 名战士所需子弹数 $X_i(i=1,2,\cdots,100)$的概率分布为

X_i	1	2	3	4
P	0.8	0.16	0.032	0.008

故

$$\mathrm{E}(X_i)=1\times0.8+2\times0.16+3\times0.032+4\times0.008$$
$$=1.248\quad(i=1,2,\cdots,100),$$

从而
$$\mathrm{E}(X)=\mathrm{E}(X_1)+\mathrm{E}(X_2)+\cdots+\mathrm{E}(X_{100})=124.8,$$

即该次演习至少应准备 125 发子弹.

评注　因所需的子弹数是一随机变量,故可依据其数学期望来确定至少应准备的子弹数.将随机变量和式分解:$X=X_1+X_2+\cdots+X_{100}$,是求均值时常用的一个方法.

例 4.3.3　设随机变量 X 的概率密度为

$$f(x)=\begin{cases}\dfrac{1}{2}\cos\dfrac{x}{2}, & 0\leqslant x\leqslant \pi,\\ 0, & 其他.\end{cases}$$

对 X 独立地重复地观察 4 次，以 Y 表示观察值大于 $\pi/3$ 的次数，求 $E(Y^2)$ 及 $D(2Y-3)$.

分析 先由 X 的概率分布确定 Y 的概率分布，再利用解题方法与技巧(1)～(3)求解.

解 由题设，$Y\sim B(4,p)$，其中 $p=P\left\{X>\dfrac{\pi}{3}\right\}=\int_{\pi/3}^{\pi}\dfrac{1}{2}\cos\dfrac{x}{2}\mathrm{d}x=\dfrac{1}{2}$，故 Y 的分布律为

Y	0	1	2	3	4
P	1/16	4/16	6/16	4/16	1/16

从而

$$E(Y)=0\times\frac{1}{16}+1\times\frac{4}{16}+2\times\frac{6}{16}+3\times\frac{4}{16}+4\times\frac{1}{16}=2,$$

$$E(Y^2)=0^2\times\frac{1}{16}+1^2\times\frac{4}{16}+2^2\times\frac{6}{16}+3^2\times\frac{4}{16}+4^2\times\frac{1}{16}=5.$$

于是 $$D(Y)=E(Y^2)-[E(Y)]^2=5-2^2=1.$$

再由方差的性质，有 $D(2Y-3)=4D(Y)=4$.

评注 求解本例的关键是由连续型随机变量 X 的概率分布确定离散型随机变量 Y 的概率分布.

例 4.3.4 设随机变量 X 的分布律为

X	-1	0	1
P	1/3	1/3	1/3

求 $E(X^n)$，$D(X^n)$ $(n=1,2,3,\cdots)$.

分析 先确定 X，X^2 及 X^3 的概率分布，进而确定 X^n 的概率分布及 $E(X^n)$，$D(X^n)$.

解 由题设得

$$E(X)=0,\quad D(X)=E(X^2)-[E(X)]^2=E(X^2)=2/3,$$

$$E(X^4)=2/3,\quad D(X^2)=E(X^4)-[E(X^2)]^2=2/3-(2/3)^2=2/9;$$

X^2，X^3 与 X^4 的分布律分别为

X^2	0	1
P	1/3	2/3

X^3	-1	0	1
P	1/3	1/3	1/3

X^2	0	1
P	1/3	2/3

当 $n=3$ 时，X^3 与 X 同一分布，所以 $E(X^3)=0$，$D(X^3)=2/3$；

当 $n=4$ 时，X^4 与 X^2 同一分布，所以 $E(X^4)=2/3$，$D(X^4)=2/9$.

归纳可得：

当 $n=2k-1(k=1,2,\cdots)$ 时，

$$E(X^n)=E(X^{2k-1})=E(X)=0,\quad D(X^n)=D(X^{2k-1})=D(X)=2/3;$$

当 $n=2k\ (k=1,2,\cdots)$ 时，

$$E(X^n)=E(X^{2k})=E(X^2)=2/3,\quad D(X^n)=D(X^{2k})=D(X^2)=2/9.$$

评注 求解本例的关键是得到 X^{2k-1} 与 X 同一分布，X^{2k} 与 X^2 同一分布.

4. 求一维连续型随机变量函数的数学期望与方差

【解题方法与技巧】

(1) 设随机变量 X 的概率密度为 $f(x)$，$Y=g(X)$，g 为连续(或分段连续)函数.若 $\int_{-\infty}^{+\infty}g(x)f(x)\mathrm{d}x$ 绝对收敛，则 $E(Y)=\int_{-\infty}^{+\infty}g(x)f(x)\mathrm{d}x$.

(2) $D(Y)=E(Y^2)-[E(Y)]^2$.

(3) 利用数学期望与方差的性质求数学期望与方差.

例 4.4.1 设随机变量 X 服从拉普拉斯分布，其概率密度为 $f(x)=\frac{1}{2}e^{-|x|}(-\infty<x<+\infty)$，求：

(1) $Y=|X|$ 的数学期望与方差； (2) $E(\min\{|X|,1\})$.

分析 (1) 依据解题方法与技巧(1)及(2)求解.

(2) 先确定函数 $\min\{|x|,1\}$ 的分段表达式，再利用解题方法与技巧(1)求解.

解 (1) $E(Y)=E(|X|)=\int_{-\infty}^{+\infty}|x|f(x)\mathrm{d}x=\int_{-\infty}^{+\infty}|x|\frac{1}{2}e^{-|x|}\mathrm{d}x=\int_0^{+\infty}xe^{-x}\mathrm{d}x=1$,

$E(Y^2)=E(|X|^2)=E(X^2)=2$ (由例 4.2.3 知),

$D(Y)=E(Y^2)-[E(Y)]^2=2-1^2=1.$

(2) 因为 $\min\{|x|,1\}=\begin{cases}|x|, & |x|<1,\\ 1, & |x|\geqslant 1,\end{cases}$ 所以

$$\begin{aligned}E(\min\{|X|,1\})&=\int_{-\infty}^{+\infty}\min\{|x|,1\}f(x)\mathrm{d}x=\int_{|x|<1}|x|f(x)\mathrm{d}x+\int_{|x|\geqslant 1}f(x)\mathrm{d}x\\&=\int_{-1}^{1}|x|\frac{1}{2}e^{-|x|}\mathrm{d}x+\int_{-\infty}^{-1}\frac{1}{2}e^{-|x|}\mathrm{d}x+\int_1^{+\infty}\frac{1}{2}e^{-|x|}\mathrm{d}x\\&=\int_0^1xe^{-x}\mathrm{d}x+\frac{1}{2}\int_{-\infty}^{-1}e^x\mathrm{d}x+\frac{1}{2}\int_1^{+\infty}e^{-x}\mathrm{d}x=1-e^{-1}.\end{aligned}$$

评注 求解本例(2)的关键是由被积函数的分段表达式按段积分.

例 4.4.2 设随机变量 X 服从参数为 1 的指数分布，且 $Y=X+e^{-2X}$，求 $E(Y)$,$D(Y)$.

分析 Y 为 X 的函数，可利用均值的性质求 $E(Y)=E(X)+E(e^{-2X})$，再求 $E(Y^2)=E(X^2)+2E(Xe^{-2X})+E(e^{-4X})$，进而确定 $D(Y)$.

解 由题设，X 的概率密度为 $f(x)=\begin{cases}e^{-x}, & x>0,\\ 0, & x\leqslant 0,\end{cases}$ 显然 $E(X)=D(X)=1$，从而

$$E(Y)=E(X+e^{-2X})=E(X)+E(e^{-2X})=1+\int_{-\infty}^{+\infty}e^{-2x}f(x)dx$$
$$=1+\int_{0}^{+\infty}e^{-2x}e^{-x}dx=1+\frac{1}{3}=\frac{4}{3}.$$

因为 $E(Y^2)=E(X+e^{-2X})^2=E(X^2+2Xe^{-2X}+e^{-4X})=E(X^2)+2E(Xe^{-2X})+E(e^{-4X})$，其中

$$E(X^2)=D(X)+(E(X))^2=2,$$
$$E(Xe^{-2X})=\int_{-\infty}^{+\infty}xe^{-2x}f(x)dx=\int_{0}^{+\infty}xe^{-2x}\cdot e^{-x}dx=\int_{0}^{+\infty}xe^{-3x}dx=\frac{1}{9},$$
$$E(e^{-4X})=\int_{-\infty}^{+\infty}e^{-4x}f(x)dx=\int_{0}^{+\infty}e^{-4x}\cdot e^{-x}dx=\int_{0}^{+\infty}e^{-5x}dx=\frac{1}{5},$$

所以

$$E(Y^2)=2+2\times(1/9)+1/5=109/45,$$
$$D(Y)=E(Y^2)-[E(Y)]^2=109/45-(4/3)^2=29/45.$$

评注　要熟悉利用均值的性质及常用分布均值与方差的结论求解问题，以简化计算.

例 4.4.3　设随机变量 $X\sim N(\mu,\sigma^2)$，$Y=e^X$，则称随机变量 Y 服从**对数正态分布**.求 $E(Y)$，$D(Y)$.

分析　先求 $E(Y)$，再求 $E(Y^2)$，积分时注意变量代换，进而确定 $D(Y)$.

解　$E(Y)=E(e^X)=\int_{-\infty}^{+\infty}e^xf(x)dx=\frac{1}{\sqrt{2\pi}\sigma}\int_{-\infty}^{+\infty}e^x\cdot e^{-\frac{(x-\mu)^2}{2\sigma^2}}dx=\frac{1}{\sqrt{2\pi}\sigma}\int_{-\infty}^{+\infty}e^x\cdot e^{-\frac{(x-\mu)^2}{2\sigma^2}}dx$

$$\xlongequal{\left(令\frac{x-\mu}{\sigma}=t\right)}\frac{1}{\sqrt{2\pi}}\int_{-\infty}^{+\infty}e^{\sigma t+\mu}\cdot e^{-\frac{t^2}{2}}dt=\frac{1}{\sqrt{2\pi}}e^{\mu+\frac{\sigma^2}{2}}\int_{-\infty}^{+\infty}e^{-\frac{(t-\sigma)^2}{2}}dt=e^{\mu+\frac{\sigma^2}{2}},$$

$$E(Y^2)=E(e^{2X})=\int_{-\infty}^{+\infty}e^{2x}f(x)dx=\frac{1}{\sqrt{2\pi}\sigma}\int_{-\infty}^{+\infty}e^{2x}\cdot e^{-\frac{(x-\mu)^2}{2\sigma^2}}dx$$

$$\xlongequal{\left(令\frac{x-\mu}{\sigma}=t\right)}\frac{1}{\sqrt{2\pi}}\int_{-\infty}^{+\infty}e^{2(\sigma t+\mu)}\cdot e^{-\frac{t^2}{2}}dt=\frac{1}{\sqrt{2\pi}}e^{2\mu+2\sigma^2}\int_{-\infty}^{+\infty}e^{-\frac{(t-2\sigma)^2}{2}}dt=e^{2(\mu+\sigma^2)},$$

$$D(Y)=E(Y^2)-[E(Y)]^2=e^{2\mu+\sigma^2}(e^{\sigma^2}-1).$$

评注　计算连续型随机变量的数字特征时，常遇到复杂积分，此时注意变量代换.同时注意本题结论.

例 4.4.4　设随机变量 $X\sim N(0,\sigma^2)$，求 $E(X^n)$.

分析　依据解题方法与技巧(1)求解.

解　由题设，X 的概率密度为

$$f(x)=\frac{1}{\sqrt{2\pi}\sigma}e^{-\frac{x^2}{2\sigma^2}}\quad(-\infty<x<+\infty).$$

当 n 为奇数时，有 $E(X^n)=\int_{-\infty}^{+\infty}x^n f(x)\mathrm{d}x=\frac{1}{\sqrt{2\pi}\sigma}\int_{-\infty}^{+\infty}x^n \mathrm{e}^{-\frac{x^2}{2\sigma^2}}\mathrm{d}x=0$；

当 n 为偶数时，有

$$
\begin{aligned}
E(X^n)&=\int_{-\infty}^{+\infty}x^n f(x)\mathrm{d}x=\frac{2}{\sqrt{2\pi}\sigma}\int_0^{+\infty}x^n \mathrm{e}^{-\frac{x^2}{2\sigma^2}}\mathrm{d}x=-\frac{2\sigma}{\sqrt{2\pi}}\int_0^{+\infty}x^{n-1}\mathrm{d}\mathrm{e}^{-\frac{x^2}{2\sigma^2}}\\
&=-\frac{2\sigma}{\sqrt{2\pi}}\left[x^{n-1}\mathrm{e}^{-\frac{x^2}{2\sigma^2}}\Big|_0^{+\infty}-(n-1)\int_0^{+\infty}x^{n-2}\mathrm{e}^{-\frac{x^2}{2\sigma^2}}\mathrm{d}x\right]\\
&=-\frac{2\sigma}{\sqrt{2\pi}}\left[0+(n-1)\sigma^2\int_0^{+\infty}x^{n-3}\mathrm{d}\mathrm{e}^{-\frac{x^2}{2\sigma^2}}\right]\\
&=-\frac{2(n-1)\sigma^3}{\sqrt{2\pi}}\left[x^{n-3}\mathrm{e}^{-\frac{x^2}{2\sigma^2}}\Big|_0^{+\infty}-(n-3)\int_0^{+\infty}x^{n-4}\mathrm{e}^{-\frac{x^2}{2\sigma^2}}\mathrm{d}x\right]\\
&=-\frac{2(n-1)\sigma^3}{\sqrt{2\pi}}\left[0+(n-3)\sigma^2\int_0^{+\infty}x^{n-5}\mathrm{d}\mathrm{e}^{-\frac{x^2}{2\sigma^2}}\right]\\
&=\cdots\cdots\cdots\cdots\\
&=-\frac{2(n-1)(n-3)\cdots 5\sigma^{n-3}}{\sqrt{2\pi}}\left[0+3\sigma^2\int_0^{+\infty}x\,\mathrm{d}\mathrm{e}^{-\frac{x^2}{2\sigma^2}}\right]\\
&=-\frac{2(n-1)(n-3)\cdots 3\sigma^{n-1}}{\sqrt{2\pi}}\left(-\sigma\frac{\sqrt{2\pi}}{2}\right)=(n-1)!!\,\sigma^n.
\end{aligned}
$$

所以

$$
E(X^n)=\begin{cases}(n-1)!!\,\sigma^n, & n\text{ 为偶数},\\ 0, & n\text{ 为奇数}.\end{cases}
$$

评注 由本例可得结论：若 $X\sim N(0,\sigma^2)$，则 X 的 n 阶原点矩为

$$
E(X^n)=\begin{cases}(n-1)!!\,\sigma^n, & n\text{ 为偶数},\\ 0, & n\text{ 为奇数}.\end{cases}
$$

5. 求二维离散型随机变量函数的数学期望与方差

【解题方法与技巧】

(1) 设二维随机变量 (X,Y) 的联合分布律为 $P\{X=x_i,Y=y_j\}=p_{ij}\ (i,j=1,2,\cdots)$，$Z=g(X,Y)$，$g$ 为连续(或分段连续)函数.如果级数 $\sum_j\sum_i g(x_i,y_j)p_{ij}$ 绝对收敛，则

$$
E(Z)=\sum_j\sum_i g(x_i,y_j)p_{ij}.
$$

(2) $D(Z)=E(Z^2)-[E(Z)]^2$.

(3) 利用数学期望与方差的性质求数学期望与方差.

例 4.5.1 设随机变量 Y 服从参数为 1 的指数分布，随机变量

$$X_k=\begin{cases}0, & Y\leqslant k,\\ 1, & Y>k\end{cases}\quad (k=1,2).$$

(1) 求(X_1,X_2)的联合概率分布；　(2) 求 $E(X_1+X_2)$.

分析　(1) 由题设确定(X_1,X_2)的联合概率分布，比如

$$P\{X_1=1,X_2=0\}=P\{Y>1,Y\leqslant 2\}=P\{1\leqslant Y\leqslant 2\}=F_Y(2)-F_Y(1);$$

(2) 利用解题方法与技巧(1)求均值.

解　(1) 由题意，Y 的分布函数为

$$F_Y(y)=\begin{cases}1-e^{-y}, & y>0,\\ 0, & y\leqslant 0,\end{cases}$$

X_1和 X_2的取值规律分别为

$$X_1=\begin{cases}0, & Y\leqslant 1,\\ 1, & Y>1,\end{cases}\quad X_2=\begin{cases}0, & Y\leqslant 2,\\ 1, & Y>2,\end{cases}$$

于是二维随机变量(X_1,X_2)的所有可能取值及相应的概率为

$$P\{X_1=0,X_2=0\}=P\{Y\leqslant 1,Y\leqslant 2\}=P\{Y\leqslant 1\}=F_Y(1)=1-e^{-1},$$

$$P\{X_1=0,X_2=1\}=P\{Y\leqslant 1,Y>2\}=P(\varnothing)=0,$$

$$\begin{aligned}P\{X_1=1,X_2=0\}&=P\{Y>1,Y\leqslant 2\}=P\{1<Y\leqslant 2\}\\&=F_Y(2)-F_Y(1)=e^{-1}-e^{-2},\end{aligned}$$

$$P\{X_1=1,X_2=1\}=P\{Y>1,Y>2\}=P\{Y>2\}=1-F_Y(2)=e^{-2}.$$

故(X_1,X_2)的联合概率分布为

X_1 \ X_2	0	1
0	$1-e^{-1}$	0
1	$e^{-1}-e^{-2}$	e^{-2}

(2)
$$\begin{aligned}E(X_1+X_2)&=\sum_i\sum_j(x_{1i}+x_{2j})p_{ij}\\&=0\times(1-e^{-1})+1\times(e^{-1}-e^{-2})+1\times 0+2\times e^{-2}=e^{-1}+e^{-2}.\end{aligned}$$

评注　(1) 问题(2)也可应用公式 $E(X_1+X_2)=E(X_1)+E(X_2)$求解.

(2) 计算 $E(X_1+X_2)$不必确定 X_1+X_2 的概率分布，而直接利用公式求解.

例 4.5.2　设随机变量 U 在$(-2,2)$上服从均匀分布，随机变量

$$X=\begin{cases}-1, & U\leqslant -1,\\ 1, & U>-1,\end{cases}\quad Y=\begin{cases}-1, & U\leqslant 1,\\ 1, & U>1,\end{cases}$$

试求：(1) (X,Y)的联合分布律；　(2) $D(X+Y)$.

分析　(1) 由题设确定(X,Y)的联合分布，比如

$$P\{X=-1,Y=1\}=P\{U\leqslant -1,U>1\}=P(\varnothing)=0;$$

(2) 先求 $E(X+Y)$,$E[(X+Y)^2]$,再求 $D(X+Y)$.

解 (1) 由题设得 U 的分布函数为

$$F_U(u)=\begin{cases}0, & u<-2,\\ (u+2)/4, & -2\leqslant u<2,\\ 1, & u\geqslant 2.\end{cases}$$

二维随机变量(X,Y)的所有可能取值为$(-1,-1)$,$(-1,1)$,$(1,-1)$,$(1,1)$,且

$$\begin{aligned}P\{X=-1,Y=-1\}&=P\{U\leqslant -1,U\leqslant 1\}\\&=P\{U\leqslant -1\}=F_U(-1)=1/4,\\P\{X=-1,Y=1\}&=P\{U\leqslant -1,U>1\}=P\{\varnothing\}=0,\\P\{X=1,Y=-1\}&=P\{U>-1,U\leqslant 1\}=P\{-1<U\leqslant 1\}\\&=F_U(1)-F_U(-1)=1/2,\\P\{X=1,Y=1\}&=P\{U>-1,U>1\}=P\{U>1\}\\&=1-F_U(1)=1/4,\end{aligned}$$

故(X,Y)的联合概率分布为

X \ Y	-1	1
-1	1/4	0
1	1/2	1/4

(2) $E(X+Y)=\sum\limits_i\sum\limits_j(x_i+y_j)p_{ij}=0$, $E((X+Y)^2)=\sum\limits_i\sum\limits_j(x_i+y_j)^2p_{ij}=2$,

$D(X+Y)=E[(X+Y)^2]-[E(X+Y)]^2=2.$

评注 在计算 $E(X+Y)$ 及 $E[(X+Y)^2]$时,可不必确定 $X+Y$ 及$(X+Y)^2$的概率分布,而直接利用公式求解.

例 4.5.3 设二维随机变量(X,Y)的联合分布律为

X \ Y	-1	1
-1	1/5	1/10
0	1/10	3/20
1	1/4	1/5

求:(1) $D(XY)$; (2) $D(\min\{X,Y\})$.

分析 (1) 先由 X 与 Y 的联合分布确定 XY 的概率分布,再求 $E(XY)$,$E(X^2Y^2)$,进而求 $D(XY)$;(2) 先确定 $\min\{X,Y\}$的概率分布,再求 $E(\min\{X,Y\})$,$E[(\min\{X,Y\})^2]$,进而可得到 $D(\min\{X,Y\})$.

解 (1) 由题设(X,Y)的联合分布律得 XY 的分布律为

XY	-1	0	1
P	7/20	1/4	2/5

所以

$$E(XY)=(-1)\times\frac{7}{20}+0\times\frac{1}{4}+1\times\frac{2}{5}=\frac{1}{20},$$

$$E(X^2Y^2)=(-1)^2\times\frac{7}{20}+0^2\times\frac{1}{4}+1^2\times\frac{2}{5}=\frac{15}{20}=\frac{3}{4},$$

$$D(XY)=E(X^2Y^2)-[E(XY)]^2=\frac{299}{400}.$$

(2) 由题设(X,Y)的联合分布律得$\min\{X,Y\}$的分布律为

$\min\{X,Y\}$	-1	0	1
P	13/20	3/20	1/5

于是

$$E(\min\{X,Y\})=-1\times\frac{13}{20}+0\times\frac{3}{20}+1\times\frac{1}{5}=-\frac{9}{20},$$

$$E[(\min\{X,Y\})^2]=(-1)^2\times\frac{13}{20}+0^2\times\frac{3}{20}+1^2\times\frac{1}{5}=\frac{17}{20},$$

$$D(\min\{X,Y\})=E[(\min\{X,Y\})^2]-[E(\min\{X,Y\})]^2=\frac{259}{400}.$$

评注　本例的均值也可由解题方法与技巧(1)求解.

6. 求二维连续型随机变量函数的数学期望与方差

【解题方法与技巧】

(1) 设二维随机变量(X,Y)的联合概率密度为$f(x,y)$，$Z=g(X,Y)$，g为连续(或分段连续)函数.如果积分$\int_{-\infty}^{+\infty}\int_{-\infty}^{+\infty}g(x,y)f(x,y)\mathrm{d}x\mathrm{d}y$绝对收敛，则

$$E(Z)=\int_{-\infty}^{+\infty}\int_{-\infty}^{+\infty}g(x,y)f(x,y)\mathrm{d}x\mathrm{d}y.$$

特别地，若Z是离散型随机变量，可先确定Z的概率分布，再求均值.

(2) $D(Z)=E(Z^2)-[E(Z)]^2$.

(3) 利用数学期望与方差的性质求数学期望与方差.

例 4.6.1　设二维随机变量(X,Y)的联合概率密度为

$$f(x,y)=\begin{cases}8xy, & 0\leqslant x\leqslant 1,0\leqslant y\leqslant x,\\ 0, & \text{其他},\end{cases}$$

试求$E(X)$，$D(X)$，$E(Y)$，$D(Y)$及$E[(X+Y)^2]$.

分析 已知(X,Y)的联合概率分布，可利用解题方法与技巧(1)及(2)确定相关的均值与方差，其中注意

$$E(X)=\int_{-\infty}^{+\infty}\int_{-\infty}^{+\infty}xf(x,y)\mathrm{d}x\mathrm{d}y,$$

$$E(X^2)=\int_{-\infty}^{+\infty}\int_{-\infty}^{+\infty}x^2f(x,y)\mathrm{d}x\mathrm{d}y,$$

而对于$E[(X+Y)^2]$，应先展开，再求解.

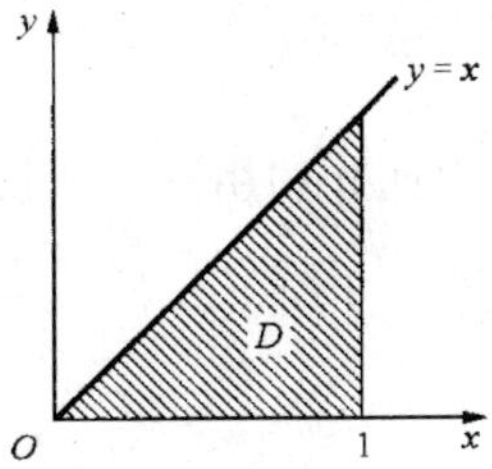

图 4.2

解 $f(x,y)$只在图4.2的阴影区域D内取非0值，于是

$$E(X)=\int_{-\infty}^{+\infty}\int_{-\infty}^{+\infty}xf(x,y)\mathrm{d}x\mathrm{d}y=\iint_D x\cdot 8xy\mathrm{d}x\mathrm{d}y=\int_0^1 x\mathrm{d}x\int_0^x 8xy\mathrm{d}y=\frac{4}{5},$$

$$E(X^2)=\int_{-\infty}^{+\infty}\int_{-\infty}^{+\infty}x^2\cdot 8xy\mathrm{d}x\mathrm{d}y=\iint_D x^2f(x,y)\mathrm{d}x\mathrm{d}y=\int_0^1 x^2\mathrm{d}x\int_0^x 8xy\mathrm{d}y=\frac{2}{3},$$

$$D(X)=E(X^2)-[E(X)]^2=\frac{2}{3}-\left(\frac{4}{5}\right)^2=\frac{2}{75},$$

$$E(Y)=\int_{-\infty}^{+\infty}\int_{-\infty}^{+\infty}yf(x,y)\mathrm{d}x\mathrm{d}y=\iint_D y\cdot 8xy\mathrm{d}x\mathrm{d}y=\int_0^1 y\mathrm{d}y\int_y^1 8xy\mathrm{d}x=\frac{8}{15},$$

$$E(Y^2)=\int_{-\infty}^{+\infty}\int_{-\infty}^{+\infty}y^2f(x,y)\mathrm{d}x\mathrm{d}y=\iint_D y^2\cdot 8xy\mathrm{d}x\mathrm{d}y=\int_0^1 y^2\mathrm{d}y\int_y^1 8xy\mathrm{d}x=\frac{1}{3},$$

$$D(Y)=E(Y^2)-[E(Y)]^2=\frac{1}{3}-\left(\frac{8}{15}\right)^2=\frac{11}{225},$$

$$E(XY)=\int_{-\infty}^{+\infty}\int_{-\infty}^{+\infty}xyf(x,y)\mathrm{d}x\mathrm{d}y=\iint_D xy\cdot 8xy\mathrm{d}x\mathrm{d}y=8\int_0^1 x^2\mathrm{d}x\int_0^x y^2\mathrm{d}y=\frac{4}{9},$$

$$E[(X+Y)^2]=E(X^2+2XY+Y^2)=E(X^2)+2E(XY)+E(Y^2)$$
$$=\frac{2}{3}+2\times\frac{4}{9}+\frac{1}{3}=\frac{17}{9}.$$

评注 这是一道基本题，注意常规解法.其中$E(X)$，$E(Y)$，$E(X^2)$，$E(Y^2)$也可利用边缘概率密度求解.

例 4.6.2 设随机变量X,Y都服从区间$(0,1)$上的均匀分布，且相互独立，求$E(|X-Y|)$，$D(|X-Y|)$.

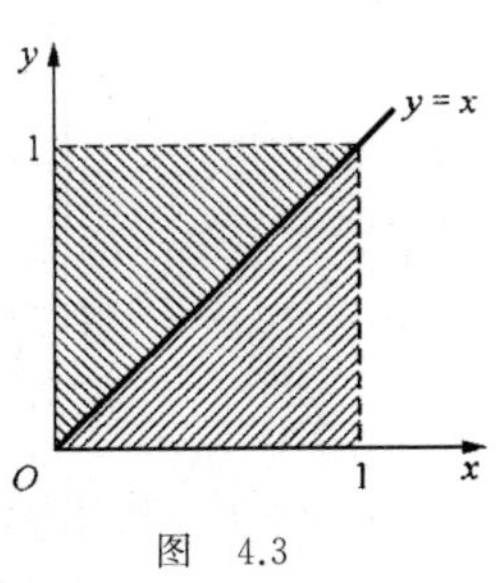

图 4.3

分析 先确定(X,Y)的联合分布，再利用解题方法与技巧(1)确定$E(|X-Y|)$，$E(|X-Y|^2)$，进而确定$D(|X-Y|)$. 在求均值时，因为被积函数有绝对值号，请注意分区域积分.

解 由题设知，X与Y的概率密度分别为

$$f_X(x)=\begin{cases}1, & 0<x<1,\\ 0, & \text{其他},\end{cases}\qquad f_Y(y)=\begin{cases}1, & 0<y<1,\\ 0, & \text{其他},\end{cases}$$

又X与Y相互独立，得X与Y的联合概率密度为

$$f(x,y)=\begin{cases}1, & 0<x<1,0<y<1,\\ 0, & \text{其他}.\end{cases}$$

由此并利用图 4.3 得

$$\begin{aligned}E(|X-Y|)&=\int_{-\infty}^{+\infty}\int_{-\infty}^{+\infty}|x-y|f(x,y)\mathrm{d}x\mathrm{d}y=\int_0^1\int_0^1|x-y|\mathrm{d}x\mathrm{d}y\\&=\int_0^1\mathrm{d}x\int_0^x(x-y)\mathrm{d}y+\int_0^1\mathrm{d}y\int_0^y(y-x)\mathrm{d}x=2\int_0^1\mathrm{d}x\int_0^x(x-y)\mathrm{d}y\\&=2\int_0^1\left(x^2-\frac{x^2}{2}\right)\mathrm{d}x=\frac{1}{3},\end{aligned}$$

$$\begin{aligned}E(|X-Y|^2)&=\int_{-\infty}^{+\infty}\int_{-\infty}^{+\infty}|x-y|^2f(x,y)\mathrm{d}x\mathrm{d}y\\&=\int_0^1\int_0^1|x-y|^2\mathrm{d}x\mathrm{d}y=\int_0^1\int_0^1(x-y)^2\mathrm{d}x\mathrm{d}y=\frac{1}{6},\end{aligned}$$

$$D(|X-Y|)=E(|X-Y|^2)-[E(|X-Y|)]^2=1/18.$$

评注　求解本例的关键是通过分割区域计算积分.

例 4.6.3　设二维随机变量(X,Y)在以点$(0,1)$，$(1,0)$，$(1,1)$为顶点的三角形区域 G(如图 4.4)内服从均匀分布，试求随机变量 $X+Y$ 的方差.

分析　可考虑两种解法：由公式 $D(X+Y)=E[(X+Y)^2]-[E(X+Y)]^2$，利用解题方法与技巧(1)求解；或者由$(X,Y)$的联合概率分布确定 $Z=X+Y$ 的概率分布，进而求 $E(Z)$，$E(Z^2)$，再求 $D(Z)$.

解　据题意，(X,Y)的联合概率密度为

$$f(x,y)=\begin{cases}2, & (x,y)\in G,\\ 0, & \text{其他}.\end{cases}$$

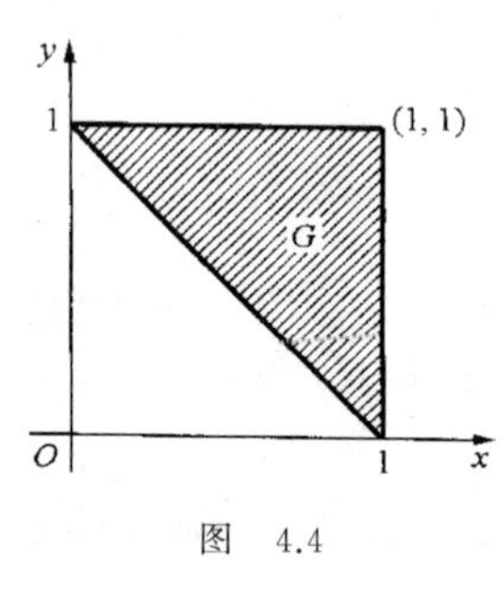

图　4.4

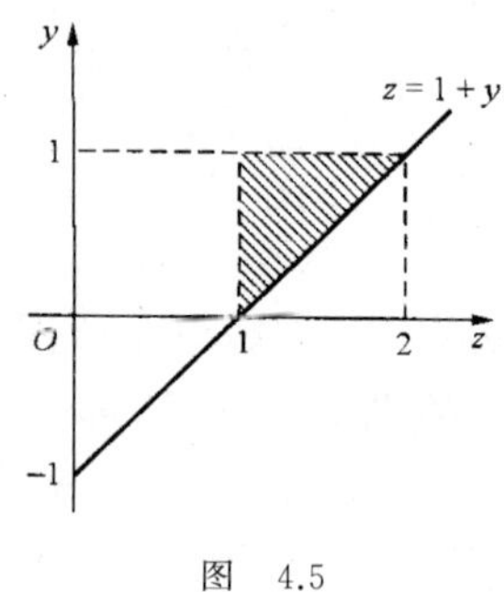

图　4.5

方法 1　利用图 4.4 得

$$E(X+Y)=\int_{-\infty}^{+\infty}\int_{-\infty}^{+\infty}(x+y)f(x,y)\mathrm{d}x\mathrm{d}y=\int_0^1\mathrm{d}y\int_{1-y}^1 2(x+y)\mathrm{d}x=\frac{4}{3},$$

$$E[(X+Y)^2]=\int_{-\infty}^{+\infty}\int_{-\infty}^{+\infty}(x+y)^2f(x,y)\mathrm{d}x\mathrm{d}y=\int_0^1\mathrm{d}y\int_{1-y}^1 2(x+y)^2\mathrm{d}x=\frac{33}{18},$$

$$D(X+Y)=E[(X+Y)^2]-[E(X+Y)]^2=1/18.$$

方法 2　设 $Z=X+Y$,则 Z 的概率密度 $f_Z(z)=\int_{-\infty}^{+\infty} f(z-y,y)\mathrm{d}y$,其中被积函数不为 0 的区域为

$$\begin{cases} 0<y<1, \\ 1-y<z-y<1 \end{cases} \Rightarrow \begin{cases} 0<y<1, \\ 1<z<1+y \end{cases} \quad \text{(见图 4.5 的阴影部分)}.$$

于是

$$f_Z(z)=\begin{cases} \int_{z-1}^{1} 2\mathrm{d}y, & 1<z<2, \\ 0, & \text{其他} \end{cases} = \begin{cases} 2(2-z), & 1<z<2, \\ 0, & \text{其他}, \end{cases}$$

$$\mathrm{E}(Z)=\int_{-\infty}^{+\infty} z f_Z(z)\mathrm{d}z=\int_1^2 2z(2-z)\mathrm{d}z=\frac{4}{3},$$

$$\mathrm{E}(Z^2)=\int_{-\infty}^{+\infty} z^2 f_Z(z)\mathrm{d}z=\int_1^2 2z^2(2-z)\mathrm{d}z=\frac{11}{6},$$

$$\mathrm{D}(Z)=\mathrm{E}(Z^2)-[\mathrm{E}(Z)]^2=1/18.$$

评注　两个方法比较而言,方法 1 更简便.

7. 数学期望在实际问题中的应用

【解题方法与技巧】

(1) 设要求随机变量 Y 的数学期望 $\mathrm{E}(Y)$,已知随机变量 X 的概率密度 $f(x)$,此时应先依据题设建立函数关系 $Y=g(X)$,再根据 $\mathrm{E}(Y)=\int_{-\infty}^{+\infty} g(x)f(x)\mathrm{d}x$ 求解(假设 $\mathrm{E}(Y)$ 存在,g 为连续(或分段连续)函数).

(2) 设要求随机变量 Z 的数学期望,已知二维随机变量 (X,Y) 的联合概率密度 $f(x,y)$,此时应先依据题设建立函数关系 $Z=g(X,Y)$,再根据

$$\mathrm{E}(Z)=\int_{-\infty}^{+\infty}\int_{-\infty}^{+\infty} g(x,y)f(x,y)\mathrm{d}x\mathrm{d}y$$

求解(假设 $\mathrm{E}(Z)$ 存在,g 为连续(或分段连续)函数).

例 4.7.1　游客乘电梯从底层到电视塔顶层观光,电梯于每个整点的第 5 分钟,25 分钟和 55 分钟从底层起行.假设一游客在早上 8 点的第 X 分钟到达底层的候梯处,且 X 在区间 $(0,60)$ 上服从均匀分布,求等候时间的数学期望.

分析　先确定游客等候时间与 X 的函数关系,再利用 X 的分布求解.

解　由题意 X 的概率密度为

$$f_X(x)=\begin{cases} 1/60, & 0<x<60, \\ 0, & \text{其他}. \end{cases}$$

设游客等候时间为 Y(单位:分钟),则

$$Y=g(X)=\begin{cases}5-X, & 0<X\leqslant 5,\\ 25-X, & 5<X\leqslant 25,\\ 55-X, & 25<X\leqslant 55,\\ 60-X+5, & 55<X<60.\end{cases}$$

于是

$$\begin{aligned}\mathrm{E}(Y)&=\mathrm{E}[g(X)]=\int_{-\infty}^{+\infty}g(x)f(x)\mathrm{d}x\\&=\frac{1}{60}\left[\int_0^5(5-x)\mathrm{d}x+\int_5^{25}(25-x)\mathrm{d}x+\int_{25}^{55}(55-x)\mathrm{d}x+\int_{55}^{60}(65-x)\mathrm{d}x\right]\\&=11.67.\end{aligned}$$

评注　求解本例的关键是由已知条件建立函数关系 $Y=g(X)$.因为 $y=g(x)$ 为分段连续函数,计算 $\mathrm{E}[g(X)]$时应分段积分.

例 4.7.2　设某种商品每周的需求量 X 是服从[10,30]上均匀分布的随机变量,而经销商店进货数量为[10,30]中某一整数.商店每销售一单位商品可获利 500 元;若供大于求,则可削价处理,每处理一单位商品亏损 100 元;若供不应求,则可从外部调剂,此时每一单位商品仅获利 300 元.

(1) 为使商品所获利润不少于 9280 元,试确定最少进货量;

(2) 商店所获利润的期望值最大为多少? 此时的进货量应是多少?

分析　(1) 商品的利润 M 是需求量 X 的函数,故也是一随机变量,可取其均值 $\mathrm{E}(M)$ 与 9280 进行比较,又 $\mathrm{E}(M)$是进货量 a 的函数,于是问题就转化为要使 $\mathrm{E}(M)\geqslant 9280$,$a$ 最少为多少.

(2) 相当于求 a 为多少时,$\mathrm{E}(M)$最大,可利用微积分方法求解.

解　因为需求量 X 服从[10,30]上的均匀分布,所以 X 的概率密度为

$$f(x)=\begin{cases}1/20, & 10\leqslant x\leqslant 30,\\ 0, & \text{其他}.\end{cases}$$

设进货量为 a,则利润为

$$\begin{aligned}M=g(X)&=\begin{cases}500X-100(a-X), & 10\leqslant X\leqslant a,\\ 500a+300(X-a), & a<X\leqslant 30\end{cases}\\&=\begin{cases}600X-100a, & 10\leqslant X\leqslant a,\\ 300X+200a, & a<X\leqslant 30,\end{cases}\end{aligned}$$

利润的期望为

$$\begin{aligned}\mathrm{E}(M)&=\int_{-\infty}^{+\infty}g(x)f(x)\mathrm{d}x\\&=\frac{1}{20}\left[\int_{10}^{a}(600x-100a)\mathrm{d}x+\int_a^{30}(300x+200a)\mathrm{d}x\right]\\&=-7.5a^2+350a+5250.\end{aligned}$$

(1) 依题意需$-7.5a^2+350a+5250\geqslant 9280$,解得$62/3\leqslant a\leqslant 26$,因此最少进货量为21单位.

(2) $\mathrm{E}(M)=-7.5(a-350/15)^2+160/3$,从而当$a=350/15$时,$\mathrm{E}(M)$最大.因为$a$为整数,而当$a=23$时,$\mathrm{E}(M)=-7.5\times 23^2+350\times 23+5250=9332.5$;当$a=24$时,$\mathrm{E}(M)=-7.5\times 24^2+350\times 24+5250=9330$,所以最大期望值为9332.5元,此时的进货量为23单位.

评注 求解本例的关键是建立利润与需求量之间的函数关系,同时注意利用$\mathrm{E}(M)\geqslant 9280$来确定最少进货量,而最优进货量是考查$a$为何值时,$\mathrm{E}(M)$最大.

例 4.7.3 某种价值200元的打印机的寿命T是一个均值为2年的指数随机变量.制造商保证,如果在第一年内失效,将全额退款,而在第二年内失效,将退一半购款.假定制造商卖出了100台打印机,他平均需付多少退款?

分析 依打印机的寿命分布确定出每台打印机需付退款(变量)的概率分布及均值,再利用均值的性质求100台打印机需付退款的均值.

解 打印机寿命T的概率密度为$f(t)=\begin{cases}\mathrm{e}^{-\frac{t}{2}}/2, & t\geqslant 0,\\ 0, & t<0,\end{cases}$于是

$$P\{T\leqslant 1\}=\int_{-\infty}^{1}f(t)\mathrm{d}t=\int_{0}^{1}\frac{1}{2}\mathrm{e}^{-\frac{t}{2}}\mathrm{d}t=1-\mathrm{e}^{-\frac{1}{2}}=0.393,$$

$$P\{1\leqslant T\leqslant 2\}=\int_{1}^{2}f(t)\mathrm{d}t=\int_{1}^{2}\frac{1}{2}\mathrm{e}^{-\frac{t}{2}}\mathrm{d}t=\mathrm{e}^{-\frac{1}{2}}-\mathrm{e}^{-1}=0.239.$$

假定制造商卖出的100台打印机需付退款分别为$Y_1,Y_2,\cdots,Y_{100}$,则它们的概率分布为

Y_i	0	100	200
P	0.368	0.239	0.393

$(i=1,2,\cdots,100)$

所以$\mathrm{E}(Y_i)=102.5(i=1,2,\cdots,100)$,于是卖出的100台打印机平均需付退款为

$$\mathrm{E}(Y_1+Y_2+\cdots+Y_{100})=\mathrm{E}(Y_1)+\mathrm{E}(Y_2)+\cdots+\mathrm{E}(Y_{100})=100\times 102.5=10250.$$

评注 100台打印机需付的退款是一随机变量,而该随机变量是每台打印机需付退款的总和,所以首先关注每台打印机需付退款的概率分布,它可依打印机的寿命分布来确定.

例 4.7.4 一商店经销某种商品,每周进货的数量X与顾客对该种商品的需求量Y是相互独立的随机变量,且都服从区间(10,20)上的均匀分布.商店每售出一单位商品可得利润为1000元;若需求量超过了进货量,商店可从其他商店调剂供应,这时每单位商品获利润为500元.试计算此商店经销该种商品每周所得利润的期望值.

分析 确立利润与X,Y之间的函数关系,再利用解题方法与技巧(2)求解.

解 设L表示商店每周所得的利润,则

$$L=\begin{cases}1000Y, & Y\leqslant X,\\ 1000X+500(Y-X), & Y>X\end{cases}=\begin{cases}1000Y, & Y\leqslant X,\\ 500(X+Y), & Y>X.\end{cases}$$

由题设，X 与 Y 是相互独立的，因此 X 与 Y 的联合概率密度为

$$f(x,y)=\begin{cases}1/100, & 10<x<20, 10<y<20,\\ 0, & \text{其他}.\end{cases}$$

于是

$$\begin{aligned}E(L)&=\int_{-\infty}^{+\infty}\int_{-\infty}^{+\infty}L(x,y)f(x,y)\mathrm{d}x\mathrm{d}y\\&=\iint\limits_{y\leqslant x}1000y\times\frac{1}{100}\mathrm{d}x\mathrm{d}y+\iint\limits_{y>x}500(x+y)\times\frac{1}{100}\mathrm{d}x\mathrm{d}y\\&=10\int_{10}^{20}y\mathrm{d}y\int_{y}^{20}\mathrm{d}x+5\int_{10}^{20}\mathrm{d}y\int_{10}^{y}(x+y)\mathrm{d}x\\&=10\int_{10}^{20}y(20-y)\mathrm{d}y+5\int_{10}^{20}\left(\frac{3}{2}y^2-10y-50\right)\mathrm{d}y\\&\approx 14166.67,\end{aligned}$$

即商店每周所得利润的期望值约为 14166.67 元.

评注　求解本例的关键是确立利润 L 与 X,Y 之间的函数关系式.

8. 求有限个独立同分布随机变量最大值和最小值的数学期望与方差

【解题方法与技巧】

设随机变量 $X_1,X_2,\cdots,X_n$ 相互独立，且服从同一分布，其分布函数为 $F(x)$，概率密度为 $f(x)$. 令 $Y=\min\{X_1,X_2,\cdots,X_n\}$，$Z=\max\{X_1,X_2,\cdots,X_n\}$，则

$$F_Y(y)=1-[1-F(y)]^n,\quad f_Y(y)=n[1-F(y)]^{n-1}f(y),$$

$$F_Z(z)=[F(z)]^n,\quad f_Z(z)=n[F(z)]^{n-1}f(z),$$

$$E(Y)=\int_{-\infty}^{+\infty}yf_Y(y)\mathrm{d}y,\quad E(Y^2)=\int_{-\infty}^{+\infty}y^2f_Y(y)\mathrm{d}y,\quad D(Y)=E(Y^2)-[E(Y)]^2,$$

$$E(Z)=\int_{-\infty}^{+\infty}zf_Z(z)\mathrm{d}z,\quad E(Z^2)=\int_{-\infty}^{+\infty}z^2f_Z(z)\mathrm{d}z,\quad D(Z)=E(Z^2)-[E(Z)]^2.$$

例 4.8.1　在线段 $(0,1)$ 上任取 n 个点，试求其中最远两点间距离的数学期望.

分析　将 n 个点的坐标理解为 n 个在 $(0,1)$ 上服从均匀分布的随机变量，其最远两点间的距离为 $\max\{X_1,X_2,\cdots,X_n\}-\min\{X_1,X_2,\cdots,X_n\}$.

解　设 $X_i(i=1,2,\cdots,n)$ 为在线段 $(0,1)$ 上任取的第 i 个点的坐标，则 $X_1,X_2,\cdots,X_n$ 相互独立，且同服从 $(0,1)$ 上的均匀分布，其分布函数为

$$F(x)=\begin{cases}0, & x<0,\\ x, & 0\leqslant x<1,\\ 1, & x\geqslant 1.\end{cases}$$

令 $Y=\min\{X_1,\cdots,X_n\}$，$Z=\max\{X_1,\cdots,X_n\}$，则最远两点间距离为 $X=Z-Y$，于是

$$E(X)=E(Z)-E(Y).$$

因为

$$F_Z(z)=[F(z)]^n=\begin{cases}0, & z<0,\\ z^n, & 0\leqslant z<1,\\ 1, & z\geqslant 1,\end{cases}$$

$$F_Y(y)=1-[1-F(y)]^n=\begin{cases}0, & y<0,\\ 1-(1-y)^n, & 0\leqslant y<1,\\ 1, & y\geqslant 1,\end{cases}$$

所以 Z 与 Y 的概率密度分别为

$$f_Z(z)=\begin{cases}nz^{n-1}, & 0<z<1,\\ 0, & 其他,\end{cases}\quad f_Y(y)=\begin{cases}n(1-y)^{n-1}, & 0<y<1,\\ 0, & 其他,\end{cases}$$

从而 $\mathrm{E}(Z)=\int_0^1 z\cdot nz^{n-1}\mathrm{d}z=\dfrac{n}{n+1},\quad \mathrm{E}(Y)=\int_0^1 y\cdot n(1-y)^{n-1}\mathrm{d}y=\dfrac{1}{n+1},$

故 $$\mathrm{E}(X)=\mathrm{E}(Z)-\mathrm{E}(Y)=\frac{n}{n+1}-\frac{1}{n+1}=\frac{n-1}{n+1}.$$

评注 (1) 求解本例的关键是明确最远两点间的距离为 $Z-Y$,然后再利用 $f_Y(y)$与$f_Z(z)$分别确定 $\mathrm{E}(Z)$,$\mathrm{E}(Y)$.(2) 本例还可按如下方法求解:$\min\{X_1,X_2,\cdots,X_n\}=1-\max\{1-X_1,1-X_2,\cdots,1-X_n\}$,而 $1-X_1,1-X_2,\cdots,1-X_n$ 也在$(0,1)$上服从均匀分布,所以 $\mathrm{E}(\max\{1-X_1,1-X_2,\cdots,1-X_n\})=n/(n+1)$,于是 $\mathrm{E}(\min\{X_1,X_2,\cdots,X_n\})=1-\mathrm{E}(\max\{1-X_1,1-X_2,\cdots,1-X_n\})=1/(n+1)$.(3) 若 $X_1,X_2,\cdots,X_n$ 在$(0,\theta)$上服从均匀分布,设 $Z=\max\{X_1,X_2,\cdots,X_n\}$,$Y=\min\{X_1,X_2,\cdots,X_n\}$,则同理可得 Z 与 Y 的概率密度分别为

$$f_Z(z)=\begin{cases}nz^{n-1}/\theta^n, & 0<z<\theta,\\ 0, & 其他,\end{cases}\quad f_Y(y)=\begin{cases}n(\theta-y)^{n-1}/\theta^n, & 0<y<\theta,\\ 0, & 其他.\end{cases}$$

类似可得 $\mathrm{E}(Z)=\dfrac{n\theta}{n+1}$,$\mathrm{E}(Y)=\dfrac{\theta}{n+1}$.

例 4.8.2 设随机变量 X 与 Y 独立且同服从正态分布 $N(\mu,\sigma^2)$,求 $\max\{X,Y\}$,$\min\{X,Y\}$的数学期望.

分析 X 与 Y 独立同服从正态分布,但要用上例方法确定最值变量的概率分布显然有难度.可考虑如下方法求解,先将 X 和 Y 分别标准化,$U=\dfrac{X-\mu}{\sigma}$,$V=\dfrac{Y-\mu}{\sigma}$,此时 $\max\{X,Y\}=\sigma\max\{U,V\}+\mu$,$\mathrm{E}(\max\{X,Y\})=\sigma\mathrm{E}(\max\{U,V\})+\mu$,而 $\max\{U,V\}=\dfrac{1}{2}(U+V+|U-V|)$,又 $\min\{X,Y\}=X+Y-\max\{X,Y\}$,从而本例可解.

解 设$U=\dfrac{X-\mu}{\sigma}$,$V=\dfrac{Y-\mu}{\sigma}$,则 U 与 V 独立同服从分布 $N(0,1)$,从而 $\mathrm{E}(U)=\mathrm{E}(V)=0$.由于 $X=\sigma U+\mu$,$Y=\sigma V+\mu$,$\max\{X,Y\}=\sigma\max\{U,V\}+\mu$,于是

$$\mathrm{E}(\max\{X,Y\})=\sigma\mathrm{E}(\max\{U,V\})+\mu.$$

又 $\max\{U,V\}=\frac{1}{2}(U+V+|U-V|)$，所以

$$E(\max\{U,V\})=\frac{1}{2}[E(U)+E(V)+E(|U-V|)]=\frac{1}{2}E(|U-V|).$$

设 $Z=U-V$，因为 U 与 V 独立且同服从分布 $N(0,1)$，所以 $Z\sim N(0,2)$，其概率密度为 $f(z)=\frac{1}{\sqrt{2\pi}\cdot\sqrt{2}}e^{-\frac{z^2}{4}}(-\infty<z<+\infty)$. 于是

$$E(|U-V|)=E(|Z|)=\int_{-\infty}^{+\infty}|z|f(z)dz=\frac{1}{\sqrt{2\pi}\sqrt{2}}\int_{-\infty}^{+\infty}|z|\,e^{-\frac{z^2}{4}}dz$$

$$=\frac{1}{\sqrt{\pi}}\int_{0}^{+\infty}z\,e^{-\frac{z^2}{4}}dz=\frac{2}{\sqrt{\pi}},$$

$$E(\max\{U,V\})=\frac{1}{2}E(|U-V|)=\frac{1}{\sqrt{\pi}},$$

$$E(\max\{X,Y\})=\sigma E(\max\{U,V\})+\mu=\frac{\sigma}{\sqrt{\pi}}+\mu.$$

又因 $\min\{X,Y\}=X+Y-\max\{X,Y\}$，故

$$E(\min\{X,Y\})=E(X)+E(Y)-E(\max\{X,Y\})$$
$$=2\mu-\left(\frac{\sigma}{\sqrt{\pi}}+\mu\right)=\mu-\frac{\sigma}{\sqrt{\pi}}.$$

评注　注意本题所采用的特别方法与技巧：

(1) $U=\frac{X-\mu}{\sigma}\sim N(0,1),V=\frac{Y-\sigma}{\sigma}\sim N(0,1)$；　(2) $\max\{X,Y\}=\sigma\max\{U,V\}+\mu$；

(3) $\max\{U,V\}=\frac{1}{2}(U+V+|U-V|)$；　(4) $U-V\sim N(0,2)$；

(5) $E(|U-V|)=\int_{-\infty}^{+\infty}|z|f(z)dz$；　(6) $\min\{X,Y\}=X+Y-\max\{X,Y\}$.

***例 4.8.3**　设二维随机变量 $(X,Y)\sim N(0,0,\sigma^2,\sigma^2,0)$，证明

$$E(\max\{|X|,|Y|\})=2\sigma/\sqrt{\pi}.$$

分析　先确定 $|X|$ 与 $|Y|$ 的分布函数，再由独立性确定 $\max\{|X|,|Y|\}$ 的分布函数与概率密度，进而计算 $E(\max\{|X|,|Y|\})$.

证　由题设，$E(X)=E(Y)=0,D(X)=D(Y)=\sigma^2,\rho_{XY}=0$，所以 X 与 Y 独立同服从分布 $N(0,\sigma^2)$，且 $|X|$ 与 $|Y|$ 也相互独立. 于是 $|X|$ 的分布函数为

$$F_{|X|}(x)=P\{|X|\leqslant x\}=\begin{cases}P\{-x\leqslant X\leqslant x\}, & x\geqslant 0,\\ 0, & x<0\end{cases}$$

$$=\begin{cases}P\left\{-\frac{x}{\sigma}\leqslant\frac{X}{\sigma}\leqslant\frac{x}{\sigma}\right\}, & x\geqslant 0,\\ 0, & x<0\end{cases}=\begin{cases}2\Phi\left(\frac{x}{\sigma}\right)-1, & x\geqslant 0,\\ 0, & x<0;\end{cases}$$

同理

$$F_{|Y|}(y)=P\{|Y|\leqslant y\}=\begin{cases}2\Phi\left(\dfrac{y}{\sigma}\right)-1, & y\geqslant 0,\\ 0, & y<0.\end{cases}$$

又设 $Z=\max\{|X|,|Y|\}$,因为 $|X|$ 与 $|Y|$ 相互独立,所以 Z 的分布函数为

$$F_Z(z)=F_{|X|}(z)F_{|Y|}(z)=\begin{cases}\left[2\Phi\left(\dfrac{z}{\sigma}\right)-1\right]^2, & z\geqslant 0,\\ 0, & z<0,\end{cases}$$

从而 Z 的概率密度为

$$f_Z(z)=\begin{cases}2\left[2\Phi\left(\dfrac{z}{\sigma}\right)-1\right]2\Phi'\left(\dfrac{z}{\sigma}\right)\dfrac{1}{\sigma}, & z>0,\\ 0, & z\leqslant 0\end{cases}=\begin{cases}\dfrac{4}{\sigma}\left[2\Phi\left(\dfrac{z}{\sigma}\right)-1\right]\varphi\left(\dfrac{z}{\sigma}\right), & z>0,\\ 0, & z\leqslant 0,\end{cases}$$

其中 $\varphi(x)$ 为标准正态分布概率密度.于是

$$\mathrm{E}(\max\{|X|,|Y|\})=\mathrm{E}(Z)=\int_{-\infty}^{+\infty}zf_Z(z)\mathrm{d}z=\int_0^{+\infty}z\,\frac{4}{\sigma}\left[2\Phi\left(\frac{z}{\sigma}\right)-1\right]\varphi\left(\frac{z}{\sigma}\right)\mathrm{d}z$$

$$\xlongequal{(令\ z/\sigma=t)}4\sigma\int_0^{+\infty}t[2\Phi(t)-1]\varphi(t)\mathrm{d}t\xlongequal{\left(\varphi(t)=\frac{1}{\sqrt{2\pi}}\mathrm{e}^{-\frac{t^2}{2}}\right)}\frac{4\sigma}{\sqrt{2\pi}}\int_0^{+\infty}t\mathrm{e}^{-\frac{t^2}{2}}(2\Phi(t)-1)\mathrm{d}t$$

$$=-\frac{4\sigma}{\sqrt{2\pi}}\int_0^{+\infty}(2\Phi(t)-1)\mathrm{d}\mathrm{e}^{-\frac{t^2}{2}}=-\frac{4\sigma}{\sqrt{2\pi}}\left[(2\Phi(t)-1)\mathrm{e}^{-\frac{t^2}{2}})\Big|_0^{+\infty}-2\int_0^{+\infty}\mathrm{e}^{-\frac{t^2}{2}}\varphi(t)\mathrm{d}t\right]$$

$$=-\frac{4\sigma}{\sqrt{2\pi}}\left(0-2\int_0^{+\infty}\mathrm{e}^{-\frac{t^2}{2}}\cdot\frac{1}{\sqrt{2\pi}}\mathrm{e}^{-\frac{t^2}{2}}\mathrm{d}t\right)=\frac{4\sigma}{\pi}\int_0^{+\infty}\mathrm{e}^{-t^2}\mathrm{d}t=\frac{4\sigma}{\pi}\cdot\frac{\sqrt{\pi}}{2}=\frac{2\sigma}{\sqrt{\pi}}.$$

评注 求解本例的关键是确定 $F_Z(z)$ 与 $f_Z(z)$ 及分部积分时所采用的技巧.

9. 利用切比雪夫不等式估计概率

【解题方法与技巧】

设随机变量 X 的数学期望 $\mathrm{E}(X)=\mu$,方差 $\mathrm{D}(X)=\sigma^2$,则对任意正数 ε,有切比雪夫不等式

$$P\{|X-\mu|\geqslant\varepsilon\}\leqslant\sigma^2/\varepsilon^2\quad 或者\quad P\{|X-\mu|<\varepsilon\}\geqslant 1-\sigma^2/\varepsilon^2.$$

例 4.9.1 设随机变量 (X,Y) 服从二维正态分布 $N(-2,2,1,4,-0.5)$,根据切比雪夫不等式估计概率 $P\{|X+Y|\geqslant 3\}$.

分析 由题设可得 $\mathrm{E}(X),\mathrm{E}(Y),\mathrm{D}(X),\mathrm{D}(Y)$ 及 ρ_{XY} 的值,进而可求得 $\mathrm{E}(X+Y)$ 及 $\mathrm{D}(X+Y)$,于是可用切比雪夫不等式估计概率.

解 由题设,有

$$\mathrm{E}(X)=-2,\quad \mathrm{E}(Y)=2,\quad \mathrm{D}(X)=1,\quad \mathrm{D}(Y)=4,\quad \rho_{XY}=-0.5,$$

所以
$$E(X+Y)=E(X)+E(Y)=-2+2=0,$$
$$D(X+Y)=D(X)+D(Y)+2\rho_{XY}\sqrt{D(X)}\sqrt{D(Y)}=3.$$
于是由切比雪夫不等式有
$$P\{|X+Y|\geqslant 3\}=P\{|X+Y-E(X+Y)|\geqslant 3\}\leqslant\frac{D(X+Y)}{3^2}=\frac{3}{9}=\frac{1}{3}.$$

评注　(1) 只要知道随机变量的数学期望与方差,就可以估计相关概率.

(2) 事实上,因$(X,Y)\sim N(\mu_1,\mu_2,\sigma_1^2,\sigma_2^2,\rho)$,故$X+Y\sim N(\mu_1+\mu_2,\sigma_1^2+\sigma_2^2+2\rho\sigma_1\sigma_2)$.

例 4.9.2　(1) 设随机变量 X 的数学期望 $E(X)=\mu$,方差 $D(X)=\sigma^2$,用切比雪夫不等式估计 $P\{|X-\mu|\geqslant 2\sigma\}$;

(2) 若随机变量 $X\sim N(\mu,\sigma^2)$,试估计 $P\{|X-\mu|\geqslant 2\sigma\}$.

分析　(1) 利用切比雪夫不等式估计概率 $P\{|X-\mu|\geqslant 2\sigma\}$;

(2) 因为 $X\sim N(\mu,\sigma^2)$,则可通过查标准正态分布表估算 $P\{|X-\mu|\geqslant 2\sigma\}$.

解　(1) 根据切比雪夫不等式得
$$P\{|X-\mu|\geqslant 2\sigma\}=P\{|X-E(X)|\geqslant 2\sigma\}\leqslant\frac{D(X)}{4\sigma^2}=\frac{\sigma^2}{4\sigma^2}=0.25.$$

(2) 因为 $X\sim N(\mu,\sigma^2)$,所以
$$P\{|X-\mu|\geqslant 2\sigma\}=1-P\{|X-\mu|<2\sigma\}=1-P\left\{-2<\frac{X-\mu}{\sigma}<2\right\}$$
$$\approx 1-[\Phi(2)-\Phi(-2)]=2[1-\Phi(2)]\approx 0.0456.$$

评注　比较(1)与(2)的结果可知,利用切比雪夫不等式所估计的概率值较粗糙,但在随机变量的分布未知,而只知道其均值和方差时,利用切比雪夫不等式估计相关概率是有实际意义的.

例 4.9.3　设 X 为连续型随机变量,$E(|X|^k)$(k 为正整数)存在,则对任意的 $\varepsilon>0$,有
$$P\{|X|\geqslant\varepsilon\}\leqslant\frac{E(|X|^k)}{\varepsilon^k}. \qquad ①$$

分析　注意到事件$\{|X|\geqslant\varepsilon\}$与$\{|X|^k\geqslant\varepsilon^k\}$等价,利用概率密度计算 $P\{|X|\geqslant\varepsilon\}=P\{|X|^k\geqslant\varepsilon^k\}$,并将其放大即得所证结论.

证　设 X 的概率密度为 $f(x)$,因为事件$\{|X|\geqslant\varepsilon\}$与$\{|X|^k\geqslant\varepsilon^k\}$等价,于是
$$P\{|X|\geqslant\varepsilon\}=P\{|X|^k\geqslant\varepsilon^k\}=\int_{|x|^k\geqslant\varepsilon^k}f(x)\mathrm{d}x\leqslant\int_{|x|^k\geqslant\varepsilon^k}\frac{|x|^k}{\varepsilon^k}f(x)\mathrm{d}x$$
$$=\frac{1}{\varepsilon^k}\int_{|x|^k\geqslant\varepsilon^k}|x|^kf(x)\mathrm{d}x\leqslant\frac{1}{\varepsilon^k}\int_{-\infty}^{+\infty}|x|^kf(x)\mathrm{d}x=\frac{E(|X|^k)}{\varepsilon^k}.$$

评注　①式称为**马尔可夫不等式**.若将其中的 X 换成 $X-E(X)$,同时令 $k=2$,则得到切比雪夫不等式
$$P\{|X-E(X)|\geqslant\varepsilon\}\leqslant\frac{E(|X-E(X)|^2)}{\varepsilon^2}=\frac{D(X)}{\varepsilon^2}.$$

上述结论对离散型随机变量也成立.

10. 求随机变量的协方差

【解题方法与技巧】

(1) $\mathrm{cov}(X,Y)=\mathrm{E}\{[X-\mathrm{E}(X)][Y-\mathrm{E}(Y)]\}=\mathrm{E}(XY)-\mathrm{E}(X)\mathrm{E}(Y)$.

(2) 利用协方差的性质求协方差.

例 4.10.1　设随机变量 X 与 Y 独立同分布,且 X 的概率分布为

X	1	2
P	2/3	1/3

记 $U=\max\{X,Y\}$,$V=\min\{X,Y\}$,求:

(1) 二维随机变量(U,V)的联合概率分布；　(2) U 与 V 的协方差.

分析　(1) 在独立的前提下,由 X 与 Y 的分布可确定联合分布,进而确定 U 与 V 的联合分布;(2) 利用 U 与 V 的联合分布确定 $\mathrm{E}(U)$,$\mathrm{E}(V)$及 $\mathrm{E}(UV)$,进而确定 $\mathrm{cov}(U,V)$.

解　(1) (U,V)的可能取值为$(1,1)$,$(2,1)$,$(2,2)$,且

$$\begin{aligned}P\{U=1,V=1\}&=P\{\max\{X,Y\}=1,\min\{X,Y\}=1\}\\&=P\{X=1,Y=1\}=P\{X=1\}P\{Y=1\}=4/9,\\P\{U=2,V=1\}&=P\{\max\{X,Y\}=2,\min\{X,Y\}=1\}\\&=P\{X=2,Y=1\}+P\{X=1,Y=2\}\\&=P\{X=2\}P\{Y=1\}+P\{X=1\}P\{Y=2\}=4/9,\\P\{U=2,V=2\}&=P\{\max\{X,Y\}=2,\min\{X,Y\}=2\}\\&=P\{X=2,Y=2\}=P\{X=2\}P\{Y=2\}=1/9,\end{aligned}$$

于是(U,V)的联合分布律为

U \ V	1	2
1	4/9	0
2	4/9	1/9

(2) 由 U 与 V 的联合分布律可得关于 U 与关于 V 的边缘分布律及 UV 的分布律如下:

U	1	2
P	4/9	5/9

V	1	2
P	8/9	1/9

UV	1	2	4
P	4/9	4/9	1/9

于是

$$\mathrm{E}(U)=1\times\frac{4}{9}+2\times\frac{5}{9}=\frac{14}{9},\quad \mathrm{E}(V)=1\times\frac{8}{9}+2\times\frac{1}{9}=\frac{10}{9},$$

$$\mathrm{E}(UV)=1\times\frac{4}{9}+2\times\frac{4}{9}+4\times\frac{1}{9}=\frac{16}{9},$$

从而
$$\operatorname{cov}(U,V)=\mathrm{E}(UV)-\mathrm{E}(U)\mathrm{E}(V)=\frac{16}{9}-\frac{14}{9}\times\frac{10}{9}=\frac{4}{81}.$$

评注　求解本例的关键是利用(X,Y)的联合分布确定$(\max\{X,Y\},\min\{X,Y\})$的联合分布及$\max\{X,Y\}\min\{X,Y\}$的分布，同时要熟悉利用三个均值确定协方差的方法.

例 4.10.2　设二维随机变量(X,Y)的联合概率密度为

$$f(x,y)=\begin{cases}1, & |y|<x,0<x<1,\\ 0, & \text{其他},\end{cases}$$

求$\mathrm{E}(X)$，$\mathrm{E}(Y)$，$\operatorname{cov}(X,Y)$.

分析　先依据数学期望的定义求$\mathrm{E}(X)$，$\mathrm{E}(Y)$及$\mathrm{E}(XY)$，再由公式$\operatorname{cov}(X,Y)=\mathrm{E}(XY)-\mathrm{E}(X)\mathrm{E}(Y)$进行计算.

解　$\mathrm{E}(X)=\int_{-\infty}^{+\infty}\int_{-\infty}^{+\infty}xf(x,y)\mathrm{d}x\mathrm{d}y=\int_0^1 x\mathrm{d}x\int_{-x}^{x}\mathrm{d}y=\frac{2}{3},$

$\mathrm{E}(Y)=\int_{-\infty}^{+\infty}\int_{-\infty}^{+\infty}yf(x,y)\mathrm{d}x\mathrm{d}y=\int_0^1\mathrm{d}x\int_{-x}^{x}y\mathrm{d}y=0,$

$\mathrm{E}(XY)=\int_{-\infty}^{+\infty}\int_{-\infty}^{+\infty}xyf(x,y)\mathrm{d}x\mathrm{d}y=\int_0^1 x\mathrm{d}x\int_{-x}^{x}y\mathrm{d}y=0,$

$\operatorname{cov}(X,Y)=\mathrm{E}(XY)-\mathrm{E}(X)\mathrm{E}(Y)=0.$

***例 4.10.3**　设$X_1,X_2,\cdots,X_n(n>2)$为独立同分布的随机变量，且均服从$N(0,1)$，记

$$\overline{X}=\frac{1}{n}\sum_{i=1}^{n}X_i,\quad Y_i=X_i-\overline{X}\quad(i=1,2,\cdots,n).$$

求：(1) $\mathrm{D}(Y_i)(i=1,2,\cdots,n)$；　(2) Y_1与Y_n的协方差$\operatorname{cov}(Y_1,Y_n)$；　(3) $P\{Y_1+Y_n\leqslant 0\}$.

分析　(1) 将Y_i分解成独立随机变量线性和：

$$Y_i=X_i-\overline{X}=-\frac{1}{n}X_1-\cdots-\frac{1}{n}X_{i-1}+\frac{n-1}{n}X_i-\frac{1}{n}X_{i+1}-\cdots-\frac{1}{n}X_n,$$

再利用方差的性质求解$\mathrm{D}(Y_i)$；(2) 将Y_1与Y_n分别表达成独立随机变量线性和，再利用协方差的性质求解$\operatorname{cov}(Y_1,Y_n)$；(3) 将$Y_1+Y_n$表达成独立随机变量线性和，再判断其分布，进而确定概率.

解　由题设$X_1,\cdots,X_n$同服从分布$N(0,1)$，所以

$$\mathrm{E}(X_i)=0,\quad \mathrm{D}(X_i)=1\quad(i=1,2,\cdots,n).$$

(1) 由题设，$X_1,X_2,\cdots,X_n$相互独立，所以

$$\mathrm{D}(Y_i)=\mathrm{D}(X_i-\overline{X})=\mathrm{D}\left[\left(1-\frac{1}{n}\right)X_i-\frac{1}{n}\sum_{\substack{j=1\\ j\neq i}}^{n}X_j\right]$$

$$=\left(1-\frac{1}{n}\right)^2\mathrm{D}(X_i)+\frac{1}{n^2}\sum_{\substack{j=1\\ j\neq i}}^{n}\mathrm{D}(X_j)$$

$$=\left(1-\frac{1}{n}\right)^2+\frac{1}{n^2}(n-1)=\frac{n-1}{n}\quad(i=1,2,\cdots,n).$$

(2) 由题设 $Y_1=\frac{n-1}{n}X_1-\frac{1}{n}X_2-\cdots-\frac{1}{n}X_n,Y_n=-\frac{1}{n}X_1-\cdots-\frac{1}{n}X_{n-1}+\frac{n-1}{n}X_n$，利用协方差的性质得

$$\begin{aligned}\operatorname{cov}(Y_1,Y_n)&=\operatorname{cov}\left(X_1-\frac{1}{n}(X_1+X_2+\cdots+X_n),X_n-\frac{1}{n}(X_1+X_2+\cdots+X_n)\right)\\&=\operatorname{cov}\left(\frac{n-1}{n}X_1-\frac{1}{n}X_2-\cdots-\frac{1}{n}X_n,-\frac{1}{n}X_1-\frac{1}{n}X_2-\cdots+\frac{n-1}{n}X_n\right)\\&=\frac{1-n}{n^2}\mathrm{D}(X_1)+\frac{1}{n^2}[\mathrm{D}(X_2)+\cdots+\mathrm{D}(X_{n-1})]+\frac{1-n}{n^2}\mathrm{D}(X_n)\\&=\frac{1-n}{n^2}+\frac{n-2}{n^2}+\frac{1-n}{n^2}=-\frac{1}{n}.\end{aligned}$$

(3) 因为 $Y_1+Y_n=X_1-\overline{X}+X_n-\overline{X}=\frac{n-2}{n}X_1-\frac{2}{n}\sum_{i=2}^{n-1}X_i+\frac{n-2}{n}X_n$，而 $X_1,X_2,\cdots,X_n$ 相互独立且同服从分布 $N(0,1)$，因此 Y_1+Y_n 服从正态分布，又 $\mathrm{E}(Y_1+Y_n)=\mathrm{E}(Y_1)+\mathrm{E}(Y_n)=0$，所以 $P\{Y_1+Y_n\leqslant 0\}=1/2$.

评注 求解本例的关键是将 Y_i 及 Y_i+Y_j 表达成相互独立的随机变量和的形式，以便于判断其所服从的分布及确定相关数字特征.

例 4.10.4 设二维随机变量 $(X,Y)\sim N(1,1,4,4,1/2)$，$Z=X+Y$，求：

(1) 随机变量 Z 的概率分布； (2) $\operatorname{cov}(Z,X)$.

分析 (1) 若 $(X,Y)\sim N(\mu_1,\mu_2,\sigma_1^2,\sigma_2^2,\rho)$，则

$$Z=X+Y\sim N(\mu_1+\mu_2,\sigma_1^2+\sigma_2^2+2\rho\sigma_1\sigma_2);$$

(2) 利用协方差的性质求解.

解 (1) 由题设知

$$\mathrm{E}(X)=\mathrm{E}(Y)=1,\quad \mathrm{D}(X)=\mathrm{D}(Y)=4,\quad \rho_{XY}=1/2,$$
$$\mathrm{E}(Z)=\mathrm{E}(X+Y)=\mathrm{E}(X)+\mathrm{E}(Y)=2,$$
$$\mathrm{D}(Z)=\mathrm{D}(X+Y)=\mathrm{D}(X)+\mathrm{D}(Y)+2\rho_{XY}\sqrt{\mathrm{D}(X)}\sqrt{\mathrm{D}(Y)}=12,$$

所以 $Z\sim N(2,12)$.

(2) $\operatorname{cov}(Z,X)=\operatorname{cov}(X+Y,X)=\mathrm{D}(X)+\operatorname{cov}(Y,X)=\mathrm{D}(X)+\rho_{XY}\sqrt{\mathrm{D}(X)}\sqrt{\mathrm{D}(Y)}=6$.

评注 求解本例的关键是确定 Z 服从正态分布，进而由其数字特征确定分布参数.

11. 求随机变量的相关系数

【解题方法与技巧】

根据相关系数的定义有 $\rho_{XY}=\frac{\operatorname{cov}(X,Y)}{\sqrt{\mathrm{D}(X)}\sqrt{\mathrm{D}(Y)}}$，其中 $\mathrm{D}(X)>0,\mathrm{D}(Y)>0$.

例 4.11.1 已知二维随机变量 (X,Y) 的相关系数为 ρ_{XY}，又 $U=aX+b,V=cY+d$ $(ac\neq 0)$，试求 U 与 V 的相关系数 ρ_{UV}.

分析　利用公式 $\rho_{UV}=\dfrac{\mathrm{cov}(U,V)}{\sqrt{\mathrm{D}(U)}\sqrt{\mathrm{D}(V)}}$求解,同时注意利用协方差与方差的性质.

解　不妨设 $\mathrm{D}(X)>0,\mathrm{D}(Y)>0$.因为

$$\mathrm{D}(U)=\mathrm{D}(aX+b)=a^2\mathrm{D}(X),\quad \mathrm{D}(V)=\mathrm{D}(cY+d)=c^2\mathrm{D}(Y),$$

从而 $\mathrm{D}(U)>0,\mathrm{D}(V)>0$,又 $\mathrm{cov}(U,V)=\mathrm{cov}(aX+b,cY+d)=ac\,\mathrm{cov}(X,Y)$,所以

$$\rho_{UV}=\frac{\mathrm{cov}(U,V)}{\sqrt{\mathrm{D}(U)}\sqrt{\mathrm{D}(V)}}=\frac{ac\,\mathrm{cov}(X,Y)}{|ac|\sqrt{\mathrm{D}(X)}\sqrt{\mathrm{D}(Y)}}=\frac{ac}{|ac|}\rho_{XY},$$

即

$$\rho_{UV}=\begin{cases}\rho_{XY}, & a,c\text{ 同号},\\ -\rho_{XY}, & a,c\text{ 异号}.\end{cases}$$

若 $\mathrm{D}(X)=0$,则按规定 $\rho_{XY}=0$.此时 $\mathrm{D}(U)=0$,则 $\rho_{UV}=0$,所以 $\rho_{UV}=\rho_{XY}$.对于 $\mathrm{D}(Y)=0$,同理有 $\rho_{UV}=\rho_{XY}$.

评注　相关系数在线性变换下或者不变或者互为相反数.

例 4.11.2　设随机变量(X,Y)在 $D=\{(x,y)\mid 0\leqslant x\leqslant 2,0\leqslant y\leqslant 1\}$上服从均匀分布,记

$$U=\begin{cases}0, & X\leqslant Y,\\ 1, & X>Y,\end{cases}\qquad V=\begin{cases}0, & X\leqslant 2Y,\\ 1, & X>2Y.\end{cases}$$

(1) 求(U,V)的联合概率分布;　　(2) 求 U 与 V 的相关系数 ρ_{UV};

(3) 写出 U 与 V 的协方差矩阵.

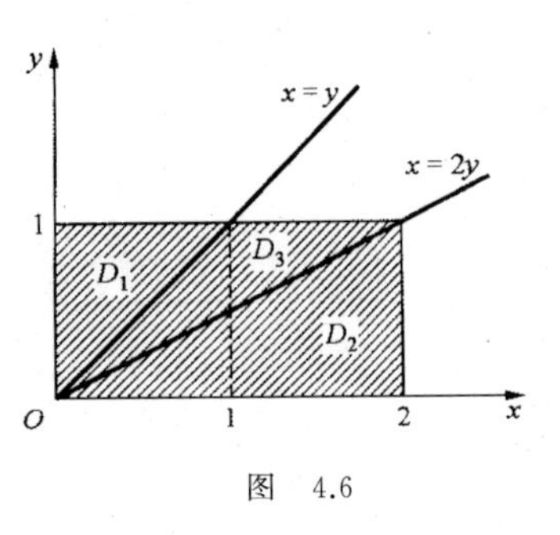

图　4.6

分析　(1) 由(X,Y)的联合概率分布确定(U,V)的联合概率分布,比如 $P\{U=1,V=1\}=P\{X>Y,X>2Y\}=P\{X>2Y\}=\displaystyle\iint_{x>2y}f(x,y)\mathrm{d}x\,\mathrm{d}y$;(2) 利用$(U,V)$的联合概率分布确定五个均值 $\mathrm{E}(U),\mathrm{E}(U^2),\mathrm{E}(V),\mathrm{E}(V^2),\mathrm{E}(UV)$,进而求相关系数;(3) 依据协方差矩阵的定义确定所需各数字特征.

解　(1) (X,Y)的联合概率密度为

$$f(x,y)=\begin{cases}1/2, & 0\leqslant x\leqslant 2,0\leqslant y\leqslant 1,\\ 0, & \text{其他}.\end{cases}$$

显然 $f(x,y)$只在图 4.6 阴影区域内取非 0 值.为计算(U,V)的联合概率分布,将阴影区域分为 D_1,D_2,D_3 三部分,如图 4.6 所示,于是

$$P\{U=0,V=0\}=P\{X\leqslant Y,X\leqslant 2Y\}=P\{X\leqslant Y\}=\iint_{D_1}\frac{1}{2}\mathrm{d}x\,\mathrm{d}y=\frac{1}{4},$$

$$P\{U=0,V=1\}=P\{X\leqslant Y,X>2Y\}=P(\varnothing)=0,$$

$$P\{U=1,V=0\}=P\{X>Y,X\leqslant 2Y\}=P\{Y<X\leqslant 2Y\}=\iint_{D_3}\frac{1}{2}\mathrm{d}x\,\mathrm{d}y=\frac{1}{4},$$

$$P\{U=1,V=1\}=P\{X>Y,X>2Y\}=P\{X>2Y\}=\iint\limits_{D_2}\frac{1}{2}\mathrm{d}x\mathrm{d}y=\frac{1}{2}.$$

由此得(U,V)的联合分布律及边缘分布律为

U \ V	0	1	$P\{U=u_i\}$
0	1/4	0	1/4
1	1/4	1/2	3/4
$P\{V=v_j\}$	1/2	1/2	1

(2) 由(U,V)的联合分布律及边缘分布律得

$$\mathrm{E}(U)=3/4,\quad \mathrm{E}(U^2)=3/4,\quad \mathrm{D}(U)=\mathrm{E}(U^2)-[\mathrm{E}(U)]^2=3/16,$$
$$\mathrm{E}(V)=1/2,\quad \mathrm{E}(V^2)=1/2,\quad \mathrm{D}(V)=\mathrm{E}(V^2)-[\mathrm{E}(V)]^2=1/4,$$
$$\mathrm{E}(UV)=P\{UV=1\}=P\{U=1,V=1\}=1/2,$$
$$\mathrm{cov}(U,V)=\mathrm{E}(UV)-\mathrm{E}(U)\mathrm{E}(V)=1/8,$$

所以
$$\rho_{UV}=\frac{\mathrm{cov}(U,V)}{\sqrt{\mathrm{D}(U)}\sqrt{\mathrm{D}(V)}}=\frac{1}{\sqrt{3}}.$$

(3) U与V的协方差矩阵为

$$\begin{pmatrix}\mathrm{D}(U) & \mathrm{cov}(U,V)\\ \mathrm{cov}(V,U) & \mathrm{D}(V)\end{pmatrix}=\begin{pmatrix}3/16 & 1/8\\ 1/8 & 1/4\end{pmatrix}.$$

评注 求解本例的关键是由二维连续型随机变量(X,Y)的联合概率分布确定二维离散型随机变量(U,V)的联合概率分布.

例 4.11.3 设二维随机变量(X,Y)的联合概率密度为

$$f(x,y)=\begin{cases}3x, & 0<y<x<1,\\ 0, & \text{其他},\end{cases}$$

求$\mathrm{D}(X+Y)$, ρ_{XY}.

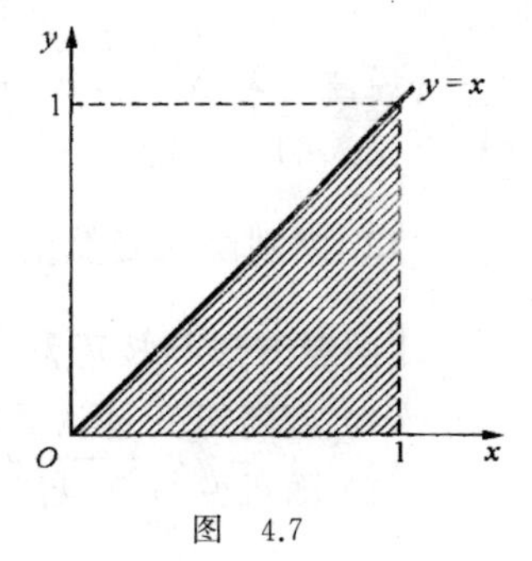

图 4.7

分析 利用(X,Y)的联合概率密度可确定五个均值$\mathrm{E}(X)$, $\mathrm{E}(X^2)$, $\mathrm{E}(Y)$, $\mathrm{E}(Y^2)$, $\mathrm{E}(XY)$, 进而可确定$\mathrm{D}(X)$, $\mathrm{D}(Y)$及$\mathrm{cov}(X,Y)$, ρ_{XY}等,同时注意

$$\mathrm{D}(X+Y)=\mathrm{D}(X)+\mathrm{D}(Y)+2\mathrm{cov}(X,Y).$$

解 $f(x,y)$取非0值的区域为图4.7阴影部分,于是

$$\mathrm{E}(X)=\int_{-\infty}^{+\infty}\int_{-\infty}^{+\infty}xf(x,y)\mathrm{d}x\mathrm{d}y=\int_0^1 3x^2\mathrm{d}x\int_0^x\mathrm{d}y=\int_0^1 3x^3\mathrm{d}x=\frac{3}{4},$$

$$\mathrm{E}(X^2)=\int_{-\infty}^{+\infty}\int_{-\infty}^{+\infty}x^2f(x,y)\mathrm{d}x\mathrm{d}y=\int_0^1 3x^3\mathrm{d}x\int_0^x\mathrm{d}y=\int_0^1 3x^4\mathrm{d}x=\frac{3}{5},$$

$$\mathrm{E}(Y)=\int_{-\infty}^{+\infty}\int_{-\infty}^{+\infty}yf(x,y)\mathrm{d}x\mathrm{d}y=\int_0^1 3x\mathrm{d}x\int_0^x y\mathrm{d}y=\frac{3}{2}\int_0^1 x^3\mathrm{d}x=\frac{3}{8},$$

$$E(Y^2)=\int_{-\infty}^{+\infty}\int_{-\infty}^{+\infty}y^2 f(x,y)\mathrm{d}x\mathrm{d}y=\int_0^1 3x\mathrm{d}x\int_0^x y^2\mathrm{d}y=\int_0^1 x^4\mathrm{d}x=\frac{1}{5},$$

从而

$$E(XY)=\int_{-\infty}^{+\infty}\int_{-\infty}^{+\infty}xyf(x,y)\mathrm{d}x\mathrm{d}y=3\int_0^1 x^2\mathrm{d}x\int_0^x y\mathrm{d}y=\frac{3}{10},$$

$$D(X)=E(X^2)-[E(X)]^2=3/80,\quad D(Y)=E(Y^2)-[E(Y)]^2=19/320,$$

$$\operatorname{cov}(X,Y)=E(XY)-E(X)E(Y)=3/160,$$

$$D(X+Y)=D(X)+D(Y)+2\operatorname{cov}(X,Y)=43/320,$$

$$\rho_{XY}=\frac{\operatorname{cov}(X,Y)}{\sqrt{D(X)}\cdot\sqrt{D(Y)}}=\frac{3}{\sqrt{57}}.$$

评注 也可利用公式 $D(X+Y)=E[(X+Y)^2]-[E(X+Y)]^2$ 求 $D(X+Y)$.

例 4.11.4 设随机变量 $X\sim N(0,1)$,求 X 与 X^n(n 为正整数)的协方差与相关系数.

分析 借助例 4.4.4 的结论可知 $E(X^n)$(n 为正整数),再确定 $\operatorname{cov}(X,X^n)$ 及 $D(X^n)$,进而确定相关系数.

解 由例 4.4.4 的结论知,若 $X\sim N(0,1)$,则 $E(X^n)=\begin{cases}(n-1)!!, & n\text{ 为偶数},\\ 0, & n\text{ 为奇数}.\end{cases}$ 于是

$$\operatorname{cov}(X,X^n)=E(X^{n+1})-E(X)E(X^n)=E(X^{n+1})=\begin{cases}n!!, & n\text{ 为奇数},\\ 0, & n\text{ 为偶数},\end{cases}$$

$$D(X^n)=E(X^{2n})-[E(X^n)]^2=\begin{cases}(2n-1)!!, & n\text{ 为奇数},\\ (2n-1)!!-((n-1)!!)^2, & n\text{ 为偶数},\end{cases}$$

$$\rho_{X,X^n}=\frac{\operatorname{cov}(X,X^n)}{\sqrt{D(X)}\sqrt{D(X^n)}}=\begin{cases}0, & n\text{ 为偶数},\\ \dfrac{n!!}{\sqrt{(2n-1)!!}} & n\text{ 为奇数}.\end{cases}$$

评注 若 $X\sim N(0,1)$,则当 n 为偶数时,X 与 X^n 不相关;当 n 为奇数时,X 与 X^n 不是不相关的.

12. 判别随机变量的不相关性与独立性

【解题方法与技巧】

(1) 若随机变量 X 与 Y 的相关系数 $\rho_{XY}=0$,则 X 与 Y 不相关.

(2) 随机变量 X 与 Y 不相关 $\Longleftrightarrow \operatorname{cov}(X,Y)=0$

$$\Longleftrightarrow E(XY)=E(X)E(Y)$$

$$\Longleftrightarrow D(X\pm Y)=D(X)+D(Y).$$

(3) 若 X 与 Y 不相关 $\not\Rightarrow$ X 与 Y 相互独立,但若 X 与 Y 相互独立 $\Rightarrow$ X 与 Y 不相关.

特别地,若 X 与 Y 都服从 0-1 分布,则 X 与 Y 不相关 $\Longleftrightarrow$ X 与 Y 相互独立.

若 (X,Y) 服从二维正态分布,则 X 与 Y 不相关 $\Longleftrightarrow$ X 与 Y 相互独立.

例 4.12.1 连续两次掷一颗均匀的骰子,设 X 表示两次出现的点数之和,Y 表示第 1 次出现的点数减去第 2 次出现的点数.

(1) 求 $D(X),D(Y),\rho_{XY}$； (2) 问 X 与 Y 是否相互独立?

分析 (1) 由题设确定第 i 次出现点数 $X_i(i=1,2)$的概率分布,显然 X_1 与 X_2 相互独立,而 $X=X_1+X_2,Y=X_1-X_2$,可求 $D(X),D(Y)$,又 $\mathrm{cov}(X,Y)=\mathrm{cov}(X_1+X_2,X_1-X_2)=D(X_1)-D(X_2)$,进而可确定 ρ_{XY}.

(2) 若对(X,Y)的所有取值(x_i,y_j)有 $P\{X=x_i,Y=y_j\}=P\{X=x_i\}P\{Y=y_j\}$,则 X 与 Y 相互独立.否则,若存在一点(x,y),使 $P\{X=x,Y=y\}\neq P\{X=x\}P\{Y=y\}$,则说明 X 与 Y 不相互独立.

解 (1) 设 X_i为第$i(i=1,2)$次出现的点数,由于每次掷骰子出现的点数彼此无关,所以 X_1 与 X_2 相互独立,同服从如下分布:

X_i	1	2	3	4	5	6
P	1/6	1/6	1/6	1/6	1/6	1/6

于是,对于 $i=1,2$,有

$$E(X_i)=(1+2+3+4+5+6)\times(1/6)=21/6=7/2,$$
$$E(X_i^2)=(1^2+2^2+3^2+4^2+5^2+6^2)\times(1/6)=91/6,$$
$$D(X_i)=E(X_i^2)-[E(X_i)]^2=91/6-(7/2)^2=35/12.$$

因为 $X=X_1+X_2,Y=X_1-X_2$,所以

$$D(X)=D(X_1+X_2)=D(X_1)+D(X_2)=35/6,$$
$$D(Y)=D(X_1-X_2)=D(X_1)+D(X_2)=35/6,$$
$$\begin{aligned}\mathrm{cov}(X,Y)&=\mathrm{cov}(X_1+X_2,X_1-X_2)=\mathrm{cov}(X_1,X_1)-\mathrm{cov}(X_2,X_2)\\&=D(X_1)-D(X_2)=0,\end{aligned}$$

于是 $\rho_{XY}=\dfrac{\mathrm{cov}(X,Y)}{\sqrt{D(X)}\sqrt{D(Y)}}=0$.可见 X 与 Y 不相关.

(2) 因为

$$P\{X=2\}=P\{X_1=1,X_2=1\}=P\{X_1=1\}P\{X_2=1\}=1/36,$$
$$\begin{aligned}P\{Y=0\}&=P\{X_1=X_2\}=P\{X_1=1\}P\{X_2=1\}\\&\quad+P\{X_1=2\}P\{X_2=2\}+\cdots+P\{X_1=6\}P\{X_2=6\}=1/6,\end{aligned}$$
$$P\{X=2,Y=0\}=P\{X_1=1,X_2=1\}=P\{X_1=1\}P\{X_2=1\}=1/36,$$

所以 $P\{X=2,Y=0\}\neq P\{X=2\}P\{Y=0\}$,即 X 与 Y 不相互独立.

评注 可见,不相关的两随机变量不一定相互独立.但相互独立的两随机变量一定不相关.

例 4.12.2 设随机变量 θ 服从$(0,2\pi)$上的均匀分布,$X=\cos\theta,Y=\cos(\theta+a)$,$a$ 是常数,试讨论 X 与 Y 的不相关性与独立性.

分析 (1) 由 θ 的概率分布可确定五个均值 $E(X),E(X^2),E(Y),E(Y^2),E(XY)$,进

而确定 ρ_{XY}.

(2) 若 $\rho_{XY}=0$,则 X 与 Y 不相关,再依定义判别独立性;若 $\rho_{XY}\neq 0$,则 X 与 Y 不是不相关的,显然不独立.

解　由题设,θ 的概率密度为

$$f(\theta)=\begin{cases}1/2\pi, & 0<\theta<2\pi,\\ 0, & \text{其他},\end{cases}$$

于是

$$\mathrm{E}(X)=\frac{1}{2\pi}\int_0^{2\pi}\cos t\,\mathrm{d}t=0,\qquad \mathrm{E}(X^2)=\frac{1}{2\pi}\int_0^{2\pi}\cos^2 t\,\mathrm{d}t=\frac{1}{2},$$

$$\mathrm{E}(Y)=\frac{1}{2\pi}\int_0^{2\pi}\cos(t+a)\,\mathrm{d}t=0,\qquad \mathrm{E}(Y^2)=\frac{1}{2\pi}\int_0^{2\pi}\cos^2(t+a)\,\mathrm{d}t=\frac{1}{2},$$

$$\mathrm{E}(XY)=\frac{1}{2\pi}\int_0^{2\pi}\cos t\cos(t+a)\,\mathrm{d}t=\frac{1}{2}\cos a,$$

$$\mathrm{D}(X)=\mathrm{E}(X^2)-[\mathrm{E}(X)]^2=1/2,\quad \mathrm{D}(Y)=\mathrm{E}(Y^2)-[\mathrm{E}(Y)]^2=1/2,$$

$$\mathrm{cov}(X,Y)=\mathrm{E}(XY)-\mathrm{E}(X)\mathrm{E}(Y)=\cos a/2,$$

从而

$$\rho_{XY}=\frac{\mathrm{cov}(X,Y)}{\sqrt{\mathrm{D}(X)}\sqrt{\mathrm{D}(Y)}}=\cos a.$$

当 $a\neq k\pi+\pi/2(k=0,\pm1,\pm2,\cdots)$ 时,$\rho_{XY}\neq 0$,故 X 与 Y 不是不相关的,从而 X 与 Y 不相互独立.特别地,若 $a=2k\pi(k=0,\pm1,\pm2,\cdots)$ 时,$\rho_{XY}=1$,$X=\cos\theta=Y$,X 与 Y 完全正相关;若 $a=2k\pi+\pi(k=0,\pm1,\pm2,\cdots)$ 时,$\rho_{XY}=-1$,$X=\cos\theta=-Y$,X 与 Y 完全负相关.当 $a=k\pi+\pi/2(k=0,\pm1,\pm2,\cdots)$ 时,$\rho_{XY}=0$,这时 X 与 Y 不相关.不过此时却有 $X^2+Y^2=1$,因此 X 与 Y 不相互独立.事实上,如果 X 与 Y 相互独立,则 X^2 与 Y^2 也相互独立,所以 $\mathrm{D}(X^2)+\mathrm{D}(Y^2)=\mathrm{D}(X^2+Y^2)=\mathrm{D}(1)=0$,即 $\mathrm{D}(X^2)=\mathrm{D}(Y^2)=0$,但是

$$\mathrm{E}(X^4)=\mathrm{E}[(\cos t)^4]=\frac{1}{2\pi}\int_0^{2\pi}\cos^4 t\,\mathrm{d}t=\frac{3}{8},$$

$$\mathrm{D}(X^2)=\mathrm{E}(X^4)-[\mathrm{E}(X^2)]^2=3/8-(1/2)^2=1/8\neq 0,$$

矛盾!因此 X 与 Y 不相互独立.

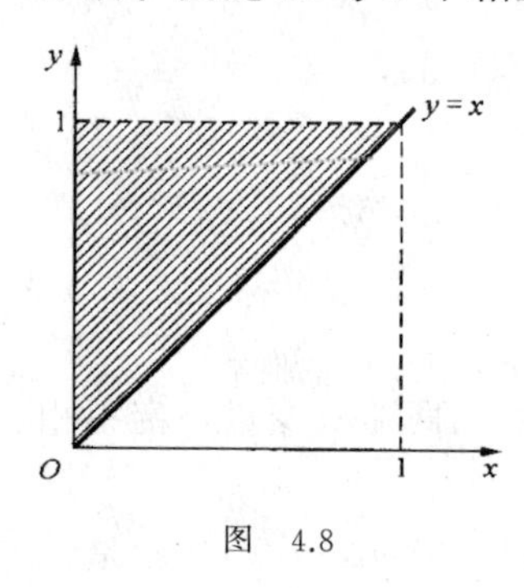

图　4.8

评注　此例直观地诠释了相关系数与独立性及不相关性之间的关系.

例 4.12.3　二维随机变量(X,Y)服从区域 $D=\{(x,y)\mid 0<x<1,x<y<1\}$上的均匀分布,试求相关系数 ρ_{XY},并讨论 X 与 Y 的不相关性与独立性.

分析　由 X 与 Y 的联合分布确定 ρ_{XY},再依据 ρ_{XY} 确定不相关性与独立性.

解　由题设,(X,Y)的联合概率密度为

$$f(x,y)=\begin{cases}2, & 0<x<1,x<y<1,\\ 0, & \text{其他}.\end{cases}$$

利用图 4.8 得

$$\mathrm{E}(X)=\int_{-\infty}^{+\infty}\int_{-\infty}^{+\infty}xf(x,y)\mathrm{d}x\mathrm{d}y=2\int_0^1 x\mathrm{d}x\int_x^1\mathrm{d}y=\frac{1}{3},$$

$$\mathrm{E}(X^2)=\int_{-\infty}^{+\infty}\int_{-\infty}^{+\infty}x^2f(x,y)\mathrm{d}x\mathrm{d}y=2\int_0^1 x^2\mathrm{d}x\int_x^1\mathrm{d}y=\frac{1}{6},$$

$$\mathrm{E}(Y)=\int_{-\infty}^{+\infty}\int_{-\infty}^{+\infty}yf(x,y)\mathrm{d}x\mathrm{d}y=2\int_0^1 y\mathrm{d}y\int_0^y\mathrm{d}x=\frac{2}{3},$$

$$\mathrm{E}(Y^2)=\int_{-\infty}^{+\infty}\int_{-\infty}^{+\infty}y^2f(x,y)\mathrm{d}x\mathrm{d}y=2\int_0^1 y^2\mathrm{d}y\int_0^y\mathrm{d}x=\frac{1}{2},$$

$$\mathrm{E}(XY)=\int_{-\infty}^{+\infty}\int_{-\infty}^{+\infty}xyf(x,y)\mathrm{d}x\mathrm{d}y=2\int_0^1 y\mathrm{d}y\int_0^y x\mathrm{d}x=\frac{1}{4},$$

从而

$$\mathrm{D}(X)=\mathrm{E}(X^2)-[\mathrm{E}(X)]^2=1/18,\quad \mathrm{D}(Y)=\mathrm{E}(Y^2)-[\mathrm{E}(Y)]^2=1/18,$$

$$\mathrm{cov}(X,Y)=\mathrm{E}(XY)-\mathrm{E}(X)\mathrm{E}(Y)=1/36,$$

于是

$$\rho_{XY}=\frac{\mathrm{cov}(X,Y)}{\sqrt{\mathrm{D}(X)}\sqrt{\mathrm{D}(Y)}}=\frac{1}{2}.$$

由此可知 X 与 Y 不是不相关的，所以 X 与 Y 不相互独立.

评注 X 与 Y 的独立性也可通过考查“$f(x,y)=f_X(x)f_Y(y)$几乎处处成立”来判别.

例 4.12.4 设随机变量 $X\sim N(0,1)$，Y 的分布律为

Y	-1	1
P	1/2	1/2

且 X 与 Y 相互独立.令 $Z=XY$，证明：

(1) $Z\sim N(0,1)$； (2) X 与 Z 既不相关，也不相互独立.

分析 (1) 由 Y 服从的分布，故可考虑利用全概率公式确定 Z 的分布函数；(2) 由 $\mathrm{cov}(X,Z)=0$ 证明 X 与 Z 不相关，而为了证明 X 与 Z 不独立，可从特定事件入手.

证 (1) 设 Z 的分布函数为 $F_Z(z)$，则由全概率公式有

$$\begin{aligned}F_Z(z)&=P\{Z\leqslant z\}=P\{XY\leqslant z\}\\&=P\{XY\leqslant z|Y=-1\}P\{Y=-1\}+P\{XY\leqslant z|Y=1\}P\{Y=1\}\\&=P\{X\geqslant -z\}P\{Y=-1\}+P\{X\leqslant z\}P\{Y=1\}\\&=0.5[1-\Phi(-z)]+0.5\Phi(z)=\Phi(z),\end{aligned}$$

所以 $Z\sim N(0,1)$.

(2) 由题设，$\mathrm{E}(X)=\mathrm{E}(Y)=0$，且 X 与 Y 相互独立，所以

$$\begin{aligned}\mathrm{cov}(X,Z)&=\mathrm{cov}(X,XY)=\mathrm{E}(X^2Y)-\mathrm{E}(X)\mathrm{E}(XY)\\&=\mathrm{E}(X^2)\mathrm{E}(Y)-\mathrm{E}(X)\mathrm{E}(X)\mathrm{E}(Y)=0.\end{aligned}$$

又 $\mathrm{D}(X)=1$，$\mathrm{D}(Z)=1$，所以 $\rho_{XZ}=0$，因此 X 与 Z 不相关.

利用全概率公式及 X 与 Y 的独立性得

$$P\{X\leqslant 1,Z\leqslant 1\}=P\{X\leqslant 1,XY\leqslant 1\}=P\{X\leqslant 1,XY\leqslant 1|Y=-1\}P\{Y=-1\}$$
$$+P\{X\leqslant 1,XY\leqslant 1|Y=1\}P\{Y=1\}$$
$$=P\{X\leqslant 1,X\geqslant -1\}P\{Y=-1\}+P\{X\leqslant 1,X\leqslant 1\}P\{Y=1\}$$
$$=P\{-1\leqslant X\leqslant 1\}P\{Y=-1\}+P\{X\leqslant 1\}P\{Y=1\}$$
$$=\frac{1}{2}[\Phi(1)-\Phi(-1)]+\frac{1}{2}\Phi(1)=\frac{1}{2}[3\Phi(1)-1],$$

而 $P\{X\leqslant 1\}P\{Z\leqslant 1\}=\Phi(1)\Phi(1)$，所以 $P\{X\leqslant 1,Z\leqslant 1\}\neq P\{X\geqslant 1\}P\{Z\leqslant 1\}$，即 X 与 Z 不相互独立.

评注　(1) 由本例知，若 $X\sim N(0,1)$，Y 服从两点分布，则 $Z=XY\sim N(0,1)$.Z 是离散型随机变量与连续型随机变量之积，它是连续型随机变量.

(2) 虽然 $Z=\begin{cases}-X, & Y=-1,\\ X, & Y=1,\end{cases}$ 但 X 与 Z 不相关.同时注意 X 与 Z 不独立的证明方法.

13. 利用随机变量的和式分解计算数字特征

【解题方法与技巧】

有时直接求随机变量的数学期望与方差比较困难，此时可考虑将随机变量分解成若干个比较容易计算数学期望与方差的随机变量之和，然后再利用数学期望与方差的性质，即可求得原随机变量的数学期望与方差.常用的公式有

$$\mathrm{E}(X_1+X_2+\cdots+X_n)=\mathrm{E}(X_1)+\mathrm{E}(X_2)+\cdots+\mathrm{E}(X_n),$$

$$\mathrm{D}(X_1+X_2+\cdots+X_n)=\mathrm{D}(X_1)+\mathrm{D}(X_2)+\cdots+\mathrm{D}(X_n)+2\sum_{1\leqslant i<j\leqslant n}\mathrm{cov}(X_i,X_j).$$

当 $X_1,X_2,\cdots,X_n$ 相互独立时，有

$$\mathrm{D}(X_1+X_2+\cdots+X_n)=\mathrm{D}(X_1)+\mathrm{D}(X_2)+\cdots+\mathrm{D}(X_n).$$

例 4.13.1　掷一颗均匀的骰子直到所有点数全部出现为止，求所需抛掷次数 X 的数学期望与方差.

分析　引入相互独立的随机变量，使抛掷次数 X 分解为它们之和.

解　引入随机变量 $X_i(i=1,2,\cdots,6)$：

$X_1=1$，

X_2表示第 1 个点数得到后，等待第 2 个不同点数出现所需抛掷的次数，

X_3表示第 1,2 个点数得到后，等待第 3 个不同点数出现所需抛掷的次数，

……………

X_6表示第 1，…，5 个点数得到后，等待第 6 个不同点数出现所需抛掷的次数，

则

$$X_2 \sim G(5/6),\quad E(X_2)=6/5,\quad D(X_2)=6/25,$$
$$X_3 \sim G(2/3),\quad E(X_3)=3/2,\quad D(X_3)=3/4,$$
$$X_4 \sim G(1/2),\quad E(X_4)=2,\quad D(X_4)=2,$$
$$X_5 \sim G(1/3),\quad E(X_5)=3,\quad D(X_5)=6,$$
$$X_6 \sim G(1/6),\quad E(X_6)=6,\quad D(X_6)=30,$$

其中 $G(p)$ 表示参数为 p 的几何分布.又 $X=X_1+X_2+\cdots+X_6$,且 $X_1,X_2,\cdots,X_6$ 相互独立,则

$$E(X)=E(X_1+X_2+\cdots+X_6)=E(X_1)+E(X_2)+\cdots+E(X_6)=13.7,$$
$$D(X)=D(X_1+X_2+\cdots+X_6)=D(X_1)+D(X_2)+\cdots+D(X_6)=38.99.$$

评注 求解本例的关键是引入随机变量 $X_1,\cdots,X_6$ 及确定 $X_2\sim G(5/6)$,$X_3\sim G(2/3)$ 等.

例 4.13.2 为了诊断在 100 人中是否有人患某种疾病,需要验血.采用的方法是:分成 10 人一组(共分 10 组),将每组 10 人的血样集中起来一起检验,若化验结果为阴性,则每人都是阴性,10 人化验 1 次即可.若化验结果为阳性,说明 10 人中至少有 1 人为阳性,则必须分别对每个人单独化验 1 次,这时 10 人就要化验 11 次.假设每人患此病的概率为 0.05,且各人是否患此病相互独立,并认为化验是准确的,试求这 100 人所需化验次数的数学期望.

分析 引入随机变量,使 100 人所需化验次数 X 分解为它们之和.

解 引入随机变量 X_i 如下:

$$X_i=\begin{cases}1, & \text{第 } i \text{ 组 10 人化验为阴性},\\ 11, & \text{第 } i \text{ 组 10 人化验为阳性}\end{cases}\quad (i=1,2,\cdots,10).$$

因任何一人患此病(化验结果为阳性)的概率为 0.05,不患此病的概率为 0.95,故

$$P\{X_i=1\}=P\{10\text{ 人都不患此病}\}=0.95^{10}\approx 0.5987,$$
$$P\{X_i=11\}=P\{10\text{ 人中至少 1 人患此病}\}=1-0.95^{10}\approx 0.4013,$$
$$E(X_i)=1\times P\{X_i=1\}+11\times P\{X_i=11\}$$
$$\approx 1\times 0.5987+11\times 0.4013=5.013.$$

记 X 为 100 人需化验的次数,则 $X=X_1+X_2+\cdots+X_{10}$,所以

$$E(X)=E(X_1)+E(X_2)+\cdots+E(X_{10})\approx 50.13.$$

评注 按如上方法,100 人需化验次数的期望值约为 50 次,显然这方法是行之有效的.

例 4.13.3 某班共有 n 名新生,班长从系里领来他们所有的学生证,随机地发给每一同学,求恰好拿到本人学生证的人数 X 的数学期望与方差.

解 引入随机变量

$$X_i=\begin{cases}1, & \text{第 } i \text{ 名学生拿到自己的学生证},\\ 0, & \text{第 } i \text{ 名学生没拿到自己的学生证}\end{cases}\quad (i=1,2,\cdots,n).$$

则
$$E(X_i)=1/n,\quad D(X_i)=1/n-1/n^2\quad (i=1,2,\cdots,n),$$

且 $X=X_1+\cdots+X_n$.注意 $X_1,X_2,\cdots,X_n$ 不相互独立,这是因为若 $X_i=0$,表明第 i 名学生拿错了学生证,所以同样一定还有某 $X_j(i\neq j)=0$,即至少还有一学生拿错了学生证.于是

$$\mathrm{E}(X)=\mathrm{E}(X_1+\cdots+X_n)=\mathrm{E}(X_1)+\cdots+\mathrm{E}(X_n)=1,$$

又

$$P\{X_iX_j=1\}=P\{X_j=1|X_i=1\}P\{X_i=1\}$$
$$=\frac{1}{n-1}\times\frac{1}{n}\quad(i,j=1,2,\cdots,n;i\neq j),$$

由此得 X_iX_j 的概率分布为

X_iX_j	0	1
P	$1-\frac{1}{n(n-1)}$	$\frac{1}{n(n-1)}$

于是 $\mathrm{E}(X_iX_j)=\frac{1}{n(n-1)}(i,j=1,2,\cdots,n;i\neq j)$, 从而

$$\mathrm{cov}(X_i,X_j)=\mathrm{E}(X_iX_j)-\mathrm{E}(X_i)\,\mathrm{E}(X_j)=\frac{1}{n^2(n-1)}\quad(i,j=1,2,\cdots,n;i\neq j),$$

$$\mathrm{D}(X)=\mathrm{D}(X_1+\cdots+X_n)=\mathrm{D}(X_1)+\cdots+\mathrm{D}(X_n)+2\sum_{1\leqslant i<j\leqslant n}\mathrm{cov}(X_i,X_j)$$
$$=n\left(\frac{1}{n}-\frac{1}{n^2}\right)+2\mathrm{C}_n^2\,\frac{1}{n^2(n-1)}=1.$$

评注　因 $X_1,X_2,\cdots,X_n$ 不相互独立,因此

$$\mathrm{D}(X)=\mathrm{D}(X_1+\cdots+X_n)=\mathrm{D}(X_1)+\cdots+\mathrm{D}(X_n)+2\sum_{1\leqslant i<j\leqslant n}\mathrm{cov}(X_i,X_j).$$

例 4.13.4　将一颗均匀的骰子独立地抛掷 n 次,求 2 点与 5 点出现的次数的协方差和相关系数.

解　设 X 为 2 点出现的次数,Y 为 5 点出现的次数,记

$$X_i=\begin{cases}1, & \text{第 } i \text{ 次掷出 2 点},\\ 0, & \text{其他}\end{cases}\quad(i=1,2,\cdots,n),$$

$$Y_j=\begin{cases}1, & \text{第 } j \text{ 次掷出 5 点},\\ 0, & \text{其他}\end{cases}\quad(j=1,2,\cdots,n),$$

则 $X_1,X_2,\cdots,X_n$ 相互独立,且

$$X=X_1+X_2+\cdots+X_n\sim B(n,1/6),$$
$$\mathrm{E}(X_i)=1/6,\quad \mathrm{D}(X_i)=5/36\quad(i=1,2,\cdots,n),$$

于是

$$\mathrm{D}(X)=\mathrm{D}(X_1+\cdots+X_n)=5n/36;$$

同理

$$Y=Y_1+Y_2+\cdots+Y_n\sim B(n,1/6),$$
$$\mathrm{E}(Y_j)=1/6,\quad \mathrm{D}(Y_j)=5/36\quad(j=1,2,\cdots,n),$$
$$\mathrm{D}(Y)=\mathrm{D}(Y_1+\cdots+Y_n)=5n/36.$$

所以

$$\begin{aligned}\operatorname{cov}(X,Y)&=\operatorname{cov}(X_1+\cdots+X_n,Y_1+\cdots+Y_n)\\&=\operatorname{cov}(X_1,Y_1)+\operatorname{cov}(X_2,Y_2)+\cdots+\operatorname{cov}(X_n,Y_n)\\&=n[\mathrm{E}(X_iY_i)-\mathrm{E}(X_i)\mathrm{E}(Y_i)],\end{aligned}$$

其中由于 X_i 与 Y_j 独立,所以 $\operatorname{cov}(X_i,Y_j)=0(i,j=1,2,\cdots,n;i\neq j)$.又因 $X_iY_i(i=1,2,\cdots,n)$的分布律为

X_iY_i	0	1
P	1	0

所以 $$\mathrm{E}(X_iY_i)=0\quad(i=1,2,\cdots,n).$$

于是

$$\operatorname{cov}(X,Y)=n\left(0-\frac{1}{6}\times\frac{1}{6}\right)=-\frac{n}{36},$$

$$\rho_{XY}=\frac{\operatorname{cov}(X,Y)}{\sqrt{\mathrm{D}(X)}\sqrt{\mathrm{D}(Y)}}=\frac{-n/36}{\sqrt{5n/36}\sqrt{5n/36}}=-\frac{1}{5}.$$

评注 将随机变量进行独立分解,可简便地计算 $\mathrm{D}(X),\mathrm{D}(Y)$及 $\operatorname{cov}(X,Y)$,进而易得 ρ_{XY}.

14. 二维正态分布数字特征的有关问题

【解题方法与技巧】

(1) 若随机变量 X_1,X_2 分别服从正态分布 $N(\mu_1,\sigma_1^2),N(\mu_2,\sigma_2^2)$,且 X_1,X_2 相互独立,则随机变量(X_1,X_2)服从二维正态分布 $N(\mu_1,\mu_2,\sigma_1^2,\sigma_2^2,0)$.

(2) 若随机变量(X_1,X_2)服从二维正态分布 $N(\mu_1,\mu_2,\sigma_1^2,\sigma_2^2,\rho)$,则 X_1 服从正态分布 $N(\mu_1,\sigma_1^2)$,X_2 服从正态分布 $N(\mu_2,\sigma_2^2)$.

(3) 随机变量(X_1,X_2)服从二维正态分布$\Longleftrightarrow X_1,X_2$ 的任意线性组合 $k_1X_1+k_2X_2$(其中 k_1,k_2 不全为 0)服从正态分布.

(4) 若随机变量(X_1,X_2)服从二维正态分布,设 $Y_1=a_1X_1+a_2X_2,Y_2=b_1X_1+b_2X_2$,且行列式 $\begin{vmatrix}a_1&a_2\\b_1&b_2\end{vmatrix}\neq 0$,则随机变量$(Y_1,Y_2)$也服从二维正态分布.此性质称为正态随机变量的线性变换不变性.

(5) 设随机变量(X_1,X_2)服从二维正态分布,则"X_1 与 X_2 相互独立"等价于"X_1 与 X_2 不相关".

以上结论均可推广至有限个随机变量的情形.

例 4.14.1 若随机变量 $X_i\sim N(\mu_i,\sigma_i^2)(i=1,2)$,且相互独立,试求 X_1+X_2 与 X_1-X_2

的数学期望、方差、相关系数、联合分布及 X_1+X_2 与 X_1-X_2 相互独立的充要条件.

分析　因 X_1 与 X_2 独立且均服从正态分布，由解题方法与技巧(1)知，(X_1,X_2) 服从二维正态分布，又由解题方法与技巧(4)知，(X_1+X_2,X_1-X_2) 服从二维正态分布，所以相互独立的充要条件就是 $\rho_{X_1+X_2,X_1-X_2}=0$，进而再确定各数字特征.

解　由 $X_i\sim N(\mu_i,\sigma_i^2)(i=1,2)$ 且相互独立知，(X_1,X_2) 服从二维正态分布.又根据正态随机变量的线性变换不变性知，(X_1+X_2,X_1-X_2) 也服从二维正态分布.又由题设有

$$
\begin{aligned}
&\mathrm{E}(X_1+X_2)=\mathrm{E}(X_1)+\mathrm{E}(X_2)=\mu_1+\mu_2,\\
&\mathrm{E}(X_1-X_2)=\mathrm{E}(X_1)-\mathrm{E}(X_2)=\mu_1-\mu_2,\\
&\mathrm{D}(X_1+X_2)=\mathrm{D}(X_1)+\mathrm{D}(X_2)=\sigma_1^2+\sigma_2^2,\\
&\mathrm{D}(X_1-X_2)=\mathrm{D}(X_1)+\mathrm{D}(X_2)=\sigma_1^2+\sigma_2^2,\\
&\mathrm{cov}(X_1+X_2,X_1-X_2)=\mathrm{cov}(X_1,X_1)-\mathrm{cov}(X_2,X_2)\\
&\qquad=\mathrm{D}(X_1)-\mathrm{D}(X_2)=\sigma_1^2-\sigma_2^2,
\end{aligned}
$$

$$
\rho_{X_1+X_2,X_1-X_2}=\frac{\mathrm{cov}(X_1+X_2,X_1-X_2)}{\sqrt{\mathrm{D}(X_1+X_2)}\sqrt{\mathrm{D}(X_1-X_2)}}=\frac{\sigma_1^2-\sigma_2^2}{\sigma_1^2+\sigma_2^2},
$$

所以 (X_1+X_2,X_1-X_2) 服从二维正态分布

$$
N\left(\mu_1+\mu_2,\ \mu_1-\mu_2,\ \sigma_1^2+\sigma_2^2,\ \sigma_1^2+\sigma_2^2,\ \frac{\sigma_1^2-\sigma_2^2}{\sigma_1^2+\sigma_2^2}\right).
$$

因此 X_1+X_2 与 X_1-X_2 相互独立的充要条件是 $\rho_{X_1+X_2,X_1-X_2}=0$，即 $\sigma_1=\sigma_2$.

评注　求解本例的关键是依据正态随机变量的线性变换不变性确定 (X_1+X_2,X_1-X_2) 服从二维正态分布.

例 4.14.2　设二维随机变量 $(X,Y)\sim N(0,0,\sigma^2,\sigma^2,0)$，并记 $\xi=aX+bY$，$\eta=aX-bY$，$ab\neq0$.

(1) 求 ξ 与 η 的相关系数 $\rho_{\xi\eta}$；　(2) 问 ξ 与 η 是否相关？是否相互独立？

(3) 若 ξ 与 η 相互独立，求 (ξ,η) 的联合概率密度.

分析　(1) 依据相关系数的定义求解；(2) 由不相关与独立的定义来判别；(3) 先确定 (ξ,η) 所服从的分布，再确定概率密度.

解　(1) 因为 $(X,Y)\sim N(0,0,\sigma^2,\sigma^2,0)$，所以 $X\sim N(0,\sigma^2)$，$Y\sim N(0,\sigma^2)$，且 X 与 Y 相互独立.于是

$$
\begin{aligned}
&\mathrm{E}(X)=\mathrm{E}(Y)=0,\quad \mathrm{D}(X)=\mathrm{D}(Y)=\sigma^2,\\
&\mathrm{E}(\xi)=\mathrm{E}(aX+bY)=a\mathrm{E}(X)+b\mathrm{E}(Y)=0,\\
&\mathrm{E}(\eta)=\mathrm{E}(aX-bY)=a\mathrm{E}(X)-b\mathrm{E}(Y)=0,\\
&\mathrm{E}(\xi\eta)=\mathrm{E}(a^2X^2-b^2Y^2)=a^2\mathrm{E}(X^2)-b^2\mathrm{E}(Y^2)\\
&\qquad=a^2\{\mathrm{D}(X)+[\mathrm{E}(X)]^2\}-b^2\{\mathrm{D}(Y)+[\mathrm{E}(Y)]^2\}\\
&\qquad=(a^2-b^2)\sigma^2,
\end{aligned}
$$

$$\mathrm{cov}(\xi,\eta)=\mathrm{E}(\xi\eta)-\mathrm{E}(\xi)\mathrm{E}(\eta)=(a^2-b^2)\sigma^2.$$

由于 X 与 Y 相互独立，从而 aX 与 bY 相互独立，因此

$$\mathrm{D}(\xi)=\mathrm{D}(aX+bY)=a^2\mathrm{D}(X)+b^2\mathrm{D}(Y)=(a^2+b^2)\sigma^2,$$

$$\mathrm{D}(\eta)=\mathrm{D}(aX-bY)=a^2\mathrm{D}(X)+b^2\mathrm{D}(Y)=(a^2+b^2)\sigma^2.$$

所以 ξ 与 η 的相关系数为

$$\rho_{\xi\eta}=\frac{\mathrm{cov}(\xi,\eta)}{\sqrt{\mathrm{D}(\xi)}\sqrt{\mathrm{D}(\eta)}}=\frac{a^2-b^2}{a^2+b^2}.$$

(2) 当 $|a|\neq|b|$ 时，$\rho_{\xi\eta}\neq0$，ξ 与 η 不是不相关的，从而 ξ 与 η 不独立.

当 $|a|=|b|$ 时，$\rho_{\xi\eta}=0$，ξ 与 η 不相关.又由正态随机变量的线性变换不变性可知，(ξ,η) 服从二维正态分布，所以由 ξ 与 η 不相关必有 ξ 与 η 相互独立.

(3) 若 ξ 与 η 相互独立，则 ξ 与 η 不相关.所以 $|a|=|b|$.又 (ξ,η) 服从二维正态分布，且 $\mathrm{E}(\xi)=\mathrm{E}(\eta)=0$，$\mathrm{D}(\xi)=\mathrm{D}(\eta)=(a^2+b^2)\sigma^2$，所以 $(\xi,\eta)\sim N(0,0,2a^2\sigma^2,2a^2\sigma^2,0)$，于是其概率密度为

$$f(s,t)=\frac{1}{4\pi a^2\sigma^2}\mathrm{e}^{-\frac{s^2+t^2}{4a^2\sigma^2}}\quad(-\infty<s,t<+\infty).$$

评注 求解本例的关键是确定 (ξ,η) 服从二维正态分布.

例 4.14.3 设二维随机变量 $(X,Y)\sim N(25,35,2^2,4^2,3/4)$，$Z=3X-2Y$.

(1) 求 $P\{-9\leqslant Z\leqslant19\}$. (2) X 与 Z 是否不相关？为什么？

(3) X 与 Z 是否独立？为什么？

分析 (1) 先确定 $Z=3X-2Y$ 所服从的分布，再求概率；(2) 依据相关系数判断相关性；(3) 由正态随机变量的线性变换不变性知 (X,Z) 服从二维正态分布，再依不相关性判断独立性.

解 (1) 因为 $(X,Y)\sim N(25,35,2^2,4^2,3/4)$，所以 $\mathrm{E}(X)=25$，$\mathrm{D}(X)=2^2$，$\mathrm{E}(Y)=35$，$\mathrm{D}(Y)=4^2$，$\rho_{XY}=3/4$，且 $Z=3X-2Y$ 服从正态分布.于是

$$\mathrm{E}(Z)=\mathrm{E}(3X-2Y)=3\mathrm{E}(X)-2\mathrm{E}(Y)=3\times25-2\times35=5,$$

$$\begin{aligned}\mathrm{D}(Z)&=\mathrm{D}(3X-2Y)=3^2\mathrm{D}(X)+2^2\mathrm{D}(Y)-12\mathrm{cov}(X,Y)\\&=3^2\times2^2+2^2\times4^2-12\rho_{XY}\sqrt{\mathrm{D}(X)}\sqrt{\mathrm{D}(Y)}\\&=3^2\times2^2+2^2\times4^2-12\times\frac{3}{4}\times2\times4=28,\end{aligned}$$

故 $Z\sim N(5,28)$.所以

$$\begin{aligned}P\{-9\leqslant Z\leqslant19\}&=P\left\{\frac{-9-5}{\sqrt{28}}\leqslant\frac{Z-5}{\sqrt{28}}\leqslant\frac{19-5}{\sqrt{28}}\right\}\\&=\Phi(2.65)-\Phi(-2.65)\approx2\times0.996-1=0.992.\end{aligned}$$

(2) 由于

$$\mathrm{cov}(X,Z)=\mathrm{cov}(X,3X-2Y)=3\mathrm{D}(X)-2\mathrm{cov}(X,Y)$$

$$=3\times 2^2-2\rho_{XY}\sqrt{D(X)}\sqrt{D(Y)}=0,$$

因此 X 与 Z 不相关.

(3) 因为(X,Y)服从二维正态分布,所以由正态随机变量的线性变换不变性知,(X,Z)也服从二维正态分布,又 X 与 Z 不相关,因此 X 与 Z 相互独立.

评注　表面上看 X 与 Z 似乎是相关的,但理论证明告诉我们它们是不相关的,且相互独立.

例 4.14.4　设随机变量(X,Y)服从二维正态分布 $N(0,0,1,1,\rho)$,求:

(1) $T=\min\{X,Y\}$的数学期望;　　(2) $X-Y$ 与 XY 的协方差.

分析　由题设可知 $X-Y\sim N(0,2-2\rho)$,由此可确定 $X-Y$ 的概率密度,进而可确定 $E(|X-Y|)$,而 $\min\{X,Y\}=\frac{1}{2}(X+Y-|X-Y|)$,于是可求 $E(\min\{X,Y\})$.

解　(1) 由题设,$X\sim N(0,1)$,$Y\sim N(0,1)$,注意 X 与 Y 未必相互独立.由于

$$T=\min\{X,Y\}=\frac{1}{2}(X+Y-|X-Y|),$$

因此

$$E(T)=\frac{1}{2}[E(X)+E(Y)-E(|X-Y|)]=-\frac{1}{2}E(|X-Y|).$$

因为(X,Y)服从二维正态分布,所以 $X-Y$ 服从正态分布.又

$$E(X-Y)=E(X)-E(Y)=0,$$

$$D(X-Y)=D(X)+D(Y)-2\rho\sqrt{D(X)}\sqrt{D(Y)}=2-2\rho,$$

于是 $Z=X-Y\sim N(0,2-2\rho)$,其概率密度为

$$f_Z(z)=\frac{1}{\sqrt{2\pi(2-2\rho)}}e^{-\frac{z^2}{2(2-2\rho)}}\quad(-\infty<z<+\infty).$$

由此得

$$E(|X-Y|)=E(|Z|)=\int_{-\infty}^{+\infty}|z|\,f_Z(z)\mathrm{d}z=\frac{2}{\sqrt{2\pi(2-2\rho)}}\int_0^{+\infty}z\,e^{-\frac{z^2}{2(2-2\rho)}}\mathrm{d}z=2\sqrt{\frac{1-\rho}{\pi}},$$

所以

$$E(\min\{X,Y\})=-\frac{1}{2}E(|X-Y|)=-\sqrt{\frac{1-\rho}{\pi}}.$$

(2) 因为

$$\begin{aligned}\operatorname{cov}(X-Y,XY)&=\operatorname{cov}(X,XY)-\operatorname{cov}(Y,XY)\\&=E(X^2Y)-E(X)E(XY)-E(XY^2)+E(Y)E(XY),\end{aligned}$$

而由对称性知 $E(X^2Y)=E(XY^2)$,所以

$$\operatorname{cov}(X-Y,XY)=E(Y)E(XY)-E(X)E(XY)=0,$$

即 $X-Y$ 与 XY 不相关.

评注　求解本例的关键是利用公式 $\min\{X,Y\}=\frac{1}{2}(X+Y-|X-Y|)$及确定 $X-Y$ 所服从的分布.

15. 综合例题

例 4.15.1　已知随机变量(X,Y)服从二维正态分布$N(1,0,3^2,4^2,-1/2)$，设$Z=X/3+Y/2$.

(1) 求$\mathrm{E}(Z)$和$\mathrm{D}(Z)$；　(2) 求ρ_{XZ}；　(3) 问X与Z是否相互独立？为什么？

解　(1) 由题设，$\mathrm{E}(X)=1,\mathrm{D}(X)=3^2,\mathrm{E}(Y)=0,\mathrm{D}(Y)=4^2$，于是

$$\mathrm{E}(Z)=\mathrm{E}\left(\frac{X}{3}+\frac{Y}{2}\right)=\frac{1}{3}\mathrm{E}(X)+\frac{1}{2}\mathrm{E}(Y)=\frac{1}{3},$$

$$\mathrm{cov}(X,Y)=\rho_{XY}\sqrt{\mathrm{D}(X)}\sqrt{\mathrm{D}(Y)}=-6,$$

$$\mathrm{D}(Z)=\mathrm{D}\left(\frac{X}{3}+\frac{Y}{2}\right)=\frac{1}{3^2}\mathrm{D}(X)+\frac{1}{2^2}\mathrm{D}(Y)+2\times\frac{1}{3}\times\frac{1}{2}\mathrm{cov}(X,Y)=3.$$

(2) $$\mathrm{cov}(X,Z)=\mathrm{cov}\left(X,\frac{X}{3}+\frac{Y}{2}\right)=\mathrm{cov}\left(X,\frac{X}{3}\right)+\mathrm{cov}\left(X,\frac{Y}{2}\right)$$

$$=\frac{1}{3}\mathrm{D}(X)+\frac{1}{2}\mathrm{cov}(X,Y)=\frac{1}{3}\times3^2+\frac{1}{2}\times(-6)=0,$$

故
$$\rho_{XZ}=\frac{\mathrm{cov}(X,Z)}{\sqrt{\mathrm{D}(X)}\sqrt{\mathrm{D}(Z)}}=0.$$

(3) 因为(X,Y)服从二维正态分布，所以由正态随机变量的线性变换不变性知(X,Z)服从二维正态分布.又由(2)知X与Z不相关，故X与Z相互独立.

评注　表面上看似相关的两随机变量，实际上不仅不相关且相互独立.可见，关于独立性的判别还应从理论上证明.

例 4.15.2　设二维随机变量(X,Y)的概率密度为$f(x,y)=\frac{1}{2}[\varphi_1(x,y)+\varphi_2(x,y)]$，其中$\varphi_1(x,y)$和$\varphi_2(x,y)$都是二维正态概率密度函数，且它们对应的两随机变量的相关系数分别为1/3和$-1/3$，它们的边缘概率密度所对应随机变量的数学期望都是0，方差都是1.

(1) 求随机变量X,Y的概率密度$f_X(x),f_Y(y)$及X与Y的相关系数；

(2) X与Y是否独立？为什么？

分析　(1) 以$\varphi_1(x,y),\varphi_2(x,y)$为联合概率密度的随机变量分别服从二维正态分布$N(0,0,1,1,1/3)$和$N(0,0,1,1,-1/3)$，进而可确定边缘概率密度及相关系数.

(2) 由题设确定$\varphi_1(x,y)$和$\varphi_2(x,y)$的表达式，进而确定$f(x,y)$的表达式，再考查$f(x,y)=f_X(x)f_Y(y)$是否几乎处处成立.

解　(1) 由题设，以$\varphi_1(x,y)$为联合概率密度的随机变量服从二维正态分布$N(0,0,1,1,1/3)$，其边缘分布均为$N(0,1)$；以$\varphi_2(x,y)$为联合概率密度的随机变量服从二维正态分布$N(0,0,1,1,-1/3)$，其边缘分布也均为$N(0,1)$.因为

$$f_X(x)=\int_{-\infty}^{+\infty}f(x,y)\mathrm{d}y=\frac{1}{2}\left[\int_{-\infty}^{+\infty}\varphi_1(x,y)\mathrm{d}y+\int_{-\infty}^{+\infty}\varphi_2(x,y)\mathrm{d}y\right],$$

而
$$\int_{-\infty}^{+\infty}\varphi_1(x,y)\mathrm{d}y=\frac{1}{\sqrt{2\pi}}\mathrm{e}^{-\frac{x^2}{2}},\quad\int_{-\infty}^{+\infty}\varphi_2(x,y)\mathrm{d}y=\frac{1}{\sqrt{2\pi}}\mathrm{e}^{-\frac{x^2}{2}},$$

所以 $f_X(x)=\dfrac{1}{\sqrt{2\pi}}e^{-\frac{x^2}{2}}$；同理 $f_Y(y)=\dfrac{1}{\sqrt{2\pi}}e^{-\frac{y^2}{2}}$.因此 $X\sim N(0,1),Y\sim N(0,1)$，可见 $\mathrm{E}(X)=\mathrm{E}(Y)=0,\mathrm{D}(X)=\mathrm{D}(Y)=1$.于是

$$\begin{aligned}\mathrm{cov}(X,Y)&=\mathrm{E}(XY)-\mathrm{E}(X)\mathrm{E}(Y)=\mathrm{E}(XY)=\int_{-\infty}^{+\infty}\int_{-\infty}^{+\infty}xyf(x,y)\mathrm{d}x\mathrm{d}y\\&=\frac{1}{2}\left[\int_{-\infty}^{+\infty}\int_{-\infty}^{+\infty}xy\varphi_1(x,y)\mathrm{d}x\mathrm{d}y+\int_{-\infty}^{+\infty}\int_{-\infty}^{+\infty}xy\varphi_2(x,y)\mathrm{d}x\mathrm{d}y\right]\\&=\frac{1}{2}\left(\frac{1}{3}-\frac{1}{3}\right)=0,\end{aligned}$$

其中由题意，

$\displaystyle\int_{-\infty}^{+\infty}\int_{-\infty}^{+\infty}xy\varphi_1(x,y)\mathrm{d}x\mathrm{d}y=\frac{1}{3}$，　（$\varphi_1(x,y)$ 所对应的两随机变量的相关系数）

$\displaystyle\int_{-\infty}^{+\infty}\int_{-\infty}^{+\infty}xy\varphi_2(x,y)\mathrm{d}x\mathrm{d}y=-\frac{1}{3}$，　（$\varphi_2(x,y)$ 所对应的两随机变量的相关系数）

所以 X 与 Y 的相关系数为

$$\rho_{XY}=\frac{\mathrm{cov}(X,Y)}{\sqrt{\mathrm{D}(X)}\sqrt{\mathrm{D}(Y)}}=0.$$

（2）由题设，以 $\varphi_1(x,y)$ 为概率密度的随机变量服从二维正态分布 $N(0,0,1,1,1/3)$，所以

$$\varphi_1(x,y)=\frac{1}{2\pi\sqrt{1-(1/3)^2}}e^{\frac{-1}{2[1-(1/3)]^2}\left(x^2-\frac{2}{3}xy+y^2\right)}\quad(-\infty<x,y<+\infty);$$

以 $\varphi_2(x,y)$ 为概率密度的随机变量服从二维正态分布 $N(0,0,1,1,-1/3)$，所以

$$\varphi_2(x,y)=\frac{1}{2\pi\sqrt{1-(-1/3)^2}}e^{\frac{-1}{2[1-(-1/3)]^2}\left(x^2+\frac{2}{3}xy+y^2\right)}\quad(-\infty<x,y<+\infty).$$

由此得

$$\begin{aligned}f(x,y)&=\frac{1}{2}[\varphi_1(x,y)+\varphi_2(x,y)]\\&=\frac{3}{8\pi\sqrt{2}}\left[e^{-\frac{9}{16}\left(x^2-\frac{2}{3}xy+y^2\right)}+e^{-\frac{9}{16}\left(x^2+\frac{2}{3}xy+y^2\right)}\right]\quad(-\infty<x,y<+\infty).\end{aligned}$$

显然 $f(x,y)\neq f_X(x)f_Y(y)$，故 X 与 Y 不相互独立.

评注　（1）求解本例的关键是由以 $\varphi_1(x,y)$ 和 $\varphi_2(x,y)$ 为联合概率密度的边缘密度来确定 $f_X(x),f_Y(y)$，由 $\varphi_1(x,y)$ 和 $\varphi_2(x,y)$ 的表达式确定 $f(x,y)$ 的表达式，再考查独立性.

（2）以 $f(x,y)$ 为联合概率密度的随机变量 (X,Y) 不服从二维正态分布.因为若 (X,Y) 服从二维正态分布，由 X 与 Y 不相关可知 X 与 Y 必相互独立，但该题的结论是 X 与 Y 不相互独立.

例 4.15.3　设 $\varphi(x)=\dfrac{1}{\sqrt{2\pi}}e^{-\frac{x^2}{2}}(-\infty<x<+\infty)$，$g(x)=\begin{cases}\cos x, & |x|<\pi,\\ 0, & |x|\geqslant\pi,\end{cases}$ 又

$$f(x,y)=\varphi(x)\varphi(y)+\frac{1}{2\pi}\mathrm{e}^{-\pi^2}g(x)g(y)\quad(-\infty<x,y<+\infty),$$

证明：(1) $f(x,y)$是某二维随机变量(X,Y)的联合概率密度；

(2) (X,Y)的边缘分布都是正态分布；　(3) 相关系数 $\rho_{XY}=0$；

(4) X 与 Y 不相互独立；　(5) (X,Y)不服从二维正态分布.

分析　(1) 验证 $f(x,y)$具有非负性与规范性；(2) 先确定边缘概率密度，再说明边缘分布是正态分布；(3) 依据相关系数的定义证明 $\rho_{XY}=0$；(4) 通过考查 $f(x,y)=f_X(x)f_Y(y)$是否几乎处处成立来证明独立性；(5) 从 $f(x,y)$的表达式判定(X,Y)不服从二维正态分布.

证　(1) 由题设

$$f(x,y)=\begin{cases}\dfrac{1}{2\pi}\mathrm{e}^{-\frac{1}{2}(x^2+y^2)}+\dfrac{1}{2\pi}\mathrm{e}^{-\pi^2}\cos x\cos y, & -\pi<x,y<\pi,\\ \dfrac{1}{2\pi}\mathrm{e}^{-\frac{1}{2}(x^2+y^2)}, & \text{其他}.\end{cases}$$

当$-\pi<x,y<\pi$ 时，$\frac{1}{2}(x^2+y^2)<\pi^2$，从而 $\mathrm{e}^{-\frac{1}{2}(x^2+y^2)}>\mathrm{e}^{-\pi^2}$，又 $|\cos x\cos y|\leqslant 1$，所以 $\frac{1}{2\pi}\mathrm{e}^{-\frac{1}{2}(x^2+y^2)}+\frac{1}{2\pi}\mathrm{e}^{-\pi^2}\cos x\cos y>0$，故 $f(x,y)>0\ (-\infty<x,y<+\infty)$.

下面证明 $f(x,y)$具有规范性：

$$\begin{aligned}\int_{-\infty}^{+\infty}\int_{-\infty}^{+\infty}f(x,y)\mathrm{d}x\mathrm{d}y&=\int_{-\infty}^{+\infty}\int_{-\infty}^{+\infty}\frac{1}{2\pi}\mathrm{e}^{-\frac{1}{2}(x^2+y^2)}\mathrm{d}y\mathrm{d}x+\int_{-\pi}^{\pi}\int_{-\pi}^{\pi}\frac{1}{2\pi}\mathrm{e}^{-\pi^2}\cos x\cos y\mathrm{d}y\mathrm{d}x\\&=\frac{1}{2\pi}\int_{-\infty}^{+\infty}\mathrm{e}^{-\frac{1}{2}x^2}\mathrm{d}x\int_{-\infty}^{+\infty}\mathrm{e}^{-\frac{1}{2}y^2}\mathrm{d}y+\frac{1}{2\pi}\mathrm{e}^{-\pi^2}\int_{-\pi}^{\pi}\cos x\mathrm{d}x\int_{-\pi}^{\pi}\cos y\mathrm{d}y=1+0=1.\end{aligned}$$

于是 $f(x,y)$为某二维随机变量(X,Y)的联合概率密度.

(2)
$$\begin{aligned}f_X(x)&=\int_{-\infty}^{+\infty}f(x,y)\mathrm{d}y=\int_{-\infty}^{+\infty}\frac{1}{2\pi}\mathrm{e}^{-\frac{1}{2}(x^2+y^2)}\mathrm{d}y+\int_{-\pi}^{\pi}\frac{1}{2\pi}\mathrm{e}^{-\pi^2}\cos x\cos y\mathrm{d}y\\&=\frac{1}{2\pi}\mathrm{e}^{-\frac{1}{2}x^2}\int_{-\infty}^{+\infty}\mathrm{e}^{-\frac{1}{2}y^2}\mathrm{d}y+\frac{1}{2\pi}\mathrm{e}^{-\pi^2}\cos x\int_{-\pi}^{\pi}\cos y\mathrm{d}y\\&=\frac{1}{\sqrt{2\pi}}\mathrm{e}^{-\frac{1}{2}x^2}\quad(-\infty<x<+\infty).\end{aligned}$$

类似地 $f_Y(y)=\frac{1}{\sqrt{2\pi}}\mathrm{e}^{-\frac{1}{2}y^2}\ (-\infty<y<+\infty)$.所以 $X\sim N(0,1)$，$Y\sim N(0,1)$，即 X,Y 都服从标准正态分布.

(3) 由(2)知，$\mathrm{E}(X)=0=\mathrm{E}(Y)$，$\mathrm{D}(X)=\mathrm{D}(Y)=1$，又

$$\begin{aligned}\mathrm{E}(XY)&=\int_{-\infty}^{+\infty}\int_{-\infty}^{+\infty}xyf(x,y)\mathrm{d}x\mathrm{d}y\\&=\int_{-\infty}^{+\infty}\int_{-\infty}^{+\infty}xy\frac{1}{2\pi}\mathrm{e}^{-\frac{1}{2}(x^2+y^2)}\mathrm{d}x\mathrm{d}y+\int_{-\pi}^{\pi}\int_{-\pi}^{\pi}xy\frac{1}{2\pi}\mathrm{e}^{-\pi^2}\cos x\cos y\mathrm{d}x\mathrm{d}y\\&=\frac{1}{2\pi}\int_{-\infty}^{+\infty}x\mathrm{e}^{-\frac{1}{2}x^2}\mathrm{d}x\int_{-\infty}^{+\infty}y\mathrm{e}^{-\frac{1}{2}y^2}\mathrm{d}y+\frac{1}{2\pi}\mathrm{e}^{-\pi^2}\int_{-\pi}^{\pi}x\cos x\mathrm{d}x\int_{-\pi}^{\pi}y\cos y\mathrm{d}y\\&=0,\ \text{（被积函数均为奇函数）}\end{aligned}$$

$$\operatorname{cov}(X,Y)=\mathrm{E}(XY)-\mathrm{E}(X)\mathrm{E}(Y)=0,$$

所以
$$\rho_{XY}=\frac{\operatorname{cov}(X,Y)}{\sqrt{\mathrm{D}(X)}\sqrt{\mathrm{D}(Y)}}=0,$$

即 X 与 Y 不相关.

(4) 当 $-\pi<x,y<\pi$ 时,$f(x,y)\neq f_X(x)f_Y(y)$,所以 X 与 Y 不相互独立.

(5) 由联合概率密度 $f(x,y)$ 的表达式可以看出,$f(x,y)$ 不是二维正态分布的联合概率密度,即 (X,Y) 不服从二维正态分布.事实上,若 (X,Y) 服从二维正态分布,由 X 与 Y 不相关可得 X 与 Y 相互独立,矛盾.

评注 虽然 $X\sim N(0,1)$,$Y\sim N(0,1)$ 且 X 与 Y 不相关,但 (X,Y) 不服从二维正态分布.

例 4.15.4 设 $X_1,X_2,\cdots,X_n(n>2)$ 独立同服从分布 $N(\mu,\sigma^2)$,记 $\overline{X}=\frac{1}{n}\sum_{k=1}^{n}X_k$,求 $\mathrm{E}(X_k-\overline{X})$,$\mathrm{D}(X_k-\overline{X})$,$\mathrm{E}\left(\sum_{k=1}^{n}|X_k-\overline{X}|\right)$.

分析 将 $X_k-\overline{X}$ 表示成相互独立的随机变量的线性和,即易得其均值与方差及概率分布.

解 设 $Y_k=X_k-\overline{X}$,则

$$Y_k=-\frac{1}{n}X_1-\cdots-\frac{1}{n}X_{k-1}+\frac{n-1}{n}X_k-\frac{1}{n}X_{k+1}-\cdots-\frac{1}{n}X_n\quad(k=1,2,\cdots,n).$$

据题设 $X_1,X_2,\cdots,X_n$ 独立同服从分布 $N(\mu,\sigma^2)$,所以 $Y_1,Y_2,\cdots,Y_n$ 也服从正态分布,且

$$\begin{aligned}\mathrm{E}(Y_k)=\mathrm{E}(X_k-\overline{X})&=-\frac{1}{n}\mathrm{E}(X_1)-\cdots-\frac{1}{n}\mathrm{E}(X_{k-1})+\frac{n-1}{n}\mathrm{E}(X_k)\\&\quad-\frac{1}{n}\mathrm{E}(X_{k+1})-\cdots-\frac{1}{n}\mathrm{E}(X_n)=0,\end{aligned}$$

$$\begin{aligned}\mathrm{D}(Y_k)=\mathrm{D}(X_k-\overline{X})&=\frac{1}{n^2}\mathrm{D}(X_1)+\cdots+\frac{1}{n^2}\mathrm{D}(X_{k-1})+\left(\frac{n-1}{n}\right)^2\mathrm{D}(X_k)\\&\quad+\frac{1}{n^2}\mathrm{D}(X_{k+1})+\cdots+\frac{1}{n^2}\mathrm{D}(X_n)=\frac{n-1}{n}\sigma^2,\end{aligned}$$

即 $Y_k\sim N\left(0,\frac{n-1}{n}\sigma^2\right)(k=1,2,\cdots,n)$.

令 $\sigma_1^2=\frac{n-1}{n}\sigma^2$,则 Y_k 的概率密度为

$$f(y)=\frac{1}{\sqrt{2\pi}\sigma_1}\mathrm{e}^{-\frac{y^2}{2\sigma_1^2}}\quad(-\infty<y<+\infty),$$

于是

$$\mathrm{E}(|Y_k|)=\frac{1}{\sqrt{2\pi}\sigma_1}\int_{-\infty}^{+\infty}|y|\mathrm{e}^{-\frac{y^2}{2\sigma_1^2}}\mathrm{d}y=\frac{2}{\sqrt{2\pi}\sigma_1}\int_0^{+\infty}y\mathrm{e}^{-\frac{y^2}{2\sigma_1^2}}\mathrm{d}y=\sigma_1\sqrt{\frac{2}{\pi}},$$

$$\mathrm{E}\Big(\sum_{k=1}^{n}|X_k-\overline{X}|\Big)=n\mathrm{E}(|Y_k|)=n\sigma_1\sqrt{\frac{2}{\pi}}=n\sigma\sqrt{\frac{2}{\pi}}\sqrt{\frac{n-1}{n}}=\sigma\sqrt{\frac{2n(n-1)}{\pi}}.$$

评注 求解本例的关键是将 Y_k 进行独立分解.

自 测 题 四

(时间：120 分钟；卷面分值：100 分)

一、单项选择题(每小题 2 分,共 10 分)：

1. 现有 10 张奖券,其中 8 张为 2 元,2 张为 5 元,某人从中随机、无放回地抽取 3 张,则此人所得奖金的数学期望为(　　).

(A) 6 元　　(B) 12 元　　(C) 7.8 元　　(D) 9 元

2. 随机变量 X,Y 和 $X+Y$ 的方差满足 $\mathrm{D}(X+Y)=\mathrm{D}(X)+\mathrm{D}(Y)$是 X 与 Y(　　).

(A) 不相关的充分条件,但不是必要条件　　(B) 不相关的必要条件,但不是充分条件

(C) 独立的必要条件,但不是充分条件　　(D) 独立的充分必要条件

3. 设两随机变量 X,Y 的方差 $\mathrm{D}(X),\mathrm{D}(Y)$为非零常数,且 $\mathrm{E}(XY)=\mathrm{E}(X)\mathrm{E}(Y)$,则有(　　).

(A) X 与 Y 一定相互独立　　(B) X 与 Y 一定不相关

(C) $\mathrm{D}(XY)=\mathrm{D}(X)\mathrm{D}(Y)$　　(D) $\mathrm{D}(X-Y)=\mathrm{D}(X)-\mathrm{D}(Y)$

4. 设随机变量 X 和 Y 都服从正态分布,且它们不相关,则(　　).

(A) X 与 Y 一定相互独立　　(B) (X,Y)服从二维正态分布

(C) X 与 Y 未必相互独立　　(D) $X+Y$ 服从正态分布

5. 设随机变量 $X_1,X_2,\cdots,X_n(n>1)$独立同分布,且其方差为 $\sigma^2>0$.令随机变量 $Y=\dfrac{1}{n}(X_1+X_2+\cdots+X_n)$,则(　　).

(A) $\mathrm{cov}(X_1,Y)=\dfrac{\sigma^2}{n}$　　(B) $\mathrm{cov}(X_1,Y)=\sigma^2$

(C) $\mathrm{D}(X_1+Y)=\dfrac{n+2}{n}\sigma^2$　　(D) $\mathrm{D}(X_1-Y)=\dfrac{n+1}{n}\sigma^2$

二、填空题(每小题 3 分,共 15 分)：

1. 设随机变量 X 和 Y 的数学期望分别为 -2 和 2,方差分别为 1 和 4,而相关系数为 -0.5,则根据切比雪夫不等式有 $P\{|X+Y|\geqslant 6\}\leqslant$________.

2. 二维随机变量(X,Y)服从正态分布,且 $\mathrm{E}(X)=\mathrm{E}(Y)=0,\mathrm{D}(X)=\mathrm{D}(Y)=1$,$X$ 与 Y 的相关系 $\rho_{XY}=-1/2$,则当 $a=$________时,$aX+Y$ 与 Y 相互独立.

3. 设随机变量 $X\sim N(0,4)$,Y 服从指数分布,其概率密度为

$$f(y)=\begin{cases}\frac{1}{2}e^{-\frac{1}{2}y}, & y>0,\\ 0, & y\leqslant 0.\end{cases}$$

如果 $\text{cov}(X,Y)=-1, Z=X-aY, \text{cov}(X,Z)=\text{cov}(Y,Z)$，则 $a=$________，X 与 Z 的相关系数 $\rho_{XZ}=$________.

4. 设随机变量 X 在区间$(-1,2)$上服从均匀分布，随机变量

$$Y=\begin{cases}-1, & X>0,\\ 0, & X=0,\\ 1, & X<0,\end{cases}$$

则 $D(Y)=$________.

5. 设随机变量 X 与 Y 的相关系数为 0.5，$E(X)=E(Y)=0$，$E(X^2)=E(Y^2)=2$，则 $E(X+Y)^2=$________.

三、计算题(每小题 10 分，共 40 分)：

1. 已知随机变量 X,Y 服从同一分布：

X (Y)	-1	0	1
P	1/4	1/2	1/4

且 $P\{XY=0\}=1$.(1) 求 $\text{cov}(X,Y),\rho_{XY}$；(2) 试讨论 X 与 Y 的不相关性与独立性.

2. 设随机变量 X 的概率密度为

$$f(x)=\frac{1}{\pi(1+x^2)}\quad(-\infty<x<+\infty),$$

求 $E(\{\min|X|,1\})$.

3. 设二维随机变量(X,Y)的联合概率密度为

$$f(x,y)=\begin{cases}\frac{3}{2}(x^2+y^2), & 0\leqslant x\leqslant 1, 0\leqslant y\leqslant 1,\\ 0, & \text{其他},\end{cases}$$

求 $\text{cov}(X,Y),\rho_{XY},D(X+Y)$.

4. 设随机变量 $X_1,X_2,\cdots,X_n$ 相互独立，且都服从数学期望为 1 的指数分布，求 $Y=\min\{X_1,X_2,\cdots,X_n\}$的数学期望和方差.

四、综合应用题(共 35 分)：

1. (15 分)某人写了 n 封信及 n 个相应的地址后，将信随机地放入信封中，用 X 表示信与地址匹配的数目，求 $E(X)$和 $D(X)$.

2. (8 分)设学生考试成绩为随机变量 X，且 $E(X)=80, D(X)=25$.

(1) 试用切比雪夫不等式估计学生成绩在 70～90 分的概率；

(2) 若多名学生参加考试，欲使他们的平均分数在 75～85 分之间的概率不小于 0.90，至少要有多少学生参加考试？

3.(12分)不同家庭的某种意外伤害损失保险的理赔额(单位:千元)是随机变量 X,它们彼此独立,且其共同的概率密度为

$$f(x)=\begin{cases}3/x^4, & 1<x<+\infty,\\ 0, & \text{其他}.\end{cases}$$

假定已经理赔了3宗,求平均最大理赔额.

第五章　大数定律与中心极限定理

大数定律和中心极限定理是概率论的基本理论之一.大数定律阐述了在怎样条件下随机变量序列的算术平均与其均值的算术平均值之差依概率收敛于0.作为特例,它解决了事件频率与事件概率之间的收敛关系问题.而中心极限定理阐述了在怎样条件下,大量随机变量之和的分布函数会收敛于正态分布函数,即从理论上说明了大量随机变量之和服从或近似服从正态分布.

一、内容综述

1. 随机变量序列依概率收敛的定义及相关结论

名　称	定义与定理
随机变量序列$\{X_n\}$依概率收敛	设$X_1,X_2,\cdots$为随机变量序列,a是常数,若对于任意正数ε,有$\lim\limits_{n\to\infty}P\{\|X_n-a\|<\varepsilon\}=1$或者$\lim\limits_{n\to\infty}P\{\|X_n-a\|\geqslant\varepsilon\}=0$,则称$\{X_n\}$依概率收敛于$a$,记为$X_n\xrightarrow{P}a$
随机变量序列$\{g(X_n)\}$依概率收敛	设随机变量序列$\{X_n\}$依概率收敛于a,即$X_n\xrightarrow{P}a$,$g(x)$在点a处连续,则$\{g(X_n)\}$依概率收敛于$g(a)$,记为 $$g(X_n)\xrightarrow{P}g(a)$$
随机变量序列$\{g(X_n,Y_n)\}$依概率收敛	设随机变量序列$\{X_n\}$依概率收敛于a,$\{Y_n\}$依概率收敛于b,即$X_n\xrightarrow{P}a$,$Y_n\xrightarrow{P}b$,$g(x,y)$在点(a,b)处连续,则$\{g(X_n,Y_n)\}$依概率收敛于$g(a,b)$,记为$g(X_n,Y_n)\xrightarrow{P}g(a,b)$.例如 $$X_n\pm Y_n\xrightarrow{P}a\pm b;$$ $$X_nY_n\xrightarrow{P}ab;$$ $$X_n/Y_n\xrightarrow{P}a/b\quad(b\neq 0)$$

2. 大数定律

名　称	大数定律	意义与注释
切比雪夫大数定律	设随机变量序列 $X_1, X_2, \cdots$ 两两不相关，且方差均存在，又存在常数 $C>0$，使 $D(X_i)\leqslant C\,(i=1,2,\cdots)$，则对任意 $\varepsilon>0$，有 $$\lim_{n\to\infty}P\left\{\left\|\frac{1}{n}\sum_{i=1}^{n}X_i-\frac{1}{n}\sum_{i=1}^{n}E(X_i)\right\|<\varepsilon\right\}=1$$	在定理的条件下，有 $$\frac{1}{n}\sum_{i=1}^{n}X_i-\frac{1}{n}\sum_{i=1}^{n}E(X_i)\xrightarrow{P}0$$
辛钦大数定律	设随机变量序列 $X_1, X_2, \cdots$ 独立同分布，且数学期望存在，即 $E(X_k)=\mu\,(k=1,2,\cdots)$，则对任意 $\varepsilon>0$，有 $$\lim_{n\to\infty}P\left\{\left\|\frac{1}{n}\sum_{i=1}^{n}X_i-\mu\right\|<\varepsilon\right\}=1$$	在定理的条件下，有 $$\frac{1}{n}\sum_{i=1}^{n}X_i\xrightarrow{P}\mu$$
马尔可夫大数定律	设 $\{X_n\}$ 为数学期望皆存在的随机变量序列，若满足 $\frac{1}{n^2}D\left(\sum_{i=1}^{n}X_i\right)\to 0\ (n\to\infty)$，则对任意 $\varepsilon>0$，有 $$\lim_{n\to\infty}P\left\{\left\|\frac{1}{n}\sum_{i=1}^{n}X_i-\frac{1}{n}\sum_{i=1}^{n}E(X_i)\right\|<\varepsilon\right\}=1,$$	在定理的条件下，有 $$\frac{1}{n}\sum_{i=1}^{n}X_i-\frac{1}{n}\sum_{i=1}^{n}E(X_i)\xrightarrow{P}0$$
伯努利大数定律	设 μ_n 是 n 次独立试验中事件 A 发生的次数，而 p 是事件 A 在每次试验中发生的概率，则对任意 $\varepsilon>0$，有 $$\lim_{n\to\infty}P\left\{\left\|\frac{\mu_n}{n}-p\right\|<\varepsilon\right\}=1$$	事件 A 发生的频率依概率收敛于事件 A 的概率，即 $$\frac{\mu_n}{n}\xrightarrow{P}p.$$ 揭示了“概率是频率的稳定中心”
泊松大数定律	设在独立试验序列中，事件 A 在第 k 次试验中出现的概率为 p_k，以 μ_n 记在前 n 次试验中事件 A 出现的次数，则对任意 $\varepsilon>0$，有 $$\lim_{n\to\infty}P\left\{\left\|\frac{\mu_n}{n}-\frac{p_1+p_2+\cdots+p_n}{n}\right\|<\varepsilon\right\}=1$$	在 n 次独立试验中，只要 n 足够大，则事件 A 发生的频率可近似代替 n 次试验中事件 A 发生的平均概率，即 $$\frac{\mu_n}{n}-\frac{p_1+p_2+\cdots+p_n}{n}\xrightarrow{P}0$$

注　(1) 伯努利大数定律是泊松大数定律的特殊情形.在泊松大数定律中,若 $p_n=p$,则泊松大数定律即为伯努利大数定律.

(2) 泊松大数定律是切比雪夫大数定律的特殊情形.在泊松大数定律的条件中,若设

$$X_i=\begin{cases}1, & \text{在第 } i \text{ 次试验中事件 } A \text{ 出现},\\ 0, & \text{在第 } i \text{ 次试验中事件 } A \text{ 不出现}\end{cases}\quad (i=1,2,\cdots),$$

则 $X_1,X_2,\cdots$相互独立,且 $\mathrm{D}(X_i)=p_iq_i\leqslant 1(q_i=1-p_i;i=1,2,\cdots)$,满足切比雪夫大数定律的条件.

(3) 切比雪夫大数定律是马尔可夫大数定律的特殊情形.在切比雪夫大数定律的条件中,$\mathrm{D}(X_n)\leqslant C(n=1,2,\cdots)$,而由随机变量序列的两两不相关性有

$$\frac{1}{n^2}\mathrm{D}\left(\sum_{i=1}^{n}X_i\right)=\frac{1}{n^2}\sum_{i=1}^{n}\mathrm{D}(X_i)\leqslant\frac{C}{n}\to 0\quad(n\to\infty),$$

所以满足马尔可夫大数定律的条件.

(4) 伯努利大数定律是辛钦大数定律的特殊情形.在伯努利大数定律的条件中,若设

$$X_i=\begin{cases}1, & \text{在第 } i \text{ 次试验中事件 } A \text{ 出现},\\ 0, & \text{在第 } i \text{ 次试验中事件 } A \text{ 不出现}\end{cases}\quad (i=1,2,\cdots),$$

则 $X_1,X_2,\cdots$独立同分布,且 $\mathrm{E}(X_i)=p(i=1,2,\cdots)$,所以满足辛钦大数定律的条件.

3. 中心极限定理

名　称	中心极限定理	意义与注释
林德伯格-莱维中心极限定理	设随机变量序列 $X_1,X_2,\cdots$独立同分布,且数学期望与方差存在,即 $\mathrm{E}(X_k)=\mu,\mathrm{D}(X_k)=\sigma^2\neq 0$ $(k=1,2,\cdots)$,则对任意 $x\in(-\infty,+\infty)$,都有 $$\lim_{n\to\infty}P\left\{\frac{\sum_{k=1}^{n}X_k-n\mu}{\sqrt{n}\sigma}<x\right\}=\frac{1}{\sqrt{2\pi}}\int_{-\infty}^{x}\mathrm{e}^{-\frac{t^2}{2}}\mathrm{d}t$$	定理说明,当 n 充分大时, $$\frac{\sum_{k=1}^{n}X_k-n\mu}{\sqrt{n}\sigma}\overset{\text{近似}}{\sim}N(0,1),$$ $$\sum_{k=1}^{n}X_k\overset{\text{近似}}{\sim}N(n\mu,n\sigma^2),$$ $$\frac{1}{n}\sum_{k=1}^{n}X_k\overset{\text{近似}}{\sim}N(\mu,\sigma^2/n)$$
棣莫弗-拉普拉斯中心极限定理	设随机变量序列 $X_1,X_2,\cdots$独立同分布,且 $$P\{X_k=1\}=p,\quad P\{X_k=0\}=1-p$$ $$(0<p<1;k=1,2,\cdots),$$ 则对任意 $x\in(-\infty,+\infty)$,都有 $$\lim_{n\to\infty}P\left\{\frac{\sum_{k=1}^{n}X_k-np}{\sqrt{np(1-p)}}<x\right\}=\frac{1}{\sqrt{2\pi}}\int_{-\infty}^{x}\mathrm{e}^{-\frac{t^2}{2}}\mathrm{d}t$$	显然 $X=\sum_{k=1}^{n}X_k\sim B(n,p)$.定理说明,当 n 充分大时, $$\frac{X-np}{\sqrt{np(1-p)}}\overset{\text{近似}}{\sim}N(0,1),$$ $$X\overset{\text{近似}}{\sim}N(np,np(1-p)),$$ 即二项分布的极限分布是正态分布

（续表）

名　称	中心极限定理	意义与注释
李雅普诺夫中心极限定理	设随机变量序列 $X_1,X_2,\cdots$ 相互独立，且 $\mathrm{E}(X_k)=\mu_k,\mathrm{D}(X_k)=\sigma_k^2(k=1,2,\cdots)$，记 $c_n^2=\sum\limits_{k=1}^{n}\sigma_k^2$.若存在 $\delta>0$，使条件 $$\lim_{n\to\infty}\frac{1}{c_n^{2+\delta}}\sum_{k=1}^{n}\mathrm{E}(\lvert X_k-\mu_k\rvert^{2+\delta})=0$$ 成立，则对任意 $x\in(-\infty,+\infty)$，都有 $$\lim_{n\to\infty}P\left\{\frac{1}{c_n}\sum_{k=1}^{n}(X_k-\mu_k)<x\right\}=\frac{1}{\sqrt{2\pi}}\int_{-\infty}^{x}\mathrm{e}^{-\frac{t^2}{2}}\mathrm{d}t$$	定理说明，当 n 充分大时，$$\frac{\sum\limits_{k=1}^{n}X_k-\sum\limits_{k=1}^{n}\mu_k}{C_n}\overset{\text{近似}}{\sim}N(0,1).$$ 如果一随机变量可表示为大量独立的随机变量之和，而其中每个随机变量对总和的影响是均匀、微小的，那么，就可认为该随机变量近似服从正态分布

二、专题解析与例题精讲

1. 随机变量序列依概率收敛的有关问题

【解题方法与技巧】

设 $\{X_n\}$ 为随机变量序列，a 为常数.

(1) 如果 $\lim\limits_{n\to\infty}P\{\lvert X_n-a\rvert\geqslant\varepsilon\}=0$ 或者 $\lim\limits_{n\to\infty}P\{\lvert X_n-a\rvert<\varepsilon\}=1$ 成立，则 $\{X_n\}$ 依概率收敛于 a.

(2) 若 $\mathrm{E}(X_n),\mathrm{D}(X_n)(n=1,2,\cdots)$ 存在，则可利用切比雪夫不等式

$$P\{\lvert X_n-\mathrm{E}(X_n)\rvert\geqslant\varepsilon\}\leqslant\frac{\mathrm{D}(X_n)}{\varepsilon^2}\quad\text{或者}\quad P\{\lvert X_n-\mathrm{E}(X_n)\rvert<\varepsilon\}\geqslant 1-\frac{\mathrm{D}(X_n)}{\varepsilon^2}$$

考查 $\lim\limits_{n\to\infty}P\{\lvert X_n-a\rvert\geqslant\varepsilon\}=0$ 或者 $\lim\limits_{n\to\infty}P\{\lvert X_n-a\rvert<\varepsilon\}=1$ 是否成立.

例 5.1.1 设随机变量序列 $\{X_n\}$ 独立同分布，其概率密度为

$$f(x)=\begin{cases}\mathrm{e}^{-(x-a)}, & x>a,\\ 0, & x\leqslant a.\end{cases}$$

令 $Y_n=\min\{X_1,X_2,\cdots,X_n\}$，试证 $Y_n\xrightarrow{P}a$.

分析 先由题设明确 Y_n 的取值范围，再利用独立变量最值概率分布的确定方法求出概率 $P\{\lvert Y_n-a\rvert\geqslant\varepsilon\}$，进而讨论它的极限.

证 由 $X_1,X_2,\cdots,X_n$ 的概率密度可知，对任意的 n，当 $x\leqslant a$ 时，有 $P\{Y_n\leqslant x\}=0$. $X_i(i=1,2,\cdots,n)$ 的分布函数为

$$F(x)=\begin{cases}1-\mathrm{e}^{-(x-a)}, & x>a,\\ 0, & x\leqslant a.\end{cases}$$

由 Y_n 的定义知，对任意 $\varepsilon>0$，有

$$\begin{aligned}P\{|Y_n-a|\geqslant\varepsilon\}&=P\{Y_n\leqslant a-\varepsilon\}+P\{Y_n\geqslant a+\varepsilon\}\\&=0+P\{Y_n\geqslant a+\varepsilon\}=P\{\min\{X_1,X_2,\cdots,X_n\}\geqslant a+\varepsilon\}\\&=P\{X_1\geqslant a+\varepsilon,X_2\geqslant a+\varepsilon,\cdots,X_n\geqslant a+\varepsilon\},\end{aligned}$$

又由 $X_1,X_2,\cdots,X_n$ 相互独立知

$$\begin{aligned}P\{|Y_n-a|\geqslant\varepsilon\}&=P\{X_1\geqslant a+\varepsilon\}P\{X_2\geqslant a+\varepsilon\}\cdots P\{X_n\geqslant a+\varepsilon\}\\&=[1-F(a+\varepsilon)]^n=\mathrm{e}^{-n\varepsilon}\to 0\quad(n\to\infty),\end{aligned}$$

从而 $\lim\limits_{n\to\infty}P\{|Y_n-a|\geqslant\varepsilon\}=0$，即 $Y_n\xrightarrow{P}a$.

评注　求解本例的关键是论证 $P\{|Y_n-a|\geqslant\varepsilon\}=P\{Y_n\geqslant a+\varepsilon\}=[1-F(a+\varepsilon)]^n$.

例 5.1.2　设随机变量序列 $\{X_k\}$ 独立同分布，且 $\mathrm{E}(X_k)=\mu,\mathrm{D}(X_k)=\sigma^2(k=1,2,\cdots)$. 令 $Z_n=\dfrac{2}{n(n+1)}\sum\limits_{k=1}^{n}kX_k(n=1,2,\cdots)$，试证随机变量序列 $\{Z_n\}$ 依概率收敛于 μ.

分析　本例即要证对任意 $\varepsilon>0$，$\lim\limits_{n\to\infty}P\{|Z_n-\mu|\geqslant\varepsilon\}=0$，可利用切比雪夫不等式

$$P\{|Z_n-\mathrm{E}(Z_n)|\geqslant\varepsilon\}\leqslant\frac{\mathrm{D}(Z_n)}{\varepsilon^2}.$$

证　由题设，$X_1,X_2,\cdots,X_n,\cdots$ 独立同分布，于是

$$\mathrm{E}(Z_n)=\mathrm{E}\left(\frac{2}{n(n+1)}\sum_{k=1}^{n}kX_k\right)=\frac{2}{n(n+1)}\sum_{k=1}^{n}k\mathrm{E}(X_k)=\frac{2}{n(n+1)}\sum_{k=1}^{n}k\mu=\mu,$$

$$\begin{aligned}\mathrm{D}(Z_n)&=\mathrm{D}\left(\frac{2}{n(n+1)}\sum_{k=1}^{n}kX_k\right)=\frac{4}{n^2(n+1)^2}\sum_{k=1}^{n}k^2\mathrm{D}(X_k)\\&=\frac{4}{n^2(n+1)^2}\sum_{k=1}^{n}k^2\sigma^2=\frac{2(2n+1)\sigma^2}{3n(n+1)},\end{aligned}$$

由切比雪夫不等式，对任意 $\varepsilon>0$，有

$$P\{|Z_n-\mathrm{E}(Z_n)|\geqslant\varepsilon\}=P\{|Z_n-\mu|\geqslant\varepsilon\}\leqslant\frac{\mathrm{D}(Z_n)}{\varepsilon^2}=\frac{2(2n+1)\sigma^2}{3n(n+1)\varepsilon^2}\to 0\quad(n\to\infty).$$

又因为概率值不可能小于0，因此 $\lim\limits_{n\to\infty}P\{|Z_n-\mu|\geqslant\varepsilon\}=0$，即 $Z_n\xrightarrow{P}\mu$.

例 5.1.3　将 n 张写有号码1至 n 的卡片投入 n 个编号为1至 n 的盒子中，并限制每一个盒子只能投一张卡片.卡片与盒子号码一致称为配对，记配对数为 Z_n.试证明

$$\frac{Z_n-\mathrm{E}(Z_n)}{n}\xrightarrow{P}0.$$

分析　只需证

$$P\left\{\left|\frac{Z_n-\mathrm{E}(Z_n)}{n}\right|\geqslant\varepsilon\right\}=P\{|Z_n-\mathrm{E}(Z_n)|\geqslant n\varepsilon\}\leqslant\frac{\mathrm{D}(Z_n)}{n^2\varepsilon^2}\to 0\quad(n\to\infty).$$

证　由题设，令 $X_i=\begin{cases}1, & \text{写有号码 } i \text{ 的卡片投入第 } i \text{ 号盒子},\\ 0, & \text{其他}\end{cases}$ $(i=1,2,\cdots,n)$，则

$Z_n=X_1+X_2+\cdots+X_n$（注意 $X_1,X_2,\cdots,X_n$ 不相互独立），且对一切 $i,j=1,2,\cdots,n(i\neq j)$，有

$$\mathrm{E}(X_i)=P\{X_i=1\}=\frac{1}{n},\quad \mathrm{D}(X_i)=\mathrm{E}(X_i^2)-[\mathrm{E}(X_i)]^2=\frac{1}{n}\left(1-\frac{1}{n}\right),$$

$$\mathrm{E}(X_iX_j)=P\{X_i=1,X_j=1\}=P\{X_j=1|X_i=1\}P\{X_i=1\}=\frac{1}{n(n-1)},$$

$$\mathrm{cov}(X_i,X_j)=\mathrm{E}(X_iX_j)-\mathrm{E}(X_i)\mathrm{E}(X_j)=\frac{1}{n(n-1)}-\left(\frac{1}{n}\right)^2=\frac{1}{n^2(n-1)},$$

所以

$$\mathrm{E}(Z_n)=\sum_{k=1}^{n}\mathrm{E}(X_k)=1,$$

$$\begin{aligned}\mathrm{D}(Z_n)&=\mathrm{D}(X_1+X_2+\cdots+X_n)=\sum_{i=1}^{n}\mathrm{D}(X_i)+2\sum_{1\leqslant i<j\leqslant n}\mathrm{cov}(X_i,X_j)\\&=n\mathrm{D}(X_i)+2\,\frac{n(n-1)}{2}\mathrm{cov}(X_1,X_2)=1.\end{aligned}$$

由切比雪夫不等式，对任意 $\varepsilon>0$，有

$$P\left\{\left|\frac{Z_n-\mathrm{E}(Z_n)}{n}\right|\geqslant\varepsilon\right\}=P\{|Z_n-\mathrm{E}(Z_n)|\geqslant n\varepsilon\}\leqslant\frac{\mathrm{D}(Z_n)}{n^2\varepsilon^2}=\frac{1}{n^2\varepsilon^2}\to 0\ (n\to\infty),$$

即 $\lim\limits_{n\to\infty}P\left\{\left|\frac{Z_n-\mathrm{E}(Z_n)}{n}\right|\geqslant\varepsilon\right\}=0$，亦即 $\frac{Z_n-\mathrm{E}(Z_n)}{n}\xrightarrow{P}0.$

评注 以配对数为随机变量的数学期望与方差均为1.另外还应注意本例中 $X_1,\cdots,X_n$ 不相互独立.

例 5.1.4 设 $X_1,X_2,\cdots$ 为相互独立的随机变量序列，且有

$$P\{X_k=-\sqrt{\ln k}\}=P\{X_k=\sqrt{\ln k}\}=1/2\quad(k=1,2,\cdots),$$

试证：$\frac{1}{n}\sum\limits_{k=1}^{n}X_k\xrightarrow{P}0.$

分析 要证对任意 $\varepsilon>0$，都有 $\lim\limits_{n\to\infty}P\left\{\left|\frac{1}{n}\sum\limits_{k=1}^{n}X_k-\mathrm{E}\left(\frac{1}{n}\sum\limits_{k=1}^{n}X_k\right)\right|\geqslant\varepsilon\right\}=0.$

证 令 $\overline{X}=\frac{1}{n}\sum\limits_{k=1}^{n}X_k$，由题设有

$$\mathrm{E}(X_k)=-\sqrt{\ln k}\times\frac{1}{2}+\sqrt{\ln k}\times\frac{1}{2}=0,$$

$$\mathrm{E}(X_k^2)=(-\sqrt{\ln k})^2\times\frac{1}{2}+(\sqrt{\ln k})^2\times\frac{1}{2}=\ln k,$$

$$\mathrm{D}(X_k)=\mathrm{E}(X_k^2)-[\mathrm{E}(X_k)]^2=\ln k,\quad \mathrm{E}(\overline{X})=\mathrm{E}\left(\frac{1}{n}\sum_{k=1}^{n}X_k\right)=\frac{1}{n}\sum_{k=1}^{n}\mathrm{E}(X_k)=0,$$

$$\mathrm{D}(\overline{X})=\mathrm{D}\left(\frac{1}{n}\sum_{k=1}^{n}X_k\right)=\frac{1}{n^2}\sum_{k=1}^{n}\mathrm{D}(X_k)=\frac{1}{n^2}(\ln 1+\ln 2+\cdots+\ln n)<\frac{1}{n^2}n\ln n=\frac{\ln n}{n}.$$

由切比雪夫不等式知，对任意 $\varepsilon>0$，有

$$P\{|\overline{X}-\mathrm{E}(\overline{X})|\geqslant\varepsilon\}\leqslant\frac{\mathrm{D}(\overline{X})}{\varepsilon^2}<\frac{\ln n}{\varepsilon^2 n}\to 0\quad(n\to\infty).$$

又 $P\{|\overline{X}-\mathrm{E}(\overline{X})|\geqslant\varepsilon\}\geqslant 0$，故

$$\lim_{n\to\infty}P\left\{\left|\frac{1}{n}\sum_{k=1}^{n}X_k-\mathrm{E}\left(\frac{1}{n}\sum_{k=1}^{n}X_k\right)\right|\geqslant\varepsilon\right\}=0,$$

又 $\frac{1}{n}\sum_{k=1}^{n}\mathrm{E}(X_k)=0$，所以 $\frac{1}{n}\sum_{k=1}^{n}X_k\xrightarrow{P}0$.

评注　本例中 $X_1,X_2,\cdots$ 不满足同分布.

2. 大数定律的有关问题

各大数定律的具体内容见“内容综述”部分.在应用大数定律时注意条件及适用的场合：

(1) 伯努利大数定律要求随机变量序列要有独立性，同分布且数学期望、方差存在，其适用于伯努利试验.

(2) 辛钦大数定律要求随机变量序列要有独立性，同分布且数学期望存在，其适用于独立同分布场合.

(3) 切比雪夫大数定律不要求随机变量序列同分布，但要有两两不相关性且方差存在、有上界.

(4) 泊松大数定律不要求随机变量序列同分布，但要有独立性，其适用于泊松试验，即各次试验相互独立，且每次试验有两个结果，但概率是变化的.

(5) 马尔可夫大数定律不要求随机变量序列独立性与同分布，只要求数学期望均存在且满足 $\frac{1}{n^2}\mathrm{D}\left(\sum_{i=1}^{n}X_i\right)\to 0(n\to\infty)$. 相比较而言，马尔可夫大数定律适用的范围更广泛。

另外，上述大数定律所给的条件都是大数定律成立的充分条件，而非必要条件.

例 5.2.1　利用切比雪夫不等式证明泊松大数定律：

设在独立试验序列中，事件 A 在第 k 次试验中发生的概率等于 p_k，以 μ_n 记在前 n 次试验中事件 A 发生的次数，则对任意 $\varepsilon>0$，都有

$$\lim_{n\to\infty}P\left\{\left|\frac{\mu_n}{n}-\frac{p_1+p_2+\cdots+p_n}{n}\right|<\varepsilon\right\}=1.$$

分析　针对独立试验序列，引入独立随机变量序列 $\{X_i\}$，使 $\mu_n=X_1+\cdots+X_n$，进而利用切比雪夫不等式求证.

证　引入随机变量

$$X_i=\begin{cases}1, & \text{在第 } i \text{ 次试验中事件 } A \text{ 发生},\\ 0, & \text{在第 } i \text{ 次试验中事件 } A \text{ 不发生}\end{cases}\quad(i=1,2,\cdots,n),$$

则 X_i 的分布律如下：

X_i	0	1
P	$1-p_i$	p_i

$(i=1,2,\cdots,n)$

所以 $$\mathrm{E}(X_i)=p_i,\quad \mathrm{D}(X_i)=p_i(1-p_i)\quad (i=1,2,\cdots,n).$$

又 $\mu_n=X_1+X_2+\cdots+X_n$，且 $X_1,X_2,\cdots,X_n$ 相互独立，于是

$$\mathrm{E}\left(\frac{\mu_n}{n}\right)=\frac{1}{n}\mathrm{E}(\mu_n)=\frac{1}{n}\sum_{i=1}^{n}\mathrm{E}(X_i)=\frac{1}{n}\sum_{i=1}^{n}p_i,$$

$$\mathrm{D}\left(\frac{\mu_n}{n}\right)=\frac{1}{n^2}\mathrm{D}(\mu_n)=\frac{1}{n^2}\sum_{i=1}^{n}\mathrm{D}(X_i)=\frac{1}{n^2}\sum_{i=1}^{n}p_i(1-p_i)$$

$$=\frac{1}{n^2}\sum_{i=1}^{n}\left[\frac{1}{4}-\left(p_i-\frac{1}{2}\right)^2\right]\leqslant\frac{1}{n^2}\sum_{i=1}^{n}\frac{1}{4}=\frac{1}{4n}.$$

由切比雪夫不等式知，对任意 $\varepsilon>0$，有

$$P\left\{\left|\frac{\mu_n}{n}-\frac{1}{n}\sum_{i=1}^{n}p_i\right|<\varepsilon\right\}=P\left\{\left|\frac{\mu_n}{n}-\mathrm{E}\left(\frac{\mu_n}{n}\right)\right|<\varepsilon\right\}$$

$$\geqslant 1-\frac{\mathrm{D}\left(\frac{\mu_n}{n}\right)}{\varepsilon^2}\geqslant 1-\frac{1}{4n\varepsilon^2}\to 1\quad (n\to\infty).$$

又 $P\left\{\left|\frac{\mu_n}{n}-\frac{1}{n}\sum_{i=1}^{n}p_i\right|<\varepsilon\right\}\leqslant 1$，所以 $\lim\limits_{n\to\infty}P\left\{\left|\frac{\mu_n}{n}-\frac{1}{n}\sum_{i=1}^{n}p_i\right|<\varepsilon\right\}=1$，定律得证.

评注 该定律表明：在 n 次独立试验中，只要 n 足够大，则事件 A 发生的频率可近似代替 n 次试验中 A 发生的平均概率，即

$$\frac{\mu_n}{n}-\frac{p_1+p_2+\cdots+p_n}{n}\xrightarrow{P}0.$$

例 5.2.2 利用切比雪夫不等式证明马尔可夫大数定律：

设 $\{X_n\}$ 为数学期望皆存在的随机变量序列，若满足 $\frac{1}{n^2}\mathrm{D}\left(\sum_{i=1}^{n}X_i\right)\to 0(n\to\infty)$，则对任意的 $\varepsilon>0$，都有

$$\lim_{n\to\infty}P\left\{\left|\frac{1}{n}\sum_{i=1}^{n}X_i-\frac{1}{n}\sum_{i=1}^{n}\mathrm{E}(X_i)\right|<\varepsilon\right\}=1.$$

分析 利用切比雪夫不等式考查 $P\left\{\left|\frac{1}{n}\sum_{i=1}^{n}X_i-\mathrm{E}\left(\frac{1}{n}\sum_{i=1}^{n}X_i\right)\right|\geqslant\varepsilon\right\}$ 是否趋于 0 $(n\to\infty)$.

证 因 $\mathrm{E}\left(\frac{1}{n}\sum_{i=1}^{n}X_i\right)=\frac{1}{n}\sum_{i=1}^{n}\mathrm{E}(X_i)$，$\mathrm{D}\left(\frac{1}{n}\sum_{i=1}^{n}X_i\right)=\frac{1}{n^2}\mathrm{D}\left(\sum_{i=1}^{n}X_i\right)$，故对任意 $\varepsilon>0$，由切比雪夫不等式得

$$P\left\{\left|\frac{1}{n}\sum_{i=1}^{n}X_i-\mathrm{E}\left(\frac{1}{n}\sum_{i=1}^{n}X_i\right)\right|\geqslant\varepsilon\right\}=P\left\{\left|\frac{1}{n}\sum_{i=1}^{n}X_i-\frac{1}{n}\sum_{i=1}^{n}\mathrm{E}(X_i)\right|\geqslant\varepsilon\right\}$$

$$\leqslant \frac{D\left(\frac{1}{n}\sum_{i=1}^{n}X_i\right)}{\varepsilon^2}=\frac{\frac{1}{n^2}D\left(\sum_{i=1}^{n}X_i\right)}{\varepsilon^2}\to 0\quad (n\to\infty),$$

又 $P\left\{\left|\frac{1}{n}\sum_{i=1}^{n}X_i-\frac{1}{n}\sum_{i=1}^{n}E(X_i)\right|\geqslant\varepsilon\right\}\geqslant 0$，所以

$$\lim_{n\to\infty}P\left\{\left|\frac{1}{n}\sum_{i=1}^{n}X_i-\frac{1}{n}\sum_{i=1}^{n}E(X_i)\right|\geqslant\varepsilon\right\}=0.$$

定律得证.

例 5.2.3　设$\{X_n\}$为独立同分布的随机变量序列，且 $X_i\sim U(0,1)(i=1,2,\cdots)$. 令

$$Z_n=\left(\prod_{i=1}^{n}X_i\right)^{\frac{1}{n}},$$

证明：$Z_n\xrightarrow{P}a$，其中 a 为常数，并求出 a.

分析　由题设，$\{X_n\}$独立同分布，所以$\{\ln X_n\}$独立同分布，而 $\ln Z_n=\frac{1}{n}(\ln X_1+\cdots+\ln X_n)=\frac{1}{n}\sum_{i=1}^{n}\ln X_i$，且 $E(\ln X_i)$存在，所以可先由辛钦大数定律求证 $\ln Z_n\xrightarrow{P}E(\ln X_i)$，再证明 $Z_n\xrightarrow{P}e^{E(\ln X_i)}$，进而指明 $a=e^{E(\ln X_i)}$.

证　由题设，$\{X_n\}$为独立同分布的随机变量序列，所以$\{\ln X_n\}$也为独立同分布的随机变量序列，且 $E(\ln X_i)=\int_0^1\ln x\,dx=\lim\limits_{t\to 0+}\int_t^1\ln x\,dx=-1$，故$\{\ln X_n\}$满足辛钦大数定律的条件，所以

$$\lim_{n\to\infty}P\left\{\left|\frac{1}{n}\sum_{i=1}^{n}\ln X_i-(-1)\right|\geqslant\varepsilon\right\}=0,\quad 即\quad \frac{1}{n}\sum_{i=1}^{n}\ln X_i\xrightarrow{P}-1.$$

又 $g(x)=e^x$ 为一连续函数，所以 $e^{\frac{1}{n}\sum_{i=1}^{n}\ln X_i}\xrightarrow{P}e^{-1}$.而

$$e^{\frac{1}{n}\sum_{i=1}^{n}\ln X_i}=e^{\ln\left(\prod_{i=1}^{n}X_i\right)^{\frac{1}{n}}}=\left(\prod_{i=1}^{n}X_i\right)^{\frac{1}{n}}=Z_n,\quad 即\quad Z_n\xrightarrow{P}e^{-1},$$

所以 $a=e^{-1}$.

评注　求解本例的关键是利用辛钦大数定律得到

$$\frac{1}{n}\sum_{i=1}^{n}\ln X_i\xrightarrow{P}-1,$$

再利用连续函数的性质得到

$$e^{\frac{1}{n}\sum_{i=1}^{n}\ln X_i}\xrightarrow{P}e^{-1}.$$

*__例 5.2.4__　设在伯努利试验中，事件 A 出现的概率为 p.令

$$X_i=\begin{cases}1, & 若在第\ i\ 次及第\ i+1\ 次试验中事件\ A\ 都发生,\\ 0, & 其他,\end{cases}$$

证明：$\frac{1}{n}\sum_{i=1}^{n}X_i \xrightarrow{P} p^2$.

分析 由于$\{X_n\}$不是相互独立随机变量序列，因此可考虑用马尔可夫大数定律求证.

证 $\{X_n\}$是同分布随机变量序列，其共同分布为

X_i	0	1
P	$1-p^2$	p^2

$(i=1,2,\cdots)$

由此得 $\mathrm{E}(X_i)=p^2, \mathrm{E}(X_i^2)=p^2, \mathrm{D}(X_i)=p^2(1-p^2)(i=1,2,\cdots)$.又当$|i-j|\geqslant 2$时，$X_i$与$X_j$相互独立，所以

$$\mathrm{D}\left(\sum_{k=1}^{n}X_k\right)=\sum_{k=1}^{n}\mathrm{D}(X_k)+2\sum_{1\leqslant i<j\leqslant n}\mathrm{cov}(X_i,X_j)=\sum_{k=1}^{n}\mathrm{D}(X_k)+2\sum_{i=1}^{n-1}\mathrm{cov}(X_i,X_{i+1}).$$

由柯西-施瓦兹不等式知$|\mathrm{cov}(X_i,X_j)|\leqslant\sqrt{\mathrm{D}(X_i)}\sqrt{\mathrm{D}(X_j)}=p^2(1-p^2)$，于是

$$\begin{aligned}\mathrm{D}\left(\sum_{k=1}^{n}X_k\right)&\leqslant\sum_{k=1}^{n}\mathrm{D}(X_k)+2\sum_{i=1}^{n-1}\sqrt{\mathrm{D}(X_i)\mathrm{D}(X_{i+1})}\\&=np^2(1-p^2)+2(n-1)p^2(1-p^2)=(3n-2)p^2(1-p^2),\end{aligned}$$

从而
$$\frac{1}{n^2}\mathrm{D}\left(\sum_{k=1}^{n}X_k\right)\leqslant\frac{3n-2}{n^2}p^2(1-p^2)\to 0\quad(n\to\infty),$$

即$\{X_n\}$满足马尔可夫大数定律的条件，故由马尔可夫大数定律知，对任意$\varepsilon>0$，有

$$\lim_{n\to\infty}P\left\{\left|\frac{1}{n}\sum_{i=1}^{n}X_i-\frac{1}{n}\sum_{i=1}^{n}\mathrm{E}(X_i)\right|<\varepsilon\right\}=\lim_{n\to\infty}P\left\{\left|\frac{1}{n}\sum_{i=1}^{n}X_i-p^2\right|<\varepsilon\right\}=1,$$

即 $\frac{1}{n}\sum_{i=1}^{n}X_n\xrightarrow{P}p^2$.

评注 虽然$\{X_n\}$不相互独立，但当$|i-j|\geqslant 2$时，X_i与X_j相互独立.同时注意应用不等式$|\mathrm{cov}(X_i,X_j)|\leqslant\sqrt{\mathrm{D}(X_i)}\sqrt{\mathrm{D}(X_j)}$.

3. 中心极限定理的应用

3.1 林德伯格-莱维中心极限定理的应用

【解题方法与技巧】

(1) 林德伯格-莱维定理适用于独立同分布场合，它说明了只要满足条件：随机变量序列$\{X_n\}$相互独立同分布，且有有限的数学期望与方差，即$\mathrm{E}(X_k)=\mu, \mathrm{D}(X_k)=\sigma^2\neq 0(k=1,2,\cdots)$，则

$$\frac{\sum_{k=1}^{n}X_k-n\mu}{\sqrt{n}\sigma}\overset{\text{近似}}{\sim}N(0,1)\quad(n\text{ 充分大时}).$$

(2) 若要求概率 $P\{a\leqslant X\leqslant b\}$,其中 $X=\sum_{k=1}^{n}X_k$,可利用公式:

$$P\{a\leqslant X\leqslant b\}=P\left\{a\leqslant \sum_{k=1}^{n}X_k\leqslant b\right\}=P\left\{\frac{a-n\mu}{\sqrt{n}\sigma}\leqslant\frac{\sum_{k=1}^{n}X_k-n\mu}{\sqrt{n}\sigma}\leqslant\frac{b-n\mu}{\sqrt{n}\sigma}\right\}$$

$$\approx\Phi\left(\frac{b-n\mu}{\sqrt{n}\sigma}\right)-\Phi\left(\frac{a-n\mu}{\sqrt{n}\sigma}\right);$$

若已知概率 $P\{a\leqslant X\leqslant b\}$,要求 n,可依上公式,通过反查标准正态分布表得到.

例 5.3.1　设随机变量 $X_1,X_2,\cdots$ 相互独立,服从同一分布,已知 $\mathrm{E}(X_i^k)=\mu_k(k=1,2,3,4)$,证明当 n 充分大时,随机变量 $Z_n=\frac{1}{n}\sum_{i=1}^{n}X_i^2$ 近似地服从正态分布,并指出其分布参数.

分析　由 $X_1,X_2,\cdots$ 独立同分布知 $X_1^2,X_2^2,\cdots$ 独立同分布,又由题设可知 X_i^2 有有限均值与方差,故考虑利用林德伯格-莱维中心极限定理求证.

证　因为 $X_1,X_2,\cdots$ 独立同分布,所以 $X_1^2,X_2^2,\cdots$ 也独立同分布.又由 $\mathrm{E}(X_i^k)=\mu_k(k=1,2,3,4)$ 知

$$\mathrm{E}(X_i^2)=\mu_2,\quad \mathrm{D}(X_i^2)=\mathrm{E}(X_i^4)-[\mathrm{E}(X_i^2)]^2=\mu_4-\mu_2^2\quad(i=1,2,\cdots),$$

则由林德伯格-莱维中心极限定理知,当 n 充分大时,有

$$\frac{\sum_{i=1}^{n}X_i^2-n\mu_2}{\sqrt{n(\mu_4-\mu_2^2)}}\overset{\text{近似}}{\sim}N(0,1),$$

即 $\sum_{i=1}^{n}X_i^2\overset{\text{近似}}{\sim}N(n\mu_2,n(\mu_4-\mu_2^2))$,所以 $\frac{1}{n}\sum_{i=1}^{n}X_i^2\overset{\text{近似}}{\sim}N\left(\mu_2,\frac{\mu_4-\mu_2^2}{n}\right)$.

评注　本例是对随机变量序列 $\{X_n^2\}$ 应用林德伯格-莱维中心极限定理,再由 $\sum_{i=1}^{n}X_i^2$ 的近似分布来确定 $\frac{1}{n}\sum_{i=1}^{n}X_i^2$ 的近似分布.

例 5.3.2　某接收器同时收到 50 个信号 $U_i(i=1,2,\cdots,50)$,设它们是相互独立的随机变量,且都在区间(0,10)上服从均匀分布,记 $U=\sum_{i=1}^{50}U_i$.

(1) 求 $P\{U>260\}$;

(2) 要使 $P\{U>260\}$ 不超过 10%,应该把接收到的信号个数控制在什么范围内?

解　(1) 由题设 $U_i\sim U(0,10)$,所以 $\mathrm{E}(U_i)=10/2=5,\mathrm{D}(U_i)=10^2/12=25/3(i=1,2,\cdots,50)$.$\{U_i\}$ 相互独立且同分布,由林德伯格-莱维中心极限定理,有

$$\frac{\sum_{i=1}^{50}U_i-50\times 5}{\sqrt{50\times 25/3}}\overset{\text{近似}}{\sim}N(0,1),$$

于是

$$P\{U>260\}=1-P\{U\leqslant 260\}=1-P\left\{\frac{U-50\times 5}{\sqrt{50\times 25/3}}\leqslant\frac{260-50\times 5}{\sqrt{50\times 25/3}}\right\}$$

$$\approx 1-\Phi\left(\frac{260-50\times 5}{\sqrt{50\times 25/3}}\right)\approx 1-\Phi(0.4899)=1-0.6879=0.3121.$$

(2) 设收到的信号数为 n，$U=\sum_{i=1}^{n}U_i$，由题设要求 n，使 $P\{U>260\}\leqslant 10\%$，即

$$P\{U>260\}=1-P\{U\leqslant 260\}=1-P\left\{\frac{U-n\times 5}{\sqrt{n\times 25/3}}\leqslant\frac{260-n\times 5}{\sqrt{n\times 25/3}}\right\}$$

$$\approx 1-\Phi\left(\frac{260-n\times 5}{\sqrt{n\times 25/3}}\right)\leqslant 0.1,$$

亦即 $1-\Phi\left(\frac{52-n}{\sqrt{n/3}}\right)\leqslant 0.1$，化简得 $\Phi\left(\frac{52-n}{\sqrt{n/3}}\right)\geqslant 0.9$.反查标准正态分布表得 $\frac{52-n}{\sqrt{n/3}}\geqslant 1.281$.解此不等式得 $n\leqslant 46.93$.取 $n=46$，即最多接收 46 个信号，才能满足要求.

评注　求解本例的关键是确认 $\sum_{i=1}^{n}U_i$ 近似于正态分布，进而可通过查表求概率及确定 n，同时注意 $\Phi(x)$ 的单调性.

例 5.3.3　假设生产线上组装每件成品的时间服从指数分布.统计资料表明，该生产线每件成品的组装时间平均为 10 min，各件产品的组装时间相互独立.

(1) 求组装 100 件需要 15 h 至 20 h 的概率；

(2) 以 95%的概率在 16 h 内最多可以组装多少成品？

解　设 $X_i=\{$第 i 件成品的组装时间$\}$ $(i=1,2,\cdots,100)$，则 $X_1,X_2,\cdots,X_{100}$ 相互独立，且都服从指数分布.由 $\mathrm{E}(X_i)=10$ 知，$\mathrm{D}(X_i)=100(i=1,2,\cdots,100)$.由林德伯格-莱维中心极限定理有

$$\frac{\sum_{i=1}^{100}X_i-100\times 10}{\sqrt{100\times 100}}\overset{\text{近似}}{\sim}N(0,1).$$

(1) 所求概率为

$$P\left\{15\times 60\leqslant\sum_{i=1}^{100}X_i\leqslant 20\times 60\right\}$$

$$=P\left\{\frac{900-1000}{100}\leqslant\frac{\sum_{i=1}^{100}X_i-100\times 10}{\sqrt{100\times 100}}\leqslant\frac{1200-1000}{100}\right\}$$

$$\approx\Phi(2)-\Phi(-1)=\Phi(2)+\Phi(1)-1=0.8185.$$

(2) 设在 16 h 内最多可组装 n 件产品，则由题设 $P\left\{\sum_{i=1}^{n}X_i\leqslant 16\times 60\right\}=0.95$，即

$$P\left\{\frac{\sum_{i=1}^{n}X_i-10n}{\sqrt{100n}}\leqslant\frac{960-10n}{10\sqrt{n}}\right\}\approx\Phi\left(\frac{960-10n}{10\sqrt{n}}\right)=0.95.$$

反查标准正态分布表得 $\frac{960-10n}{10\sqrt{n}}=1.645$，即 $n^2-194.706n+9216=0$，解得 $n\approx81.18$，故在 16 h 之内以概率 95%最多组装 81 件成品.

例 5.3.4　某地有甲、乙两家电影院竞争当地的 1000 位观众，观众选择电影院是相互独立且随机的.问每个电影院至少应设有多少个座位，才能保证观众因缺少座位而离去的概率小于 1%？

分析　就第 i 位观众是否选择甲电影院引进随机变量 X_i，若其选择甲电影院，则 $X_i=1$，否则 $X_i=0$，于是甲电影院应有观众人数 $\sum_{i=1}^{1000}X_i$，再依林德伯格-莱维中心极限定理求解.

解　在同等条件下，只需讨论甲电影院的情况.设

$$X_i=\begin{cases}1, & \text{第 } i \text{ 位观众选择甲电影院},\\ 0, & \text{第 } i \text{ 位观众不选择甲电影院}\end{cases}\quad(i=1,2,\cdots,1000),$$

则 $X_1,X_2,\cdots,X_{1000}$ 独立同分布，且 $\sum_{i=1}^{1000}X_i$ 为甲电影院的观众人数.而对于 $i=1,2,\cdots1000$，有

$$\mathrm{E}(X_i)=P\{X_i=1\}=0.5,\quad \mathrm{D}(X_i)=P\{X_i=1\}P\{X_i=0\}=0.25,$$

于是由林德伯格-莱维中心极限定理有

$$\frac{\sum_{i=1}^{1000}X_i-1000\times0.5}{\sqrt{1000\times0.25}}\overset{\text{近似}}{\sim}N(0,1).$$

设甲电影院至少应设有 b 个座位，依题意，b 应满足

$$P\left\{\sum_{i=1}^{1000}X_i>b\right\}<0.01,\quad \text{即}\quad P\left\{\sum_{i=1}^{1000}X_i\leqslant b\right\}>0.99,$$

又

$$P\left\{\sum_{i=1}^{1000}X_i\leqslant b\right\}=P\left\{\frac{\sum_{i=1}^{1000}X_i-1000\times0.5}{\sqrt{1000\times0.25}}\leqslant\frac{b-1000\times0.5}{\sqrt{1000\times0.25}}\right\}\approx\Phi\left(\frac{b-500}{\sqrt{1000\times0.25}}\right),$$

于是 $\Phi\left(\frac{b-500}{\sqrt{1000\times0.25}}\right)>0.99$.反查标准正态分布表得 $\frac{b-500}{\sqrt{1000\times0.25}}>2.324$，即 $b>536.7$，所以每个电影院至少应设有 537 个座位，才能保证观众因缺少座位而离去的概率小于 1%.

评注　求解本例的关键是明确所求座位数 b 满足 $P\left\{\sum_{i=1}^{1000}X_i>b\right\}<0.01$，再由 $\sum_{i=1}^{1000}X_i$ 的近似分布确定 b.

3.2　棣莫弗-拉普拉斯中心极限定理的应用

【解题方法与技巧】

棣莫弗-拉普拉斯中心极限定理适用于伯努利试验场合.

(1) 若$\{X_n\}$为相互独立同分布的随机变量序列,且$P\{X_k=1\}=p$,$P\{X_k=0\}=1-p$ $(0<p<1;k=1,2,\cdots)$,则

$$\frac{\sum_{k=1}^{n}X_k-np}{\sqrt{np(1-p)}}\overset{\text{近似}}{\sim}N(0,1)\quad(n\text{ 充分大时}).$$

令$X=\sum_{k=1}^{n}X_k$,则$X\sim B(n,p)$.

(2) 若$X\sim B(n,p)$,则$\dfrac{X-np}{\sqrt{np(1-p)}}\overset{\text{近似}}{\sim}N(0,1)$($n$ 充分大时).

(3) 若$X\sim B(n,p)$,要求概率$P\{a\leqslant X\leqslant b\}$,可利用公式:

$$P\{a\leqslant X\leqslant b\}=P\left\{a\leqslant\sum_{k=1}^{n}X_k\leqslant b\right\}=P\left\{\frac{a-np}{\sqrt{np(1-p)}}\leqslant\frac{\sum_{k=1}^{n}X_k-np}{\sqrt{np(1-p)}}\leqslant\frac{b-np}{\sqrt{np(1-p)}}\right\}$$

$$\approx\Phi\left(\frac{b-np}{\sqrt{np(1-p)}}\right)-\Phi\left(\frac{a-np}{\sqrt{np(1-p)}}\right);$$

若已知概率$P\{a\leqslant X\leqslant b\}$,要求$n$,可依上公式,通过反查标准正态分布表得之.

例 5.3.5　某药厂断言,该厂生产的某种药品对于医治一种疑难疾病的治愈率为0.8,检验员任意抽查100个服用此药品的病人,如果其中有多于75人治愈就接受这一断言,否则就拒绝这一断言.

(1) 若实际上此药品的治愈率确为0.8,问接受这一断言的概率是多少?

(2) 若实际上此药品的治愈率只有0.7,问接受这一断言的概率是多少?

分析　依患者是否被治愈引进服从0-1分布的随机变量X_i,再依棣莫弗-拉普拉斯中心极限定理求解.

解　引入随机变量$X_i=\begin{cases}1, & \text{第 } i \text{ 个服用此药的病人治愈},\\ 0, & \text{第 } i \text{ 个服用此药的病人未治愈}\end{cases}(i=1,2,\cdots,100)$.设$X$为100个服用此药品的病人中已治愈的病人数,则$X=\sum_{i=1}^{100}X_i$.

(1) 因$P\{X_i=1\}=0.8$,$P\{X_i=0\}=0.2(i=1,2,\cdots,100)$,即$X\sim B(100,0.8)$,故由棣莫弗-拉普拉斯中心极限定理有

$$\frac{X-100\times0.8}{\sqrt{100\times0.8\times0.2}}\overset{\text{近似}}{\sim}N(0,1),$$

于是

$$P\{X>75\}=1-P\{X\leqslant75\}=1-P\left\{\frac{X-100\times0.8}{\sqrt{100\times0.8\times0.2}}\leqslant\frac{75-100\times0.8}{\sqrt{100\times0.8\times0.2}}\right\}$$

$$\approx1-\Phi(-5/4)=\Phi(1.25)=0.8944.$$

所以,若实际上此药品的治愈率确为 0.8,则接受这一断言的概率为 0.8944.

(2) 因 $P\{X_i=1\}=0.7, P\{X_i=0\}=0.3(i=1,2,\cdots,100)$,即 $X\sim B(100,0.7)$,由棣莫弗-拉普拉斯中心极限定理,有

$$\frac{X-100\times 0.7}{\sqrt{100\times 0.7\times 0.3}} \overset{\text{近似}}{\sim} N(0,1),$$

于是

$$P\{X>75\}=1-P\{X\leqslant 75\}\approx 1-\Phi\left(\frac{75-100\times 0.7}{\sqrt{100\times 0.7\times 0.3}}\right)$$
$$=1-\Phi(1.091)=0.1379,$$

所以,若实际上此药品的治愈率只有 0.7 时,则接受这一断言的概率为 0.1379.

例 5.3.6 某系统由 100 个相互独立起作用的部件组成,在整个运行期间,每个部件损坏的概率为 0.1.假设至少有 85 个部件正常工作时,整个系统才能正常运行.

(1) 求整个系统正常运行的概率;

(2) 要使整个系统正常运行的概率达到 0.98,问每个部件在运行中保持完好的概率应达到多少?

解 设 X 为正常工作的部件数.

(1) 由题设可知 $X\sim B(100,0.9)$,从而利用棣莫弗-拉普拉斯中心极限定理得

$$\frac{X-100\times 0.9}{\sqrt{100\times 0.9\times 0.1}} \overset{\text{近似}}{\sim} N(0,1),$$

于是整个系统正常运行的概率为

$$P\{X\geqslant 85\}=1-P\{X<85\}=1-P\left\{\frac{X-100\times 0.9}{\sqrt{100\times 0.9\times 0.1}}<\frac{85-100\times 0.9}{\sqrt{100\times 0.9\times 0.1}}\right\}$$
$$\approx 1-\Phi(-5/3)\approx\Phi(1.667)=0.9522.$$

(2) 设每个部件在运行中保持完好的概率为 p,则 $X\sim B(100,p)$.依题意,p 应满足 $P\{X\geqslant 85\}\geqslant 0.98$.由棣莫弗-拉普拉斯中心极限定理有

$$\frac{X-100\times p}{\sqrt{100\times p\times(1-p)}} \overset{\text{近似}}{\sim} N(0,1),$$

于是

$$\begin{aligned}P\{X\geqslant 85\}&=1-P\{X<85\}\\&=1-P\left(\frac{X-100\times p}{\sqrt{100\times p\times(1-p)}}<\frac{85-100\times p}{\sqrt{100\times p\times(1-p)}}\right)\\&\approx 1-\Phi\left(\frac{85-100\times p}{\sqrt{100\times p\times(1-p)}}\right)\geqslant 0.98,\end{aligned}$$

即

$$\Phi\left(\frac{85-100\times p}{\sqrt{100\times p\times(1-p)}}\right)\leqslant 0.02,\quad \text{亦即}\quad \Phi\left(-\frac{85-100\times p}{\sqrt{100\times p\times(1-p)}}\right)>0.98.$$

反查标准正态分布表得 $-\dfrac{85-100\times p}{\sqrt{100\times p\times(1-p)}}>2.055$.解此不等式得 $p\geqslant 0.91$.

评注　在(1)中,$p=0.9$,$P\{X\geqslant 85\}=0.95$;在(2)中,$p=0.91$,$P\{X\geqslant 85\}=0.98$.可见提高部件的完好概率对系统的正常运行是至关重要的.

例 5.3.7　设某市原有一个小电影院,政府拟筹建一个较大的电影院.根据调查,该市每天平均看电影的人数大约为 1600 人,且预计新电影院落成后,平均大约有 3/4 的观众将去这个新电影院.在设计该电影院的座位时,要求座位尽可能的多,但是还要求空座达到 200 个或更多的概率不能超过 0.1,问应设置多少个座位为好?

分析　记每天看电影的人数为 X,则 $X\sim B(1600,3/4)$.本例即要求 n,使 n 满足

$$P\{n-X\geqslant 200\}=P\{X\leqslant n-200\}\leqslant 0.1.$$

解　将每天去看电影的人数记为 X,则 $X\sim B(1600,3/4)$,$\mathrm{E}(X)=1200$,$\mathrm{D}(X)=300$.由棣莫弗-拉普拉斯中心极限定理有

$$\frac{X-1600\times 3/4}{\sqrt{1600\times(3/4)(1-3/4)}}\overset{\text{近似}}{\sim}N(0,1).$$

设应设置 n 个座位,依题意 n 满足 $P\{n-X\geqslant 200\}=P\{X\leqslant n-200\}<0.1$,即

$$0.1\geqslant P\{X\leqslant n-200\}=P\left\{\frac{X-1200}{17.3}\leqslant\frac{n-200-1200}{17.3}\right\}\approx\Phi\left(\frac{n-1400}{17.3}\right),$$

亦即 $\Phi\left(\dfrac{n-1400}{17.3}\right)\leqslant 0.1$.反查标准正态分布表得$\dfrac{n-1400}{17.3}\leqslant -1.28$,故 $n\leqslant 1400-17.3\times 1.28\approx 1378$.又因要求座位尽可能的多,故所设置的座位应为 1378 个.

例 5.3.8　进行独立重复试验,设每次试验中事件 A 发生的概率为 0.25,试问能以 95% 的把握保证 1000 次试验中事件 A 发生的频率与概率相差多少?此时 A 发生的次数在什么范围内?

解　记 X 为 1000 次试验中事件 A 发生的次数,则 $X\sim B(1000,0.25)$.于是由棣莫弗-拉普拉斯中心极限定理有

$$\frac{X-1000\times 0.25}{\sqrt{1000\times 0.25\times 0.75}}\overset{\text{近似}}{\sim}N(0,1).$$

设事件 A 发生的频率 $X/1000$ 与概率 0.25 相差为 k,依题意,k 应满足

$$P\left\{\left|\frac{X}{1000}-0.25\right|\leqslant k\right\}\geqslant 0.95,\quad 即\quad P\{|X-250|\leqslant 1000k\}\geqslant 0.95.$$

又

$$P\{|X-250|\leqslant 1000k\}=P\left\{\frac{|X-250|}{\sqrt{1000\times 0.25\times 0.75}}\leqslant\frac{1000k}{\sqrt{1000\times 0.25\times 0.75}}\right\}$$
$$\approx 2\Phi\left(\frac{1000k}{\sqrt{1000\times 0.25\times 0.75}}\right)-1,$$

所以

$$2\Phi\left(\frac{1000k}{\sqrt{1000\times 0.25\times 0.75}}\right)-1\geqslant 0.95,\quad \Phi\left(\frac{1000k}{\sqrt{1000\times 0.25\times 0.75}}\right)\geqslant 0.975.$$

反查标准正态分布表得 $\frac{1000k}{\sqrt{1000\times 0.25\times 0.75}}\geqslant 1.96$，即 $k\geqslant 0.027$.此时 $P\{223\leqslant X\leqslant 275\}\geqslant 0.95$.这表明能以 95%的把握保证 1000 次试验中事件 A 发生的频率与概率相差不小于 0.027，此时事件 A 发生的次数在 223 到 277 次之间.

4. 综合例题

例 5.4.1　空战一方有 50 架轰炸机，而另一方有 100 架歼击机，若每两架歼击机对付一架轰炸机，这样共分成 50 个空战小组.假设每组空战中，歼击机击落轰炸机的概率为 0.4，而轰炸机击落两架歼击机或一架歼击机的概率分别为 0.2 和 0.5，试求：

(1) 击落轰炸机数目不少于总数的 35%的概率；

(2) 能以概率 0.9 保证击落的歼击机数目的范围.

解　(1) 设 X 为击落轰炸机的数目，则 $X\sim B(50,0.4)$.于是由棣莫弗-拉普拉斯中心极限定理有

$$\frac{X-50\times 0.4}{\sqrt{50\times 0.4\times 0.6}}\overset{\text{近似}}{\sim} N(0,1),$$

故所求概率为

$$\begin{aligned}P\{X\geqslant 50\times 0.35\}&=P\{X\geqslant 17.5\}=1-P\{X<17.5\}\\&=1-P\left\{\frac{X-20}{\sqrt{12}}<\frac{17.5-20}{\sqrt{12}}\right\}\approx 1-\Phi\left(\frac{17.5-20}{\sqrt{12}}\right)\\&\approx 1-\Phi(-0.7217)=\Phi(0.7217)=0.7648.\end{aligned}$$

(2) 设 Y_i 为第 i 组空战小组击落歼击机的数目，则 $Y_i\,(i=1,2,\cdots,50)$独立同分布，且分布为

Y_i	0	1	2
P	0.3	0.5	0.2

$(i=1,2,\cdots,50)$

所以对 $i=1,2,\cdots,50$ 有

$$\mathrm{E}(Y_i)=1\times 0.5+2\times 0.2=0.9,\quad \mathrm{E}(Y_i^2)=1^2\times 0.5+2^2\times 0.2=1.3,$$

$$\mathrm{D}(Y_i)=\mathrm{E}(Y_i^2)-[\mathrm{E}(Y_i)]^2=1.3-0.9^2=0.49.$$

设击落歼击机的总数为 Y，则 $Y=\sum_{i=1}^{50}Y_i$，$\mathrm{E}(Y)=\mathrm{E}\left(\sum_{i=1}^{50}Y_i\right)=\sum_{i=1}^{50}\mathrm{E}(Y_i)=45$，从而由林德伯格-莱维中心极限定理有

$$\frac{Y-50\times 0.9}{\sqrt{50\times 0.49}}\overset{\text{近似}}{\sim} N(0,1).$$

为估计击落歼击机的范围，自然考虑求 a，使 $P\{|Y-45|<a\}=0.9$，即

$$
\begin{aligned}
P\{|Y-45|<a\} &= P\{-a<Y-45<a\} \\
&= P\left\{-\frac{a}{\sqrt{50\times 0.49}}<\frac{Y-45}{\sqrt{50\times 0.49}}<\frac{a}{\sqrt{50\times 0.49}}\right\} \\
&\approx \Phi\left(\frac{a}{4.95}\right)-\Phi\left(-\frac{a}{4.95}\right)=2\Phi\left(\frac{a}{4.95}\right)-1=0.9,
\end{aligned}
$$

亦即 $\Phi\left(\frac{a}{4.95}\right)=0.95$.反查标准正态分布表得 $a/4.95=1.645$,即 $a=8.14\approx 8$,故能以概率 0.9 保证击落的歼击机数目在(37,53)之内.

评注 求解问题(2)的关键是随机变量 Y_i 的引入及借助概率 $P\{|Y-45|<a\}$ 确定 a.

例 5.4.2 某高校图书馆阅览室共有 880 个座位,该校共有 12000 名学生,已知每天晚上每个学生到阅览室去自习的概率为 8%.

(1) 求阅览室晚上座位不够用的概率;

(2) 若要以 80%的概率保证晚上去阅览室自习的学生都有座位,阅览室还需增添多少座位?

解 以 X 记晚上去阅览室自习的学生数,则 $X\sim B(12000,0.08)$.于是由棣莫弗-拉普拉斯中心极限定理得

$$
\frac{X-12000\times 0.08}{\sqrt{12000\times 0.08\times 0.92}} \overset{\text{近似}}{\sim} N(0,1).
$$

(1) 所求概率为

$$
\begin{aligned}
P\{880<X\leqslant 12000\} &= P\left\{\frac{880-960}{\sqrt{883.2}}<\frac{X-960}{\sqrt{883.2}}\leqslant\frac{12000-960}{\sqrt{883.2}}\right\} \\
&\approx \Phi\left(\frac{12000-960}{\sqrt{883.2}}\right)-\Phi\left(\frac{880-960}{\sqrt{883.2}}\right)\approx\Phi(371)-\Phi(-2.69) \\
&= 1-[1-\Phi(2.69)]=0.9964.
\end{aligned}
$$

(2) 设阅览室至少要增添 a 个座位,依题意,a 满足 $P\{X\leqslant 880+a\}\geqslant 0.80$,而

$$
P\{X\leqslant 880+a\}=P\left\{\frac{X-960}{\sqrt{883.2}}\leqslant\frac{880+a-960}{\sqrt{883.2}}\right\}\approx\Phi\left(\frac{a-80}{29.72}\right),
$$

所以有 $\Phi\left(\frac{a-80}{29.72}\right)\geqslant 0.80$.反查标准正态分布表得 $\frac{a-80}{29.72}\geqslant 0.842$,化简得 $a\geqslant 105.02$.取 $a=105$,即阅览室至少要增添 105 个座位,才能以 80%的概率保证晚上去自习的学生都有座位.

例 5.4.3 某市增加了 100 名新的女警员,如果她们一直在警界工作到退休,就可以得到一份养老金,而且如果在退休时,她处在已婚状态,则她的丈夫可以得到另一份养老金.一个精算师作了以下假定:

(1) 新警员留在警界工作到退休的概率为 0.4;

(2) 新警员留在警界工作到退休的条件下,在退休时以概率 0.25 不在婚姻状态;

(3) 各新警员的养老金数目彼此独立.

求该市 100 名新警员和她们的丈夫得到养老金的份数不超过 90 的概率.

分析　100 名新警员和她们的丈夫得到养老金的份数应是每名新警员及其丈夫所得养老金份数的总和,所以可依林德伯格-莱维中心极限定理确定所求概率.

解　将 100 名新警员和她们的丈夫将来的养老金的份数分别记为 $X_1,X_2,\cdots,X_{100}$,则它们独立同分布:

$$P\{X_i=0\}=1-0.4=0.6,\quad P\{X_i=1\}=0.4\times 0.25=0.1,$$
$$P\{X_i=2\}=0.4\times 0.75=0.3\quad (i=1,2,\cdots,100),$$

即 X_i 的概率分布为

X_i	0	1	2
P	0.6	0.1	0.3

$(i=1,2,\cdots,100)$

于是 $\mathrm{E}(X_i)=0.7,\mathrm{E}(X_i^2)=1.3,\mathrm{D}(X_i)=0.81(i=1,2,\cdots,100)$.所以由林德伯格-莱维中心极限定理有

$$\frac{\sum_{i=1}^{100}X_i-100\times 0.7}{\sqrt{100\times 0.81}}\overset{\text{近似}}{\sim}N(0,1).$$

该市 100 名新警员和她们的丈夫得到养老金的总份数为 $X=X_1+X_2+\cdots+X_{100}$,故所求概率为

$$P\{X\leqslant 90\}=P\left\{\frac{\sum_{i=1}^{100}X_i-100\times 0.7}{\sqrt{100\times 0.81}}\leqslant\frac{90-100\times 0.7}{\sqrt{100\times 0.81}}\right\}\approx\Phi(2.22)=0.9869.$$

评注　求解本例的关键是引进随机变量 X_i 及确定 X_i 的概率分布,再利用中心极限定理求概率.

例 5.4.4　设 $g(x)$在区间$(0,1)$内连续,随机变量序列 $X_1,X_2,\cdots$独立且同服从$(0,1)$上的均匀分布,$\mathrm{D}[g(X_i)]=\sigma^2>0$.记 $a=\int_0^1 g(x)\mathrm{d}x$,$Y_n=\frac{1}{n}\sum_{i=1}^{n}g(X_i)$.

(1) 求 $\mathrm{E}(Y_n)$和 $\mathrm{D}(Y_n)$,并证明 $Y_n\xrightarrow{P}a$;

(2) 对任意 $\varepsilon>0$,利用中心极限定理估计概率 $P\{|Y_n-a|<\varepsilon\}$.

分析　(1) 由于 $X_1,X_2,\cdots$相互独立,所以 $g(X_1),g(X_2),\cdots$相互独立.又$\frac{1}{n^2}\mathrm{D}\left(\sum_{i=1}^{n}g(X_i)\right)\to 0(n\to\infty)$,依马尔可夫大数定律可证结论.(2) 因 $g(X_1),g(X_2),\cdots$有有限的期望与方差,故由林德伯格-莱维中心极限定理估计概率.

解　(1) 由题设,随机变量序列 $X_1,X_2,\cdots$独立且同服从$(0,1)$上的均匀分布,所以 $g(X_1),g(X_2),\cdots$独立同分布,且

$$E(Y_n)=\frac{1}{n}\sum_{i=1}^{n}E[g(X_i)]=E[g(X_i)]=\int_0^1 g(x)\cdot 1dx=a,$$

$$D(Y_n)=\frac{1}{n^2}\sum_{i=1}^{n}D[g(X_i)]=\frac{D[g(X_i)]}{n}=\frac{\sigma^2}{n}\to 0\quad (n\to\infty).$$

于是由马尔可夫大数定律,对任意 $\varepsilon>0$,有

$$\lim_{n\to\infty}P\left\{\left|\frac{1}{n}\sum_{i=1}^{n}g(X_i)-\frac{1}{n}\sum_{i=1}^{n}E[g(X_i)]\right|<\varepsilon\right\}=1,$$

即
$$\lim_{n\to\infty}P\{|Y_n-a|<\varepsilon\}=1,\quad Y_n\xrightarrow{P}a.$$

(2) 由(1)知,随机变量序列 $g(X_1),g(X_2),\cdots$ 独立同分布,且有有限的期望和方差:

$$E[g(X_i)]=a,\quad D[g(X_i)]=\sigma^2>0\quad (i=1,2,\cdots).$$

由林德伯格-莱维中心极限定理有

$$\frac{\sum_{i=1}^{n}g(X_i)-na}{\sqrt{n}\sigma}\overset{\text{近似}}{\sim}N(0,1)\quad(\text{当 } n \text{ 充分大时}),$$

于是对任意 $\varepsilon>0$,有

$$P\{|Y_n-a|<\varepsilon\}=P\left\{\left|\frac{1}{n}\sum_{i=1}^{n}g(X_i)-a\right|<\varepsilon\right\}=P\left\{\left|\sum_{i=1}^{n}g(X_i)-na\right|<n\varepsilon\right\}$$

$$=P\left\{\frac{\left|\sum_{i=1}^{n}g(X_i)-na\right|}{\sqrt{n}\sigma}<\frac{n\varepsilon}{\sqrt{n}\sigma}\right\}=P\left\{\frac{\left|\sum_{i=1}^{n}g(X_i)-na\right|}{\sqrt{n}\sigma}<\frac{\sqrt{n}\varepsilon}{\sigma}\right\}$$

$$\approx\Phi\left(\frac{\sqrt{n}\varepsilon}{\sigma}\right)-\Phi\left(-\frac{\sqrt{n}\varepsilon}{\sigma}\right)=2\Phi\left(\frac{\sqrt{n}\varepsilon}{\sigma}\right)-1.$$

评注 本例(1)也可利用切比雪夫大数定律的特殊情形或辛钦大数定律求证;在(2)中满足林德伯格-莱维中心极限定理条件的随机变量序列是$\{g(X_i)\}$.

自 测 题 五

(时间:100 分钟;卷面分值:100 分)

一、单项选择题(每小题 2 分,共 10 分):

1. 设 $X_1,X_2,\cdots$ 为独立的随机变量序列,$X=X_1+X_2+\cdots+X_n$,则根据林德伯格-莱维中心极限定理,当 n 充分大时,X 近似服从正态分布,只要随机变量序列 $X_1,X_2,\cdots$ ( ).

(A) 有相同的数学期望　　(B) 有相同的方差

(C) 服从同一指数分布　　(D) 服从同一离散型分布

2. 设 $X_1,X_2,\cdots$ 为独立同分布的随机变量序列,且 $X_i(i=1,2,\cdots)$ 服从指数分布,其概率密度为

$$f(x)=\begin{cases}\lambda e^{-\lambda x}, & x>0,\\ 0, & x\leqslant 0\end{cases}\quad(\lambda>1),$$

$\Phi(x)$为标准正态分布函数,则(　　).

(A) $\lim\limits_{n\to\infty}P\left\{\dfrac{\lambda\sum\limits_{i=1}^{n}X_i-n}{\sqrt{n}}\leqslant x\right\}=\Phi(x)$　　(B) $\lim\limits_{n\to\infty}P\left\{\dfrac{\sum\limits_{i=1}^{n}X_i-n}{\sqrt{n}}\leqslant x\right\}=\Phi(x)$

(C) $\lim\limits_{n\to\infty}P\left\{\dfrac{\sum\limits_{i=1}^{n}X_i-\lambda}{\sqrt{n}\lambda}\leqslant x\right\}=\Phi(x)$　　(D) $\lim\limits_{n\to\infty}P\left\{\dfrac{\sum\limits_{i=1}^{n}X_i-\lambda}{\sqrt{n\lambda}}\leqslant x\right\}=\Phi(x)$

3. 设 $X_1,X_2,\cdots$为随机变量序列,a 为一常数,则$\{X_n\}$依概率收敛于 a 是指(　　).

(A) 对任意 $\varepsilon>0$,有 $\lim\limits_{n\to\infty}P\{|X_n-a|\geqslant\varepsilon\}=0$

(B) 对任意 $\varepsilon>0$,有 $\lim\limits_{n\to\infty}P\{|X_n-a|\geqslant\varepsilon\}=1$

(C) $\lim\limits_{n\to\infty}X_n=a$　　(D) $\lim\limits_{n\to\infty}P\{X_n=a\}=1$

4. 设 $X_1,X_2,\cdots,X_{200}$是独立同分布的随机变量,且 $X_i\sim B(1,p)(0<p<1)$,$\Phi(x)$为标准正态分布函数,则下列式子不正确的是(　　).

(A) $\dfrac{1}{200}\sum\limits_{k=1}^{200}X_k\overset{P}{\approx}p$("$\overset{P}{\approx}$"表示在概率意义下近似等于)

(B) $P\left\{a<\sum\limits_{k=1}^{200}X_k<b\right\}\approx\Phi\left(\dfrac{b-200p}{\sqrt{200p(1-p)}}\right)-\Phi\left(\dfrac{a-200p}{\sqrt{200p(1-p)}}\right)$

(C) $P\left\{a<\sum\limits_{k=1}^{200}X_k<b\right\}\approx\Phi(b)-\Phi(a)$　　(D) $\sum\limits_{k=1}^{200}X_k\sim B(200,p)$

5. 设随机变量序列 $X_1,X_2,\cdots$相互独立,且都服从参数为$\lambda(>0)$的泊松分布,$\Phi(x)$为标准正态分布函数,则下列选项正确的是(　　).

(A) $\lim\limits_{n\to\infty}P\left\{\dfrac{\sum\limits_{i=1}^{n}X_i-\lambda}{\sqrt{n\lambda}}\leqslant x\right\}=\Phi(x)$

(B) 当 n 充分大时,$\sum\limits_{i=1}^{n}X_i$ 近似服从标准正态分布 $N(0,1)$

(C) 当 n 充分大时,$P\left\{\sum\limits_{i=1}^{n}X_i\leqslant x\right\}\approx\Phi(x)$

(D) 当 n 充分大时,$\sum\limits_{i=1}^{n}X_i$ 近似服从正态分布 $N(n\lambda,n\lambda)$

二、填空题(每小题 3 分,共 15 分):

1. 设 $X_1,X_2,\cdots$为独立同分布的随机变量序列,且 $E(X_i)=\mu$,$D(X_i)=\sigma^2$($i=1$,

$2,\cdots$). 记 $Y_n=\frac{1}{n}\sum_{k=1}^{n}X_k^2$，则当 $n\to\infty$ 时，Y_n 依概率收敛于________.

2. 设 $X_1,X_2,\cdots$ 为独立同分布的随机变量序列，且 $\mathrm{E}(X_i)=\mu,\mathrm{D}(X_i)=\sigma^2(i=1,2,\cdots)$，则对任意的 $\varepsilon>0$，有 $\lim\limits_{n\to\infty}P\left\{\frac{1}{n}\left|\sum_{i=1}^{n}X_i-n\mu\right|\geqslant\varepsilon\right\}=$________.

3. 设 $X_1,X_2,\cdots$ 为独立同分布的随机变量序列，且 $X_i(i=1,2,\cdots)$ 服从参数为 $\lambda>0$ 的泊松分布. 若 $\overline{X}=\frac{1}{n}\sum_{i=1}^{n}X_i$，则对任意的实数 x，有 $P\{\overline{X}<x\}\approx$________.

4. 设 $X_1,X_2,\cdots$ 为独立同分布的随机变量序列，且 $\mathrm{E}(X_i)=\mu,\mathrm{D}(X_i)=\sigma^2>0(i=1,2,\cdots)$，则 $\lim\limits_{n\to\infty}P\left\{\frac{\sum_{i=1}^{n}X_i-n\mu}{\sqrt{n}\sigma}>0\right\}=$________.

5. 设 $X_1,X_2,\cdots$ 为独立同分布的随机变量序列，且 $X_i(i=1,2,\cdots)$ 在 $(-1,1)$ 上服从均匀分布，则 $\lim\limits_{n\to\infty}P\left\{\frac{\sum_{i=1}^{n}X_i}{\sqrt{n}}\leqslant 1\right\}=$________.

三、计算题(共 60 分)：

1. (10 分)设有 30 个电子器件 $D_1,D_2,\cdots,D_{30}$，它们的使用情况如下：D_1 损坏 D_2 立即使用，D_2 损坏 D_3 立即使用，依此类推. 设器件的寿命是同服从数学期望为 10 h 的指数分布的随机变量. 令 T 为 30 个器件使用的总计时间，试用中心极限定理求 T 超过 350 h 的概率. (参考数据：$\Phi(0.912)=0.8194,\Phi(0.82)=0.7939,\sqrt{30}=5.48,\sqrt{20}=4.47$)

2. (共 20 分)某种计算器在进行加法运算时，将每个加数都舍入为靠近它的整数. 设所有舍入误差都是独立的，且都在 $(-0.5,0.5)$ 上服从均匀分布. 试用中心极限定理求：

(1) (10 分)若将 1500 个数相加，误差总和的绝对值大于 15 的概率为多少？

(2) (10 分)要使误差总和的绝对值小于 10 的概率不小于 0.90，最多允许多少个数相加？(参考数据：$\Phi(0.34)=0.6331,\Phi(1.645)=0.95,\Phi(1.34)=0.9099,\sqrt{5}=2.236,\sqrt{20}=4.47$)

3. (10 分)某银行为支付某日即将到期的债券需准备一笔现金，设这批债券共发放了 500 张，每张债券到期需支付本息共计 1000 元. 若持券人(一人一券)于债券到期之日到银行领取本息的概率为 0.4，试用中心极限定理求银行于该日应至少准备多少现金才能以 99.9% 的概率保证满足持券人的兑换. (参考数据：标准正态分布函数值：$\Phi(3.1)=0.9990$，$\Phi(0.99)=0.8389,\sqrt{30}\approx5.48,\sqrt{20}\approx4.47$)

4. (共 20 分)某电站对 1 万个用户供电，设用电高峰时每户用电的概率为 0.9，试利用中心极限定理计算：

(1) (10 分)用电高峰时同时用户在 9030 户以上的概率；

(2) (10 分)若每户用电 200 W,电站至少应具有多大发电量,才能以 0.95 的概率保证供电?(参考数据:标准正态分布函数值 $\Phi(0.1)=0.5398$,$\Phi(1.645)=0.95$,$\Phi(1.0)=0.8413$)

四、证明题(共 15 分):

1. (5 分)设$\{X_n\}$是独立的随机变量序列,其中 X_n 服从参数为$\sqrt{n}$的泊松分布,证明$\{X_n\}$服从马尔可夫大数定律.

2. (10 分)　设在随机变量序列$\{X_n\}$中,X_n 仅与 X_{n-1} 及 X_{n+1} 相关,而与其他的随机变量都不相关,且对一切 n,有 $\mathrm{D}(X_n)\leqslant C$ (C 为常数),证明对任意 $\varepsilon>0$,有

$$\lim_{n\to\infty}P\left\{\left|\frac{1}{n}\sum_{i=1}^{n}X_i-\frac{1}{n}\sum_{i=1}^{n}\mathrm{E}(X_i)\right|<\varepsilon\right\}=1.$$

第六章　抽 样 分 布

一、内 容 综 述

1. 概念与术语

总体　研究对象的全体对应的某一随机变量称为总体.

样本　对总体 X 的 n 次观察得到的 n 个相互独立且与 X 同分布的随机变量 X_1, $X_2,\cdots,X_n$ 称为来自总体 X 的**简单随机样本**,简称**样本**,其中 n 称为**样本容量**.抽样得到的样本观察值记为 $x_1,x_2,\cdots,x_n$.

统计量　设 $X_1,X_2,\cdots,X_n$ 是来自总体 X 的样本,若样本函数 $g(X_1,X_2,\cdots,X_n)$中不含分布的未知参数,则称 $g(X_1,X_2,\cdots,X_n)$为统计量.

上 α 分位点　设 X 为随机变量,若有 $P\{X\geqslant a\}=\alpha$,则称 a 为 X 的上 α 分位点.

2. 总体分布与样本联合分布的关系

(1) 若总体 X 的分布函数为 $F(x)$,则简单随机样本$(X_1,X_2,\cdots,X_n)$的联合分布函数为

$$F^*(x_1,x_2,\cdots,x_n)=F(x_1)F(x_2)\cdots F(x_n)=\prod_{i=1}^{n}F(x_i).$$

(2) 若总体 X 为连续型随机变量,概率密度为 $f(x)$,则简单随机样本$(X_1,X_2,\cdots,X_n)$的联合概率密度为

$$f^*(x_1,x_2,\cdots,x_n)=f(x_1)f(x_2)\cdots f(x_n)=\prod_{i=1}^{n}f(x_i).$$

3. 常用统计量

设 $X_1,X_2,\cdots,X_n$ 是来自总体 X 的样本,下表列出常用的统计量:

名　称	定 义 式	备　注
样本均值	$\overline{X}=\dfrac{1}{n}(X_1+X_2+\cdots+X_n)=\dfrac{1}{n}\sum_{i=1}^{n}X_i$	设总体均值为 μ,则 $E(\overline{X})=\mu$
样本方差	$S^2=\dfrac{1}{n-1}\sum_{i=1}^{n}(X_i-\overline{X})^2=\dfrac{1}{n-1}\left(\sum_{i=1}^{n}X_i^2-n\overline{X}^2\right)$	设总体方差为 σ^2,则 $E(S^2)=\sigma^2$,　$D(S^2)=\dfrac{2\sigma^4}{n-1}$

（续表）

名　称	定义式	备　注
样本标准差	$S=\sqrt{S^2}=\sqrt{\dfrac{1}{n-1}\sum\limits_{i=1}^{n}(X_i-\overline{X})^2}$	
样本 k 阶原点矩	$A_k=\dfrac{1}{n}\sum\limits_{i=1}^{n}X_i^k\quad(k=1,2,\cdots)$	样本均值即样本 1 阶原点矩
样本 k 阶中心矩	$B_k=\dfrac{1}{n}\sum\limits_{i=1}^{n}(X_i-\overline{X})^k\quad(k=2,3,\cdots)$	样本方差非样本 2 阶中心矩

注　统计量均为随机变量.

4. 数理统计中的常用分布

4.1　$\chi^2(n)$分布

定　义	设 $X_1,X_2,\cdots,X_n$ 相互独立，$X_i\sim N(0,1)(i=1,2,\cdots,n)$，称 $\chi^2=X_1^2+X_2^2+\cdots+X_n^2$ 服从的分布是自由度为 n 的 χ^2 分布，记为 $\chi^2\sim\chi^2(n)$
概率密度及其图像	$f_n(x)=\begin{cases}\dfrac{1}{2^{\frac{n}{2}}\Gamma\left(\dfrac{n}{2}\right)}x^{\frac{n}{2}-1}\mathrm{e}^{-\frac{x}{2}}, & x>0,\\ 0, & x\leqslant 0\end{cases}$
极大值点	概率密度的极大值在 $x=n-2$ 处取得
期望与方差	$\mathrm{E}(\chi^2)=n,\mathrm{D}(\chi^2)=2n$
性　质	若 $X\sim\chi^2(n_1),Y\sim\chi^2(n_2)$，$X$ 与 Y 相互独立，则 $X+Y\sim\chi^2(n_1+n_2)$
查　表	通过 χ^2 分布表可以查到概率 $\alpha=0.995,\cdots,0.005$ 等 χ^2 分布的上 α 分位点 $\chi_\alpha^2(n)$

4.2　$t(n)$分布

定　义	设 $X\sim N(0,1),Y\sim\chi^2(n)$，$X$ 与 Y 相互独立，称 $T=\dfrac{X}{\sqrt{Y/n}}$服从的分布是自由度为 n 的 t 分布，记为 $T\sim t(n)$

（续表）

概率密度及其图像	$f_n(t)=\dfrac{\Gamma\left(\dfrac{n+1}{2}\right)}{\sqrt{n\pi}\,\Gamma\left(\dfrac{n}{2}\right)}\left(1+\dfrac{t^2}{n}\right)^{-\frac{n+1}{2}}$ $(-\infty<t<+\infty)$ 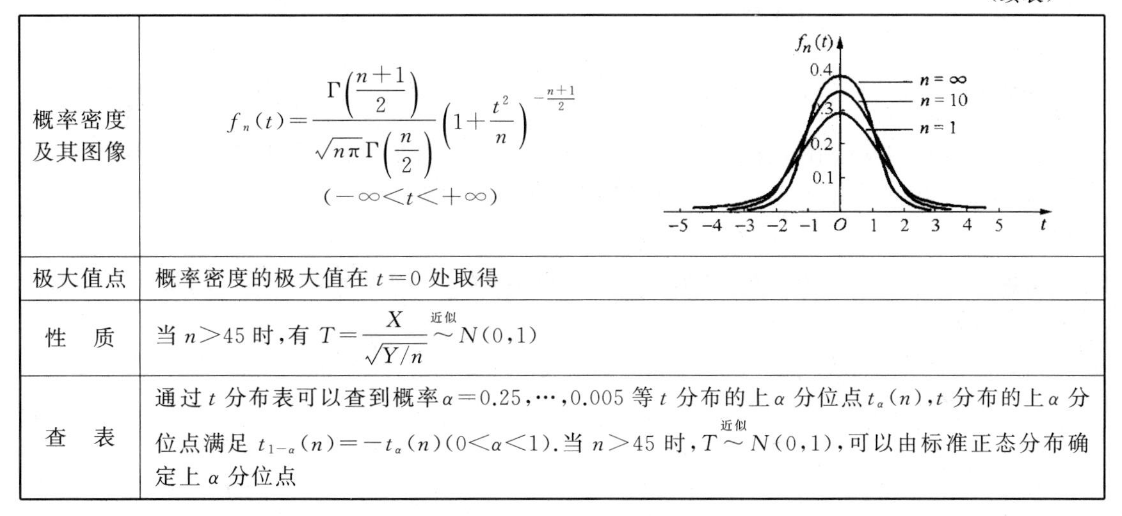
极大值点	概率密度的极大值在 $t=0$ 处取得
性　质	当 $n>45$ 时，有 $T=\dfrac{X}{\sqrt{Y/n}}\overset{\text{近似}}{\sim}N(0,1)$
查　表	通过 t 分布表可以查到概率 $\alpha=0.25,\cdots,0.005$ 等 t 分布的上 α 分位点 $t_\alpha(n)$，t 分布的上 α 分位点满足 $t_{1-\alpha}(n)=-t_\alpha(n)(0<\alpha<1)$. 当 $n>45$ 时，$T\overset{\text{近似}}{\sim}N(0,1)$，可以由标准正态分布确定上 α 分位点

4.3 F 分布

定　义	设 $U\sim\chi^2(n_1)$，$V\sim\chi^2(n_2)$，U,V 相互独立，称 $F=\dfrac{U/n_1}{V/n_2}$ 服从的分布是自由度为 (n_1,n_2) 的 F 分布，记为 $F\sim F(n_1,n_2)$，其中 n_1 称为第一自由度，n_2 称为第二自由度
概率密度及其图像	$f_{n_1,n_2}(x)=\begin{cases}\dfrac{\Gamma\left(\dfrac{n_1+n_2}{2}\right)}{\Gamma\left(\dfrac{n_1}{2}\right)\Gamma\left(\dfrac{n_2}{2}\right)}\left(\dfrac{n_1}{n_2}\right)^{\frac{n_1}{2}}x^{\frac{n_1}{2}-1}\left(1+\dfrac{n_1}{n_2}x\right)^{-\frac{n_1+n_2}{2}}, & x>0,\\ 0, & x\leqslant 0\end{cases}$ $f_{n_1,n_2}(x)$ 1 0.8 0.6 0.4 0.2 O 1 2 3 4 x；$n_1=10,n_2=50$；$n_1=10,n_2=10$；$n_1=10,n_2=4$
极大值点	概率密度的极大值在 $x=\dfrac{(n_1-2)n_2}{n_1(n_2+2)}(x<1)$ 处取得
性　质	若 $F\sim F(n_1,n_2)$，则 $\dfrac{1}{F}\sim F(n_2,n_1)$
查　表	通过 F 分布表可以查到概率 $\alpha=0.1,\cdots,0.01$ 等 F 分布的上 α 分位点 $F_\alpha(n_1,n_2)$，F 分布的上 α 分位点满足 $\dfrac{1}{F_\alpha(n_1,n_2)}=F_{1-\alpha}(n_2,n_1)(0<\alpha<1)$

5. 正态总体统计量的分布

定理 1 设 $X_1,X_2,\cdots,X_n$ 是来自正态总体 $N(\mu,\sigma^2)$ 的样本,则样本均值 $\overline{X} \sim N\left(\mu,\dfrac{\sigma^2}{n}\right)$.

注 该定理的基础在于第三章介绍的结论:有限个相互独立正态随机变量的线性函数仍然服从正态分布.由第四章又知道正态分布 $N(\mu,\sigma^2)$ 的参数 μ 为数学期望,σ^2 为方差.这些都属于最基本知识点.

定理 2 设 $X_1,X_2,\cdots,X_n$ 是来自正态总体 $N(\mu,\sigma^2)$ 的样本,$\overline{X},S^2$ 分别是样本均值与样本方差,则

(1) $\dfrac{(n-1)S^2}{\sigma^2}\sim\chi^2(n-1)$; (2) $\overline{X}$ 与 S^2 相互独立.

定理 3 设 $X_1,X_2,\cdots,X_n$ 是来自正态总体 $N(\mu,\sigma^2)$ 的样本,则 $\dfrac{\overline{X}-\mu}{S/\sqrt{n}}\sim t(n-1)$.

定理 4 设 $X_1,X_2,\cdots,X_{n_1}$ 是来自正态总体 $N(\mu_1,\sigma^2)$ 的样本,$Y_1,Y_2,\cdots,Y_{n_2}$ 是来自正态总体 $N(\mu_2,\sigma^2)$ 的样本,两正态总体相互独立,$\overline{X},\overline{Y}$ 分别是两个样本的样本均值,S_1^2,S_2^2 分别是两个样本的样本方差,则

$$\frac{(\overline{X}-\overline{Y})-(\mu_1-\mu_2)}{S_w\sqrt{1/n_1+1/n_2}}\sim t(n_1+n_2-2),\quad 其中\quad S_w^2=\frac{(n_1-1)S_1^2+(n_2-1)S_2^2}{n_1+n_2-2}.$$

定理 5 设 $X_1,X_2,\cdots,X_{n_1}$ 是来自正态总体 $N(\mu_1,\sigma_1^2)$ 的样本,$Y_1,Y_2,\cdots,Y_{n_2}$ 是来自正态总体 $N(\mu_2,\sigma_2^2)$ 的样本,两总体相互独立,S_1^2,S_2^2 分别为两个样本的样本方差,则

$$F=\frac{S_1^2/\sigma_1^2}{S_2^2/\sigma_2^2}=\frac{S_1^2/S_2^2}{\sigma_1^2/\sigma_2^2}\sim F(n_1-1,n_2-1).$$

二、专题解析与例题精讲

1. 判断分布问题

【解题方法与技巧】

给出随机变量,求或判断随机变量所服从的分布,一般从各分布的定义和正态总体统计量服从分布的定理着手,因此对这一章介绍的 χ^2 分布、t 分布、F 分布的定义与正态总体统计量服从分布的五个定理应该理解掌握.

例 6.1.1 设 $X_1,X_2,\cdots,X_n,X_{n+1}$ 为来自正态总体 $N(\mu,\sigma^2)$ 的样本,$\overline{X}=\dfrac{1}{n}\sum\limits_{i=1}^{n}X_i$,求:

(1) $X_{n+1}-\overline{X}$ 服从的分布; (2) $X_1-\overline{X}$ 服从的分布.

分析 掌握"有限个相互独立正态随机变量的线性函数仍然服从正态分布"这一结论,此例则不难求解.首先看到 $X_1,X_{n+1},\overline{X}$ 均服从正态分布,$X_{n+1}-\overline{X}$ 与 $X_1-\overline{X}$ 的差异在于

X_{n+1}与$\overline{X}$相互独立，而X_1与$\overline{X}$不独立.显然$X_{n+1}-\overline{X}$服从正态分布.将式$X_1-\overline{X}$展开仍然是$X_1,X_2,\cdots,X_n$这n个相互独立随机变量的线性函数，所以$X_1-\overline{X}$也服从正态分布，只不过在确定参数时有差异.

解　(1) 因个体与总体同分布，故$X_{n+1}\sim N(\mu,\sigma^2)$.由定理1知$\overline{X}\sim N(\mu,\sigma^2/n)$，而$\overline{X}=\dfrac{1}{n}\sum\limits_{i=1}^{n}X_i$与$X_{n+1}$相互独立，所以$X_{n+1}-\overline{X}$服从正态分布，期望与方差分别为

$$E(X_{n+1}-\overline{X})=E(X_{n+1})-E(\overline{X})=0,$$

$$D(X_{n+1}-\overline{X})=D(X_{n+1})+D(\overline{X})=\sigma^2+\frac{\sigma^2}{n}=\frac{n+1}{n}\sigma^2.$$

综上所述$X_{n+1}-\overline{X}\sim N\left(0,\dfrac{n+1}{n}\sigma^2\right)$.

(2) 因$X_1-\overline{X}$是$X_1,X_2,\cdots,X_n$的线性函数，故$X_1-\overline{X}$服从正态分布，且数学期望为

$$E(X_1-\overline{X})=E(X_1)-E(\overline{X})=\mu-\mu=0.$$

下面求$X_1-\overline{X}$的方差.

方法1　因为$X_1-\overline{X}=X_1-\dfrac{1}{n}(X_1+\cdots+X_n)=\dfrac{n-1}{n}X_1-\dfrac{1}{n}X_2-\cdots-\dfrac{1}{n}X_n$，所以

$$\begin{aligned}D(X_1-\overline{X})&=D\left(\frac{n-1}{n}X_1-\frac{1}{n}X_2-\cdots-\frac{1}{n}X_n\right)\\&=\left[\left(\frac{n-1}{n}\right)^2+(n-1)\frac{1}{n^2}\right]\sigma^2=\frac{n-1}{n}\sigma^2.\end{aligned}$$

方法2

$$\begin{aligned}D(X_1-\overline{X})&=D(X_1)+D(\overline{X})-2\mathrm{cov}(X_1,\overline{X})\\&=\sigma^2+\frac{\sigma^2}{n}-2\times\frac{\sigma^2}{n}=\frac{n-1}{n}\sigma^2,\end{aligned}$$

其中因为X_1与$X_2,\cdots,X_n$均相互独立，所以

$$\begin{aligned}\mathrm{cov}(X_1,\overline{X})&=\mathrm{cov}\left(X_1,\frac{1}{n}X_1+\frac{1}{n}X_2+\cdots+\frac{1}{n}X_n\right)\\&=\mathrm{cov}\left(X_1,\frac{1}{n}X_1\right)=\frac{1}{n}\mathrm{cov}(X_1,X_1)=\frac{1}{n}D(X_1)=\frac{\sigma^2}{n}.\end{aligned}$$

综上所述$X_1-\overline{X}\sim N\left(0,\dfrac{n-1}{n}\sigma^2\right)$.

例 6.1.2　设X_1,X_2,X_3,X_4为来自正态总体$N(0,2^2)$的样本，$X=a(X_1-2X_2)^2+b(3X_3-4X_4)^2$，适当确定$a,b$，使统计量$X$服从$\chi^2$分布，并求自由度.

分析　因为X_1-2X_2与$3X_3-4X_4$均服从正态分布，故可以转化为标准正态分布，从而$(X_1-2X_2)^2$与$(3X_3-4X_4)^2$经过系数调整可以得到服从χ^2分布的随机变量.又$(X_1-2X_2)^2$与$(3X_3-4X_4)^2$相互独立，由χ^2分布性质"相互独立的χ^2分布随机变量之和仍然服从χ^2分布"，该题目可解.

解　因为X_1-2X_2为正态分布样本的线性函数，服从正态分布，又

$$E(X_1-2X_2)=0,\quad D(X_1-2X_2)=D(X_1)+D(2X_2)=20,$$

故　$X_1-2X_2\sim N(0,20)$，　$\dfrac{X_1-2X_2}{\sqrt{20}}\sim N(0,1)$，　$\dfrac{(X_1-2X_2)^2}{20}\sim\chi^2(1)$.

同理 $3X_3-4X_4\sim N(0,100)$，　$\dfrac{3X_3-4X_4}{10}\sim N(0,1)$，　$\dfrac{(3X_3-4X_4)^2}{100}\sim\chi^2(1)$.

又因$\dfrac{(X_1-2X_2)^2}{20}$与$\dfrac{(3X_3-4X_4)^2}{100}$相互独立，所以

$$\frac{(X_1-2X_2)^2}{20}+\frac{(3X_3-4X_4)^2}{100}\sim\chi^2(2).$$

综上所述，当 $a=1/20,b=1/100$ 时，X 服从 χ^2 分布，自由度为 2.

例 6.1.3　设 $X_1,X_2,\cdots,X_9$ 是取自正态总体 X 的样本，且 $Y_1=\dfrac{1}{6}(X_1+X_2+\cdots+X_6)$，$Y_2=\dfrac{1}{3}(X_7+X_8+X_9)$，$S^2=\dfrac{1}{2}\sum\limits_{i=7}^{9}(X_i-Y_2)^2$，$Z=\dfrac{\sqrt{2}(Y_1-Y_2)}{S}$，证明统计量 $Z\sim t(2)$.

分析　本例要证明 $Z\sim t(2)$，从随机变量 Z 的表达式看与定理 3,4 中统计量差异较大，不宜直接套用定理，故考虑从 t 分布的定义着手.题目中没出现 $\overline{X},\overline{Y}$ 等常用样本均值符号，然而应该注意到 Y_1 即样本 $X_1,X_2,\cdots,X_6$ 构成的样本均值，Y_2 即样本 X_7,X_8,X_9 构成的样本均值，所以 Y_1,Y_2 均服从正态分布，且 Y_1 与 Y_2 相互独立，从而 Y_1-Y_2 服从正态分布.由此也就容易构造服从标准正态分布的随机变量.

证　由题设知总体 X 服从正态分布，设 $X\sim N(\mu,\sigma^2)$，则有

$$Y_1=\frac{1}{6}(X_1+X_2+\cdots+X_6)\sim N\left(\mu,\frac{\sigma^2}{6}\right),\quad Y_2=\frac{1}{3}(X_7+X_8+X_9)\sim N\left(\mu,\frac{\sigma^2}{3}\right),$$

且 Y_1 与 Y_2 相互独立，于是

$$Y_1-Y_2\sim N\left(0,\frac{\sigma^2}{2}\right),\quad \frac{Y_1-Y_2}{\sigma/\sqrt{2}}=\frac{\sqrt{2}(Y_1-Y_2)}{\sigma}\sim N(0,1).$$

设 S^2 为 X_7,X_8,X_9 的样本方差，则由定理 2 知 $\dfrac{2S^2}{\sigma^2}\sim\chi^2(2)$，且$\dfrac{2S^2}{\sigma^2}$与 Y_2 相互独立，又$\dfrac{2S^2}{\sigma^2}$与 Y_1 也相互独立，故与$\dfrac{\sqrt{2}(Y_1-Y_2)}{\sigma}$相互独立，所以

$$Z=\frac{\sqrt{2}(Y_1-Y_2)}{S}=\frac{\dfrac{\sqrt{2}(Y_1-Y_2)}{\sigma}}{\sqrt{\dfrac{2S^2/\sigma^2}{2}}}\sim t(2).$$

例 6.1.4　设 $X_1,X_2,\cdots,X_n$ 为来自正态总体 $N(\mu,\sigma^2)$的样本，$\overline{X}$ 是样本均值，记

$$S_1^2=\frac{1}{n-1}\sum_{i=1}^{n}(X_i-\overline{X})^2,\quad S_2^2=\frac{1}{n}\sum_{i=1}^{n}(X_i-\overline{X})^2,$$

$$S_3^2=\frac{1}{n-1}\sum_{i=1}^{n}(X_i-\mu)^2,\quad S_4^2=\frac{1}{n}\sum_{i=1}^{n}(X_i-\mu)^2,$$

则服从自由度为 $n-1$ 的 t 分布的随机变量是(　　).

(A) $T=\dfrac{\overline{X}-\mu}{S_1/\sqrt{n-1}}$　　(B) $T=\dfrac{\overline{X}-\mu}{S_2/\sqrt{n-1}}$

(C) $T=\dfrac{\overline{X}-\mu}{S_3/\sqrt{n}}$　　(D) $T=\dfrac{\overline{X}-\mu}{S_4/\sqrt{n}}$

解 由 t 分布的定义,需有服从自由度为 $n-1$ 的 χ^2 分布的随机变量才能构造出服从自由度为 $n-1$ 的 t 分布的随机变量,而 S_3^2 与 S_4^2 均由 n 个独立的正态分布随机变量的平方和构成,只能构造出服从自由度为 n 的 χ^2 分布,故不能选(C),(D).

对于(A),S_1^2 是样本方差,S_1 为样本标准差,由定理 3,$\dfrac{\overline{X}-\mu}{S_1/\sqrt{n}}\sim t(n-1)$,比较$\dfrac{\overline{X}-\mu}{S_1/\sqrt{n}}$与(A),知(A)不成立.

由排除法,应该选(B).可以进一步推导(B)成立.设 S^2 为样本方差,则

$$S_2^2=\frac{1}{n}\sum_{i=1}^{n}(X_i-\overline{X})^2=\frac{n-1}{n(n-1)}\sum_{i=1}^{n}(X_i-\overline{X})^2=\frac{n-1}{n}S^2,\quad S^2=\frac{n}{n-1}S_2^2.$$

由定理 3 知$\dfrac{\overline{X}-\mu}{S_2/\sqrt{n-1}}=\dfrac{\overline{X}-\mu}{\sqrt{\dfrac{n}{n-1}S_2^2}\Big/\sqrt{n}}\sim t(n-1)$,所以(B)成立.

2. 统计量数学期望与方差的计算

【解题方法与技巧】

求由样本构成的随机变量的数学期望与方差,一般利用所给总体数学期望与方差的结论,以及数学期望、方差的性质.下面的结论经常用到:

(1) 若总体的数学期望为 μ,方差为 σ^2,样本容量为 n,$\overline{X}$ 为样本均值,S^2 为样本方差,则有 $E(\overline{X})=\mu$,$D(\overline{X})=\sigma^2/n$,$E(S^2)=\sigma^2$,$D(S^2)=2\sigma^4/(n-1)$.

(2) 若 $\chi^2\sim\chi^2(n)$,则 $E(\chi^2)=n$,$D(\chi^2)=2n$.

例 6.2.1 设 $X_1,X_2,\cdots,X_n$ 是来自总体 $X\sim N(\mu,\sigma^2)$的样本,试证

$$E\Big[\sum_{i=1}^{n}(X_i-\overline{X})^2\Big]^2=(n^2-1)\sigma^4.$$

分析 由统计量 $\sum\limits_{i=1}^{n}(X_i-\overline{X})^2$ 容易构造出样本方差 S^2,S^2 的数学期望、方差已知,又注意到要证等式的左边是 $\Big[\sum\limits_{i=1}^{n}(X_i-\overline{X})^2\Big]^2$ 的数学期望,类似于$(S^2)^2$ 的数学期望 $E[(S^2)^2]$,而 $D(S^2)=E[(S^2)^2]-[E(S^2)]^2$,含有 $E[(S^2)^2]$.

证 设 S^2 为样本方差,则 $E(S^2)=\sigma^2$,$D(S^2)=\dfrac{2\sigma^4}{n-1}$.因为

$$\Big[\sum_{i=1}^{n}(X_i-\overline{X})^2\Big]^2=\left[\frac{n-1}{n-1}\sum_{i=1}^{n}(X_i-\overline{X})^2\right]^2$$

$$=(n-1)^2\left[\frac{1}{n-1}\sum_{i=1}^{n}(X_i-\overline{X})^2\right]^2=(n-1)^2(S^2)^2,$$

$$D(S^2)=E[(S^2)^2]-[E(S^2)]^2,$$

$$E[(S^2)^2]=D(S^2)+[E(S^2)]^2=\frac{2\sigma^4}{n-1}+(\sigma^2)^2=\frac{(n+1)\sigma^4}{n-1},$$

所以

$$E\left[\sum_{i=1}^{n}(X_i-\overline{X})^2\right]^2=E[(n-1)^2(S^2)^2]=(n-1)^2E(S^2)^2$$

$$=(n-1)^2\frac{(n+1)\sigma^4}{n-1}=(n^2-1)\sigma^4.$$

例 6.2.2 设 $X_1,X_2,\cdots,X_{10}$是来自总体 $X\sim\chi^2(n)$的样本,$\overline{X}$ 是样本均值,求 $E(\overline{X})$与 $D(\overline{X})$.

分析 利用如下两个结论便可求解:若 $\chi^2\sim\chi^2(n)$,则 $E(\chi^2)=n,D(\chi^2)=2n$;若总体的数学期望为 μ,方差为 σ^2,$\overline{X}$ 是样本均值,则 $E(\overline{X})=\mu,D(\overline{X})=\sigma^2/n$.注意二者 n 的含义不同,前者为 χ^2 分布的自由度,后者为样本容量.本例中 χ^2 分布的自由度为 n,样本容量为 10.

解 由题设总体 $X\sim\chi^2(n)$,$\overline{X}$ 是样本均值,故 $E(X)=n,D(X)=2n$.所以

$$E(\overline{X})=E(X)=n,\quad D(\overline{X})=D(X)/10=2n/10=n/5.$$

例 6.2.3 设总体 $X\sim N(\mu_1,\sigma^2)$,$Y\sim N(\mu_2,\sigma^2)$,$X_1,X_2,\cdots,X_{n_1}$和 $Y_1,Y_2,\cdots,Y_{n_2}$分别是来自总体 X 与 Y 的样本,求 $E\left[\dfrac{\sum_{i=1}^{n_1}(X_i-\overline{X})^2+\sum_{j=1}^{n_2}(Y_j-\overline{Y})^2}{n_1+n_2-2}\right]$.

分析 因$\sum_{i=1}^{n_1}(X_i-\overline{X})^2$ 与$\sum_{j=1}^{n_2}(Y_j-\overline{Y})^2$ 的形式都接近样本方差,故可考虑利用定理 2 的结论$\dfrac{(n-1)S^2}{\sigma^2}\sim\chi^2(n-1)$,其中 S^2 为样本方差,σ^2 为总体方差.而 χ^2 分布的数学期望易得到,从而本例可解.

解 令 $S_1^2=\dfrac{1}{(n_1-1)}\sum_{i=1}^{n_1}(X_i-\overline{X})^2$,$S_2^2=\dfrac{1}{(n_2-1)}\sum_{j=1}^{n_2}(Y_j-\overline{Y})^2$,则 S_1^2 与 S_2^2 分别为由 $X_1,X_2,\cdots,X_{n_1}$和 $Y_1,Y_2,\cdots,Y_{n_2}$构成的样本方差,故

$$\frac{(n_1-1)S_1^2}{\sigma^2}\sim\chi^2(n_1-1),\quad E\left[\frac{(n_1-1)S_1^2}{\sigma^2}\right]=n_1-1,$$

$$\frac{(n_2-1)S_2^2}{\sigma^2}\sim\chi^2(n_2-1),\quad E\left[\frac{(n_2-1)S_2^2}{\sigma^2}\right]=n_2-1.$$

所以

$$\mathrm{E}\left[\frac{\sum_{i=1}^{n_1}(X_i-\overline{X})^2+\sum_{j=1}^{n_2}(Y_j-\overline{Y})^2}{n_1+n_2-2}\right]$$

$$=\frac{1}{n_1+n_2-2}\left[\mathrm{E}\sum_{i=1}^{n_1}(X_i-\overline{X})^2\right]+\mathrm{E}\left[\sum_{j=1}^{n_2}(Y_j-\overline{Y})^2\right]$$

$$=\frac{1}{n_1+n_2-2}\left\{\mathrm{E}\left[\frac{\sigma^2(n_1-1)}{\sigma^2(n_1-1)}\sum_{i=1}^{n_1}(X_i-\overline{X})^2\right]+\mathrm{E}\left[\frac{\sigma^2(n_2-1)}{\sigma^2(n_2-1)}\sum_{j=1}^{n_2}(Y_j-\overline{Y})^2\right]\right\}$$

$$=\frac{1}{n_1+n_2-2}\left\{\mathrm{E}\left[\frac{\sigma^2(n_1-1)S_1^2}{\sigma^2}\right]+\mathrm{E}\left[\frac{\sigma^2(n_2-1)S_2^2}{\sigma^2}\right]\right\}$$

$$=\frac{1}{n_1+n_2-2}\left\{\sigma^2\mathrm{E}\left[\frac{(n_1-1)S_1^2}{\sigma^2}\right]+\sigma^2\mathrm{E}\left[\frac{(n_2-1)S_2^2}{\sigma^2}\right]\right\}$$

$$=\frac{1}{n_1+n_2-2}[\sigma^2(n_1-1)+\sigma^2(n_2-1)]=\sigma^2.$$

例 6.2.4　设总体 X 服从参数为 $p(0<p<1)$ 的 0-1 分布，$X_1,X_2,\cdots,X_n$ 是取自总体 X 的样本，$\overline{X}$ 为样本均值，则对任意 p，样本容量应取多大才能使 $\mathrm{E}(|\overline{X}-p|^2)\leqslant 0.01$？

分析　分析 $\mathrm{E}(|\overline{X}-p|^2)$ 的含义.因为 $\mathrm{E}(\overline{X})=\mathrm{E}(X)=p$，$\mathrm{E}(|\overline{X}-p|^2)=\mathrm{E}(\overline{X}-p)^2=\mathrm{D}(\overline{X})$，故本例的实质是确定样本容量使样本均值的方差不大于 0.01.

解　由题设知总体 X 服从参数为 p 的 0-1 分布，故

$$\mathrm{E}(X)=p,\quad \mathrm{D}(X)=p(1-p),\quad \mathrm{E}(\overline{X})=p,\quad \mathrm{D}(\overline{X})=\frac{p(1-p)}{n}.$$

要使 $\mathrm{E}(|\overline{X}-p|^2)=\mathrm{E}(\overline{X}-p)^2=\mathrm{D}(\overline{X})=\dfrac{p(1-p)}{n}\leqslant 0.01$，只要 $n\geqslant 100p(1-p)$.

为了使对任意 p 有上述不等式成立，求 p 值使 $p(1-p)$ 最大. 设

$$g(p)=p(1-p)=p-p^2.$$

令 $g'(p)=1-2p=0$，得 $p=1/2$，$g''(1/2)=-2<0$，则 $g(p)=p(1-p)$ 在 $p=1/2$ 处有最大值 1/4.所以当 $n\geqslant 100\times(1/4)=25$ 时，对任意 p，$\mathrm{E}(|\overline{X}-p|^2)\leqslant 0.01$ 均成立.

评注　若通过先求 $|\overline{X}-p|^2$ 的分布，再计算 $|\overline{X}-p|^2$ 的数学期望，则复杂了.

3. 统计量概率计算问题

【解题方法与技巧】

(1) 计算统计量取值的概率，一般应该清楚统计量服从的分布.对于标准正态分布、χ^2 分布、t 分布、F 分布取值的概率都可通过查分布表得到.

(2) 应该注意标准正态分布表与 χ^2 分布表、t 分布表、F 分布表的区别：

标准正态分布表所列内容为 $P\{X\leqslant x\}=\alpha$，其中 x 值由表的左边一列与上面一行组成，表中的数为概率 α.

以 χ^2 分布表为例，其所列内容为 $P\{\chi^2\geqslant\chi_\alpha^2(n)\}=\alpha$，其中表的左边一列为自由度，上面一行为概率 α，表中的数为点 $\chi_\alpha^2(n)$.

由于分布表内容的差异,为查表所作的概率式变形也常不同,例如:

设 $X\sim N(0,1)$,常作变形:$P\{a\leqslant X\leqslant b\}=P\{X\leqslant b\}-P\{X\leqslant a\}=\Phi(b)-\Phi(a)$;

设 $X\sim\chi^2(n)$,常作变形:$P\{a\leqslant X\leqslant b\}=P\{X\geqslant a\}-P\{X\geqslant b\}$.

例 6.3.1　设总体 $X\sim N(\mu,\sigma^2)$,抽取容量为 20 的样本 $X_1,X_2,\cdots,X_{20}$,求:

(1) $P\left\{10.9\leqslant\frac{1}{\sigma^2}\sum\limits_{i=1}^{20}(X_i-\mu)^2\leqslant 37.6\right\}$;　　(2) $P\left\{11.7\leqslant\frac{1}{\sigma^2}\sum\limits_{i=1}^{20}(X_i-\overline{X})^2\leqslant 38.6\right\}$.

分析　$\sum\limits_{i=1}^{20}(X_i-\mu)^2$ 为正态随机变量的平方和,可以构造为服从 χ^2 分布的随机变量. $\sum\limits_{i=1}^{20}(X_i-\overline{X})^2$ 的形式与样本方差相近,也可以构造为服从 χ^2 分布的随机变量.分布清楚了,概率则容易得到.

解　(1) 因为 $\frac{X_i-\mu}{\sigma}\sim N(0,1)$,所以 $\frac{1}{\sigma^2}\sum\limits_{i=1}^{20}(X_i-\mu)^2=\sum\limits_{i=1}^{20}\left(\frac{X_i-\mu}{\sigma}\right)^2\sim\chi^2(20)$. 又由于

$$P\left\{10.9\leqslant\frac{1}{\sigma^2}\sum_{i=1}^{20}(X_i-\mu)^2\leqslant 37.6\right\}=P\left\{10.9\leqslant\sum_{i=1}^{20}\left(\frac{X_i-\mu}{\sigma}\right)^2\leqslant 37.6\right\}$$

$$=P\left\{\sum_{i=1}^{20}\left(\frac{X_i-\mu}{\sigma}\right)^2\geqslant 10.9\right\}-P\left\{\sum_{i=1}^{20}\left(\frac{X_i-\mu}{\sigma}\right)^2\geqslant 37.6\right\},$$

而查 χ^2 分布表得 $10.9=\chi^2_{0.95}(20)$,$37.6=\chi^2_{0.01}(20)$,即

$$P\left\{\sum_{i=1}^{20}\left(\frac{X_i-\mu}{\sigma}\right)^2\geqslant 10.9\right\}=P\left\{\sum_{i=1}^{20}\left(\frac{X_i-\mu}{\sigma}\right)^2\geqslant\chi^2_{0.95}(20)\right\}=0.95,$$

$$P\left\{\sum_{i=1}^{20}\left(\frac{X_i-\mu}{\sigma}\right)^2\geqslant 37.6\right\}=P\left\{\sum_{i=1}^{20}\left(\frac{X_i-\mu}{\sigma}\right)^2\geqslant\chi^2_{0.01}(20)\right\}=0.01,$$

所以
$$P\left\{10.9\leqslant\frac{1}{\sigma^2}\sum_{i=1}^{20}(X_i-\mu)^2\leqslant 37.6\right\}=0.95-0.01=0.94.$$

(2) 因为

$$\frac{1}{\sigma^2}\sum_{i=1}^{20}(X_i-\overline{X})^2=\frac{19}{19\sigma^2}\sum_{i=1}^{20}(X_i-\overline{X})^2=\frac{19S^2}{\sigma^2}\sim\chi^2(19),$$

其中 S^2 为样本方差,又

$$P\left\{11.7\leqslant\frac{1}{\sigma^2}\sum_{i=1}^{20}(X_i-\overline{X})^2\leqslant 38.6\right\}=P\left\{11.7\leqslant\frac{19S^2}{\sigma^2}\leqslant 38.6\right\}$$

$$=P\left\{\frac{19S^2}{\sigma^2}\geqslant 11.7\right\}-P\left\{\frac{19S^2}{\sigma^2}\geqslant 38.6\right\},$$

查 χ^2 分布表得 $11.7=\chi^2_{0.9}(19)$,$38.6=\chi^2_{0.005}(19)$,即

$$P\left\{\frac{19S^2}{\sigma^2}\geqslant 11.7\right\}=P\left\{\frac{19S^2}{\sigma^2}\geqslant\chi^2_{0.9}(19)\right\}=0.9,$$

$$P\left\{\frac{19S^2}{\sigma^2}\geqslant 38.6\right\}=P\left\{\frac{19S^2}{\sigma^2}\geqslant\chi^2_{0.005}(19)\right\}=0.005,$$

所以 $$P\left\{11.7 \leqslant \frac{1}{\sigma^2}\sum_{i=1}^{20}(X_i - \overline{X})^2 \leqslant 38.6\right\} = 0.9 - 0.005 = 0.895.$$

例 6.3.2　一物品质量为 a，在天平上称量 n 次，假设各次称量结果相互独立且服从正态分布 $N(a, 0.2^2)$. 若以 $\overline{X}$ 表示称量结果的算术平均值，为使 $P\{|\overline{X}-a|<0.1\}\geqslant 0.95$，求 n 的最小取值.

解　由题设 $\overline{X} \sim N\left(a, \frac{0.2^2}{n}\right)$，$\frac{\overline{X}-a}{0.2/\sqrt{n}} \sim N(0,1)$. 要使

$$P\{|\overline{X} - a| < 0.1\} = P\left\{\left|\frac{\overline{X} - a}{0.2/\sqrt{n}}\right| < \frac{0.1}{0.2/\sqrt{n}}\right\} = 2\Phi\left(\frac{\sqrt{n}}{2}\right) - 1 \geqslant 0.95,$$

即使 $$\Phi(\sqrt{n}/2) \geqslant 0.975.$$

因为分布函数为增函数，查标准正态分布表知 $\sqrt{n}/2 \geqslant 1.96$，即 $n \geqslant 16$，所以 n 的最小值为 16.

例 6.3.3　设总体 $X \sim N(\mu, \sigma^2)$，$X_1, X_2, \cdots, X_n (n>1)$ 是来自总体 X 的样本，$\overline{X}$ 为样本均值，则对任意 $\varepsilon>0$，有 $P\{|X-\mu|<\varepsilon\}$(　　)$P\{|\overline{X}-\mu|<\varepsilon\}$.

(A) $>$　　(B) $<$　　(C) $\geqslant$　　(D) $\leqslant$

解析　X 与 $\overline{X}$ 均服从正态分布，且数学期望均为 μ，故本例是比较两服从正态分布的随机变量取值在期望两侧同等距离内概率的大小. 若知道结论"在上述条件下，方差小者概率大"，则可直接选(B)，因为 $D(X)=\sigma^2>D(\overline{X})=\sigma^2/n$.

若不知道上述结论，则应该均化为标准正态分布随机变量取值的事件以作比较.

因为 $\frac{X-\mu}{\sigma} \sim N(0,1)$，所以

$$P\{|X - \mu| < \varepsilon\} = P\left\{\left|\frac{X - \mu}{\sigma}\right| < \frac{\varepsilon}{\sigma}\right\} = 2\Phi\left(\frac{\varepsilon}{\sigma}\right) - 1.$$

又因为 $\frac{\overline{X}-\mu}{\sigma/\sqrt{n}} \sim N(0,1)$，所以

$$P\{|\overline{X} - \mu| < \varepsilon\} = P\left\{\left|\frac{\overline{X} - \mu}{\sigma/\sqrt{n}}\right| < \frac{\varepsilon}{\sigma/\sqrt{n}}\right\} = 2\Phi\left(\frac{\sqrt{n}\varepsilon}{\sigma}\right) - 1.$$

当 $n>1$ 时，$\Phi(\sqrt{n}\varepsilon/\sigma)>\Phi(\varepsilon/\sigma)$，所以 $P\{|\overline{X}-\mu|<\varepsilon\}>P\{|X-\mu|<\varepsilon\}$，故选(B).

例 6.3.4　设随机变量 $X \sim N(0,1)$，对给定的 $\alpha \in (0,1)$，数 u_α 满足 $P\{X \geqslant u_\alpha\}=\alpha$. 若 $P\{|X| \leqslant x\}=\alpha$，则 $x=$(　　).

(A) $u_{\alpha/2}$　　(B) $u_{1-\alpha/2}$　　(C) $u_{(1-\alpha)/2}$　　(D) $u_{1-\alpha}$

解析　由题设知道 u_α 为标准正态分布的上 α 分位点，要确定 x，应该由 $P\{|X| \leqslant x\}=\alpha$ 找到概率 $P\{X \geqslant x\}$. 由标准正态分布概率密度图像与事件概率的几何意义可知：若概率 $P\{|X| \leqslant x\}=\alpha$，则 $P\{X \geqslant x\}=\frac{1-\alpha}{2}$. 所以 $x=u_{(1-\alpha)/2}$，选(C).

自 测 题 六

（时间：60 分钟；卷面分值：100 分）

一、单项选择题（每小题 3 分，共 15 分）：

1. 设总体 $X\sim N(\mu,\sigma^2)$，其中 μ 已知，σ^2 未知，$X_1,X_2,\cdots,X_n$ 是来自总体 X 的样本，则下列表达式中不是统计量的是（　　）.

(A) $\frac{1}{n}\sum_{i=1}^{n}X_i$　　(B) $\sum_{i=1}^{n}\left(\frac{X_i-\mu}{\sigma}\right)^2$　　(C) $\frac{1}{n}\sum_{i=1}^{n}(X_i-\mu)^2$　　(D) $\min\limits_{1\leqslant i\leqslant n}\{X_i\}$

2. 设总体 X 和 Y 相互独立且都服从正态分布 $N(\mu,\sigma^2)$，$\overline{X}$，$\overline{Y}$ 分别是来自总体 X 和 Y 的容量为 n 的样本均值，则当 n 固定时，概率 $P\{|\overline{X}-\overline{Y}|>\sigma\}$ 的值随着 σ 的增大而（　　）.

(A) 单调增大　　(B) 单调减小　　(C) 保持不变　　(D) 增减不定

3. 设 $X_1,X_2,\cdots,X_n$ 是来自正态总体 $N(0,\sigma^2)$ 的样本，$\overline{X}$ 为样本均值，S^2 为样本方差，则下列统计量中，服从自由度为 $n-1$ 的 t 分布的是（　　）.

(A) $\frac{\sqrt{n}\,\overline{X}}{S}$　　(B) $\frac{n\overline{X}}{S}$　　(C) $\frac{\sqrt{n}\,\overline{X}}{S^2}$　　(D) $\frac{n\overline{X}}{S^2}$

4. 设随机变量 X 和 Y 都服从标准正态分布，则（　　）.

(A) $X+Y$ 服从正态分布　　(B) X^2+Y^2 服从 χ^2 分布

(C) $\frac{X^2}{Y^2}$ 服从 F 分布　　(D) X^2 和 Y^2 都服从 χ^2 分布

5. 设 $X_1,X_2,\cdots,X_{10}$ 是来自总体 $X\sim N(0,\sigma^2)$ 的样本，$Y^2=\frac{1}{10}\sum_{i=1}^{10}X_i^2$，则下列选项正确的是（　　）.

(A) $X^2\sim\chi^2(1)$　　(B) $Y^2\sim\chi^2(10)$　　(C) $\frac{X}{Y}\sim t(10)$　　(D) $\frac{X^2}{Y^2}\sim F(10,1)$

二、填空题（每小题 3 分，共 15 分）：

1. 设随机变量 $X\sim N(1,2^2)$，$X_1,X_2,\cdots,X_{100}$ 是取自总体 X 的样本，$\overline{X}$ 为样本均值，已知 $Y=a\overline{X}+b\sim N(0,1)$，则 $a=$________，$b=$________.

2. 设 $X_1,X_2,\cdots,X_5$ 为来自总体 $X\sim N(12,2^2)$ 的样本，则样本均值与总体均值（数学期望）之差的绝对值大于 1 的概率为________，$P\{\max\{X_1,X_2,\cdots,X_5\}>15\}=$________.

3. 设总体 X 服从正态分布 $N(0,2^2)$，$X_1,X_2,\cdots,X_{15}$ 是来自总体 X 的样本，则随机变量 $Y=\frac{X_1^2+\cdots+X_{10}^2}{2(X_{11}^2+\cdots+X_{15}^2)}$ 服从________分布，参数为________.

4. 设随机变量 X 服从分布 $t(n)$，则 $\frac{1}{X^2}$ 服从的分布为________.

5. 设 $X_1,X_2,\cdots,X_{16}$ 为来自标准正态总体 $N(0,1)$ 的样本，记

$$Y=\left(\sum_{i=1}^{4}X_i\right)^2+\left(\sum_{i=5}^{8}X_i\right)^2+\left(\sum_{i=9}^{12}X_i\right)^2+\left(\sum_{i=13}^{16}X_i\right)^2,$$

则当 $c=$________时，cY 服从 χ^2 分布，$E(cY)=$________.

三、计算题(每小题 10 分，共 70 分)：

1. 设有取自总体 $N(3.4,36)$ 的容量为 n 的样本，为使样本均值取值在区间 $(1.4,5.4)$ 内的概率不小于 0.95，问样本容量 n 至少应取多大?

2. 设 $X_1,X_2,\cdots,X_{16}$ 是来自正态总体 $N(\mu,\sigma^2)$ 的样本，$\overline{X}$，S 为样本均值和样本标准差.若 $P\{\overline{X}>\mu+aS\}=0.95$，试求参数 a.(参考数据：$t_{0.05}(15)=1.7531$，$t_{0.05}(16)=1.7459$，$t_{0.1}(15)=1.3406$)

3. 设总体 $X\sim N(\mu,\sigma^2)$，$X_1,X_2,\cdots,X_n,X_{n+1}$ 为来自总体 X 的样本，$\overline{X}$，S^2 分别为由 $X_1,X_2,\cdots,X_n$ 构成的样本均值和样本方差，求统计量 $\dfrac{X_{n+1}-\overline{X}}{S}\sqrt{\dfrac{n}{n+1}}$ 的分布.

4. 设总体 $X\sim N(0,1)$，$X_1,X_2,\cdots,X_5$ 是来自总体 X 的样本，求常数 C，使统计量 $\dfrac{C(X_1+X_2)}{\sqrt{X_3^2+X_4^2+X_5^2}}$ 服从 t 分布.

5. 设 $X_1,X_2,\cdots,X_n$ 是来自正态总体 $N(\mu,\sigma^2)$ 的样本，$\overline{X}=\dfrac{1}{n}\sum\limits_{i=1}^{n}X_i$，$S_1^2=\sum\limits_{i=1}^{n}(X_i-\mu)^2$，$S_2^2=\sum\limits_{i=1}^{n}(X_i-\overline{X})^2$，试求：

(1) $E(S_1^2)$，$D(S_1^2)$；　　(2) $E(S_2^2)$，$D(S_2^2)$.

6. 设总体 X 服从正态分布 $N(\mu,\sigma^2)(\sigma>0)$，从中抽取样本 $X_1,\cdots,X_{2n}(n\geqslant 2)$，样本均值为 $\overline{X}=\dfrac{1}{2n}\sum\limits_{i=1}^{2n}X_i$，求统计量 $Y=\sum\limits_{i=1}^{n}(X_i+X_{n+i}-2\overline{X})^2$ 的数学期望 $E(Y)$.

7. 设总体 X 的概率密度为 $f(x)=\dfrac{1}{2}e^{-|x|}(-\infty<x<+\infty)$，$X_1,X_2,\cdots,X_n$ 为来自总体 X 的样本，S^2 为样本方差，求 $E(S^2)$.

第七章　参数估计

一、内容综述

1. 基本概念

1.1　点估计有关概念

设总体 X 的分布函数 $F(x,\theta)$形式已知，参数 θ 未知，θ 所属的范围 Θ 已知，借助样本估计参数值称为参数的**点估计**.

用来估计参数 θ 的统计量称为 θ 的**估计量**，记做 $\hat{\theta}$，即 $\hat{\theta}=\hat{\theta}(X_1,X_2,\cdots,X_n)$.将样本观察值代入估计量，得到 θ 的**估计值**，也记做 $\hat{\theta}$，即 $\hat{\theta}=\hat{\theta}(x_1,x_2,\cdots,x_n)$.$\theta$ 的估计量和估计值统称为 θ 的估计.

用样本矩估计总体矩，用样本矩的函数估计总体矩的函数，这种估计法称为参数的**矩估计**，相应的估计量和估计值称为**矩估计量**和**矩估计值**.

设离散型总体 X，其分布律为 $P\{X=x\}=p(x,\theta)$，$\theta\in\Theta$ 未知，样本 $X_1,X_2,\cdots,X_n$ 的一组样本观察值为 $x_1,x_2,\cdots,x_n$，称

$$L(\theta)=P\{X_1=x_1,X_2=x_2,\cdots X_n=x_n\}=\prod_{i=1}^{n}P\{X_i=x_i\}=\prod_{i=1}^{n}p(x_i,\theta)$$

为样本 $X_1,X_2,\cdots,X_n$ 的**似然函数**.

设连续型总体 X，其概率密度为 $f(x,\theta)$，$\theta\in\Theta$ 未知，样本 $X_1,X_2,\cdots,X_n$ 的一组样本观察值为 $x_1,x_2,\cdots,x_n$，称

$$L(\theta)=\prod_{i=1}^{n}f(x_i,\theta)$$

为样本 $X_1,X_2,\cdots,X_n$ 的**似然函数**.

若 $\hat{\theta}=\hat{\theta}(x_1,x_2,\cdots,x_n)$使得 $L(\hat{\theta})=\max\limits_{\theta\in\Theta}L(\theta)$，则称 $\hat{\theta}=\hat{\theta}(x_1,x_2,\cdots,x_n)$为 θ 的**最大似然估计值**，相应的统计量 $\hat{\theta}=\hat{\theta}(X_1,X_2,\cdots,X_n)$称为 θ 的**最大似然估计量**.

1.2　区间估计有关概念

区间估计是指找两个取值于 Θ(θ 的取值范围)的统计量 $\hat{\theta}_1,\hat{\theta}_2(\hat{\theta}_1<\hat{\theta}_2)$，使区间$(\hat{\theta}_1,\hat{\theta}_2)$尽可能地包含参数 θ 的真值.

设总体 X 的分布函数是 $F(x,\theta)$，其中 θ 是未知参数.对于给定值 $\alpha(0<\alpha<1)$，若由样本 $X_1,X_2,\cdots,X_n$ 确定的两个统计量 $\underline{\theta}(X_1,X_2,\cdots,X_n)$和 $\bar{\theta}(X_1,X_2,\cdots,X_n)$满足 $P\{\underline{\theta}<\theta<\bar{\theta}\}\geqslant 1-\alpha$，则称随机区间$(\underline{\theta},\bar{\theta})$是参数 θ 的**置信度为 $1-\alpha$ 的置信区间**，其中 $\underline{\theta}$ 称为**置信下限**，$\bar{\theta}$ 称

为**置信上限**，$1-\alpha$ 称为**置信度**或**置信水平**.

若统计量 $\underline{\theta}=\theta_1(X_1,X_2,\cdots,X_n)$ 满足 $P\{\theta>\underline{\theta}\}\geqslant 1-\alpha$，则称随机区间 $(\underline{\theta},+\infty)$ 是 θ 的置信度为 $1-\alpha$ 的**单侧置信区间**，并称 $\underline{\theta}$ 为**单侧置信下限**.

若统计量 $\bar{\theta}=\theta_2(X_1,X_2,\cdots,X_n)$ 满足 $P\{\theta<\bar{\theta}\}\geqslant 1-\alpha$，则称随机区间 $(-\infty,\bar{\theta})$ 是 θ 的置信度为 $1-\alpha$ 的**单侧置信区间**，并称 $\bar{\theta}$ 为**单侧置信上限**.

相应于单侧置信区间，前面介绍的置信区间也称为双侧置信区间.

2. 求参数点估计的两种方法

名　称	原理与依据	基本思想	性质与说明
矩估计法	(1) 若总体矩 μ_k 存在，则样本矩 A_k 依概率收敛于 μ_k.通常，样本矩的函数依概率收敛于总体矩的函数. (2) 参数一般是总体各阶矩的函数	用样本矩替换总体矩	(1) 矩估计的前提是总体有关的矩须存在，否则不能用矩估计. (2) 矩估计不唯一
最大似然估计法	最大似然原理的直观解释为：设试验 E 有若干可能结果，若在一次试验中结果 A 发生了，则有理由认为 A 发生的概率是最大的	使样本出现的可能性最大的参数的取值是参数最有可能的取值	性质：若 $\hat{\theta}$ 为 θ 的最大似然估计，则 $g(\hat{\theta})$ 为 $g(\theta)$ 的最大似然估计，其中 $g(\theta)$ 具有单值反函数

3. 参数点估计量的评选标准

名　称	定　义	说　明
无偏性	若 $E(\hat{\theta})=\theta$，则称 $\hat{\theta}$ 为 θ 的无偏估计量	θ 的无偏估计量不唯一
有效性	对 θ 的两个无偏估计量 $\hat{\theta}_1,\hat{\theta}_2$，若对任意 $\theta\in\Theta$，有 $D(\hat{\theta}_1)\leqslant D(\hat{\theta}_2)$，且至少对某一个 $\theta\in\Theta$ 有不等号成立，则称 $\hat{\theta}_1$ 比 $\hat{\theta}_2$ 有效	在无偏的前提下，才能比较有效性
相合性(一致性)	若 $\hat{\theta}$ 依概率收敛到 θ，则称 $\hat{\theta}$ 为 θ 的相合估计量	

4. 正态总体参数的区间估计

参　数	条　件	置信度为 $1-\alpha$ 的双侧置信区间	置信度为 $1-\alpha$ 的单侧置信限
μ	σ^2 已知	$\left(\overline{X}-\frac{\sigma}{\sqrt{n}}u_{\alpha/2},\overline{X}+\frac{\sigma}{\sqrt{n}}u_{\alpha/2}\right)$	$\underline{\mu}=\overline{X}-\frac{\sigma}{\sqrt{n}}u_\alpha$，$\bar{\mu}=\overline{X}+\frac{\sigma}{\sqrt{n}}u_\alpha$
	σ^2 未知	$\left(\overline{X}\pm\frac{S}{\sqrt{n}}t_{\alpha/2}(n-1)\right)$	$\underline{\mu}=\overline{X}-\frac{S}{\sqrt{n}}t_\alpha(n-1)$， $\bar{\mu}=\overline{X}+\frac{S}{\sqrt{n}}t_\alpha(n-1)$

(续表)

参 数	条 件	置信度为 $1-\alpha$ 的双侧置信区间	置信度为 $1-\alpha$ 的单侧置信限
σ^2	μ 未知	$\left(\frac{(n-1)S^2}{\chi^2_{\alpha/2}(n-1)},\frac{(n-1)S^2}{\chi^2_{1-\alpha/2}(n-1)}\right)$	$\underline{\sigma^2}=\frac{(n-1)S^2}{\chi^2_{\alpha}(n-1)}$, $\overline{\sigma^2}=\frac{(n-1)S^2}{\chi^2_{1-\alpha}(n-1)}$
$\mu_1-\mu_2$	σ_1^2,σ_2^2 已知	$\left(\overline{X}-\overline{Y}\pm u_{\alpha/2}\sqrt{\frac{\sigma_1^2}{n_1}+\frac{\sigma_2^2}{n_2}}\right)$	略
	$\sigma_1^2=\sigma_2^2$ 未知	$\left(\overline{X}-\overline{Y}\pm t_{\alpha/2}(n_1+n_2-2)S_w\sqrt{\frac{1}{n_1}+\frac{1}{n_2}}\right)$	略
$\frac{\sigma_1^2}{\sigma_2^2}$	μ_1,μ_2 未知	$\left(\frac{S_1^2}{S_2^2}\frac{1}{F_{\alpha/2}(n_1-1,n_2-1)},\frac{S_1^2}{S_2^2}\frac{1}{F_{1-\alpha/2}(n_1-1,n_2-1)}\right)$	略

注 (1) 区间$(a\pm b)$指的是$(a-b,a+b)$； (2) $S_w^2=\frac{(n_1-1)S_1^2+(n_2-1)S_2^2}{n_1+n_2-2}$, $S_w=\sqrt{S_w^2}$.

二、专题解析与例题精讲

1. 求总体未知参数的矩估计

【解题方法与技巧】

(1) 由样本可以求出总体均值和方差的矩估计：任意总体的均值与方差的矩估计分别为 $\hat{\mu}=\overline{X}$, $\hat{\sigma^2}=\frac{1}{n}\sum_{i=1}^{n}(X_i-\overline{X})^2$.

(2) 当总体的分布类型已知时，一般情况下，若要估计 k 个未知参数，就要计算总体的 1 至 k 阶矩.以含有两个未知参数 θ_1,θ_2 的情况为例，具体步骤如下：

(i) 求总体的矩：$\mu_1=E(X)=g_1(\theta_1,\theta_2)$，$\mu_2=E(X^2)=g_2(\theta_1,\theta_2)$；

(ii) 反解出参数：$\theta_1=h_1(\mu_1,\mu_2)$，$\theta_2=h_2(\mu_1,\mu_2)$；

(iii) 替换：用样本的 1 阶矩 $A_1=\overline{X}$, 2 阶矩 $A_2=\frac{1}{n}\sum_{i=1}^{n}X_i^2$ 分别替换 μ_1,μ_2，得 θ_1,θ_2 的矩估计量为 $\hat{\theta}_1=h_1(A_1,A_2)$，$\hat{\theta}_2=h_2(A_1,A_2)$.

例 7.1.1 设总体 X 具有如下分布律：

X	1	2	3
P	θ	θ	$1-2\theta$

其中 $\theta>0$ 未知.现有样本观察值 1,1,1,3,2,1,3,2,2,1,2,2,3,1,1,2,求 θ 的矩估计值.

解　因为 $\mu_1=\mathrm{E}(X)=\theta+2\theta+3(1-2\theta)=3-3\theta$,所以 $\theta=\dfrac{3-\mu_1}{3}$.用样本的 1 阶矩替换 μ_1 得 θ 的矩估计量为 $\hat{\theta}=\dfrac{3-\overline{X}}{3}$.将样本均值 $\overline{x}=\dfrac{7}{4}$ 代入,得 θ 的矩估计值 $\hat{\theta}=\dfrac{5}{12}$.

例 7.1.2　设总体 X 服从二项分布 $B(m,p)$,参数 m,p 未知,$X_1,X_2,\cdots,X_n$ 为来自总体 X 的样本,求 m,p 的矩估计量.

分析　该总体含有两个未知参数,需求出总体的 1 阶矩和 2 阶矩.

解　因为 $\mu_1=\mathrm{E}(X)=mp$, $\mu_2=\mathrm{E}(X^2)=\mathrm{D}(X)+[\mathrm{E}(X)]^2=mp(1-p)+m^2p^2$,所以

$$p=1+\mu_1-\frac{\mu_2}{\mu_1},\quad m=\frac{\mu_1^2}{\mu_1+\mu_1^2-\mu_2}.$$

用样本的 1 阶矩、2 阶矩分别替换 μ_1,μ_2,得 m,p 的矩估计量为

$$\hat{p}=1+\overline{X}-\frac{1}{n\overline{X}}\sum_{i=1}^{n}X_i^2,\quad \hat{m}=\frac{n\overline{X}^2}{n\overline{X}+n\overline{X}^2-\sum\limits_{i=1}^{n}X_i^2}.$$

例 7.1.3　设总体 X 服从区间 $(-\theta,\theta)$ 上的均匀分布,其中 $\theta>0$ 未知,$X_1,X_2,\cdots,X_n$ 为来自总体 X 的样本,求 θ 的矩估计量.

分析　先求总体的 1 阶矩,因为 $\mu_1=\mathrm{E}(X)=0$,没有建立未知参数和总体矩的关系,所以应该再求总体的 2 阶矩.

解　由 $\mu_2=\mathrm{E}(X^2)=\dfrac{\theta^2}{3}$ 得 $\theta=\sqrt{3\mu_2}$.用样本的 2 阶矩替换 μ_2,得 θ 的矩估计量为

$$\hat{\theta}=\sqrt{\frac{3}{n}\sum_{i=1}^{n}X_i^2}.$$

评注　若总体的各阶矩不存在,其参数就没有矩估计,如柯西分布,其概率密度为

$$f(x)=\frac{1}{\pi[\lambda^2+(x-\mu)^2]}\quad(-\infty<x<+\infty).$$

例 7.1.4　设总体 X 的概率密度为

$$f(x)=\begin{cases}\dfrac{1}{\theta}\mathrm{e}^{-\frac{x-\mu}{\theta}}, & x>\mu,\theta>0,\\ 0, & \text{其他},\end{cases}$$

其中参数 μ,θ 均未知,$X_1,X_2,\cdots,X_n$ 为来自总体 X 的样本,求 μ,θ 的矩估计量.

分析　该总体含两个待估参数,需要计算总体的 1 阶矩和 2 阶矩.

解　因为

$$\mu_1=\mathrm{E}(X)=\int_{\mu}^{+\infty}x\,\frac{1}{\theta}\mathrm{e}^{-\frac{x-\mu}{\theta}}\mathrm{d}x=\mu+\theta,$$

$$\mu_2=\mathrm{E}(X^2)=\int_{\mu}^{+\infty}x^2\,\frac{1}{\theta}\mathrm{e}^{-\frac{x-\mu}{\theta}}\mathrm{d}x=\mu^2+2\mu\theta+2\theta^2,$$

所以 $\mu=\mu_1-\sqrt{\mu_2-\mu_1^2}$, $\theta=\sqrt{\mu_2-\mu_1^2}$.用样本的1阶矩、2阶矩分别替换 μ_1,μ_2,得 μ,θ 的矩估计量分别为

$$\hat{\mu}=\overline{X}-\sqrt{\frac{1}{n}\sum_{i=1}^{n}X_i^2-\overline{X}^2},\quad \hat{\theta}=\sqrt{\frac{1}{n}\sum_{i=1}^{n}X_i^2-\overline{X}^2}.$$

2. 求离散型总体未知参数的最大似然估计

【解题方法与技巧】

(1) 设 X 是离散型总体,其分布律为 $P\{X=x\}=p(x,\theta)$,其中 θ 是未知参数,$x_1,x_2,\cdots,x_n$ 为一组样本观察值,则样本的似然函数为 $L(\theta)=\prod_{i=1}^{n}p(x_i,\theta)$, $L(\theta)$的最大值点就是 θ 的最大似然估计值.因 $\ln L(\theta)$和 $L(\theta)$有相同的最大值点,故求 $L(\theta)$的最大值点时,通常先取对数,得到对数似然函数 $\ln L(\theta)=\sum_{i=1}^{n}\ln p(x_i,\theta)$,再用求导数等方法求最大值点.

(2) 离散型总体的样本似然函数的含义是:样本取得该组样本值的概率.当题中没有给出分布律的统一表达式时,应根据样本似然函数的含义写出似然函数,避免求总体分布律的表达式.

注 样本的似然函数从形式上看与样本的联合分布律一样,但二者本质不同:分布律中的变量是 $x_1,x_2,\cdots,x_n$,而似然函数中的变量是未知参数 θ.

例 7.2.1 设总体 X 服从参数为 λ 的泊松分布,参数 λ 未知,$X_1,X_2,\cdots,X_n$ 为来自总体 X 的样本,求 λ 和 $2\lambda+1$ 的最大似然估计量.

分析 根据最大似然估计的性质得 $2\lambda+1$ 的最大似然估计量.

解 设 $x_1,x_2,\cdots,x_n$ 为一组样本观察值,因 X 的分布律为 $P\{X=x\}=\frac{\lambda^x}{x!}e^{-\lambda}$ $(x=0,1,2,\cdots)$,故样本的似然函数为

$$L(\lambda)=\prod_{i=1}^{n}\left(\frac{\lambda^{x_i}}{x_i!}e^{-\lambda}\right)=e^{-n\lambda}\lambda^{\sum_{i=1}^{n}x_i}\prod_{i=1}^{n}\frac{1}{x_i!}.$$

取对数得

$$\ln L(\lambda)=-n\lambda+(\ln\lambda)\sum_{i=1}^{n}x_i+\ln\left(\prod_{i=1}^{n}\frac{1}{x_i!}\right).$$

对 $\ln L(\lambda)$关于 λ 求导数,并令 $\frac{d\ln L(\lambda)}{d\lambda}=-n+\frac{1}{\lambda}\sum_{i=1}^{n}x_i=0$,得 λ 的最大似然估计值为 $\hat{\lambda}=\frac{1}{n}\sum_{i=1}^{n}x_i=\overline{x}$,所以 λ 的最大似然估计量为 $\hat{\lambda}=\frac{1}{n}\sum_{i=1}^{n}X_i=\overline{X}$.

根据最大似然估计的性质得 $2\lambda+1$ 的最大似然估计量为 $2\hat{\lambda}+1=2\overline{X}+1$.

例 7.2.2 在例 7.1.1 的条件下,求 θ 的最大似然估计值.

分析 题目中没有给出分布律的统一表达式,可根据样本似然函数的含义写出样本的似然函数.

解　题目中给出了一组容量为16的样本观察值，于是样本的似然函数为

$L(\theta)=(P\{X=1\})^7(P\{X=2\})^6(P\{X=3\})^3=\theta^7\theta^6(1-2\theta)^3=\theta^{13}(1-2\theta)^3.$

取对数得 $\ln L(\theta)=13\ln\theta+3\ln(1-2\theta)$.对 $\ln L(\theta)$关于 θ 求导数，并令$\frac{\mathrm{d}\ln L(\theta)}{\mathrm{d}\theta}=\frac{13}{\theta}-\frac{6}{1-2\theta}=0$，得 θ 的最大似然估计值为$\hat{\theta}=\frac{13}{32}$.

例 7.2.3　假设每次射击的命中率为 p，接连不断独立地进行射击直到命中目标为止.设 n 轮射击各轮实际射击的次数为 $k_1,k_2,\cdots,k_n$，试求命中率 p 的最大似然估计值.

分析　经分析得出：这是一个服从参数为 p 的几何分布的总体，容量为 n 的样本的观察值为 $k_1,k_2,\cdots,k_n$.

解　设 X 表示每轮射击直到命中目标为止所需的射击次数，则 X 服从参数为 p 的几何分布.n 轮射击各轮的次数 $k_1,k_2,\cdots,k_n$ 是总体 X 的一组样本观察值，于是有样本似然函数

$$L(p)=\prod_{i=1}^{n}[p(1-p)^{k_i-1}]=p^n(1-p)^{\sum_{i=1}^{n}k_i-n},$$

取对数得

$$\ln L(p)=n\ln p+\left(\sum_{i=1}^{n}k_i-n\right)\ln(1-p).$$

对 $\ln L(p)$关于 p 求导数，并令$\frac{\mathrm{d}\ln L(p)}{\mathrm{d}p}=\frac{n}{p}-\frac{1}{1-p}\left(\sum_{i=1}^{n}k_i-n\right)=0$，得 p 的最大似然估计值为

$$\hat{p}=n\Big/\sum_{i=1}^{n}k_i.$$

评注　本例需要先分析出总体的分布才能求解，考查了对常用离散型随机变量背景的掌握.

3. 求连续型总体未知参数的最大似然估计

【解题方法与技巧】

(1) 设 X 是连续型总体，其概率密度为 $f(x,\theta)$，其中 θ 是未知参数，$x_1,x_2,\cdots,x_n$ 为一组样本观察值，则样本的似然函数为 $L(\theta)=\prod_{i=1}^{n}f(x_i,\theta)$，$L(\theta)$的最大值点就是 θ 的最大似然估计值.与离散型一样，通常先取对数，得到对数似然函数 $\ln L(\theta)=\sum_{i=1}^{n}\ln f(x_i,\theta)$，然后再求最大值点.

(2) 求对数似然函数的最大值点有两种情况：若方程$\frac{\mathrm{d}\ln L(\theta)}{\mathrm{d}\theta}=0$(称为似然方程)有

解,则 θ 的最大似然估计就是方程的解;若方程 $\frac{\mathrm{d}\ln L(\theta)}{\mathrm{d}\theta}=0$ 无解,即 $\frac{\mathrm{d}\ln L(\theta)}{\mathrm{d}\theta}\neq 0$,应根据 $\ln L(\theta)$ 的单调性求最大值点,当 $\frac{\mathrm{d}\ln L(\theta)}{\mathrm{d}\theta}>0$ 时,θ 的最大似然估计在 θ 的最大取值处,当 $\frac{\mathrm{d}\ln L(\theta)}{\mathrm{d}\theta}<0$ 时,θ 的最大似然估计在 θ 的最小取值处.

(3) 当分布中含有多个待估参数时,需对对数似然函数关于每个参数求偏导数,再根据偏导数的情况,用(2)的方法讨论各参数的最大似然估计.

例 7.3.1　设总体 X 的概率密度是

$$f(x)=\begin{cases}\alpha x^{\alpha-1}, & 0<x<1,\alpha>0,\\ 0, & \text{其他},\end{cases}$$

参数 α 未知,$X_1,X_2,\cdots,X_n$ 为来自总体 X 的样本,求 α 的最大似然估计量.

解　设 $x_1,x_2,\cdots,x_n$ 是样本 $X_1,X_2,\cdots,X_n$ 的一组观察值,则样本的似然函数为

$$L(\alpha)=\prod_{i=1}^{n}\alpha x_i^{\alpha-1}=\alpha^n\left(\prod_{i=1}^{n}x_i\right)^{\alpha-1}\quad(0<x_i<1,i=1,2,\cdots,n,\alpha>0).$$

取对数得

$$\ln L(\alpha)=n\ln\alpha+(\alpha-1)\sum_{i=1}^{n}\ln x_i.$$

对 $\ln L(\alpha)$ 关于 α 求导数,并令 $\frac{\mathrm{d}\ln L(\alpha)}{\mathrm{d}\alpha}=\frac{n}{\alpha}+\sum_{i=1}^{n}\ln x_i=0$,得 α 的最大似然估计值为 $\hat{\alpha}=-n\Big/\sum_{i=1}^{n}\ln x_i$,从而 α 的最大似然估计量为 $\hat{\alpha}=-n\Big/\sum_{i=1}^{n}\ln X_i$.

评注　按照似然函数的定义,本例的似然函数为

$$L(\alpha)=\begin{cases}\prod_{i=1}^{n}\alpha x_i^{\alpha-1}=\alpha^n\left(\prod_{i=1}^{n}x_i\right)^{\alpha-1}, & 0<x_i<1,i=1,2,\cdots n,\alpha>0,\\ 0, & \text{其他},\end{cases}$$

由于 α 的最大似然估计是 $L(\alpha)$ 的最大值点,而 $L(\alpha)$ 的最大值不可能是 $L(\alpha)=0$,所以,通常只写似然函数大于 0 的表达式.

例 7.3.2　设总体 X 的概率密度为 $f(x)=\begin{cases}2\mathrm{e}^{-2(x-\theta)}, & x\geqslant\theta,\\ 0, & x<\theta,\end{cases}$ 其中 $\theta>0$ 是未知参数,$X_1,X_2,\cdots,X_n$ 为来自总体 X 的样本,求 θ 的最大似然估计量.

解　设 $x_1,x_2,\cdots,x_n$ 是样本 $X_1,X_2,\cdots,X_n$ 的一组观察值,则样本的似然函数为

$$L(\theta)=\prod_{i=1}^{n}\left[2\mathrm{e}^{-2(x_i-\theta)}\right]=2^n\mathrm{e}^{-2\sum_{i=1}^{n}(x_i-\theta)}\quad(0<\theta\leqslant x_i,i=1,2,\cdots,n).$$

取对数得

$$\ln L(\theta)=n\ln 2-2\sum_{i=1}^{n}(x_i-\theta).$$

由于$\dfrac{\mathrm{d}\ln L(\theta)}{\mathrm{d}\theta}=2n>0$，$L(\theta)$关于$\theta$是单调递增的，因此要使$L(\theta)$达到最大，$\theta$应该取其最大值.又因为$0<\theta\leqslant x_i(i=1,2,\cdots,n)$，则$\theta\leqslant\min\limits_{1\leqslant i\leqslant n}\{x_i\}$，所以，当$\theta=\min\limits_{1\leqslant i\leqslant n}\{x_i\}$时，$L(\theta)$达到最大.故$\theta$的最大似然估计值为$\hat{\theta}=\min\limits_{1\leqslant i\leqslant n}\{x_i\}$，最大似然估计量为$\hat{\theta}=\min\limits_{1\leqslant i\leqslant n}\{X_i\}$.

评注　例7.3.1和例7.3.2虽然都是求连续型总体的单参数的最大似然估计，但确定似然函数最大值点的方法却不一样.

例7.3.3　在例7.1.4的条件下，求参数θ和μ的最大似然估计量.

解　设$x_1,x_2,\cdots,x_n$是样本$X_1,X_2,\cdots,X_n$的一组观察值，则样本的似然函数为

$$L(\mu,\theta)=\prod_{i=1}^{n}\left[\theta^{-1}\mathrm{e}^{-(x_i-\mu)/\theta}\right]=\theta^{-n}\mathrm{e}^{-\sum\limits_{i=1}^{n}\frac{x_i-\mu}{\theta}}\quad(\mu\leqslant x_i,i=1,2,\cdots,n;\theta>0).$$

取对数得

$$\ln L(\mu,\theta)=-n\ln\theta-\frac{1}{\theta}\sum_{i=1}^{n}(x_i-\mu).$$

上式关于θ,μ分别求偏导数，得

$$\begin{cases}\dfrac{\partial\ln L(\mu,\theta)}{\partial\theta}=-\dfrac{n}{\theta}+\dfrac{1}{\theta^2}\sum\limits_{i=1}^{n}(x_i-\mu),\\[2ex]\dfrac{\partial\ln L(\mu,\theta)}{\partial\mu}=\dfrac{n}{\theta}.\end{cases}$$

令$\dfrac{\partial\ln L(\mu,\theta)}{\partial\theta}=0$，得$\theta=\dfrac{1}{n}\sum\limits_{i=1}^{n}(x_i-\mu)$.因含未知参数$\mu$，故这还不是$\theta$的最大似然估计值.

由于$\dfrac{\partial\ln L(\mu,\theta)}{\partial\mu}=\dfrac{n}{\theta}>0$，$L(\mu,\theta)$关于$\mu$是单调递增的，所以要使$L(\mu,\theta)$达到最大，$\mu$应该取最大值.由$\mu\leqslant x_i(i=1,2,\cdots,n)$知$\mu\leqslant\min\limits_{1\leqslant i\leqslant n}\{x_i\}$，故$\mu$的最大似然估计值为$\hat{\mu}=\min\limits_{1\leqslant i\leqslant n}\{x_i\}$.将$\hat{\mu}$代入$\theta$的表达式，得到$\theta$的最大似然估计值为$\hat{\theta}=\dfrac{1}{n}\sum\limits_{i=1}^{n}(x_i-\min\limits_{1\leqslant i\leqslant n}\{x_i\})$.

综上所述，μ,θ的最大似然估计量分别为

$$\hat{\mu}=\min_{1\leqslant i\leqslant n}\{X_i\},\quad\hat{\theta}=\frac{1}{n}\sum_{i=1}^{n}(X_i-\min_{1\leqslant i\leqslant n}\{X_i\}).$$

评注　对本例中的两个参数，用不同的方法求得最大似然估计：由于$\dfrac{\partial\ln L(\mu,\theta)}{\partial\theta}=0$有解，所以$\theta$的最大似然估计就是似然函数的极值点，但其中含有$\mu$，还应先求$\mu$的最大似然估计；由于$L(\mu,\theta)$关于$\mu$是单调的，因此$L(\mu,\theta)$的最大值在$\mu$的取值的边界点取到.一种直接判断方法是：当概率密度中变量的取值没有受到待估参数的约束时，如本例中的θ，可以通过求极值的方法得到最大似然估计；当概率密度中变量的取值受到待估参数的约束时，如本例中的μ，则根据单调性，参数的最大似然估计是其最大值或最小值，即样本的最值.

例7.3.4　设总体X服从区间$[a,b]$上的均匀分布，a,b未知，$X_1,X_2,\cdots,X_n$为来自总

体 X 的样本,试求 a,b 的最大似然估计量.

分析 由于总体的概率密度为 $f(x)=\begin{cases}1/(b-a), & a\leqslant x\leqslant b,\\ 0, & 其他,\end{cases}$ 其中 x 的取值受到参数 a,b 的约束,所以 a,b 的最大似然估计都应是样本的最值.

解 设 $x_1,x_2,\cdots,x_n$ 是样本 $X_1,X_2,\cdots,X_n$ 的一组观察值,则样本的似然函数为

$$L(a,b)=\prod_{i=1}^{n}\frac{1}{b-a}=\frac{1}{(b-a)^n}\quad(a\leqslant x_i\leqslant b,i=1,2,\cdots,n).$$

$L(a,b)$的表达式简单,直接关于 a,b 求偏导数,得

$$\begin{cases}\dfrac{\partial L(a,b)}{\partial a}=n\dfrac{1}{(b-a)^{n+1}}>0,\\ \dfrac{\partial L(a,b)}{\partial b}=-n\dfrac{1}{(b-a)^{n+1}}<0.\end{cases}$$

这说明 $L(a,b)$关于 a 是单调增函数,关于 b 是单调减函数,要使似然函数 $L(a,b)$最大,a 应在可能取值范围内取最大,而 b 取最小,所以参数 a,b 的最大似然估计值分别为 $\hat{a}=\min\{x_1,x_2,\cdots,x_n\}$,$\hat{b}=\max\{x_1,x_2,\cdots,x_n\}$,最大似然估计量分别为 $\hat{a}=\min\{X_1,X_2,\cdots,X_n\}$,$\hat{b}=\max\{X_1,X_2,\cdots,X_n\}$.

4. 参数点估计的评选标准问题

【解题方法与技巧】

(1) 无偏性和有效性的判断方法见内容综述部分.

(2) 相合性的判断方法:

(i) 若估计量可以写成样本矩的函数,根据依概率收敛的性质"样本矩的函数依概率收敛于总体矩的函数",可以得到估计量依概率收敛的极限;

(ii) 用切比雪夫不等式判断估计量的依概率收敛性.

例 7.4.1 设总体 X 服从参数为 p 的 0-1 分布,$X_1,X_2,\cdots,X_n$ 是来自总体 X 的样本,试求 p^2 的一个无偏估计量.

分析 先找到 p 的一个无偏估计量,对其平方,如果所得统计量不是 p^2 的无偏估计量,再进行调整,修正为无偏估计量.

解 因为 $\mathrm{E}(\overline{X})=p$,所以 $\overline{X}$ 是 p 的一个无偏估计量.由

$$\mathrm{E}(\overline{X}^2)=\mathrm{D}(\overline{X})+[\mathrm{E}(\overline{X})]^2=\frac{1}{n}p(1-p)+p^2=\frac{1}{n}p+\frac{n-1}{n}p^2$$

可知,$\overline{X}^2$ 不是 p^2 的无偏估计量.对上式整理得

$$p^2=\frac{n}{n-1}\mathrm{E}(\overline{X}^2)-\frac{1}{n-1}p=\frac{n}{n-1}\mathrm{E}(\overline{X}^2)-\frac{1}{n-1}\mathrm{E}(\overline{X})=\mathrm{E}\left(\frac{n\overline{X}^2-\overline{X}}{n-1}\right),$$

所以$\dfrac{n\overline{X}^2-\overline{X}}{n-1}$是 p^2 的一个无偏估计量.

评注 由于 $\overline{X}$ 是 p 的一个性质非常好的无偏估计量，故通常从 $\overline{X}$ 入手.但因 p 的无偏估计不唯一，也可以从其他无偏估计量入手，所以答案不唯一.另外，由本例的结果可知，若 $\hat{\theta}$ 是 θ 的无偏估计量，$(\hat{\theta})^2$ 却不一定是 θ^2 的无偏估计量.

例 7.4.2 设总体 X 服从均匀分布 $U(0,\theta)$，$X_1,X_2,\cdots,X_n$ 是来自总体 X 的样本，证明：

(1) $\hat{\theta}_1=2\overline{X}$ 与 $\hat{\theta}_2=\dfrac{n+1}{n}X_{(n)}$ 都是 θ 的无偏估计量，其中 $X_{(n)}=\max\{X_1,X_2,\cdots,X_n\}$；

(2) $\hat{\theta}_2$ 比 $\hat{\theta}_1$ 有效($n\geqslant 2$)；

(3) $\hat{\theta}_1$ 与 $\hat{\theta}_2$ 都是 θ 的相合估计量.

分析 根据统计量无偏性和有效性的定义进行证明.

证 (1) 易知 $E(\hat{\theta}_1)=2E(\overline{X})=2E(X)=2\dfrac{\theta}{2}=\theta$，即 $\hat{\theta}_1=2\overline{X}$ 是 θ 的无偏估计量.

X 的概率密度和分布函数分别为

$$f(x)=\begin{cases}1/\theta, & 0<x<\theta,\\ 0, & \text{其他},\end{cases}\qquad F(x)=\begin{cases}0, & x\leqslant 0,\\ x/\theta, & 0<x<\theta,\\ 1, & x\geqslant\theta.\end{cases}$$

令 $Y=X_{(n)}$，则 Y 的分布函数为 $F_Y(y)=[F(y)]^n$，概率密度为

$$f_Y(y)=n[F(y)]^{n-1}f(y)=\begin{cases}ny^{n-1}/\theta^n, & 0<y<\theta,\\ 0, & \text{其他}.\end{cases}$$

所以 $E(Y)=\displaystyle\int_0^\theta y\,\frac{ny^{n-1}}{\theta^n}\,dy=\frac{n}{n+1}\theta$，则 $E(\hat{\theta}_2)=\dfrac{n+1}{n}E(X_{(n)})=\dfrac{n+1}{n}\cdot\dfrac{n}{n+1}\theta=\theta$，即 $\hat{\theta}_2=\dfrac{n+1}{n}X_{(n)}$ 也是 θ 的无偏估计量.

(2) 由总体 $X\sim U(0,\theta)$ 得

$$D(\hat{\theta}_1)=4D(\overline{X})=\frac{4}{n}D(X)=\frac{4}{n}\frac{\theta^2}{12}=\frac{\theta^2}{3n}.$$

又由 $E(Y^2)=\displaystyle\int_0^\theta y^2\,\frac{ny^{n-1}}{\theta^n}\,dy=\frac{n}{n+2}\theta^2$ 得

$$D(Y)=E(Y^2)-[E(Y)]^2=\frac{n}{n+2}\theta^2-\frac{n^2}{(n+1)^2}\theta^2=\frac{n}{(n+2)(n+1)^2}\theta^2,$$

则
$$D(\hat{\theta}_2)=\left(\frac{n+1}{n}\right)^2D(Y)=\left(\frac{n+1}{n}\right)^2\frac{n}{(n+2)(n+1)^2}\theta^2=\frac{1}{n(n+2)}\theta^2.$$

当 $n\geqslant 2$ 时，$D(\hat{\theta}_1)>D(\hat{\theta}_2)$，所以 $\hat{\theta}_2$ 比 $\hat{\theta}_1$ 有效.

(3) 已经得到两个估计量的数学期望和方差，只需利用切比雪夫不等式，证明它们依概率收敛到参数 θ.

因为 $E(\hat{\theta}_1)=E(\hat{\theta}_2)=\theta$，$D(\hat{\theta}_1)=\dfrac{\theta^2}{3n}$，$D(\hat{\theta}_2)=\dfrac{1}{n(n+2)}\theta^2$，所以由切比雪夫不等式知，对任意 $\varepsilon>0$，有

$$P\{|\hat{\theta}_1-\theta|\geqslant\varepsilon\}\leqslant\frac{D(\hat{\theta}_1)}{\varepsilon^2}=\frac{\theta^2}{3n\varepsilon^2},\quad P\{|\hat{\theta}_2-\theta|\geqslant\varepsilon\}\leqslant\frac{D(\hat{\theta}_2)}{\varepsilon^2}=\frac{\theta^2}{n(n+2)\varepsilon^2},$$

则有 $\lim\limits_{n\to\infty}P\{|\hat{\theta}_1-\theta|\geqslant\varepsilon\}=0$，$\lim\limits_{n\to\infty}P\{|\hat{\theta}_2-\theta|\geqslant\varepsilon\}=0$，即 $\hat{\theta}_1$ 与 $\hat{\theta}_2$ 都是 θ 的相合估计量.

例 7.4.3　设 $X_1,X_2,\cdots,X_n$ 是相互独立的随机变量，$D(X_i)=\sigma_i^2(i=1,\cdots,n)$，试确定 $a_i(i=1,\cdots,n)$，满足 $a_i\geqslant0$，$\sum\limits_{i=1}^{n}a_i=1$，使 $\sum\limits_{i=1}^{n}a_iX_i$ 的方差最小.

分析　首先求出 $\sum\limits_{i=1}^{n}a_iX_i$ 的方差，然后在条件 $\sum\limits_{i=1}^{n}a_i=1$ 下，解条件极值问题.

解　因为 $D\left(\sum\limits_{i=1}^{n}a_iX_i\right)=\sum\limits_{i=1}^{n}a_i^2\sigma_i^2$，为使它达到最小，以 $\sum\limits_{i=1}^{n}a_i-1=0$ 为条件构造拉格朗日函数：

$$L(a_1,a_2,\cdots,a_n,\lambda)=\sum_{i=1}^{n}a_i^2\sigma_i^2+\lambda\left(\sum_{i=1}^{n}a_i-1\right).$$

上式关于每个 $a_i(i=1,\cdots,n)$ 求偏导数，并令 $\dfrac{\partial L(a_1,a_2,\cdots,a_n,\lambda)}{\partial a_i}=2a_i\sigma_i^2+\lambda=0$，得 $a_i=-\dfrac{\lambda}{2\sigma_i^2}(i=1,2,\cdots,n)$，而 $\sum\limits_{i=1}^{n}a_i=1$，解出 $\lambda=-2\Big/\sum\limits_{j=1}^{n}\dfrac{1}{\sigma_j^2}$，所以 $a_i=1\Big/\left(\dfrac{1}{\sigma_i^2}\sum\limits_{j=1}^{n}\dfrac{1}{\sigma_j^2}\right)$.

评注　由结果可知，若将 a_i 看做是 X_i 的“权重”$(i=1,\cdots,n)$，要使线性组合的方差最小，方差越大者占的权重应该越小.

例 7.4.4　设 $\hat{\theta}=\hat{\theta}_n$ 是 θ 的估计量.若 $\lim\limits_{n\to\infty}E(\hat{\theta}_n)=\theta$ 且 $\lim\limits_{n\to\infty}D(\hat{\theta}_n)=0$，证明：$\hat{\theta}_n$ 是 θ 的相合估计量.

分析　由于 $\lim\limits_{n\to\infty}E(\hat{\theta}_n)=\theta$，所以不能直接用切比雪夫不等式，但可以借鉴证明切比雪夫不等式的方法.

证　对任意 $\varepsilon>0$，由于

$$P\{|\hat{\theta}_n-\theta|\geqslant\varepsilon\}\leqslant\frac{1}{\varepsilon^2}E(\hat{\theta}_n-\theta)^2=\frac{1}{\varepsilon^2}E[\hat{\theta}_n-E(\hat{\theta}_n)+E(\hat{\theta}_n)-\theta]^2$$

$$=\frac{1}{\varepsilon^2}E[(\hat{\theta}_n-E(\hat{\theta}_n))^2+2(\hat{\theta}_n-E(\hat{\theta}_n))(E(\hat{\theta}_n)-\theta)+(E(\hat{\theta}_n)-\theta)^2]$$

$$=\frac{1}{\varepsilon^2}[D(\hat{\theta}_n)+2(E(\hat{\theta}_n)-\theta)(E(\hat{\theta}_n)-E(\hat{\theta}_n))+E(E(\hat{\theta}_n)-\theta)^2]$$

$$=\frac{1}{\varepsilon^2}[D(\hat{\theta}_n)+E(E(\hat{\theta}_n)-\theta)^2]\longrightarrow0\quad(n\to\infty),$$

所以 $\hat{\theta}_n$ 是 θ 的相合估计量.

评注　若 $\lim\limits_{n\to\infty}E(\hat{\theta}_n)=\theta$，则称 $\hat{\theta}_n$ 是 θ 的**渐近无偏估计量**.本例的结论可作为判断估计量相合性的一种方法.

5. 单正态总体参数的区间估计问题

【解题方法与技巧】

对于单正态总体参数的区间估计，根据参数的情况，选择合适的置信区间(见内容综述部分)，将数据代入即可.

例 7.5.1 设某大学中教授的年龄 $X \sim N(\mu,\sigma^2)$，μ,σ^2 均未知.现随机了解到 5 位教授的年龄如下：39，54，61，72，59.试求均值 μ 的置信度为 0.95 的置信区间.

分析 这是在正态总体方差未知条件下求均值的置信区间.

解 当方差未知时，均值 μ 的置信度为 $1-\alpha$ 的置信区间为

$$\left(\overline{X}-t_{\alpha/2}(n-1)\frac{S}{\sqrt{n}},\overline{X}+t_{\alpha/2}(n-1)\frac{S}{\sqrt{n}}\right).$$

这里 $\alpha=0.05$，$n=5$，查 t 分布表得 $t_{0.025}(4)=2.7764$，又由数据算得 $\overline{x}=57$，$s=12$，一并代入得 μ 的置信度为 0.95 的置信区间为(42.13，71.87).

例 7.5.2 设总体 $X \sim N(\mu,0.2^2)$，为使 μ 的置信度为 0.95 的置信区间的长度不大于 0.16，求抽取的样本的容量 n 的取值范围.

分析 由置信区间易得到区间的长度，显然与样本容量有关.

解 当方差已知时，均值 μ 的置信度为 $1-\alpha$ 的置信区间为 $\left(\overline{X}-u_{\alpha/2}\frac{\sigma}{\sqrt{n}},\overline{X}+u_{\alpha/2}\frac{\sigma}{\sqrt{n}}\right)$，置信区间长度为 $L=2u_{\alpha/2}\frac{\sigma}{\sqrt{n}}$.这里 $\alpha=0.05$，$\sigma=0.2$，于是为使置信区间长度不大于 0.16，样本容量 n 应满足

$$L=2u_{\alpha/2}\frac{\sigma}{\sqrt{n}}=2u_{0.025}\frac{\sigma}{\sqrt{n}}=2\times1.96\times\frac{0.2}{\sqrt{n}}\leqslant 0.16,$$

则 $\sqrt{n}\geqslant 4.9$，即 $n\geqslant 24.01$，所以 n 至少取 25.

评注 可见，样本容量越大，区间越短，即估计的精度越高.

例 7.5.3 设总体 $X \sim N(\mu,\sigma^2)$，μ,σ^2 未知，$X_1,X_2,\cdots,X_n$ 是来自总体 X 的样本，随机变量 L 是 μ 的置信度为 $1-\alpha$ 的置信区间长度，求 $\mathrm{E}(L^2)$.

分析 该置信区间的长度平方 L^2 与 S^2 有关，需借助 χ^2 分布求解.

解 当 σ^2 未知时，均值 μ 的置信度为 $1-\alpha$ 的置信区间为

$$\left(\overline{X}-t_{\alpha/2}(n-1)\frac{S}{\sqrt{n}},\overline{X}+t_{\alpha/2}(n-1)\frac{S}{\sqrt{n}}\right),$$

区间的长度 $L=\frac{2S}{\sqrt{n}}t_{\alpha/2}(n-1)$，所以 $L^2=\frac{4S^2}{n}t_{\alpha/2}^2(n-1)$.由于 $\mathrm{E}(S^2)=\sigma^2$，因此

$$\mathrm{E}(L^2)=\mathrm{E}\left[\frac{4S^2}{n}t_{\alpha/2}^2(n-1)\right]=\frac{4}{n}t_{\alpha/2}^2(n-1)\mathrm{E}(S^2)=\frac{4\sigma^2}{n}t_{\alpha/2}^2(n-1).$$

例 7.5.4 设某大学一年级男生的体重服从正态分布 $N(\mu,\sigma^2)$，随机抽取 25 名学生测

得平均体重为 58 kg,标准差为 5 kg,试求这些男生体重标准差的置信度为 0.95 的单侧置信上限.

分析　正态总体标准差的单侧置信上限由方差的单侧置信上限开方得到.

解　标准差的置信度为 0.95 的单侧置信上限为 $\sqrt{\dfrac{(n-1)S^2}{\chi^2_{0.95}(n-1)}}$,将 $n=25$,$s=5$ kg,$\chi^2_{0.95}(24)=13.848$(查 χ^2 分布表)代入,得这些男生体重标准差的置信度为 0.95 的单侧置信上限为 6.582 kg.

6. 双正态总体均值差和方差比的区间估计问题

【解题方法与技巧】

对于双正态总体均值差和方差比的区间估计,根据参数的情况,选择合适的置信区间(见内容综述部分),将数据代入即可.

例 7.6.1　在相同条件下对甲、乙两种洗涤剂进行去污试验,测得去污率(%)结果为:

甲:79.4, 80.5, 76.2, 82.7, 77.8, 75.6;

乙:73.4, 77.5, 79.3, 75.1, 74.7.

假定两品牌的去污率分别服从正态分布 $N(\mu_1,2.7^2)$和 $N(\mu_2,2.4^2)$,试对两品牌去污率均值差作区间估计(置信度为 0.95).

分析　这是在两正态总体方差已知条件下,求均值差的置信区间.

解　当两正态总体的方差已知时,均值差 $\mu_1-\mu_2$ 的置信度为 $1-\alpha$ 的置信区间是

$$\left(\overline{X}-\overline{Y}-u_{\alpha/2}\sqrt{\frac{\sigma_1^2}{n_1}+\frac{\sigma_2^2}{n_2}},\ \overline{X}-\overline{Y}+u_{\alpha/2}\sqrt{\frac{\sigma_1^2}{n_1}+\frac{\sigma_2^2}{n_2}}\right).$$

已知 $\alpha=0.05$,$\sigma_1^2=2.7^2$,$\sigma_2^2=2.4^2$,$n_1=6$,$n_2=5$,又由数据计算得 $\overline{x}=78.7$,$\overline{y}=76$,查标准正态分布表得 $u_{0.025}=1.96$,将它们代入上述置信区间表达式,得两品牌去污率均值差的置信度为 0.95 的置信区间是$(-0.32,5.72)$.

例 7.6.2　从某银行的两个分理处分别抽取了 16 位和 20 位个人客户的月存款余额,得平均余额为 1.1 万元和 1.43 万元,标准差分别为 0.2 万元和 0.3 万元.设两个分理处个人客户的月存款余额分别服从正态分布 $N(\mu_1,\sigma^2)$和 $N(\mu_2,\sigma^2)$,其中 σ^2 未知,求均值差 $\mu_1-\mu_2$ 的置信度为 0.90 的置信区间.

分析　这是在两正态总体方差未知但相等的条件下,求均值差的置信区间.

解　当两正态总体方差未知但相等时,均值差 $\mu_1-\mu_2$ 的置信度为 $1-\alpha$ 的置信区间是

$$\left(\overline{X}-\overline{Y}-t_{\alpha/2}(n_1+n_2-2)S_w\sqrt{\frac{1}{n_1}+\frac{1}{n_2}},\ \overline{X}-\overline{Y}+t_{\alpha/2}(n_1+n_2-2)S_w\sqrt{\frac{1}{n_1}+\frac{1}{n_2}}\right).$$

已知 $\alpha=0.1$,$\overline{x}=1.1$,$\overline{y}=1.43$,$s_1=0.2$,$s_2=0.3$,$n_1=16$,$n_2=20$,又查 t 分布表得 $t_{0.05}(34)=1.6909$,而 $s_w^2=\dfrac{(n_1-1)s_1^2+(n_2-1)s_2^2}{n_1+n_2-2}=0.068$,将它们代入置信区间的表达式,得均值差

$\mu_1-\mu_2$ 的置信度为 0.90 的置信区间是$(-0.4775,-0.1825)$.

例 7.6.3 在例 7.6.2 中,若两个分理处个人客户的月存款余额分别服从正态分布 $N(\mu_1,\sigma_1^2)$和 $N(\mu_2,\sigma_2^2)$,求方差比$\dfrac{\sigma_1^2}{\sigma_2^2}$的置信度为 0.90 的置信区间.

解 两正态总体方差比$\dfrac{\sigma_1^2}{\sigma_2^2}$的置信度为 $1-\alpha$ 的置信区间为

$$\left(\frac{S_1^2}{S_2^2}\frac{1}{F_{\alpha/2}(n_1-1,n_2-1)},\frac{S_1^2}{S_2^2}\frac{1}{F_{1-\alpha/2}(n_1-1,n_2-1)}\right).$$

已知 $\alpha=0.1,s_1=0.2,s_2=0.3,n_1=16,n_2=20$,又查 F 分布表得 $F_{0.05}(15,19)=2.23$, $F_{0.95}(15,19)=\dfrac{1}{F_{0.05}(19,15)}=0.429$,将它们代入置信区间的表达式,得方差比$\dfrac{\sigma_1^2}{\sigma_2^2}$的置信度为 0.90 的置信区间为$(0.197,1.025)$.

7. 综合例题

例 7.7.1 设总体 X 的概率密度为

$$f(x)=\begin{cases}2x/\theta^2, & 0<x\leqslant\theta,\\ 0, & \text{其他},\end{cases}$$

其中 $\theta>0$ 是未知参数.$X_1,X_2,\cdots,X_n$ 为来自总体 X 的样本,$x_1,x_2,\cdots,x_n$ 是一组样本观察值.

(1) 求参数 θ 的最大似然估计量 $\hat{\theta}$. (2) $\hat{\theta}$ 是否为 θ 的无偏估计量?说明理由.

(3) 如果 $\hat{\theta}$ 不是 θ 的无偏估计量,请将其修正为 θ 的无偏估计量.

分析 注意到概率密度的自变量受到了参数的约束,参数的最大似然估计应该是样本的最值.

解 (1) 样本的似然函数为

$$L(\theta)=\prod_{i=1}^{n}\frac{2x_i}{\theta^2}=\frac{2^n}{\theta^{2n}}\prod_{i=1}^{n}x_i\quad(0<x_i\leqslant\theta,i=1,2,\cdots,n).$$

显然 θ 越小,$L(\theta)$越大,而 $\theta\geqslant\max\limits_{1\leqslant i\leqslant n}\{x_i\}$,故当 $\theta=\max\limits_{1\leqslant i\leqslant n}\{x_i\}$时,$L(\theta)$达到最大值.所以 θ 的最大似然估计量为$\hat{\theta}=\max\limits_{1\leqslant i\leqslant n}\{X_i\}$.

(2) 设 $Y=\max\limits_{1\leqslant i\leqslant n}\{X_i\}$.为了判断 $\hat{\theta}$ 的无偏性,先求出 Y 的概率密度.总体 X 的分布函数为

$$F(x)=\int_{-\infty}^{x}f(x)\mathrm{d}x=\begin{cases}0, & x\leqslant 0,\\ \displaystyle\int_0^x\frac{2x}{\theta^2}\mathrm{d}x, & 0<x\leqslant\theta,\\ 1, & x>\theta\end{cases}=\begin{cases}0, & x\leqslant 0,\\ \dfrac{x^2}{\theta^2}, & 0<x\leqslant\theta,\\ 1, & x>\theta,\end{cases}$$

于是 Y 的概率密度函数为

$$f_Y(y)=n[F(y)]^{n-1}f(y)=\begin{cases}\dfrac{2ny^{2n-1}}{\theta^{2n}}, & 0<y\leqslant\theta,\\ 0, & 其他,\end{cases}$$

从而 $\mathrm{E}(\hat{\theta})=\mathrm{E}(Y)=\int_0^\theta y\,\dfrac{2ny^{2n-1}}{\theta^{2n}}\mathrm{d}y=\dfrac{2n}{2n+1}\theta\neq\theta$,所以 $\hat{\theta}=\max\limits_{1\leqslant i\leqslant n}\{X_i\}$不是 θ 的无偏估计量.

(3) 令 $Z=\dfrac{2n+1}{2n}Y$,则 $\mathrm{E}(Z)=\mathrm{E}\left(\dfrac{2n+1}{2n}Y\right)=\dfrac{2n+1}{2n}\cdot\dfrac{2n}{2n+1}\theta=\theta$.所以 $Z=\dfrac{2n+1}{2n}Y=\dfrac{2n+1}{2n}\max\limits_{1\leqslant i\leqslant n}\{X_i\}$为 θ 的无偏估计量.

例 7.7.2 设总体 X 的概率密度为 $f(x,\theta)=\dfrac{1}{2\theta}\mathrm{e}^{-\frac{|x|}{\theta}}$ $(-\infty<x<+\infty)$,其中未知参数 $\theta>0$,$X_1,X_2,\cdots,X_n$ 为来自总体 X 的样本.

(1) 求 θ 的最大似然估计量 $\hat{\theta}$; (2) 证明 $\hat{\theta}$ 为 θ 的无偏估计量; (3) 求 $\mathrm{D}(\hat{\theta})$.

解 (1) 设 $x_1,x_2,\cdots,x_n$ 为样本 $X_1,X_2,\cdots,X_n$ 的一组观察值,则样本的似然函数为

$$L(\theta)=\prod_{i=1}^n\frac{1}{2\theta}\mathrm{e}^{-\frac{|x_i|}{\theta}}=\frac{1}{(2\theta)^n}\mathrm{e}^{-\frac{1}{\theta}\sum\limits_{i=1}^n|x_i|}.$$

取对数得

$$\ln L(\theta)=-n\ln(2\theta)-\frac{1}{\theta}\sum_{i=1}^n|x_i|.$$

令 $\dfrac{\mathrm{d}\ln L(\theta)}{\mathrm{d}\theta}=-\dfrac{n}{\theta}+\dfrac{1}{\theta^2}\sum\limits_{i=1}^n|x_i|=0$,解得 $\theta=\dfrac{1}{n}\sum\limits_{i=1}^n|x_i|$,所以 $\hat{\theta}=\dfrac{1}{n}\sum\limits_{i=1}^n|X_i|$为 θ 的最大似然估计量.

(2) 证 因为

$$\mathrm{E}(\hat{\theta})=\mathrm{E}\left(\frac{1}{n}\sum_{i=1}^n|X_i|\right)=\mathrm{E}(|X_i|)=\int_{-\infty}^{+\infty}|x|\,\frac{1}{2\theta}\mathrm{e}^{-\frac{|x|}{\theta}}\mathrm{d}x=2\int_0^{+\infty}x\,\frac{1}{2\theta}\mathrm{e}^{-\frac{x}{\theta}}\mathrm{d}x=\theta,$$

所以 $\hat{\theta}$ 为 θ 的无偏估计量.

(3) 因为 $\mathrm{D}(\hat{\theta})=\mathrm{D}\left(\dfrac{1}{n}\sum\limits_{i=1}^n|X_i|\right)=\dfrac{1}{n^2}\sum\limits_{i=1}^n\mathrm{D}(|X_i|)=\dfrac{1}{n}\mathrm{D}(|X_i|)$,$\mathrm{D}(|X_i|)=\mathrm{D}(|X|)=\mathrm{E}(|X|^2)-[\mathrm{E}(|X|)]^2$,而

$$\mathrm{E}(|X|^2)=\mathrm{E}(X^2)=\int_{-\infty}^{+\infty}x^2\,\frac{1}{2\theta}\mathrm{e}^{-\frac{|x|}{\theta}}\mathrm{d}x=2\int_0^{+\infty}\frac{1}{2\theta}x^2\mathrm{e}^{-\frac{x}{\theta}}\mathrm{d}x=2\theta^2,$$

又由(2)知 $\mathrm{E}(|X|)=\mathrm{E}(|X_i|)=\theta$,所以 $\mathrm{D}(|X_i|)=2\theta^2-\theta^2=\theta^2$,得 $\mathrm{D}(\hat{\theta})=\theta^2/n$.

例 7.7.3 设总体 X 的概率密度为

$$f(x,\theta)=\begin{cases}\theta, & 0<x<1,\\ 1-\theta, & 1\leqslant x<2,\\ 0, & 其他,\end{cases}$$

其中 $\theta(0<\theta<1)$是未知参数,$X_1,X_2,\cdots,X_n$ 为来自总体 X 的样本.记 N 为样本观察值 x_1,

$x_2,\cdots,x_n$ 中小于1的个数,求:

(1) θ 的矩估计量; (2) θ 的最大似然估计值.

分析 与其他例题不同的是,本例中总体的概率密度有两段不为0,在写似然函数时,N 就是概率密度取值为 θ 的个数,$n-N$ 是取值为 $1-\theta$ 的个数.

解 (1) 因为 $\mu_1=\mathrm{E}(X)=\int_0^1 x\theta\mathrm{d}x+\int_1^2 x(1-\theta)\mathrm{d}x=\frac{3}{2}-\theta$,得 $\theta=\frac{3}{2}-\mu_1$,所以 θ 的矩估计量为 $\hat{\theta}=3/2-\overline{X}$.

(2) 对样本观察值 $x_1,x_2,\cdots,x_n$ 按照"<1"和"$\geqslant 1$"进行分组: $x_{i_1},x_{i_2},\cdots,x_{i_N}<1$; $x_{i_{N+1}},x_{i_{N+2}},\cdots,x_{i_n}\geqslant 1$. 样本的似然函数为

$$L(\theta)=\theta^N(1-\theta)^{n-N}\quad (x_{i_1},x_{i_2},\cdots,x_{i_N}<1;x_{i_{(N+1)}},x_{i_{(N+2)}},\cdots,x_{i_n}\geqslant 1),$$

取对数得 $\ln L(\theta)=N\ln\theta+(n-N)\ln(1-\theta)$.令 $\frac{\mathrm{d}\ln L(\theta)}{\mathrm{d}\theta}=\frac{N}{\theta}-\frac{n-N}{1-\theta}=0$,得 θ 的最大似然估计值为 $\hat{\theta}=N/n$.

自 测 题 七

(时间:90分钟;卷面分值:100分)

一、单项选择题(每小题2分,共10分):

1. 设 $\hat{\theta}$ 是参数 θ 的无偏估计量,且 $\mathrm{D}(\hat{\theta})>0$,则 $\hat{\theta}^2$( )是 θ^2 的无偏估计量.

(A) 一定 (B) 不一定 (C) 一定不 (D) 可能

2. 设 $X_1,X_2,\cdots,X_n$ 是来自总体 X 的样本, $\mathrm{D}(X)=\sigma^2$,S^2 为样本方差,则( ).

(A) S 是 σ 的矩估计量 (B) S 是 σ 的最大似然估计量

(C) S 是 σ 的无偏估计量 (D) S 是 σ 的一致估计量

3. 设总体 X 服从正态分布 $N(\mu,\sigma^2)$,其中 σ^2 已知.当样本容量固定时,均值 μ 的置信区间长度 L 与置信度 $1-\alpha$ 的关系是( ).

(A) 当 $1-\alpha$ 减小时,L 增大 (B) 当 $1-\alpha$ 减小时,L 变小

(C) 当 $1-\alpha$ 减小时,L 不变 (D) 当 $1-\alpha$ 减小时,L 增减不定

4. 从正态总体 $N(\mu,\sigma^2)$ 中抽取容量为9的样本,测得样本均值 $\overline{x}=15$,样本方差 $s^2=0.4^2$.当 σ^2 未知时,总体期望 μ 的置信度为0.95的单侧置信下限为( ).(参考数据:$t_{0.05}(8)=1.8595$,$t_{0.05}(9)=1.8331$)

(A) $15-(0.4/3)\times 1.8595$ (B) $15-(0.4/3)\times 1.8331$

(C) $15-(0.16/9)\times 1.8595$ (D) $15-(0.16/9)\times 1.8331$

5. 与总体方差的置信区间优劣无关的是( ).

(A) 样本容量 (B) 区间长度 (C) 总体方差 (D) 总体均值

二、填空题(每空 3 分,共 15 分):

1. 设总体 $X \sim B(m,p)$,其中 m 已知,$p(0<p<1)$未知,$X_1,X_2,\cdots,X_n$ 是来自该总体的样本,则 p 的矩估计量为__________.

2. 已知 $\hat{\theta}_1,\hat{\theta}_2$ 是未知参数 θ 的两个无偏估计量,且 $\hat{\theta}_1$ 与 $\hat{\theta}_2$ 不相关,$\mathrm{D}(\hat{\theta}_1)=4\mathrm{D}(\hat{\theta}_2)$.如果 $\hat{\theta}_3=a\hat{\theta}_1+b\hat{\theta}_2$ 也是 θ 的无偏估计量,且是 $\hat{\theta}_1,\hat{\theta}_2$ 的所有同类型线性组合中方差最小的,则 $a=$__________,$b=$__________.

3. 设 $\hat{\theta}$ 是某总体分布中未知参数 θ 的最大似然估计量,则 $2\theta^2+1$ 的最大似然估计量为__________.

4. 从正态总体 $N(\mu,\sigma^2)$中抽取容量为 9 的样本,测得样本均值 $\overline{x}=10$,样本方差 $s^2=0.3^2$,方差 σ^2 的置信度为 0.95 的单侧置信上限为__________.(参考数据:$\chi^2_{0.95}(8)=2.733$,$\chi^2_{0.05}(8)=15.507$)

三、计算题(共 65 分):

1. (10 分)设总体 X 的概率密度为

$$f(x)=\begin{cases}(\theta+1)x^{\theta}, & 0<x<1,\theta>-1,\\ 0, & \text{其他},\end{cases}$$

$X_1,X_2,\cdots,X_n$ 是来自总体 X 的样本,求 θ 的矩估计量.

2. (10 分)设 $X_1,X_2,\cdots,X_n$ 是来自二项分布 $B(m,p)$的样本,其中 m 已知,p 未知,求 p^2 的一个无偏估计量.

3. (10 分)设总体 X 的分布律为

X	1	2	3
P	θ^2	$2\theta(1-\theta)$	$(1-\theta)^2$

其中 $\theta(0<\theta<1)$为未知参数, $X_1,X_2,\cdots,X_n$ 是来自总体 X 的样本.

(1) 求 θ 的矩估计量;

(2) 现有样本 1,2,1,3,3,1,1,1,2,1,2,2,3,3,求 θ 的最大似然估计值.

4. (20 分)设总体 X 服从区间$(0,\theta]$上的均匀分布,其中 $\theta>0$ 未知.从总体 X 中抽取样本 $X_1,X_2,\cdots,X_n$,其观察值为 $x_1,x_2,\cdots,x_n$.

(1) 求参数 θ 的最大似然估计量 $\hat{\theta}$;　　(2) 讨论 $\hat{\theta}$ 是否具有无偏性;

(3) 若 $\hat{\theta}$ 不是 θ 的无偏估计量,修正它,并由此求出 θ 的一个无偏估计量 $\hat{\theta}^*$.

5. (5 分)某大学从来自 A,B 两城市的新生中分别随机抽取 5 名与 6 名新生,测其身高后算得平均身高分别为 $\overline{x}=175.9$ cm,$\overline{y}=172.0$ cm;身高的方差为 $s_1^2=11.3\ \mathrm{cm}^2$,$s_2^2=9.1\ \mathrm{cm}^2$.假设两城市新生身高 X 和 Y 均服从正态分布:$X\sim N(\mu_1,\sigma^2)$,$Y\sim N(\mu_2,\sigma^2)$,其中 σ^2 未知.试求 $\mu_1-\mu_2$ 的置信度为 0.95 的置信区间.(参考数据:$t_{0.025}(9)=2.2622$,$t_{0.025}(11)=2.2010$)

6. (10 分)设 $X_1,X_2,\cdots,X_n$ 为来自正态总体 $N(\mu,\sigma^2)$的样本,求 k,使 $\hat{\sigma}=k\sum_{i=1}^{n}|X_i-\bar{X}|$ 是 σ 的无偏估计量.

四、证明题(10 分):

设 $X_1,X_2,\cdots,X_n$ 为来自正态总体 $N(\mu,\sigma^2)$的样本,试证对任意固定的 a,

$$\varphi(X_1,X_2,\cdots,X_n)=\begin{cases}1, & X_1<a,\\ 0, & X_1\geqslant a\end{cases}$$

是 $\Phi\left(\frac{a-\mu}{\sigma}\right)$的无偏估计量,其中 $\Phi(x)$是标准正态分布的分布函数.

第八章　假设检验

一、内容综述

1. 基本概念

对于假设检验问题，提出关于总体的一个假设，称为**原假设**，记做 H_0；与原假设相对立的假设，称为**备择假设**，记做 H_1.假设检验中用到的统计量，称为**检验统计量**.检验统计量把样本空间分成两个区域，使 H_0 被拒绝的样本观察值所组成的区域称为**拒绝域**.此时，检验统计量落入拒绝域的概率是给定的小概率 α，α 称为**显著性水平**.

设 θ 是总体的未知参数，θ_0 是已知常数，关于 θ 的假设检验类型有：

类　型		H_0	H_1
双边检验		$\theta=\theta_0$	$\theta\neq\theta_0$
单边检验	右边	$\theta\leqslant\theta_0$	$\theta>\theta_0$
	左边	$\theta\geqslant\theta_0$	$\theta<\theta_0$

2. 假设检验中的两类错误

类　型	含　义	犯错误的概率	说　明
第一类错误	原假设 H_0 为真，却拒绝 H_0，即弃真的错误	$\alpha=P\{拒绝\ H_0\mid H_0\ 为真\}$	(1) 仅控制犯第一类错误的概率的检验称为显著性检验，α 称为显著性水平. (2) 当样本容量固定时，α 和 β 中任意一个减小，另一个必然增大；如要使 α 和 β 同时减小只能增大样本容量
第二类错误	原假设 H_0 不真，却接受 H_0，即取伪的错误	$\beta=P\{接受\ H_0\mid H_0\ 不真\}$	

注　显著性水平 α 其实是犯第一类错误的概率的上界，即 $P\{拒绝\ H_0\mid H_0\ 为真\}\leqslant\alpha$，通常按“=”成立时确定拒绝域.

3. 假设检验的步骤

(1) 据题意写出原假设 H_0 和备择假设 H_1；

(2) 选择检验方法，写出检验统计量及其分布；

(3) 根据给定的显著性水平确定拒绝域；

(4) 计算检验统计量的值，做出推断.

4. 单正态总体参数的假设检验

条 件	原假设与备择假设	检验法及检验统计量	拒绝域
$\sigma^2=\sigma_0^2$ 已知	$H_0: \mu=\mu_0, H_1: \mu\neq\mu_0$ $H_0: \mu\leqslant\mu_0, H_1: \mu>\mu_0$ $H_0: \mu\geqslant\mu_0, H_1: \mu<\mu_0$	U 检验 $U=\dfrac{\overline{X}-\mu_0}{\sigma_0/\sqrt{n}}\sim N(0,1)$	$\lvert u\rvert\geqslant u_{\alpha/2}$ $u\geqslant u_\alpha$ $u\leqslant -u_\alpha$
σ^2 未知	$H_0: \mu=\mu_0, H_1: \mu\neq\mu_0$ $H_0: \mu\leqslant\mu_0, H_1: \mu>\mu_0$ $H_0: \mu\geqslant\mu_0, H_1: \mu<\mu_0$	T 检验 $T=\dfrac{\overline{X}-\mu_0}{S/\sqrt{n}}\sim t(n-1)$	$\lvert t\rvert\geqslant t_{\alpha/2}(n-1)$ $t\geqslant t_\alpha(n-1)$ $t\leqslant -t_\alpha(n-1)$
μ 未知	$H_0: \sigma^2=\sigma_0^2, H_1: \sigma^2\neq\sigma_0^2$ $H_0: \sigma^2\leqslant\sigma_0^2, H_1: \sigma^2>\sigma_0^2$ $H_0: \sigma^2\geqslant\sigma_0^2, H_1: \sigma^2<\sigma_0^2$	χ^2 检验 $\chi^2=\dfrac{(n-1)S^2}{\sigma_0^2}\sim\chi^2(n-1)$	$\chi^2\geqslant\chi^2_{\alpha/2}(n-1)$或 $\chi^2\leqslant\chi^2_{1-\alpha/2}(n-1)$ $\chi^2\geqslant\chi^2_\alpha(n-1)$ $\chi^2\leqslant\chi^2_{1-\alpha}(n-1)$

注 检验统计量的分布是指在原假设中等号成立时它所服从的分布,拒绝域中的 α 为显著性水平,下同.

5. 双正态总体参数的假设检验

设有两个独立的正态总体:$X\sim N(\mu_1,\sigma_1^2)$,$Y\sim N(\mu_2,\sigma_2^2)$,$X_1,X_2,\cdots,X_{n_1}$ 和 $Y_1,Y_2,\cdots,Y_{n_2}$ 分别为来自总体 X 与 Y 的样本,$\overline{X}$ 和 $\overline{Y}$ 分别为样本均值,S_1^2 和 S_2^2 分别为样本方差.

条 件	原假设与备择假设	检验法及检验统计量	拒绝域
σ_1^2,σ_2^2 已知	$H_0: \mu_1-\mu_2=\delta, H_1: \mu_1-\mu_2\neq\delta$ $H_0: \mu_1-\mu_2\leqslant\delta, H_1: \mu_1-\mu_2>\delta$ $H_0: \mu_1-\mu_2\geqslant\delta, H_1: \mu_1-\mu_2<\delta$	U 检验 $U=\dfrac{\overline{X}-\overline{Y}-\delta}{\sqrt{\dfrac{\sigma_1^2}{n_1}+\dfrac{\sigma_2^2}{n_2}}}\sim N(0,1)$	$\lvert u\rvert\geqslant u_{\alpha/2}$ $u\geqslant u_\alpha$ $u\leqslant -u_\alpha$
σ_1^2,σ_2^2 未知 但 $\sigma_1^2=\sigma_2^2$	$H_0: \mu_1-\mu_2=\delta, H_1: \mu_1-\mu_2\neq\delta$ $H_0: \mu_1-\mu_2\leqslant\delta, H_1: \mu_1-\mu_2>\delta$ $H_0: \mu_1-\mu_2\geqslant\delta, H_1: \mu_1-\mu_2<\delta$	T 检验 $T=\dfrac{\overline{X}-\overline{Y}-\delta}{S_w\sqrt{\dfrac{1}{n_1}+\dfrac{1}{n_2}}}\sim t(n_1+n_2-2)$	$\lvert t\rvert\geqslant t_{\alpha/2}(n_1+n_2-2)$ $t\geqslant t_\alpha(n_1+n_2-2)$ $t\leqslant -t_\alpha(n_1+n_2-2)$

（续表）

条　件	原假设与备择假设	检验法及检验统计量	拒绝域
μ_1,μ_2未知	$H_0:\sigma_1^2=\sigma_2^2,H_1:\sigma_1^2\neq\sigma_2^2$	F 检验	$F\leqslant F_{1-\frac{\alpha}{2}}(n_1-1,n_2-1)$或 $F\geqslant F_{\frac{\alpha}{2}}(n_1-1,n_2-1)$
	$H_0:\sigma_1^2\leqslant\sigma_2^2,H_1:\sigma_1^2>\sigma_2^2$	$F=\dfrac{S_1^2}{S_2^2}\sim F(n_1-1,n_2-1)$	$F\geqslant F_{\alpha}(n_1-1,n_2-1)$
	$H_0:\sigma_1^2\geqslant\sigma_2^2,H_1:\sigma_1^2<\sigma_2^2$		$F\leqslant F_{1-\alpha}(n_1-1,n_2-1)$

注　δ 是已知的，例如考查 μ_1,μ_2 是否相等，取 $\delta=0$.

二、专题解析与例题精讲

1. 单正态总体参数的假设检验问题

【解题方法与技巧】

(1) 分析题目的条件，确定检验法.

(2) 按照假设检验的步骤进行假设检验(见内容综述部分).

(3) 提出原假设 H_0 和备择假设 H_1 的基本原则：因为假设检验的原理是小概率事件原理，所以原假设一般是“受保护的”，没有充分依据是不能拒绝的.如果我们希望对某一论述取得强有力的支持，就把这一论述本身作为备择假设 H_1，而把这一论述的否定作为原假设 H_0.这样，对于很小的显著性水平，若拒绝 H_0，则 H_1 代表的论述得到了强有力的支持.具体可根据下面的方法确定两个假设：

(i) 对于双边假设检验，一定让含“$=$”的假设作为 H_0，含“$\neq$”的假设作为 H_1.

(ii) 对于单边假设检验，把经验的、保守的假设作为 H_0，把要强调的、代表新情况的假设作为 H_1.另外，把“$=$”放到 H_0 中，这样当 H_0 中“$=$”成立时，就可以确定检验统计量的分布.

例 8.1.1　设某种电子产品寿命 X(单位：h)服从正态分布 $N(\mu,40^2)$，原来元件平均寿命为 780 h，希望经过技术改造使平均寿命有所提高.现在从技术改造后生产的电子产品中随机抽取 25 件，算得寿命的平均值 795 h，标准差没有改变.试在显著性水平 $\alpha=0.05$ 下检验技术改造的目的是否实现.

分析　这是总体方差已知，对均值的假设检验，采用 U 检验.技术改造的目的是“使平均寿命有所提高”，这个论述是 $\mu>780$，它代表的是希望得到强有力支持的新情况，故作为备择假设，而技术改造的目的没有实现指的是 $\mu\leqslant780$，代表了保守的结论，要作为原假设.这是右边检验.

解　提出假设 $H_0:\mu\leqslant780,H_1:\mu>780$.选取检验统计量

$$U=\frac{\overline{X}-780}{\sigma/\sqrt{n}}\sim N(0,1)\quad(\mu=780\text{ 时}).$$

对于给定的显著性水平 $\alpha=0.05$，拒绝域为 $u\geqslant u_{0.05}=1.645$(查标准正态分布表).

由 $\sigma=40,n=25,\overline{x}=795$ 计算检验统计量的值得 $u=\dfrac{795-780}{40/5}=1.875>1.645$，即检验统计量的值落入拒绝域，则拒绝原假设，即认为技术改造的目的实现了.

例 8.1.2　设某次考试的成绩服从正态分布，随机抽取了 36 位考生的成绩，算得平均分为 66.5 分，标准差为 15 分.在显著性水平 0.05 下，是否可以认为这次考试的平均分为 70 分?

分析　这是总体方差未知，对均值的假设检验，采用 T 检验.经分析，本例检验的是"是否等于 70"，是双边检验.

解　设考试的成绩为 X，据题意 $X\sim N(\mu,\sigma^2)$，其中 μ,σ^2 为未知参数.提出假设 H_0：$\mu=70$，H_1：$\mu\neq70$.选取检验统计量

$$T=\frac{\overline{X}-70}{S/\sqrt{n}}\sim t(n-1)\quad(\mu=70\text{ 时}).$$

对于给定的显著性水平 $\alpha=0.05$，拒绝域为 $|t|\geqslant t_{0.025}(35)=2.0301$(查 t 分布表).

由 $\overline{x}=66.5,s=15,n=36$ 计算检验统计量的值得 $|t|=\left|\dfrac{66.5-70}{15/6}\right|=1.4<2.0301$，即检验统计量的值没有落入拒绝域，则接受原假设，即认为这次考试的平均分为 70 分.

例 8.1.3　设某营养品中钙的含量 $X\sim N(\mu,\sigma^2)$，其中 μ,σ 未知.按规定每瓶营养品中钙的平均含量不得少于 100 mg.现从一批产品中随机抽取 10 瓶测得 $\overline{x}=96$ mg，$s=6$ mg，试问这批产品是否合格?(显著性水平 $\alpha=0.05$)

分析　是否合格取决于平均含量，即总体的均值，又总体方差未知，故本例应采用 T 检验.由数据看出，$\overline{x}=96$，小于规定含量，所以人们关心的是这批产品会不会是不合格的，即 $\mu<100$ 要作为备择假设.这是左边检验.

解　提出假设 H_0：$\mu\geqslant100$，H_1：$\mu<100$.选取检验统计量

$$T=\frac{\overline{X}-100}{S/\sqrt{n}}\sim t(n-1)\quad(\mu=100\text{ 时}).$$

对于给定的显著性水平 $\alpha=0.05$，拒绝域为 $t\leqslant-t_{0.05}(9)=-1.8331$(查 t 分布表).

由 $\overline{x}=96,s=6,n=10$ 计算检验统计量的值得 $t=\dfrac{96-100}{6/\sqrt{10}}=-2.1082<-1.8331$，即检验统计量的值落入拒绝域，则拒绝原假设，即认为这批产品不合格.

例 8.1.4　设某工厂生产的铜丝的折断力 X 服从正态分布 $N(\mu,8^2)$.某日抽取 10 根铜丝，进行折断力试验，测得结果如下：

578，572，570，568，572，570，572，596，584，570.

在显著性水平 $\alpha=0.05$ 下，是否可以认为该日生产的铜丝的折断力标准差显著变大?

分析　易知本例应采用 χ^2 检验."标准差显著变大"等价于"方差显著变大"，即 $\sigma^2>8^2$ 是所关注的代表新情况的假设，应作为备择假设，所以这是右边检验.

解 提出假设 $H_0: \sigma^2 \leqslant 8^2$，$H_1: \sigma^2 > 8^2$.选取检验统计量

$$\chi^2 = \frac{(n-1)S^2}{8^2} \sim \chi^2(n-1) \quad (\sigma^2 = 8^2 \text{ 时}).$$

对于给定的显著性水平 $\alpha=0.05$，拒绝域为 $\chi^2 \geqslant \chi^2_{0.05}(9)=16.919$(查 χ^2 分布表).

计算得 $s^2=75.73$，又 $n=10$，代入得 $\chi^2=\dfrac{9\times 75.73}{8^2}=10.65<16.919$，即检验统计量的值没有落入拒绝域，则接受 H_0，即认为该日生产的铜丝的折断力标准差没有显著变大.

2. 双正态总体参数的假设检验问题

【解题方法与技巧】

(1) 分析假设检验的条件，确定检验法.

(2) 按照假设检验的步骤进行假设检验(见内容综述部分).

例 8.2.1 设两台机床 A,B 加工相同的零件，零件的尺寸服从正态分布，标准差分别为 $\sigma_A=5.3$ cm 和 $\sigma_B=6.1$ cm.现从两台机床加工的零件中各抽取 50 件，测得平均尺寸分别为 174.3 cm，170.4 cm.在显著性水平 0.05 下，能否认为机床 A 加工的零件尺寸明显长于机床 B 加工的零件尺寸?

分析 设 μ_1,μ_2 分别为机床 A,B 加工的零件的尺寸均值，则要检验是否 $\mu_1-\mu_2>0$.这是一个右边检验.当两总体方差已知时，对均值差 $\mu_1-\mu_2$ 的检验采用 U 检验.

解 设 X 为机床 A 加工的零件的尺寸，$X\sim N(\mu_1, 5.3^2)$，Y 为机床 B 加工的零件的尺寸，$Y\sim N(\mu_2, 6.1^2)$.提出假设 $H_0: \mu_1-\mu_2\leqslant 0$，$H_1: \mu_1-\mu_2>0$.选取检验统计量

$$U=\frac{\overline{X}-\overline{Y}}{\sqrt{5.3^2/n_1+6.1^2/n_2}} \sim N(0,1) \quad (\mu_1-\mu_2=0 \text{ 时}).$$

对于给定的显著性水平 $\alpha=0.05$，拒绝域为 $u\geqslant u_{0.05}=1.645$(查标准正态分布表).

将 $\overline{x}=174.3$，$\overline{y}=170.4$，$n_1=n_2=50$ 代入统计量得

$$u=\frac{174.3-170.4}{\sqrt{5.3^2/50+6.1^2/50}}=3.413>1.645,$$

即检验统计量的值落入拒绝域，故拒绝 H_0，即认为机床 A 加工的零件的尺寸明显长于机床 B 加工的零件的尺寸.

例 8.2.2 设某次数学考试两个班的成绩相互独立，且服从方差相等的正态分布，一班 107 人，平均 74.5 分，标准差 16.2 分；二班 110 人，平均 70.8 分，标准差 16.6 分.可否认为一班的成绩比二班的成绩平均至少高 1 分?(显著性水平 $\alpha=0.05$)

分析 易知本例也应采用 T 检验.考查的是两个总体的均值之差是否超过 1，故这是一个右边检验.另外，由于样本容量是 107 和 110，检验统计量服从 $t(215)$，已非常接近标准正态分布，故用标准正态分布分位点代替 t 分布的分位点.

解 设 X 为一班考试成绩，$X\sim N(\mu_1,\sigma^2)$；Y 为二班考试成绩，$Y\sim N(\mu_2,\sigma^2)$.提出假

设 $H_0: \mu_1-\mu_2\leqslant 1, H_1: \mu_1-\mu_2>1$.选取检验统计量

$$T=\frac{\overline{X}-\overline{Y}-1}{S_w\sqrt{\frac{1}{107}+\frac{1}{110}}}\sim t(215)\quad (\mu_1-\mu_2=1\text{ 时}).$$

对于给定的显著性水平 $\alpha=0.05$,拒绝域为 $t\geqslant t_{0.05}(215)\approx u_{0.05}=1.645$(查标准正态分布表).

计算得 $s_w=16.4$,又已知 $\overline{x}=74.5, \overline{y}=70.8$,代入检验统计量得

$$t=\frac{74.5-70.8-1}{16.4\times 0.136}=1.212<1.645,$$

即检验统计量的值没有落入拒绝域,故接受 H_0,即不能认为一班的成绩比二班的成绩平均至少高 1 分.

例 8.2.3　设一机床加工某种零件,现从早、中班的产品中各抽取了 10 个零件,测得其厚度(单位: mm)为

早班: 3.4, 3.2, 3.2, 3.0, 3.1, 3.0, 3.2, 2.9, 3.2, 3.1;

中班: 3.1, 3.0, 2.8, 3.3, 3.4, 3.0, 3.1, 3.3, 3.2, 3.4.

设零件的厚度服从正态分布,试根据数据说明早、中班生产的零件厚度的标准差有无显著变化.(显著性水平 $\alpha=0.05$)

分析　对两个正态总体标准差的检验等价于对方差的检验,采用 F 检验.本例考查的是方差是否相等的问题,故这是双边检验.

解　设 X 为早班生产的零件的厚度,$X\sim N(\mu_1,\sigma_1^2)$;$Y$ 为中班生产的零件的厚度,$Y\sim N(\mu_2,\sigma_2^2)$.提出假设 $H_0: \sigma_1^2=\sigma_2^2, H_1: \sigma_1^2\neq\sigma_2^2$.选取检验统计量

$$F=\frac{S_1^2}{S_2^2}\sim F(9,9)\quad (\sigma_1^2=\sigma_2^2\text{ 时}).$$

对于给定的显著性水平 $\alpha=0.05$,拒绝域为

$$F\leqslant F_{0.975}(9,9)=\frac{1}{4.03}=0.248\quad\text{或}\quad F\geqslant F_{0.025}(9,9)=4.03.$$

由数据计算得 $s_1^2=0.02, s_2^2=0.038$,代入检验统计量得 $F=\frac{s_1^2}{s_2^2}=\frac{0.02}{0.038}\approx 0.526$.可见检验统计量的值没有落入拒绝域,所以接受 H_0,即认为早、中班生产的零件的厚度标准差没有显著变化.

3. 假设检验中两类错误的有关问题

【解题方法与技巧】

根据两类错误的定义计算犯两类错误的概率:

$$\alpha=P\{\text{拒绝 } H_0 \mid H_0\text{ 为真}\},\quad \beta=P\{\text{接受 } H_0 \mid H_0\text{ 不真}\}.$$

例 8.3.1　关于正态总体 $X\sim N(\mu,1)$的数学期望有如下二者必具其一的假设,$H_0: \mu=0$

和 $H_1: \mu=1$.考虑检验规则：当 $\overline{X}\geqslant 0.98$ 时，拒绝 H_0，其中 $\overline{X}=\frac{1}{4}(X_1+X_2+X_3+X_4)$，而 X_1,X_2,X_3,X_4 是来自总体 X 的样本.试求犯第一类错误的概率 α 和犯第二类错误的概率 β.

分析　根据两类错误的定义计算.另外，由题意知，当 $\overline{X}<0.98$ 时接受 H_0.

解　当 H_0 为真时，$\mu=0$，此时 $X\sim N(0,1)$，从而有 $\overline{X}\sim N(0,1/4)$，所以

$$\begin{aligned}\alpha&=P\{\text{拒绝 } H_0 \mid H_0 \text{ 为真}\}=P\{\overline{X}\geqslant 0.98 \mid \mu=0\}\\&=P\left\{\frac{\overline{X}}{1/2}\geqslant\frac{0.98}{1/2}\right\}=1-\Phi(1.96)=1-0.975=0.025.\end{aligned}$$

当 H_0 不真时，$\mu=1$，此时 $X\sim N(1,1)$，从而有 $\overline{X}\sim N(1,1/4)$，所以

$$\begin{aligned}\beta&=P\{\text{接受 } H_0 \mid H_0 \text{ 不真}\}=P\{\overline{X}<0.98 \mid \mu=1\}\\&=P\left\{\frac{\overline{X}-1}{1/2}<\frac{0.98-1}{1/2}\right\}=\Phi(-0.04)=1-\Phi(0.04)\\&=1-0.516=0.484.\end{aligned}$$

例 8.3.2　设 X 是连续型随机变量，U 是对 X 的一次观测，关于 X 的概率密度 $f(x)$ 有如下假设：

$$H_0: f(x)=\begin{cases}1/2, & 0\leqslant x\leqslant 2,\\0, & \text{其他},\end{cases}\qquad H_1: f(x)=\begin{cases}x/2, & 0\leqslant x\leqslant 2,\\0, & \text{其他}.\end{cases}$$

当事件 $\{U>3/2\}$ 出现时拒绝 H_0.试求犯第一类错误的概率 α 和犯第二类错误的概率 β.

分析　本例是关于总体分布的假设检验，计算犯两类错误的概率时把假设成立时对应的分布代入即可.

解　当 H_0 为真时，X 的概率密度为 $f(x)=\begin{cases}1/2, & 0\leqslant x\leqslant 2,\\0, & \text{其他},\end{cases}$ 所以

$$\alpha=P\{U>3/2 \mid H_0 \text{ 为真}\}=\int_{3/2}^{2}\frac{1}{2}\mathrm{d}x=\frac{1}{4}.$$

当 H_0 不真时，X 的概率密度为 $f(x)=\begin{cases}x/2, & 0\leqslant x\leqslant 2,\\0, & \text{其他},\end{cases}$ 所以

$$\beta=P\{U\leqslant 3/2 \mid H_0 \text{ 不真}\}=\int_{0}^{3/2}\frac{x}{2}\mathrm{d}x=\frac{9}{16}.$$

例 8.3.3　设总体 X 服从正态分布 $N(\mu,\sigma^2)$，σ^2 已知，对检验问题 $H_0: \mu=\mu_0$ 和 $H_1: \mu>\mu_0$，如果当 $\overline{X}\geqslant C$ 时拒绝 H_0，其中 $\overline{X}$ 是样本均值，则对固定的样本容量 n，犯第一类错误的概率 α（　　）.

(A) 随 C 的增大而增大　　(B) 随 C 的增大而减小

(C) 随 C 的增大保持不变　　(D) 随 C 的增大增减性不定

解　*方法 1*　从 α 的含义直接判断，C 越大，拒绝域越小，越不容易拒绝 H_0，所以犯第一类错误的概率 α 是减小的.故选择(B).

方法 2　根据拒绝域的表达式判断.检验问题 $H_0: \mu=\mu_0$，$H_1: \mu>\mu_0$ 的拒绝域为

$\dfrac{\overline{x}-\mu_0}{\sigma_0/\sqrt{n}}\geqslant u_\alpha$，化为 $\overline{x}\geqslant\mu_0+\dfrac{\sigma_0}{\sqrt{n}}u_\alpha$.由于 μ_0,σ^2 和 n 都是固定的，C 增大，即 u_α 增大，从而 α 是减小的.故选择(B).

例 8.3.4　设总体 X 服从区间$[0,\theta]$上的均匀分布，$\theta>0$ 未知，$X_1,\cdots,X_n$ 是来自总体 X 的样本，记 $X_{(n)}=\max\{X_1,\cdots,X_n\}$.对检验问题 $H_0:\theta\geqslant 2,H_1:\theta<2$，当 $X_{(n)}\leqslant 1.5$ 时拒绝 H_0，求犯第一类错误的概率 α 及其最大值.

分析　根据犯第一类错误的概率的定义计算.

解　当 H_0 为真时，$\theta\geqslant 2$，所以 $\alpha=P\{X_{(n)}\leqslant 1.5|\theta\geqslant 2\}$.在例 7.4.2 中已经得到 $Y=X_{(n)}$ 的概率密度为

$$f_Y(y)=\begin{cases}ny^{n-1}/\theta^n, & 0<y\leqslant\theta,\\ 0, & \text{其他},\end{cases}$$

则有
$$\alpha=P\{X_{(n)}\leqslant 1.5\mid\theta\geqslant 2\}=\int_0^{1.5}\frac{ny^{n-1}}{\theta^n}\mathrm{d}y=\frac{1.5^n}{\theta^n}.$$

因为 $\theta\geqslant 2$，所以 α 的最大值是 $1.5^n/2^n=0.75^n$.

4. 综合例题

例 8.4.1　设正态总体 $X\sim N(\mu,1)$，$x_1,\cdots,x_{10}$是总体 X 的一组样本观察值.在显著性水平 $\alpha=0.05$ 下，对于检验问题 $H_0:\mu=0,H_1:\mu\neq 0$，拒绝域为 $R=\{|\overline{x}|\geqslant c\}$.

(1) 求 c 的值；　(2) 若已知 $\overline{x}=1$，是否可据此推断 H_0 为真；

(3) 若以 $R=\{|\overline{x}|\geqslant 1.1\}$作为该检验的拒绝域，求检验的显著性水平 α.

分析　先求用检验统计量表示的拒绝域，其与 $R=\{|\overline{x}|\geqslant c\}$是等价的，可以相互转化.

解　(1) 该检验问题是方差已知情况下关于总体均值的双边检验，采用 U 检验.拒绝域为 $|u|=\left|\dfrac{\overline{x}-0}{1/\sqrt{10}}\right|\geqslant u_{0.025}=1.96$，整理得 $|\overline{x}|\geqslant 1.96/\sqrt{10}=0.6198$，所以 $c=0.6198$.

(2) 因为 $\overline{x}=1>0.6198$，即 $\overline{x}$ 的值落入拒绝域，所以不能据此推断 H_0 为真.

(3) 检验的显著性水平即犯第一类错误的概率，所以

$$\begin{aligned}\alpha&=P\{|\overline{X}|\geqslant 1.1|\mu=0\}=P\left\{\left|\frac{\overline{X}}{1/\sqrt{10}}\right|\geqslant 1.1\sqrt{10}\right\}\\&=1-[2\Phi(3.48)-1]=0.0005.\end{aligned}$$

例 8.4.2　对某种袋装食品的质量管理标准规定：每袋平均净重 800 g，标准差不大于 12 g.现从一批该种产品中随机抽取 14 袋，称量每袋的质量，算得平均质量 $\overline{x}=792$ g，标准差 $s=15.5$ g.设每袋的质量服从正态分布 $N(\mu,\sigma^2)$，试在显著性水平 $\alpha=0.05$ 下检验这批产品是否符合质量管理标准规定.

分析　质量管理标准对均值和标准差都有要求，所以两个都要检验.均值要检验是否等于 800 g，这是双边检验；对标准差的检验即对方差的检验，方差要检验是否大于 $12^2\ \mathrm{g}^2$，这

是右边检验.

解　(1) 提出假设 $H_0: \mu=800, H_1: \mu\neq 800$.选取检验统计量

$$T=\frac{\overline{X}-800}{S/\sqrt{n}}\sim t(n-1)\quad(\mu=800\text{ 时}).$$

对于显著性水平 $\alpha=0.05$,拒绝域为 $|t|\geqslant t_{0.025}(13)=2.1604$.

将 $n=14,\overline{x}=792,s=15.5$ 代入检验统计量得 $|t|=\left|\frac{792-800}{15.5/\sqrt{14}}\right|=1.9312<2.1604$.可见检验统计量的值没有落入拒绝域,所以接受 H_0,即认为食品质量的均值符合质量管理标准规定.

(2) 提出假设 $H_0: \sigma^2\leqslant 12^2$, $H_1: \sigma^2>12^2$.选取检验统计量

$$\chi^2=\frac{(n-1)S^2}{12^2}\sim\chi^2(n-1)\quad(\sigma^2=12^2\text{ 时}).$$

对于显著性水平 $\alpha=0.05$,拒绝域为 $\chi^2\geqslant\chi^2_{0.05}(13)=22.362$.

将 $n=14,s=15.5$ 代入检验统计量得 $\chi^2=\frac{13\times 15.5^2}{12^2}=21.689<22.362$.可见检验统计量的值没有落入拒绝域,所以接受 H_0,即认为食品质量的标准差符合质量管理标准规定.

综合(1),(2)可知,这批产品符合质量管理标准规定.

例 8.4.3　为研究一种化肥对某种作物的效力,选择 13 块条件相当的地种植这种作物,在其中 6 块上施肥,其余 7 块不施肥.结果表明,施肥的地平均块产 33 kg,方差为 3.2 kg²;未施肥的地平均块产 30 kg,方差为 4 kg².假设两种地的块产量都服从正态分布,试验结果能否说明此肥料提高产量的效力明显?(显著性水平 $\alpha=0.05$)

分析　本例是对两个正态总体均值的检验,但由于两个总体的方差未知并且没有说明是否相等,所以无法直接进行均值的检验.为此首先要检验方差是否相等,称为**方差齐性检验**.如果方差相等,就可以用 T 检验对均值进行检验了.

解　设 X 为施肥地的块产量,$X\sim N(\mu_1,\sigma_1^2)$;$Y$ 为不施肥地的块产量,$Y\sim N(\mu_2,\sigma_2^2)$.提出假设 $H_0: \sigma_1^2=\sigma_2^2, H_1: \sigma_1^2\neq\sigma_2^2$.选取检验统计量

$$F=\frac{S_1^2}{S_2^2}\sim F(5,6)\quad(\sigma_1^2=\sigma_2^2\text{ 时}).$$

对于显著性水平 $\alpha=0.05$,拒绝域为

$$F\leqslant F_{0.975}(5,6)=\frac{1}{6.98}=0.143\quad\text{或}\quad F\geqslant F_{0.025}(5,6)=5.99.$$

将 $s_1^2=3.2,s_2^2=4$ 代入检验统计量得 $F=\frac{s_1^2}{s_2^2}=\frac{3.2}{4}=0.8$,检验统计量的值没有落入拒绝域,所以接受 H_0,即认为两种地的块产量的方差是相等的.

提出假设 $H_0': \mu_1-\mu_2\leqslant 0, H_1': \mu_1-\mu_2>0$.选取检验统计量

$$T=\frac{\bar{X}-\bar{Y}}{S_w\sqrt{1/6+1/7}}\sim t(11)\quad(\mu_1-\mu_2=0\text{ 时}).$$

对于显著性水平 $\alpha=0.05$，拒绝域为 $t\geqslant t_{0.05}(11)=1.7959$.

计算得 $s_w=3.658$，又 $\bar{x}=33$，$\bar{y}=30$，代入检验统计量得 $t=\frac{33-30}{3.658\times0.556}=1.474<1.7959$，即检验统计量的值没有落入拒绝域，从而接受 H_0'，所以不能说明此肥料提高产量的效力明显.

自测题八

（时间：60 分钟；卷面分值：100 分）

一、单项选择题（每小题 5 分，共 20 分）：

1. 显著性假设检验中的第二类错误指的是（　　）.

(A) H_0 为真，检验结果是拒绝 H_0　　(B) H_0 为假，检验结果是接受 H_0

(C) H_1 为真，检验结果是拒绝 H_1　　(D) H_1 为假，检验结果是接受 H_1

2. 对正态总体的数学期望 μ 进行假设检验，如果在显著性水平 0.05 下，接受原假设 H_0：$\mu=\mu_0$，那么在显著性水平 $\alpha=0.01$ 下，（　　）.

(A) 必接受 H_0　　(B) 可能接受，也可能拒绝 H_0

(C) 必拒绝 H_0　　(D) 不接受，也不拒绝 H_0

3. 对于假设检验中的犯第一类错误的概率 α 和犯第二类错误的概率 β，下列说法正确的是（　　）.

(A) α 减小时，β 必然增大　　(B) β 减小时，α 必然增大

(C) 任何情况下，α 和 β 都不能同时减小　　(D) α 和 β 的关系与样本容量有关

4. 关于拒绝域的论述错误的是（　　）.

(A) 同一个假设检验问题，显著性水平 α 越小，拒绝域越小

(B) 检验统计量的值落入拒绝域，H_0 也可能是真的

(C) 仅给定犯第二类错误的概率，也可以确定拒绝域

(D) 拒绝域是 H_0 的拒绝域

二、填空题（每小题 5 分，共 10 分）：

1. 设 $X_1,\cdots,X_n$ 是来自正态总体 $X\sim N(\mu,\sigma^2)$ 的样本，其中 μ,σ^2 均未知. 记 $\bar{X}=\frac{1}{n}\sum_{i=1}^{n}X_i$，$Q^2=\sum_{i=1}^{n}(X_i-\bar{X})^2$，则检验假设 H_0：$\mu=0$，H_1：$\mu\neq0$ 所使用的统计量是__________.

2. 设总体 $X\sim N(\mu,3^2)$，$X_1,\cdots,X_{25}$ 是来自总体 X 的样本，μ_0 是已知常数，对于检验假设问题 H_0：$\mu=\mu_0$，H_1：$\mu\neq\mu_0$，考虑形如 $R=\{|\bar{x}-\mu_0|\geqslant C\}$ 的显著性水平为 0.05 的拒

绝域,则 $C=$__________.

三、计算题和应用题(共 70 分):

1. (15 分)为了控制贷款规模,某银行有个内部规定,平均贷款数额不能超过 60 万元.设贷款数额 X 服从正态分布 $N(\mu,\sigma^2)$,μ,σ^2 未知,银行经理想了解目前的贷款情况,随机抽取容量为 16 的样本,测得样本均值 $\overline{x}=68$ 万元,样本标准差 $s=20$ 万元.在显著性水平 0.05 下,能否认为贷款数额符合银行的规定?(参考数据:$t_{0.05}(15)=1.7531$,$t_{0.05}(16)=1.7459$,$t_{0.025}(15)=2.1315$,$t_{0.025}(16)=2.1199$)

2. (20 分)酒厂用自动装瓶机装酒,每瓶规定质量为 500 g,标准差不超过 10 g.某天取样 9 瓶,测算得平均质量为 $\overline{x}=499$ g,标准差为 $s=16.03$ g.假设瓶装酒的质量 X 服从正态分布.在显著性水平 0.05 下,问这天机器工作是否正常.(参考数据:$t_{0.05}(8)=1.8595$,$t_{0.05}(9)=1.8331$,$t_{0.025}(8)=2.3060$,$t_{0.025}(9)=2.2622$,$\chi^2_{0.05}(8)=15.507$,$\chi^2_{0.05}(9)=16.919$,$\chi^2_{0.025}(8)=17.535$,$\chi^2_{0.025}(9)=19.023$)

3. (15 分)随机选取 8 个人,分别测量了他们在早晨起床时的身高 X_i 和晚上就寝时的身高 Y_i,得到数据如下表. 设早晨的身高 X_i 与晚上的身高 Y_i 之差 $D_i=X_i-Y_i\,(i=1,2,\cdots,8)$是来自正态总体 $N(\mu_D,\sigma_D^2)$的样本,μ_D,σ_D^2 均为未知,问是否可以认为早晨的身高比晚上的身高要高.(显著性水平 $\alpha=0.05$;参考数据:$t_{0.05}(8)=1.8595$,$t_{0.05}(7)=1.8946$,$t_{0.025}(8)=2.3060$,$t_{0.025}(7)=2.3646$)

i	1	2	3	4	5	6	7	8
早晨身高 x_i/cm	172	168	180	181	160	163	165	177
晚上身高 y_i/cm	172	167	177	179	159	161	166	175
$d_i=x_i-y_i$	0	1	3	2	1	2	−1	2

4. (20 分)下表分别给出两个文学家马克・吐温(M)的 8 篇小品文以及斯诺特格拉斯(S)的 10 篇小品文中由 3 个字母组成的单词的比例.设两组数据分别来自相互独立的正态总体 $N(\mu_1,\sigma_1^2)$和 $N(\mu_2,\sigma_2^2)$,$\mu_1,\sigma_1^2,\mu_2,\sigma_2^2$ 均为未知.

M	0.225	0.262	0.217	0.240	0.230	0.229	0.235	0.217		
S	0.209	0.205	0.196	0.210	0.202	0.207	0.224	0.223	0.220	0.201

(1) 检验假设 $H_0:\sigma_1^2=\sigma_2^2$,$H_1:\sigma_1^2\neq\sigma_2^2$(显著性水平 $\alpha=0.05$);

(2) 在(1)的基础上检验假设:$H_0':\mu_1=\mu_2$,$H_1':\mu_1\neq\mu_2$(显著性水平 $\alpha=0.05$).

(参考数据:$F_{0.025}(7,9)=4.20$,$F_{0.025}(9,7)=4.82$,$F_{0.025}(8,10)=3.85$,$F_{0.025}(10,8)=4.3$,$t_{0.025}(18)=2.1009$,$t_{0.025}(16)=2.1199$)

模拟试卷 A

（时间：120 分钟；卷面分值：100 分）

一、单项选择题(每小题 2 分,共 12 分)：

1. 已知 $P(B)>0$，$A_1A_2=\varnothing$,则下列各式不正确的是(　　).

(A) $P(A_1\cup A_2|B)=P(A_1|B)+P(A_2|B)$　(B) $P(A_1A_2|B)=0$

(C) $P(\overline{A}_1\overline{A}_2|B)=1$　(D) $P(\overline{A}_1\cup\overline{A}_2|B)=1$

2. 对于任意两个事件 A 和 B,(　　).

(A) 如果 $AB\neq\varnothing$,则 A,B 一定相互独立

(B) 如果 $AB\neq\varnothing$,则 A,B 有可能相互独立

(C) 如果 $AB=\varnothing$,则 A,B 一定相互独立

(D) 如果 $AB=\varnothing$,则 A,B 一定不相互独立

3. 设随机变量 X 与 Y 相互独立,且分别服从正态分布 $N(0,1)$与 $N(1,1)$,则(　　).

(A) $P\{X-Y\geqslant 1\}=1/2$　(B) $P\{X+Y\geqslant 1\}=1/2$

(C) $P\{X-Y\geqslant 0\}=1/2$　(D) $P\{X+Y\geqslant 0\}=1/2$

4. 设随机变量 X 与 Y 相互独立,且 X 服从参数为λ 的泊松分布，Y 服从参数为 $1/\theta$ 的指数分布,概率密度为 $f(y)=\begin{cases}\dfrac{1}{\theta}\mathrm{e}^{-\frac{y}{\theta}}, & y>0,\\ 0, & y\leqslant 0,\end{cases}$ 且 $\mathrm{E}[(X-1)(Y-2)]=2$,则必不成立的是(　　).

(A) $\lambda=-1,\theta=1$　(B) $\lambda=2,\theta=4$　(C) $\lambda=1,\theta=1$　(D) $\lambda=-2,\theta=4/3$

5. 根据切比雪夫不等式,若随机变量 X 的均值 $\mathrm{E}(X)=0$,方差 $\mathrm{D}(X)=1$,则下列不等式成立的有(　　).

(A) $P\{|X|<2\}\leqslant 0.25$　(B) $P\{|X|<2\}\geqslant 0.75$

(C) $P\{|X|\geqslant 2\}\leqslant 0.75$　(D) $P\{X\geqslant 2\}\leqslant 0.125$

6. 设随机变量(X,Y)服从二维正态分布 $N(\mu_1,\mu_2,\sigma_1^2,\sigma_2^2,\rho)(\rho\neq 0)$,则(　　).

(A) $2X+Y$ 服从正态分布　(B) X^2+Y^2 服从 χ^2 分布

(C) $X-Y$ 不服从正态分布　(D) $\dfrac{X^2}{Y^2}$服从 F 分布

二、填空题(每小题 2 分,共 12 分)：

1. 一位射手射击了 n 次,每次射中的概率为 p.设第 n 次射击是射中的,且为第 X 次射

中，则 X 的分布律为__________.

2. 设 X 是在区间$[0,1]$上取值的连续型随机变量，$P\{X\leqslant 0.3\}=0.8$.若 $Y=1-X$，则当常数 $c=$__________时，$P\{Y\leqslant c\}=0.2$.

3. 设随机变量 X,Y 相互独立且服从同一分布，$P\{X=k\}=P\{Y=k\}=\dfrac{k+1}{3}(k=0,1)$，则 $Z=\max\{X,Y\}$的分布律为__________.

4. 设随机变量 X 和 Y 都服从正态分布 $N(1,2^2)$，且 X 和 Y 的相关系数 $\rho_{XY}=-1/2$，则 $D\left(\dfrac{1}{2}X+Y\right)=$__________.

5. 设一次试验成功的概率为 p，进行 100 次独立重复试验，当 $p=$__________时，成功次数的标准差的值最大，其最大值为__________.

6. 设从总体 $N(\mu,\sigma^2)$中抽取一个容量为 9 的样本，计算得样本均值 $\overline{x}=5$，样本方差 $s^2=1$.若总体方差 $\sigma^2=0.9^2$，则总体均值 μ 的置信度为 0.95 的置信区间为__________；若总体方差 σ^2 未知，则总体均值 μ 的置信度为 0.95 的单侧置信上限为__________.(参考数据见试卷末)

三、判断题(每小题 1 分，共 6 分.正确画√，错误画×)：

1. 设 A,B 为随机事件，则$(A-B)\cup B=A$.　(　　)
2. 设 A,B,C 为随机事件，则 $A(B-C)=AB-AC$.　(　　)
3. 设随机事件 A,B 相互独立，则 $P(AB|C)=P(A|C)P(B|C)$.　(　　)
4. 设随机事件 A,B,C 相互独立，则 A 与$(\bar{B}\cup\bar{C})$相互独立.　(　　)
5. 若 $\hat{\theta}_1$ 与 $\hat{\theta}_2$ 是总体参数 θ 的两个估计量，且 $D(\hat{\theta}_1)\leqslant D(\hat{\theta}_2)$，则 $\hat{\theta}_1$ 比 $\hat{\theta}_2$ 有效.(　　)
6. 在一个确定的假设检验中，当样本容量确定时，犯第一类错误的概率与犯第二类错误的概率可以同时减小.　(　　)

四、计算题(共 54 分)：

1. (6 分)从过去的资料得知，在出口罐头导致索赔事件中，有 50%是质量问题，30%是数量短缺问题，20%是包装问题.又知在质量问题争议中，经过协商解决的占 40%；数量短缺问题争议中，经过协商解决的占 60%；包装问题争议中，经过协商解决的占 75%.如果一件索赔事件在争议中经过协商解决了，那么这一事件不属于质量问题的概率是多少？

2. (6 分)设随机变量 X 的概率密度为

$$f(x)=\begin{cases}1/2, & -1<x<0,\\ 1/4, & 0\leqslant x<2,\\ 0, & \text{其他}.\end{cases}$$

令 $Y=X^2$，$F(x,y)$为二维随机变量(X,Y)的分布函数.求：

(1) Y 的概率密度 $f_Y(y)$；　(2) $\mathrm{cov}(X,Y)$；　(3) $F\left(-\dfrac{1}{2},4\right)$.

3. (8 分) 设袋中装有编号为$-1,1,1,2$ 的 4 个球.现从中无放回地随机取球两次，每次取一个，以 X_1, X_2 分别表示第 1 次和第 2 次取到的球的号码.试求：

(1) (X_1, X_2)的联合分布律；

(2) 关于 X_1 和 X_2 的边缘分布律，并判别 X_1 和 X_2 是否相互独立；

(3) 求在 $X_1=-1$ 条件下 X_2 的条件分布律；

(4) 求 $Y=X_1+X_2$ 的分布律.

4. (8 分)设二维连续型随机变量(X,Y)关于 X 的边缘概率密度为

$$f_X(x)=\begin{cases}\lambda e^{-\lambda x}, & x>0,\\ 0, & x\leqslant 0,\end{cases}$$

且对任意 $x\in(0,+\infty)$，在 $X=x$ 条件下，随机变量 Y 的条件概率密度为

$$f_{Y|X}(y|x)=\begin{cases}x e^{-xy}, & y>0,\\ 0, & y\leqslant 0.\end{cases}$$

(1) 求关于 Y 的边缘概率密度；　(2) 判断 X,Y 是否相互独立；

(3) 求在 $Y=2$ 条件下，X 的条件概率密度.

5. (8 分)一商店经销某种商品，每周顾客对该种商品的需求量 X 与进货数量 Y 是相互独立的随机变量，且都服从区间$[0,10]$上的均匀分布.商店每售出一单位商品可得利润为 1000 元；若需求量超过了进货量，商店可从其他商店调剂供应，这时每单位商品获利润为 500 元.试计算此商店经销该种商品每周所得利润的期望值.

6. (6 分)一批出口苹果每个的质量是独立同分布的随机变量，均值为 0.2 kg，方差为 0.0081 kg^2.每箱装这样的苹果 100 个，净重不少于 19.55 kg 为合格品.该批苹果的合格品率是多少？(试用中心极限定理求解；参考数据见试卷末)

7. (6 分)设总体 X 的概率密度为 $f(x,\theta)=\dfrac{1}{2\theta}e^{-\frac{|x|}{\theta}}(-\infty<x<+\infty)$，其中未知参数 $\theta>0$.从总体 X 抽取一个容量为 n 的样本 $X_1, X_2, \cdots, X_n$.

(1) 求 θ 的最大似然估计量 $\hat{\theta}$；　(2) 试证明 $\hat{\theta}$ 是 θ 的无偏估计.

8. (6 分)设盒中有 n 个不同的球，球上分别写有数字 $1,2,\cdots,n$.每次随机抽出一个，登记其号码，放回去，再抽，一直抽到登记有 r 个不同的数字为止，以 X 记到这时为止的抽球次数，求 $E(X)$.

五、(6 分)某洗衣粉包装机，在正常情况下，每袋净重为 1000 g，标准差不能超过 15 g.假设每袋洗衣粉的净重服从正态分布.某天为检查机器工作是否正常，从已装好的袋中，随机抽查 9 袋，测得样本均值 $\bar{x}=998$ g，标准差 $s=30.23$ g，问这天机器工作是否正常.(显著性水平 $\alpha=0.05$；参考数据见试卷末)

六、证明题(共 10 分)：

1. (5 分)设 $X_1, X_2, \cdots, X_n$ 是来自总体 $X\sim N(\mu,\sigma^2)$的样本，判断下列随机变量哪一个服从自由度为 $n-1$ 的 t 分布，并说明理由：

$$T_1=\frac{\overline{X}-\mu}{S_1/\sqrt{n-1}},\quad T_2=\frac{\overline{X}-\mu}{S_2/\sqrt{n-1}},$$

其中 $\overline{X}$ 为样本均值，$S_1^2=\dfrac{1}{n-1}\sum\limits_{i=1}^{n}(X_i-\overline{X})^2$，$S_2^2=\dfrac{1}{n}\sum\limits_{i=1}^{n}(X_i-\overline{X})^2$.

2.（5 分）设总体 X 的均值 μ 和方差 σ^2 存在，$X_1,X_2,\cdots,X_n$ 为来自总体的样本，$\overline{X}$ 为样本均值，试证明：对 $i\neq j$，相关系数 $\rho(X_i-\overline{X},X_j-\overline{X})=-\dfrac{1}{n-1}$.

附参考数据：

$\Phi(0.56)=0.7123$，　$\Phi(0.05)=0.5199$，　$\Phi(1.65)=0.95$，　$\Phi(1.96)=0.975$，

$\Phi(\sqrt{2})=0.9207$，　$\Phi\left(\dfrac{\sqrt{3}}{3}\right)=0.719$；

$t_{0.05}(8)=1.8595$，　$t_{0.025}(8)=2.306$，　$t_{0.05}(9)=1.8331$，　$t_{0.025}(9)=2.2622$，

$\chi^2_{0.05}(8)=15.507$，　$\chi^2_{0.95}(8)=2.733$，　$\chi^2_{0.05}(9)=16.919$，　$\chi^2_{0.95}(9)=3.325$.

模拟试卷 B

（时间：120 分钟；卷面分值：100 分）

一、单项选择题（每小题 2 分，共 12 分）：

1. 设每次试验中事件 A 发生的概率为 $p(0<p<1)$.现进行独立重复的试验，则直到第 n 次时事件 A 才发生 $k(1\leqslant k\leqslant n)$ 次的概率为（　　）.

(A) $C_{n-1}^{k-1}p^k(1-p)^{n-k}$　　(B) $C_n^k p^k(1-p)^{n-k}$

(C) $p^k(1-p)^{n-k}$　　(D) $C_{n-1}^{k-1}p^{k-1}(1-p)^{n-(k-1)}$

2. 设随机变量 X 的分布函数为 $F(x)$，概率密度为 $f(x)=af_1(x)+bf_2(x)$，其中 $f_1(x)$ 是正态分布 $N(0,\sigma^2)$ 的概率密度，$f_2(x)$ 是数学期望为 θ 的指数分布的概率密度，已知 $F(0)=1/8$，则（　　）.

(A) $a=1,\ b=0$　　(B) $a=3/4,\ b=1/4$

(C) $a=1/2,\ b=1/2$　　(D) $a=1/4,\ b=3/4$

3. 随机变量 $X\sim N(0,1)$，$Y\sim N(1,4)$，且 $\rho_{XY}=1$，则（　　）.

(A) $P\{Y=-2X-1\}=1$　　(B) $P\{Y=2X-1\}=1$

(C) $P\{Y=-2X+1\}=1$　　(D) $P\{Y=2X+1\}=1$

4. 设 $X_1,X_2,\cdots,X_n(n\geqslant 2)$ 为来自总体 $N(0,1)$ 的样本，$\overline{X}$，S^2 分别为样本均值和样本方差，则（　　）.

(A) $n\overline{X}\sim N(0,1)$　　(B) $nS^2\sim\chi^2(n)$

(C) $\dfrac{(n-1)\overline{X}}{S}\sim t(n-1)$　　(D) $(n-1)X_1^2\Big/\sum\limits_{i=2}^{n}X_i^2\sim F(1,n-1)$

5. 设总体 X 的均值 $E(X)=\mu$，方差 $D(X)=\sigma^2$ 都存在，X_1,X_2,X_3 是来自 X 的样本，μ 有三个估计量：

$$\hat{\mu}_1=\frac{1}{4}(X_1+2X_2+X_3),\quad \hat{\mu}_2=\frac{1}{6}(2X_1+3X_2+X_3),\quad \hat{\mu}_3=\frac{1}{8}(X_1+X_2+X_3),$$

则下列结论成立的是（　　）.

(A) $\hat{\mu}_3$ 比 $\hat{\mu}_1,\hat{\mu}_2$ 有效　　(B) $\hat{\mu}_2$ 比 $\hat{\mu}_1,\hat{\mu}_3$ 有效

(C) $\hat{\mu}_1$ 比 $\hat{\mu}_2$ 有效　　(D) $\hat{\mu}_2$ 比 $\hat{\mu}_1$ 有效

6. 对正态总体的数学期望 μ 进行假设检验，如果在显著性水平 0.05 下接受原假设 H_0：$\mu=\mu_0$，那么在显著性水平 0.01 下，下列结论中正确的是（　　）.

(A) 必接受 H_0　　(B) 可能接受 H_0，也可能拒绝 H_0

(C) 必拒绝 H_0　　(D) 不接受也不拒绝 H_0

二、填空题(每小题 3 分,共 18 分):

1. 已知 $P(A)=0.7,P(B)=0.4,P(\overline{AB})=0.8$,则 $P(A|A\cup\bar{B})=$__________.

2. 设随机变量 X 服从参数为 1 的泊松分布,则 $P\{X=E(X^2)\}=$__________.

3. 已知二维随机变量(X,Y)的联合分布函数为

$$F(x,y)=\begin{cases}1-e^{-2x}-e^{-3y}+e^{-(2x+3y)}, & x>0,y>0,\\ 0, & \text{其他},\end{cases}$$

则 $P\{\max\{X,Y\}>1\}=$__________.

4. 设二维随机变量$(X,Y)\sim N(-2,2,1,4,-1/2)$,则由切比雪夫不等式,有概率 $P\{|X+Y|\geqslant 3\}\leqslant$__________.

5. 设随机变量序列$\{X_n\}$独立同服从参数为 $\lambda(>0)$ 的泊松分布,则当 $n\to\infty$ 时,$\dfrac{1}{n}\sum\limits_{i=1}^{n}X_i^2$ 依概率收敛于__________.

6. 设 $X_1,X_2,\cdots,X_9$ 是来自总体 $X\sim\chi^2(n)$ 的样本,$\overline{X}$ 是样本均值,则 $E(\overline{X})=$__________,$D(\overline{X})=$__________.

三、计算题(共 42 分):

1. (6 分)设甲袋中有 9 个白球和 1 个黑球,乙袋中有 10 个白球.每次从甲、乙两袋中随机各取一球,交换放入另一袋中,这样做了 3 次,求黑球出现在甲袋中的概率.

2. (8 分) 设随机变量 X 的概率密度为 $f_X(x)=\begin{cases}A\cos x, & -\pi/2\leqslant x\leqslant\pi/2,\\ 0, & \text{其他},\end{cases}$ 求:

(1) (2 分)常数 A; (2) (3 分)X 的分布函数 $F_X(x)$;

(3) (3 分)$Y=\sin X$ 的概率密度 $f_Y(y)$.

3. (12 分)设甲、乙两盒都装有 2 个红球,3 个白球.先从甲盒中任取一球放入乙盒中,再从乙盒任取一球,记 X,Y 分别表示从甲盒、乙盒取出的红球数.

(1) (4 分)求(X,Y)的联合分布律及关于 X 与关于 Y 的边缘分布律;

(2) (4 分)求 $\mathrm{cov}(X,Y)$及 ρ_{XY};

(3) (2 分)说明 X 与 Y 的不相关性与独立性;

(4) (2 分)写出(X,Y)的协方差矩阵.

4. (16 分) 设二维随机变量(X,Y)的联合概率密度为 $f(x,y)=\begin{cases}e^{-x}, & 0<y<x,\\ 0, & \text{其他}.\end{cases}$

(1) (6 分)求关于 X 与关于 Y 的边缘概率密度 $f_X(x),f_Y(y)$,并判断 X 与 Y 是否相互独立;

(2) (3 分)求条件概率密度 $f_{Y|X}(y|x)$;

(3) (2 分)求概率 $P\{Y\leqslant 2|X=3\}$;

(4) (5 分)求 $Z=X+Y$ 的概率密度 $f_Z(z)$.

四、应用题(共10分)：

1. (5分)某学校有学生900人，每人到机房上机的概率为10%，试用中心极限定理求机房至少需配备多少台电脑，才能以95%以上的概率保证学生使用.(参考数据见试卷末)

2. (5分)某超市为了增加销售额，对营销方式、管理人员等进行了一系列调整.调整后随机抽查了9天的日销售额，得样本均值为54.5万元，样本标准差为3.29万元.根据统计，调整前的日平均销售额为51.2万元.假定日销售额服从正态分布，试问调整措施后日平均销售额是否有显著增加?(显著性水平$\alpha=0.05$;参考数据见试卷末)

五、综合题(10分)：

设$X_1,X_2,\cdots,X_n(n>1)$是来自总体$N(\mu,\sigma^2)$的样本，记

$$\overline{X}=\frac{1}{n}\sum_{i=1}^{n}X_i,\quad S^2=\frac{1}{n-1}\sum_{i=1}^{n}(X_i-\overline{X})^2,\quad T=\overline{X}^2-\frac{1}{n}S^2.$$

(1) (4分)证明T是μ^2的无偏估计量；　(2) (6分)当$\mu=0,\sigma=1$时，求$\mathrm{D}(T)$.

六、证明题(8分)：

设随机变量(X,Y)服从二维正态分布$N(0,0,1,1,\rho)$，$Z=\max\{X,Y\}$，证明

$$\mathrm{E}(Z)=\sqrt{\frac{1-\rho}{\pi}}.$$

附参考数据：

$\Phi(0.95)=0.8289$，　$\Phi(1.645)=0.95$，　$\Phi(1.96)=0.975$；

$t_{0.025}(8)=2.306$，　$t_{0.05}(8)=1.8595$，　$t_{0.025}(9)=2.2622$，　$t_{0.05}(9)=1.8331$.

自测题及模拟试卷参考答案与提示

自 测 题 一

一、单项选择题:

1. (D). **解析** 事件{至少有一门没通过}可以表示为$\bar{A}_1\cup\bar{A}_2$,由德·摩根律$\overline{A_1\cap A_2}=\bar{A}_1\cup\bar{A}_2$,所以选(D).(A),(C)均为两门都没通过,(B)为恰有一门没通过.

2. (A). **解析** 由$A\,\overline{BC}=A$知道$\overline{BC}\supset A$,所以当A发生时,必有$\overline{BC}=\bar{B}\cup\bar{C}$发生,即$B$或$C$至少有一个不发生,故选(A).

3. (D). **解析** 作为单项选择题,显然选(D),因为$P(A|B)=\dfrac{P(AB)}{P(B)}=1$.

前三项都不一定成立,以几何概型为例作说明.如图 1,设事件B为阴影区域与点C,设S_{AB}为区域AB的面积,S_B为区域B的面积,$S_{AB}=S_B$,$P(A|B)=\dfrac{S_{AB}}{S_B}=1$,而(A) $A\supset B$与(B) $B\supset A$均不成立.又若$A=S$,有$P(A|B)=1$,而$P(\bar{A})=0$,$\bar{A}$不能作为条件,也就没有条件概率,(C)不一定成立.

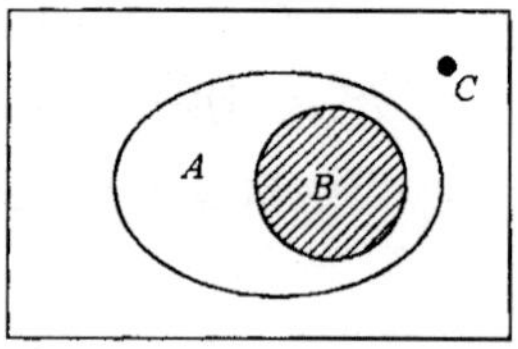

图 1

4. (B). **解析** 该题目为单项选择题,由逻辑推理,可知:若(A)A,B互斥成立,则(C)A,B不独立成立,非单选;若(D)成立,更有(A),(C)均成立,非单选;考虑(B),(C):因为

$$P(A\mid B)+P(\bar{A}\mid\bar{B})=1,\ P(A\mid B)=1-P(\bar{A}\mid\bar{B})=P(A\mid\bar{B}),$$

所以A,B相互独立.故选(B).

5. (A).

二、填空题:

1. (1) 可以在相同条件下重复进行;(2) 试验的可能结果不唯一,全部可能结果清楚;(3) 试验前不能确定哪一个结果发生.

2. 一次试验随机事件A发生的可能性大小.

3. 一次试验小概率事件一般不会发生.

4. 甲、乙、丙至少一人没命中目标.

5. $\dfrac{C_4^3\,3!}{4^3}$.

6. $\dfrac{48}{13!}$. **提示** 计算随机排列的样本点总数时为了保证等可能性,相同字母如三个A要按不同元素考虑,相当于给A编号.

解 样本点总数为$A_{13}^{13}=13!$,组成"MATHEMATICIAN"的有利样本点数为$C_2^1C_3^1C_2^1C_2^1C_2^1=48$,其中第一个$C_2^1$为两个$M$中任意取一个的可能数,其余类推.

7. $\dfrac{C_{2n}^{n}C_{2n}^{n}}{C_{4n}^{2n}}$. **提示** 样本点总数的计算方法相当于将全班分为(Ⅰ),(Ⅱ)两组,相同的$2n$人分在(Ⅰ)组与分在(Ⅱ)组作为不同的样本点.有利样本点的计算方法同样.

8. $\dfrac{ab(b-1)}{A_{a+b}^{3}}$. **提示** 因为关心的事件有顺序问题,所以样本点总数的计算也必须按排列考虑,从而有利

样本点数为 $C_b^1C_a^1C_{b-1}^1=ba(b-1)$.

9. 0.4；0.1. **解** 因为 $P(A-B)=P(A-AB)=P(A)-P(AB)=0.3$,所以

$$P(AB)=P(A)-0.3=0.7-0.3=0.4,$$
$$P(B-A)=P(B-AB)=P(B)-P(AB)=0.1.$$

10. 1/2. **解** 由题设有

$$P(A\bar{B})=P(\bar{A}B),\quad P(A)P(\bar{B})=P(\bar{A})P(B),$$
$$P(A)[1-P(B)]=[1-P(A)]P(B),\quad P(A)=P(B),$$
$$P(A\bar{B})=P(A-AB)=P(A)-P(AB)=P(A)-P(A)P(B)=P(A)-[P(A)]^2=1/4,$$

解方程得 $P(A)=1/2$.

三、判断题:

1. (×). **解析** 次品率为从该批产品中任取一件为次品的概率.次品率不是 0.05 时,抽取 100 件,发现 5 件次品的事件也有可能发生,故不能由此判定次品率为 0.05.

2. (√). **解析** 事件 A,B 为对立事件 $\Longleftrightarrow AB=\varnothing, A\cup B=S$；$A$ 与 B 互斥 $\Longleftrightarrow AB=\varnothing$.

3. (×). **解析** 事件为不可能事件与事件的概率为 0 不等价,所以 $P(AB)=0$,不能认为 $AB=\varnothing$,也即不能得出 A 与 B 互斥的结论.

4. (√). **解析** 古典概型事件 A 的概率定义为 $P(A)=\dfrac{k}{n}$,n 为样本点总数,k 为事件 A 所含样本点数,当且仅当 $k=0$ 时,$P(A)=\dfrac{k}{n}=0$,也即 $P(A)=0$ 当且仅当 A 是不可能事件.

5. (√). **解析** 有结论：当 $P(B)>0$ 时,事件 A,B 相互独立 $\Longleftrightarrow P(A)=P(A|B)$.故由 $0<P(B)<1$ 且 $P(A)=P(A|B)$,知道事件 A,B 相互独立,且 $A,\bar{B}$ 相互独立.又由 $0<P(B)<1$,知道 $P(\bar{B})>0$,所以 $P(A)=P(A|\bar{B})$.

6. (×). **解析** 可以证明结论：当 $P(A)>0,P(B)>0$ 时,则"A 与 B 互不相容"与"A 与 B 独立"不会同时成立.因 A 与 B 是两个概率不为 0 的互不相容事件,则 A 与 B 不独立,从而 $P(AB)\neq P(A)P(B)$.

7. (×). **解析** 三个事件相互独立的两组条件 $P(ABC)=P(A)P(B)P(C)$ 与 A,B,C 两两独立没有必然联系,故有 $P(ABC)=P(A)P(B)P(C)$,不一定有 $P(AB)=P(A)P(B)$.

8. (×). **解析** 有结论：当 A,B,C 三个事件相互独立时,任一事件与另外两个事件的和、差、积事件相互独立,而三个事件两两相互独立时该结论不一定成立,故事件 A 与事件 $B\cup C$ 不一定独立.

9. (√). **提示** 理由同第 8 题.

10. (×). **提示** 例 1.6.1 中分析过在某一条件下事件独立,去掉条件不一定仍然相互独立.

四、计算题:

1. 分析 转化 $P(\bar{A}\bar{B})$ 使之用 $P(A),P(B),P(AB)$ 表示,以接近给出的 $P(A)=p$ 与所求 $P(B)$.

解 $P(\bar{A}\bar{B})=P(\overline{A\cup B})=1-P(A\cup B)=1-P(A)-P(B)+P(AB)=P(AB)$,

$$P(A)+P(B)=1,\quad P(B)=1-p.$$

2. 分析 分析所求：$P(A\cup\bar{B})=P(A)+P(\bar{B})-P(A\bar{B})$,求出 $P(A\bar{B})$,则 $P(A\cup\bar{B})$ 可得,而 $P(\bar{B})=P(A\bar{B})+P(\bar{A}\bar{B})$,$P(A\bar{B})$ 可得；$P(B|\bar{A})=\dfrac{P(\bar{A}B)}{P(\bar{A})}$,而 $P(\bar{A})=P(\bar{A}B)+P(\bar{A}\bar{B})$,$P(\bar{A}B)$ 可得.

解 $P(A\bar{B})=P(\bar{B})-P(\bar{A}\bar{B})=0.3$, $P(A\cup\bar{B})=P(A)+P(\bar{B})-P(A\bar{B})=0.6+0.5-0.3=0.8$；

$P(\bar{A}B)=P(\bar{A})-P(\bar{A}\bar{B})=0.2$, $P(B|\bar{A})=\dfrac{P(\bar{A}B)}{P(\bar{A})}=\dfrac{0.2}{0.4}=0.5$.

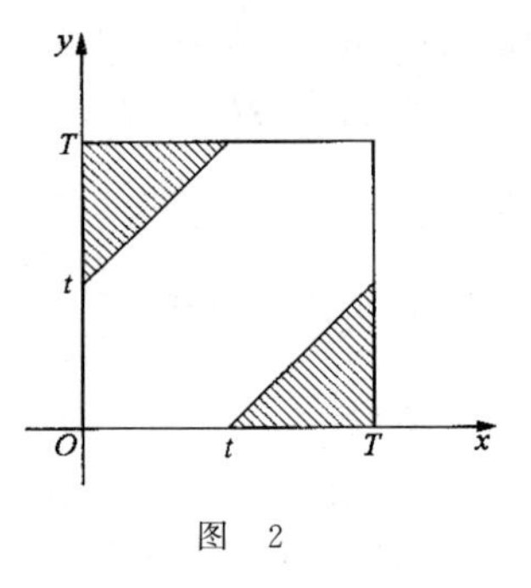

图　2

3. 解　两人到达的时间(x,y)是边长为T的正方形区域内的随机点，如图所示.一个人至少要等待另一个人的时间为$t(0<t<T)$，说明(x,y)落在满足$|x-y|\geqslant t$的区域，即图2中阴影区域，所以

$$P(\text{一个人至少要等待另一个人的时间为 } t)=\frac{\frac{1}{2}(T-t)^2\times 2}{T^2}=\frac{(T-t)^2}{T^2}.$$

4. 分析　注意若取出新球用完放回则为旧球.在计算{第2次取出的3个球中有2个新球}的概率时，必然由于第1次取球的不同造成袋中球的状况不同，因此应该将第1次取球的各种可能结果作为一个完备事件组.

解　设$A_i=\{$第1次取出i个新球$\}$ $(i=0,1,2,3)$，$B=\{$第2次取出的3个中有2个新球$\}$，则

$$P(B)=P\left(\bigcup_{i=0}^{3}A_iB\right)=\sum_{i=0}^{3}P(A_iB)=\sum_{i=0}^{3}P(A_i)P(B\mid A_i)$$

$$=\frac{C_3^3}{C_{12}^3}\times\frac{C_9^2C_3^1}{C_{12}^3}+\frac{C_3^2C_9^1}{C_{12}^3}\times\frac{C_8^2C_4^1}{C_{12}^3}+\frac{C_3^1C_9^2}{C_{12}^3}\times\frac{C_7^2C_5^1}{C_{12}^3}+\frac{C_9^3}{C_{12}^3}\times\frac{C_6^2C_6^1}{C_{12}^3}=0.455.$$

5. 分析　5天后有70%的病人痊愈，相当于每个人5天后痊愈的概率为0.7，而痊愈可能是由于服药，也可能是没服药自愈，要求的是服药后治愈的概率，可以通过全概公式建立以“服药后治愈的概率”为未知量的方程求解.

解　(1) 设$A=\{$病人服药$\}$，$B=\{$病人痊愈$\}$.因

$$P(B)=P(AB)+P(\overline{A}B)=P(A)P(B|A)+P(\overline{A})P(B|\overline{A})=\frac{3}{4}\times P(B|A)+\frac{1}{4}\times 0.1=0.7,$$

故该药的治愈率为$P(B|A)=0.9$.

(2) 所求概率为$P(A|B)=\dfrac{27}{28}$.

6. 分析　事件{取到的n个球全是白球}作为条件需求其概率.球不外从甲袋取或从乙袋取，故事件{从甲袋中取球即掷硬币得正面}与{从乙袋中取球即掷硬币得反面}构成完备事件组，从而{取到的n个球全是白球}的概率可得.再进一步求取到的n个球全是白球条件下这些球是从甲袋中取出的概率即可.

解　设$A=\{$掷硬币得正面$\}=\{$从甲袋中连续取n次球$\}$，$B=\{$取到的n个球全是白球$\}$，则

$$P(B)=P(AB)+P(\overline{A}B)=P(A)P(B\mid A)+P(\overline{A})P(B\mid\overline{A})=\frac{1}{2}\times\left(\frac{1}{3}\right)^n+\frac{1}{2}\times\left(\frac{2}{3}\right)^n$$

$$P(A|B)=\frac{P(AB)}{P(B)}=\frac{P(A)P(B\mid A)}{P(B)}=\frac{\frac{1}{2}\times\left(\frac{1}{3}\right)^n}{\frac{1}{2}\times\left(\frac{1}{3}\right)^n+\frac{1}{2}\times\left(\frac{2}{3}\right)^n}=\frac{1}{1+2^n}.$$

7. 分析　到3个图书馆借书，在任何一个图书馆借到均为借到，而在每个图书馆借到书的事件非互斥却是相互独立的，转化为求逆事件的概率简单.在某图书馆没借到书又有不同原因，不同原因下没借到书的概率不同，如图书馆没有该书，在没有该书条件下没借到书的概率当然为1；有该书而没借到，必然是书借出，概率为1/2.

解　设A_1,A_2,A_3分别为在3个图书馆借到书，A_1,A_2,A_3相互独立，B为图书馆有专业书，则

$$P(\text{借到此专业书})=P(A_1\cup A_2\cup A_3)=1-P(\overline{A}_1\overline{A}_2\overline{A}_3)=1-P(\overline{A}_1)P(\overline{A}_2)P(\overline{A}_3),$$

其中　$$P(\overline{A}_i)=P(\overline{A}_iB\cup\overline{A}_i\overline{B})=P(\overline{A}_iB)+P(\overline{A}_i\overline{B})=P(B)P(\overline{A}_i|B)+P(\overline{B})P(\overline{A}_i|\overline{B})$$

$$=\frac{1}{2}\times\frac{1}{2}+\frac{1}{2}\times 1=\frac{3}{4}\quad(i=1,2,3),$$

所以　　$P(\text{借到此专业书})=1-P(\overline{A}_1)P(\overline{A}_2)P(\overline{A}_3)=1-\left(\frac{3}{4}\right)^3=\frac{37}{64}.$

评注　$P(\overline{A}_i|B)$为有书条件下没借到的概率，即有书条件下书借出的概率，故为1/2.

五、分析　因为A,B的概率都不为0，只要证$P(A)=P(A|B)$，则有A,B相互独立.几何概型中条件概率$P(A|B)=\frac{S_{AB}}{S_B}$，其中$S_{AB}$为事件$AB$的面积，$S_B$为事件$B$的面积.

证　因为$P(A)=\frac{(a+b)\times c}{(a+b)\times(c+d)}=\frac{c}{c+d}$，$P(A|B)=\frac{P(AB)}{P(B)}=\frac{a\times c}{a\times(c+d)}=\frac{c}{c+d}$，所以$A,B$相互独立.

自测题二

一、单项选择题：

1. (C).　**解**　概率密度$f(x)$有性质：$f(x)\geqslant 0$，故一定成立的是(C).

2. (D).　**解**　分布函数只要求右连续，不要求连续，如离散型随机变量的分布函数就不是连续函数，所以$F(x)$不一定为连续函数.

3. (D).　**解**　当概率密度为偶函数时，有$P\{X<-a\}=P\{X>a\}$，$P\{X<0\}=P\{X>0\}=1/2$，于是

$$P\{|X|>10\}=P\{X>10\}+P\{X<-10\}=2P\{X>10\}=2(1-P\{X\leqslant 10\})=2[1-F(10)].$$

4. (C).　**解**　不存在既是离散型又是连续型的随机变量，故(D)不成立.

当$x>0$，$F'(x)=(1-0.8\mathrm{e}^{-0.8x})'=0.64\mathrm{e}^{-0.8x}>0$，$F(x)$为严格单调增函数，$X$可以取遍$(0,+\infty)$的一切数，无限又不可列，所以$X$非离散型随机变量；因为$P\{X=0\}=F(0)-F(0-0)=0.2$，所以$X$非连续型随机变量.故选(C).

5. (B).　**解**　由X的概率密度知$X\sim N(-3,2)$，则$\frac{X+3}{\sqrt{2}}\sim N(0,1)$，所以选(B).

6. (A).　**解**　因为$\frac{X-\mu}{4}\sim N(0,1)$，$\frac{Y-\mu}{5}\sim N(0,1)$，所以

$$p_1=P\{X\leqslant\mu-4\}=P\left\{\frac{X-\mu}{4}\leqslant -1\right\}=\Phi(-1)=1-\Phi(1),$$

$$p_2=P\{Y\geqslant\mu+5\}=P\left\{\frac{Y-\mu}{5}\geqslant 1\right\}=1-\Phi(1),$$

即对任何实数μ有$p_1=p_2$成立.

二、填空题：

1. 0.7，

X	0	1
P	0.3	0.7

.　**解**　分布函数为阶梯函数，故X为离散型随机变量，在两个跳跃间断点处取值，概率分别为

$$P\{X=0\}=0.3-0=0.3,\quad P\{X=1\}=1-0.3=0.7.$$

2. $P\{X=k\}=p^{k-1}(1-p)+(1-p)^{k-1}p\ (k=2,3,\cdots)$.

解　"掷到正反面都出现为止"有两种情况，以$X=k$为例，前$k-1$次出现正面，第k次出现反面；或前$k-1$次出现反面，第k次出现正面，故事件"掷到正反面都出现为止"的概率为上述两种情况概率的和.

3. $2,\frac{1}{2}$.　**解**　由概率密度的性质有$\int_a^{+\infty}\frac{2}{x^2}\mathrm{d}x=-\frac{2}{x}\Big|_a^{+\infty}=\frac{2}{a}=1$，所以$a=2$.于是

$$P\{1<X\leqslant 4\}=\int_2^4\frac{2}{x^2}\mathrm{d}x=-\frac{2}{x}\Big|_2^4=-\frac{1}{2}+1=\frac{1}{2}.$$

4. 1，$\begin{cases}\sin x, & 0<x<\pi/2,\\ 0, & \text{其他}.\end{cases}$　**解**　因为连续型随机变量分布函数连续，故

$$\lim_{x\to 0+}(1-a\cos x)=1-a=F(0)=0,\quad \text{从而 } a=1.$$

分布函数 $F(x)$ 在 $(-\infty,0)$，$\left(0,\frac{\pi}{2}\right)$，$\left(\frac{\pi}{2},+\infty\right)$ 内可导，且导函数连续，故在上述区间 $f(x)=F'(x)$，令 $f(0)=f(\pi/2)=0$，则有 $f(x)=\begin{cases}\sin x, & 0<x<\pi/2,\\ 0, & \text{其他}.\end{cases}$

5. 1，

Y	0	1
P	0.28	0.72

．**解**　因为二项分布 $B(n,p)$ 在闭区间 $[(n+1)p-1,(n+1)p]$ 上的整数点处概率最大，而对于二项分布 $B(3,0.4)$ 有 $[(n+1)p-1,(n+1)p]=[0.6,1.6]$，故 X 的最可能取值为 1.

对应 X 各取值，$Y=\dfrac{X(3-X)}{2}$ 的取值如右表，可知

X	0	1	2	3
Y	0	1	1	0

$$\begin{aligned}P\{Y=0\}&=P\{X=0\cup X=3\}\\&=0.6^3+0.4^3=0.28,\\P\{Y=1\}&=1-P\{Y=0\}=0.72,\end{aligned}$$

从而得到 Y 的分布律.

6. $3,1-e^{-3}$．**解**　设每天的销售量为 X，则 $X\sim P(\lambda)$．由 $P\{X=2\}=P\{X=3\}$，有 $\dfrac{\lambda^2 e^{-\lambda}}{2!}=\dfrac{\lambda^3 e^{-\lambda}}{3!}$，$\lambda=3$，故

$$P\{X\geqslant 1\}=1-P\{X=0\}=1-\frac{3^0 e^{-3}}{0!}=1-e^{-3}.$$

7. 0.2．**解**　因为 $X\sim N(2,\sigma^2)$，所以

$$P\left\{0\leqslant\frac{X-2}{\sigma}\leqslant\frac{2}{\sigma}\right\}=\Phi\left(\frac{2}{\sigma}\right)-\frac{1}{2}=0.3,\quad \Phi\left(\frac{2}{\sigma}\right)=0.8,$$

$$P\{X\leqslant 0\}=P\left\{\frac{X-2}{\sigma}\leqslant-\frac{2}{\sigma}\right\}=\Phi\left(-\frac{2}{\sigma}\right)=1-\Phi\left(\frac{2}{\sigma}\right)=0.2.$$

8. $\begin{cases}1/4, & 0\leqslant x\leqslant 4,\\ 0, & \text{其他},\end{cases}$　$\dfrac{3}{8}$．**解**　由均匀分布定义可得概率密度.

设对 X 独立观察两次中 $X>1$ 的次数为 Y，则 $Y\sim B(2,p)$，从而

$$p=P\{X>1\}=\frac{4-1}{4-0}=\frac{3}{4},\quad P\{Y=1\}=C_2^1\times\frac{3}{4}\times\frac{1}{4}=\frac{3}{8}.$$

三、判断题：

1. (√)．**解析**　离散型随机变量 X 的分布函数为阶梯函数，跳跃间断点即随机变量 X 的取值，取值 x_i 的概率 $P\{X=x_i\}=F(x_i)-\lim\limits_{x\to x_i^-}F(x)(i=1,2,\cdots)$，即由分布函数唯一确定分布律；

由分布律 $P\{X=x_i\}=p_i(i=1,2,\cdots)$，对任意 $x\in\mathbf{R}$，$F(x)=\sum\limits_{x_i\leqslant x}p_i$，即分布函数唯一确定.

2. (×)．**解析**　概率密度个别点的值在保证非负条件下可以任意确定，不影响分布函数的计算，故相互不是唯一确定.

3. (×)．**解析**　若 $\lambda<0$，当 k 为奇数时，$a_k=\dfrac{\lambda^k\times e^{-\lambda}}{k!}<0$，不能作为随机变量的分布律；即使 $\lambda>0$，

$$\sum_{k=1}^{\infty}\frac{\lambda^k\times e^{-\lambda}}{k!}=e^{-\lambda}\left(\sum_{k=0}^{\infty}\frac{\lambda^k}{k!}-\frac{\lambda^0}{0!}\right)=1-e^{-\lambda}\neq 1,$$

也不能作为随机变量的分布律.

4. (×). **解析** $f(x)$为概率密度的充要条件为 $f(x)\geqslant 0$,且$\int_{-\infty}^{+\infty}f(x)\mathrm{d}x=1$.若在某区间上 $f(x)<0$,即使$\int_{-\infty}^{+\infty}f(x)\mathrm{d}x=1$,$f(x)$也不能作为随机变量的概率密度.

5. (√). **解析** 显然 $F(x)$在$(-\infty,0)$与$(0,+\infty)$内连续,又

$$\lim_{x\to 0+}F(x)=\lim_{x\to 0+}\left(1-\frac{1}{2}e^{-\left(\frac{x}{50}\right)^2}\right)=\frac{1}{2}=F(0),$$

故 $F(x)$在 0 点连续,所以 $F(x)$在实数域上连续,从而右连续.

当 $x<0$ 时, $$F'(x)=\left(\frac{1}{2}e^{-\left(\frac{x}{50}\right)^2}\right)'=\frac{1}{2}e^{-\left(\frac{x}{50}\right)^2}\times(-2)\times\frac{x}{50}\times\frac{1}{50}>0;$$

当 $x>0$ 时, $$F'(x)=\left(1-\frac{1}{2}e^{-\left(\frac{x}{50}\right)^2}\right)'=-\frac{1}{2}e^{-\left(\frac{x}{50}\right)^2}\times(-2)\times\frac{x}{50}\times\frac{1}{50}>0,$$

所以 $F(x)$在实数域上为单调增函数.又

$$\lim_{x\to-\infty}F(x)=\lim_{x\to-\infty}\frac{1}{2}e^{-\left(\frac{x}{50}\right)^2}=0,\quad \lim_{x\to+\infty}F(x)=\lim_{x\to+\infty}\left(1-\frac{1}{2}e^{-\left(\frac{x}{50}\right)^2}\right)=1,$$

故 $F(x)$取值在 0,1 之间.

综上 $F(x)$满足分布函数的充要条件,故能作为某一随机变量的分布函数.

6. (×). **解析** 只有标准正态分布才有 $\Phi(-x)=1-\Phi(x)$,一般正态分布不能保证上式成立.

四、计算题:

1. 分析 通过概率密度性质先确定常数 a.概率密度 $f(x)$分段定义,分布函数 $F(x)$的计算也必然要分段完成.

解 由概率密度性质得$\int_0^1 a\,\mathrm{d}x+\int_1^2\frac{1}{2}x\,\mathrm{d}x=a+\frac{1}{4}x^2\Big|_1^2=a+\frac{3}{4}=1$,所以 $a=\frac{1}{4}$.

当 $x\leqslant 0$ 时,$F(x)=0$;当 $x\geqslant 2$,$F(x)=1$; 当 $0<x\leqslant 1$ 时, $F(x)=\int_0^x\frac{1}{4}\mathrm{d}x=\frac{x}{4}$;

当 $1<x\leqslant 2$ 时,
$$F(x)=\int_0^1\frac{1}{4}\mathrm{d}x+\int_1^x\frac{1}{2}x\,\mathrm{d}x=\frac{1}{4}+\frac{x^2}{4}\Big|_1^x=\frac{1}{4}+\frac{x^2-1}{4}=\frac{x^2}{4}.$$

综上
$$F(x)=\begin{cases}0, & x<0,\\ x/4, & 0\leqslant x<1,\\ x^2/4, & 1\leqslant x<2,\\ 1, & x\geqslant 2.\end{cases}$$

概率密度 $f(x)$与分布函数 $F(x)$的图像见图 1 和图 2.

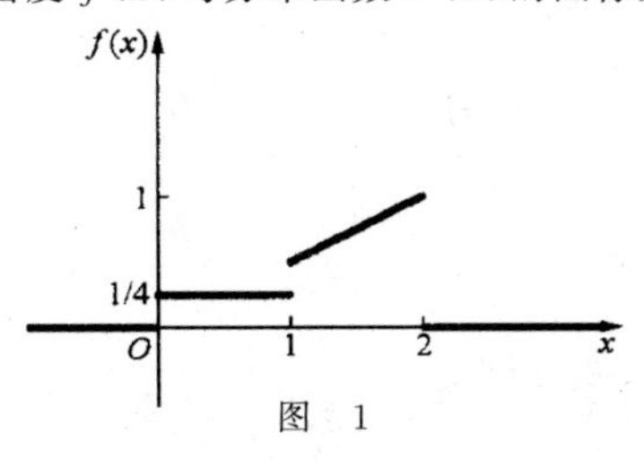

图 1

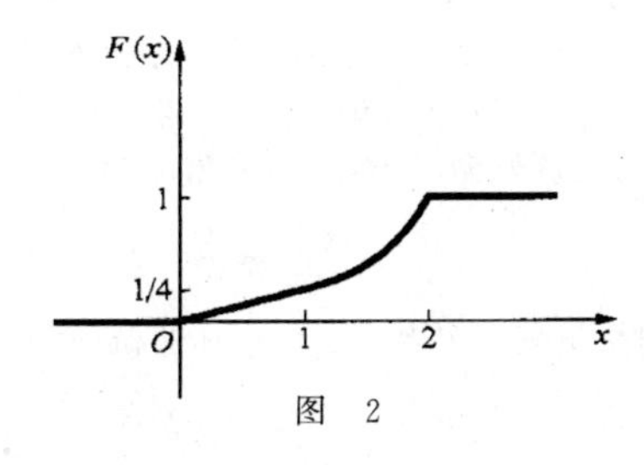

图 2

2. 分析　$X=\frac{i}{\mathrm{e}}$中e对求常数a没有影响，关键在取各值的概率和为1.分布函数一定是阶梯函数，其在$\frac{1}{\mathrm{e}},\frac{2}{\mathrm{e}},\cdots,\frac{m}{\mathrm{e}}$处均有跳跃，当$x\leqslant\frac{i}{\mathrm{e}}$，分布函数$F(x)$等于$X$取$\frac{1}{\mathrm{e}},\frac{2}{\mathrm{e}},\cdots,\frac{i}{\mathrm{e}}$时各概率的和.注意分布函数的表达.

解　由离散型随机变量分布律的性质得$\sum_{i=1}^{m}ai=a\times\frac{m(m+1)}{2}=1$，所以$a=\frac{2}{m(m+1)}$.

当$x<\frac{1}{\mathrm{e}}$时，分布函数$F(x)=0$；当$x\geqslant\frac{m}{\mathrm{e}}$，分布函数$F(x)=1$；

当$\frac{i}{\mathrm{e}}\leqslant x<\frac{i+1}{\mathrm{e}}$，$X$的分布函数$F(x)=\frac{i(i+1)}{m(m+1)}(i=1,2,\cdots,m-1)$.综合可得$X$的分布函数(略).

3. 分析　分布函数的定义式保证了a,b,c取任意值都有分布函数右连续，应该从其他角度分析.注意到$P\{X\leqslant 1/2\}$即$F(1/2)$，且$1/2$一定在a,b之间，由此可以得到c.进一步证明X为连续型随机变量，再利用连续型随机变量分布函数连续的性质，其他常数可得.

解　因为$P\left\{X\leqslant\frac{1}{2}\right\}=F\left(\frac{1}{2}\right)=\frac{1}{4}$，从而$a\leqslant\frac{1}{2}<b$，$P\left\{X\leqslant\frac{1}{2}\right\}=F\left(\frac{1}{2}\right)=\frac{1}{4}+c=\frac{1}{4}$，所以$c=0$.

因此
$$F(x)=\begin{cases}0, & x<a,\\ x^2, & a\leqslant x<b,\\ 1, & x\geqslant b.\end{cases}$$

显然$F(x)$在$(-\infty,a)$，(a,b)，$(b,+\infty)$内可导，且导函数连续，即有$f(x)=\begin{cases}2x, & a<x<b,\\ 0, & 其他\end{cases}$为随机变量$X$的概率密度，也即$X$为连续型随机变量，$X$的分布函数$F(x)$连续.故

$$\lim_{x\to a-}F(x)=\lim_{x\to a-}0=0=F(a)=a^2,\quad \lim_{x\to b-}F(x)=\lim_{x\to b-}x^2=b^2=F(b)=1,$$

所以$a=0,b=1,b=-1<a$(舍去).综上$a=0,b=1,c=0$.

4. 分析　二次方程$y^2+4y+X=0$无实根的充要条件为二次方程的判别式Δ小于零，即$\Delta=16-4X<0$，即$P\{16-4X<0\}=\frac{1}{2}$，由此可以建立含μ的方程，解出参数μ的取值.

解　由题设二次方程$y^2+4y+X=0$无实根，故方程判别式满足$\Delta=16-4X<0$，即$4-X<0$，因为二次方程$y^2+4y+X=0$无实根的概率为$\frac{1}{2}$，故

$$P\{4-X<0\}=P\{X>4\}=1/2.$$

于是
$$P\{X>4\}=1-P\{X\leqslant 4\}=1-P\left\{\frac{X-\mu}{\sigma}\leqslant\frac{4-\mu}{\sigma}\right\}=1-\Phi\left(\frac{4-\mu}{\sigma}\right)=\frac{1}{2},$$

所以
$$\Phi\left(\frac{4-\mu}{\sigma}\right)=\frac{1}{2},\quad \frac{4-\mu}{\sigma}=0,\quad \mu=4.$$

5. 分析　随机试验的内容是观察开始工作的200 h内，3个独立工作寿命分布相同的电子元件是否损坏，即3次独立试验，每次的结果均为200 h内损坏或未损坏，故损坏的电子元件数服从二项分布$B(3,p)$，其中p为一个元件寿命小于200 h的概率.

解　设Y为3个元件中，使用最初200 h内损坏的元件数，则$Y\sim B(3,p)$.

设X为元件寿命，X服从概率密度为$f(x)$的指数分布，故

$$p=P\{X\leqslant 200\}=\int_0^{200}\frac{1}{600}\mathrm{e}^{-x/600}\mathrm{d}x=-\mathrm{e}^{-x/600}\Big|_0^{200}=1-\mathrm{e}^{-1/3}.$$

3个中至少有一个电子元件损坏的概率为

$$\alpha=P\{Y\geqslant 1\}=1-P\{Y=0\}=1-\mathrm{C}_3^0(1-\mathrm{e}^{-1/3})^0(\mathrm{e}^{-1/3})^3=1-\mathrm{e}^{-1}=0.632.$$

6. 分析　概率密度中有绝对号,将其去掉便于思考:

$$f_X(x)=\begin{cases}1+x, & -1\leqslant x<0,\\ 1-x, & 0\leqslant x\leqslant 1,\\ 0, & \text{其他}.\end{cases}$$

解　当 X 在 $(-1,1)$ 内取值时, $Y=X^2+1$ 的取值 $y\in[1,2)$. 对任意 $y\in(1,2)$,

$$\begin{aligned}F_Y(y)&=P\{X^2+1\leqslant y\}=P\{X^2\leqslant y-1\}=P\{-\sqrt{y-1}\leqslant X\leqslant\sqrt{y-1}\}\\&=F_X(\sqrt{y-1})-F_X(-\sqrt{y-1}),\\ f_Y(y)&=f_X(\sqrt{y-1})(\sqrt{y-1})'-f_X(-\sqrt{y-1})(-\sqrt{y-1})'\\&=(1-\sqrt{y-1})\frac{1}{2\sqrt{y-1}}+(1+(-\sqrt{y-1}))\frac{1}{2\sqrt{y-1}}=\frac{1}{\sqrt{y-1}}(1-\sqrt{y-1});\end{aligned}$$

当 $y\leqslant 1$ 时, $F_Y(y)=0, f_Y(y)=0$; 当 $y\geqslant 2$ 时, $F_Y(y)=1, f_Y(y)=0$;

综上, $Y=X^2+1$ 的概率密度为 $f_Y(y)=\begin{cases}\dfrac{1}{\sqrt{y-1}}(1-\sqrt{y-1}), & y\in(1,2),\\ 0, & \text{其他}.\end{cases}$

7. 分析　(1) 求市场上该产品的优质品率,即相当于从市场上任取一个元件是优质品的概率.因为不同厂家的优质品率不同,各厂家产品所占份额不同,应该求出各厂家生产的元件为优质品的概率,即寿命大于等于 1000 h 的概率,再用全概公式求从市场上任取一个该产品是优质品的概率.

(2) 购买的 m 个元件中不是优质品的数量是随机变量,其服从二项分布.

解　(1) 设 A_1,A_2,A_3 分别为抽到第 1,2,3 厂家生产的电子元件, B 为抽到优质品, X_1,X_2,X_3 分别为第 1,2,3 厂家生产的电子元件的寿命, $X_i\sim e(\lambda_i)$,故

$$P\{X_i\geqslant 1000\}=\int_{1000}^{+\infty}\lambda_i e^{-\lambda_i x}\,dx=e^{-1000\lambda_i}.$$

市场上该产品的优质品率为

$$\begin{aligned}P(B)&=P\Big(\bigcup_{i=1}^{3}A_iB\Big)=\sum_{i=1}^{3}P(A_iB)=\sum_{i=1}^{3}P(A_i)P(B|A_i)=\sum_{i=1}^{3}P(A_i)P\{X_i\geqslant 1000\}\\&=\frac{1}{6}e^{-1000\lambda_1}+\frac{2}{6}e^{-1000\lambda_2}+\frac{3}{6}e^{-1000\lambda_3}.\end{aligned}$$

(2) 设从市场上购买 m 个这种元件中的优质品数为 Y,则 $Y\sim B(m,\alpha)$,其中

$$\alpha=P(B)=\frac{1}{6}e^{-1000\lambda_1}+\frac{2}{6}e^{-1000\lambda_2}+\frac{3}{6}e^{-1000\lambda_3}.$$

于是至少有一个不是优质品的概率为

$$P(\text{至少有一个不是优质品})=P\{Y\leqslant m-1\}=1-P\{Y=m\}=1-\alpha^m.$$

五、分析　题目为证明,实际上只能通过解出 $Y=1-e^{-2X}$ 的分布,当 Y 的概率密度为区间 $(0,1)$ 内均匀分布的概率密度时,题目得到证明.

证　由题设 X 的概率密度为 $f_X(x)=\begin{cases}2e^{-2x}, & x>0,\\ 0, & x\leqslant 0,\end{cases}$ 当 X 取值在 $(0,+\infty)$ 内时, Y 取值属于 $(0,1)$.

对任意 $y\in(0,1)$,

$$F_Y(y)=P\{1-e^{-2X}\leqslant y\}=P\{e^{-2X}\geqslant 1-y\}=P\{-2X\geqslant\ln(1-y)\}=P\left\{X\leqslant-\frac{1}{2}\ln(1-y)\right\},$$

$$f_Y(y)=2e^{-2\left(-\frac{1}{2}\ln(1-y)\right)}\left(-\frac{1}{2}\right)\frac{1}{1-y}(-1)=1;$$

当 $y<0, F_Y(y)=0, f_Y(y)=0$；当 $y>1, F_Y(y)=1, f_Y(y)=0$.

综上，$f_Y(y)=\begin{cases}1, & y\in(0,1),\\ 0, & 其他,\end{cases}$ 所以 Y 服从 $(0,1)$ 上的均匀分布.

自 测 题 三

一、单项选择题：

1. (B). **解析** 由题设，$X+Y\sim N(2,2\sigma^2)$，$X-Y\sim N(4,2\sigma^2)$，所以

$$P\{X+Y\leqslant 2\}=1/2,\quad P\{X-Y\leqslant 4\}=1/2.$$

2. (A). **解析** (B)显然不正确.又因为

$$\begin{aligned}P\{X=Y\}&=P\{X=-1,Y=-1\}+P\{X=1,Y=1\}\\&=P\{X=-1\}P\{Y=-1\}+P\{X=1\}P\{Y=1\}=1/2,\\P\{X+Y=0\}&=P\{X=-1,Y=1\}+P\{X=1,Y=-1\}\\&=P\{X=-1\}P\{Y=1\}+P\{X=1\}P\{Y=-1\}=1/2,\\P\{XY=1\}&=P\{X=-1,Y=-1\}+P\{X=1,Y=1\}\\&=P\{X=-1\}P\{Y=-1\}+P\{X=1\}P\{Y=1\}=1/2,\end{aligned}$$

故(A)正确，(C)，(D)均不正确.

3. (C). **解析** 对于(C)给出的函数 $F(x,y)$，取四点 $(0,0)$，$(0,1)$，$(1,0)$，$(1,1)$，则有

$$F(1,1)-F(0,1)-F(1,0)+F(0,0)=1-1-1+0=-1<0,$$

即不满足非负性.可以验证(A)，(B)，(D)所给出的函数都满足有界性、右连续性与非负性，故选(C).

4. (D). **解析** 根据如下性质判断：

(1) 当函数 $g(x)$ 满足规范性与非负性时，$g(x)$ 为某连续型随机变量的概率密度.

(2) 当函数 $G(x)$ 满足单调性，有界性与右连续性时，$G(x)$ 为某随机变量的分布函数.

对于(A)，因 $\int_{-\infty}^{+\infty}(f_1(x)+f_2(x))\mathrm{d}x=\int_{-\infty}^{+\infty}f_1(x)\mathrm{d}x+\int_{-\infty}^{+\infty}f_2(x)\mathrm{d}x=1+1=2$，故不正确；

对于(B)，因没有条件保证 $\int_{-\infty}^{+\infty}f_1(x)f_2(x)\mathrm{d}x=1$ 成立，故不正确；

对于(C)，因为 $F_1(+\infty)+F_2(+\infty)=2$，所以 $F_1(x)+F_2(x)$ 不满足有界性，故(C)不正确；

对于(D)，可验证 $F_1(x)F_2(x)$ 满足单调性，有界性与右连续性，故(D)正确.

二、填空题：

1. $1-[1-F_X(z+1)][1-F_Y(z+1)]$.

解 $P\{Z\leqslant z\}=P\{\min(X,Y)-1\leqslant z\}=P\{\min\{X,Y\}\leqslant z+1\}=F_{\min}(z+1)$

$$=1-[1-F_X(z+1)][1-F_Y(z+1)],$$

其中 $F_{\min}(u)$ 为 $U=\min\{X,Y\}$ 的分布函数.

2. $5p(1-p)^4$. **解** 由 $P\{X\geqslant 1\}=5/9$ 知 $P\{X=0\}=4/9$，又 $\{X+Y=1\}=\{X=0,Y=1\}\cup\{X=1,Y=0\}$，则

$$\begin{aligned}P\{X+Y=1\}&=P\{X=0,Y=1\}+P\{X=1,Y=0\}\\&=P\{X=0\}P\{Y=1\}+P\{X=1\}P\{Y=0\}\\&=(1-p)^2\cdot C_3^1\cdot p(1-p)^2+C_2^1\cdot p(1-p)(1-p)^3\\&=5p(1-p)^4.\end{aligned}$$

3. 4/5. **解** 因为

$$3/5 = P\{X \geqslant 0\} = P\{X \geqslant 0, Y \geqslant 0\} + P\{X \geqslant 0, Y < 0\} = 2/5 + P\{X \geqslant 0, Y < 0\},$$
$$3/5 = P\{Y \geqslant 0\} = P\{X \geqslant 0, Y \geqslant 0\} + P\{X < 0, Y \geqslant 0\} = 2/5 + P\{X < 0, Y \geqslant 0\},$$

所以 $P\{X\geqslant 0,Y<0\}=1/5$，$P\{X<0,Y\geqslant 0\}=1/5$.再由

$$P\{X < 0, Y < 0\} = 1 - P\{X \geqslant 0, Y \geqslant 0\} - P\{X \geqslant 0, Y < 0\} - P\{X < 0, Y \geqslant 0\} = 1/5,$$

得 $$P\{\max\{X,Y\} \geqslant 0\} = 1 - P\{\max\{X,Y\} < 0\} = 1 - P\{X < 0, Y < 0\} = 4/5.$$

4. 1/4. **解** $P\{X+Y\leqslant 1\}=\iint\limits_{x+y\leqslant 1} f(x,y)\,\mathrm{d}x\,\mathrm{d}y=\int_0^{1/2} 6x\,\mathrm{d}x\int_x^{1-x}\mathrm{d}y=\int_0^{1/2} 6x(1-2x)\,\mathrm{d}x=\dfrac{1}{4}.$

5. 7/8. **解** 由题设知，X 与 Y 相互独立，且 $X\sim U(0,1)$，$Y\sim U(0,2)$，于是

$$F_X(x) = \begin{cases} 0, & x < 0, \\ x, & 0 \leqslant x < 1, \\ 1, & x \geqslant 1, \end{cases} \quad F_Y(y) = \begin{cases} 0, & y < 0, \\ y/2, & 0 \leqslant y < 2, \\ 1, & y \geqslant 2, \end{cases}$$

$$F_Z(z) = F_X(z)F_Y(z) = \begin{cases} 0, & z < 0, \\ z^2/2, & 0 \leqslant z < 1, \\ z/2, & 1 \leqslant z < 2, \\ 1, & z \geqslant 2, \end{cases}$$

$$P\{Z > 1/2\} = 1 - P\{Z \leqslant 1/2\} = 1 - F_Z(1/2) = 1 - 1/8 = 7/8.$$

6. $\dfrac{1}{\sqrt{2\pi}\times 2\times\sqrt{3}}\mathrm{e}^{-\frac{(z-1)^2}{2\times 12}}(-\infty<z<+\infty)$.

解 由题设，$\rho=0$，X 与 Y 相互独立，所以 $Z\sim N(2\mu_1+\mu_2-3, 2^2\sigma_1^2+\sigma_2^2)$.又 $\mu_1=1$，$\mu_2=2$，$\sigma_1^2=2$，$\sigma_2^2=4$，即 $Z\sim N(1,12)$，于是 $f_Z(z)=\dfrac{1}{\sqrt{2\pi}\times 2\times\sqrt{3}}\mathrm{e}^{-\frac{(z-1)^2}{2\times 12}}(-\infty<z<+\infty)$.

三、计算题：

1. 分析 (1) 先确定 X 与 Y 的所有可能取值，再确定其在这些可能值处的概率.

(2) 由(X,Y)的联合分布律确定条件分布律.

解 (1) X 的可能值为 1,2,3，Y 的可能值也为 1,2,3，且

$$P\{X = 1, Y = 1\} = P\{Y = 1 | X = 1\}P\{X = 1\} = 0,$$
$$P\{X = 1, Y = 2\} = P\{Y = 2 | X = 1\}P\{X = 1\} = \frac{2}{3} \times \frac{1}{4} = \frac{1}{6},$$
$$P\{X = 1, Y = 3\} = P\{Y = 3 | X = 1\}P\{X = 1\} = \frac{1}{3} \times \frac{1}{4} = \frac{1}{12},$$

其他同理可得，所以(X,Y)的联合分布律为

X \ Y	1	2	3
1	0	1/6	1/12
2	1/6	1/6	1/6
3	1/12	1/6	0

(2) $P\{X=3\}=1/4>0$，在 $X=3$ 条件下，

$$P\{Y=1|X=3\}=\frac{P\{X=3,Y=1\}}{P\{X=3\}}=\frac{1}{3},$$

$$P\{Y=2|X=3\}=\frac{P\{X=3,Y=2\}}{P\{X=3\}}=\frac{2}{3},$$

$$P\{Y=3|X=3\}=\frac{P\{X=3,Y=3\}}{P\{X=3\}}=0,$$

即在 $X=3$ 条件下，Y 的条件分布律为

Y	1	2	3
$P\{Y=k\mid X=3\}$	1/3	2/3	0

2. 分析　利用边缘分布律与联合分布律的关系及独立性求解.

解　由题设，$p_{\cdot 3}=1/3$，$p_{1\cdot}=3/4$，$p_{1\cdot}p_{\cdot 1}=p_{11}=1/8$，$p_{\cdot 1}=1/6$，$p_{21}=p_{\cdot 1}-p_{11}=1/24$，$p_{1\cdot}p_{\cdot 2}=p_{12}=3/8$，$p_{\cdot 2}=1/2$，$p_{22}=1/8$，于是$(X,Y)$的联合分布律为

X \ Y	y_1	y_2	y_3	$P\{X=x_i\}$
x_1	1/8	3/8	1/4	3/4
x_2	1/24	1/8	1/12	1/4
$P\{Y=y_j\}$	1/6	1/2	1/3	1

3. 分析　(1) $P\{$至少有一件不合格$\}=1-P\{$两件都合格$\}$.

(2) $P\{$最多有一件不合格$\}=1-P\{$两件都不合格$\}$.

解　(1) $P\{$至少有一件不合格$\}=1-P\{X>460,Y>460\}$

$$=1-P\{X>460\}P\{Y>460\}=1-(1-P\{X\leqslant 460\})P\{Y>460\}$$

$$=1-\left[1-\Phi\left(\frac{460-460}{40}\right)\right]\int_{460}^{+\infty}\frac{360}{y^2}\mathrm{d}y=1-[1-\Phi(0)]\left(-\frac{360}{y}\right)\Bigg|_{460}^{+\infty}=\frac{14}{23}.$$

(2) $P\{$最多有一件不合格$\}=1-P\{X\leqslant 460,Y\leqslant 460\}$

$$=1-P\{X\leqslant 460\}P\{Y\leqslant 460\}=1-\Phi\left(\frac{460-460}{40}\right)\int_{360}^{460}\frac{360}{y^2}\mathrm{d}y=\frac{41}{46}.$$

4. 解　(1) 因为

$$f_X(x)=\int_{-\infty}^{+\infty}f(x,y)\mathrm{d}y=\begin{cases}\int_0^x 2\mathrm{d}y, & 0<x<1,\\ 0, & \text{其他}\end{cases}=\begin{cases}2x, & 0<x<1,\\ 0, & \text{其他},\end{cases}$$

$$f_Y(y)=\int_{-\infty}^{+\infty}f(x,y)\mathrm{d}x=\begin{cases}\int_y^1 2\mathrm{d}x, & 0<y<1,\\ 0, & \text{其他}\end{cases}=\begin{cases}2(1-y), & 0<y<1,\\ 0, & \text{其他},\end{cases}$$

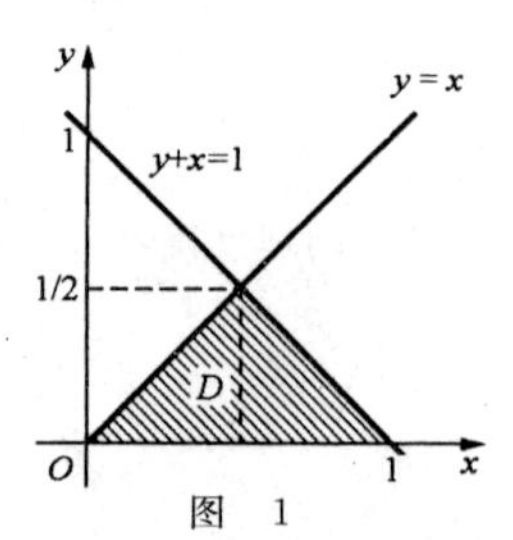

图　1

所以在区域 $0<y<x<1$ 内，$f(x,y)\neq f_X(x)f_Y(y)$，因此 X 与 Y 不相互独立.

(2) $P\{X+Y\leqslant 1\}=\iint\limits_{x+y\leqslant 1}f(x,y)\mathrm{d}x\mathrm{d}y=2\iint\limits_{D}\mathrm{d}x\mathrm{d}y=\frac{1}{2}$ (见图 1)，

$$P\{X \geqslant 1/2 \mid Y \leqslant 1/2\} = \frac{P\{X \geqslant 1/2, Y \leqslant 1/2\}}{P\{Y \leqslant 1/2\}}$$

$$= \frac{\iint\limits_{x \geqslant 1/2, y \leqslant 1/2} f(x,y)\mathrm{d}x\mathrm{d}y}{\iint\limits_{y \leqslant 1/2} f(x,y)\mathrm{d}x\mathrm{d}y} = \frac{\iint\limits_{D_1} 2\mathrm{d}x\mathrm{d}y}{\iint\limits_{D_2} 2\mathrm{d}x\mathrm{d}y} = \frac{2}{3}\text{（见图 2）}.$$

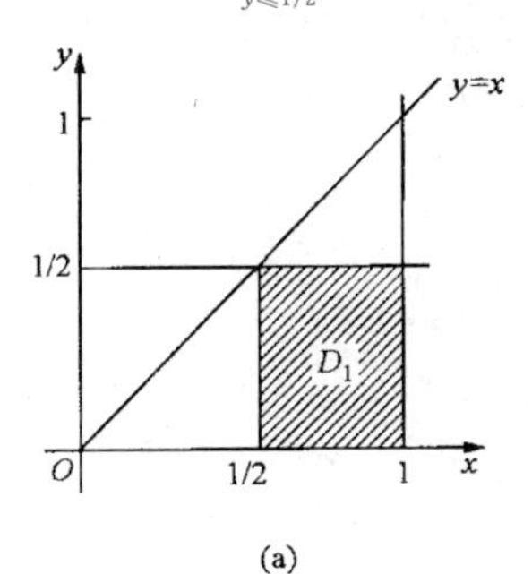

(a)

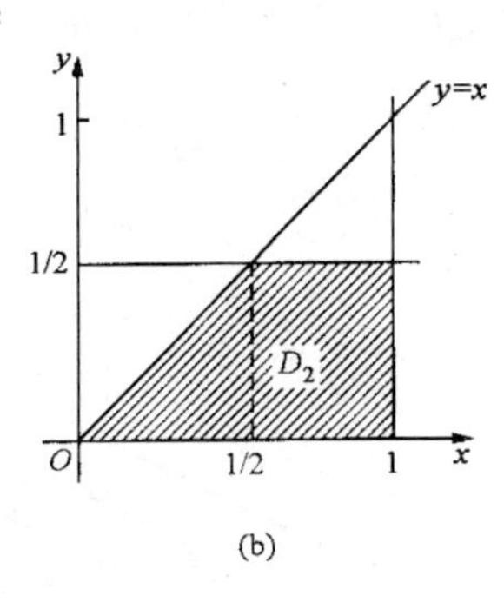

(b)

图 2

(3) 当 $0<x<1$ 时，$f_X(x)=2x>0$，在 $X=x(0<x<1)$ 条件下，

$$f_{Y|X}(y|x) = \frac{f(x,y)}{f_X(x)} = \begin{cases} 1/x, & 0<y<x, \\ 0, & \text{其他;} \end{cases}$$

当 $0<y<1$ 时，$f_Y(y)=2(1-y)>0$，在 $Y=y(0<y<1)$ 条件下，

$$f_{X|Y}(x|y) = \frac{f(x,y)}{f_Y(y)} = \begin{cases} \dfrac{1}{1-y}, & y<x<1, \\ 0, & \text{其他.} \end{cases}$$

(4) 当 $y=1/2$ 时，$f_{X|Y}(x|y=1/2)=\begin{cases} 2, & 1/2<x<1, \\ 0, & \text{其他,} \end{cases}$ 于是

$$P\left\{X \geqslant \frac{1}{2} \,\middle|\, Y=\frac{1}{2}\right\} = \int_{\frac{1}{2}}^{+\infty} f_{X|Y}\left(x \,\middle|\, y=\frac{1}{2}\right)\mathrm{d}x = \int_{\frac{1}{2}}^{1} 2\mathrm{d}x = 1.$$

(5) $f_{Z_1}(z)=\int_{-\infty}^{+\infty} f(z-y,y)\mathrm{d}y$，被积函数不为 0 的区域如下：

$$\begin{cases} 0<y<1, \\ y<z-y<1 \end{cases} \Longrightarrow \begin{cases} 0<y<1, \\ 2y<z<y+1 \end{cases}$$

（见图 3 的阴影部分），

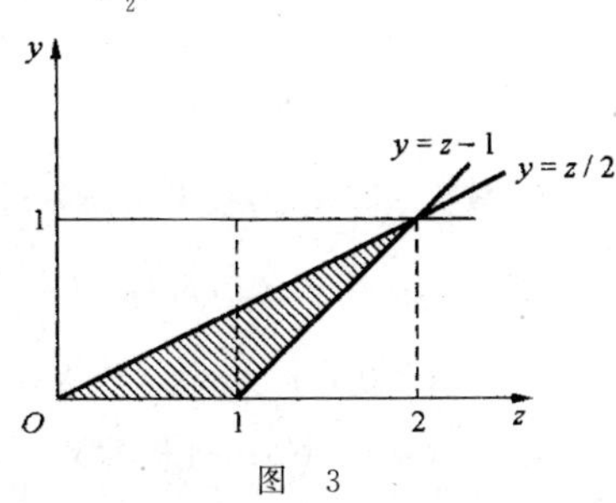

图 3

当 $z<0$ 时，$f_{Z_1}(z)=0$；$z \geqslant 2$ 时，$f_{Z_1}(z)=0$；

当 $0 \leqslant z<1$ 时，$f_{Z_1}(z)=\int_0^{z/2} 2\mathrm{d}y = z$；

当 $1 \leqslant z<2$ 时，$f_{Z_1}(z)=\int_{z-1}^{z/2} 2\mathrm{d}y = 2-z$.

于是 Z_1 的概率密度为

$$f_{Z_1}(z) = \begin{cases} z, & 0<z<1, \\ 2-z, & 1 \leqslant z<2, \\ 0, & \text{其他.} \end{cases}$$

(6) 设 $Z_2=X-2Y$ 的分布函数为 $F_{Z_2}(z)$，则 $F_{Z_2}(z)=P\{X-2Y \leqslant z\}=\iint\limits_{x-2y \leqslant z} f(x,y)\mathrm{d}x\mathrm{d}y$.

利用图 4 可得

当 $z<-1$ 时，$F_{Z_2}(z)=\iint\limits_{x-2y\leqslant z} f(x,y)\mathrm{d}x\mathrm{d}y=0$；

当 $-1\leqslant z<0$ 时，$F_{Z_2}(z)=\iint\limits_{x-2y\leqslant z} f(x,y)\mathrm{d}x\mathrm{d}y=2\int_{-z}^{1}\mathrm{d}x\int_{\frac{x-z}{2}}^{x}\mathrm{d}y=\frac{1}{2}+z+\frac{z^2}{2}$；

当 $0\leqslant z<1$ 时，$F_{Z_2}(z)=\iint\limits_{x-2y\leqslant z} f(x,y)\mathrm{d}x\mathrm{d}y=2\left(\frac{1}{2}-\int_{z}^{1}\mathrm{d}x\int_{0}^{\frac{x-z}{2}}\mathrm{d}y\right)=\frac{1}{2}+z-\frac{z^2}{2}$；

当 $z\geqslant 1$ 时，$F_{Z_2}(z)=\iint\limits_{x-2y\leqslant z} f(x,y)\mathrm{d}x\mathrm{d}y=1$.

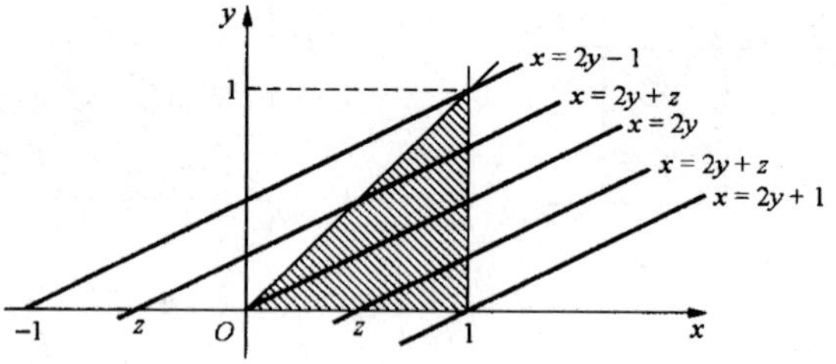

图 4

所以 $Z_2=X-2Y$ 的分布函数和概率密度分别为

$$F_{Z_2}(z)=\begin{cases}0, & z<-1,\\ \frac{1}{2}+z+\frac{z^2}{2}, & -1\leqslant z<0,\\ \frac{1}{2}+z-\frac{z^2}{2}, & 0\leqslant z<1,\\ 1, & z\geqslant 1,\end{cases}\qquad f_{Z_2}(z)=\begin{cases}1+z, & -1<z<0,\\ 1-z, & 0\leqslant z<1,\\ 0, & \text{其他}.\end{cases}$$

5. 解 (1) X 和 Y 的分布函数及概率密度分别为

$$F_X(x)=F(x,+\infty)=\begin{cases}1-\mathrm{e}^{-0.5x}, & x>0,\\ 0, & \text{其他},\end{cases}\quad f_X(x)=F'_X(x)=\begin{cases}0.5\mathrm{e}^{-0.5x}, & x>0,\\ 0, & \text{其他};\end{cases}$$

$$F_Y(y)=F(+\infty,y)=\begin{cases}1-\mathrm{e}^{-0.5y}, & y>0,\\ 0, & \text{其他},\end{cases}\quad f_Y(y)=F'_Y(y)=\begin{cases}0.5\mathrm{e}^{-0.5y}, & y>0,\\ 0, & \text{其他}.\end{cases}$$

(2) 对任意的 x,y，有 $F(x,y)=F_X(x)F_Y(y)$，所以 X 与 Y 相互独立.

(3) $f(x,y)=f_X(x)f_Y(y)=\begin{cases}0.25\mathrm{e}^{-0.5(x+y)}, & x>0,y>0,\\ 0, & \text{其他}.\end{cases}$

(4) $P\{X>0.1,Y>0.1\}=P\{X>0.1\}P\{Y>0.1\}=[1-F_X(0.1)][1-F_Y(0.1)]=\mathrm{e}^{-0.1}$.

(5) $P\{X+Y>0.2\}=1-P\{X+Y\leqslant 0.2\}=1-\iint\limits_{x+y\leqslant 0.2} f(x,y)\mathrm{d}x\mathrm{d}y$

$$=1-0.25\int_0^{0.2}\mathrm{e}^{-0.5x}\mathrm{d}x\int_0^{0.2-x}\mathrm{e}^{-0.5y}\mathrm{d}y=1.1\mathrm{e}^{-0.1}.$$

自 测 题 四

一、单项选择题：

1. (C). **解析** 此人抽取的三张奖券面值总和为一随机变量，其可能的取值为 6,9,12，其分布律为

X	6	9	12
P	7/15	7/15	1/15

所以 $E(X)=6\times\frac{7}{15}+9\times\frac{7}{15}+12\times\frac{1}{15}=\frac{39}{5}=7.8$.故选(C).

2. (C). **解析** 因为

$D(X+Y)=D(X)+D(Y)\Longrightarrow X$ 与 Y 不相关 $\not\Longrightarrow X$ 与 Y 相互独立.

X 与 Y 相互独立 $\Longrightarrow X$ 与 Y 不相关 $\Longrightarrow D(X+Y)=D(X)+D(Y)$,故选(C).

3. (B). **解析** 因 $E(XY)-E(X)E(Y)=0\Longrightarrow X$ 与 Y 不相关 $\not\Longrightarrow X$ 与 Y 相互独立,又 $D(X-Y)=D(X)+D(Y)$,$D(XY)\neq D(X)D(Y)$,故选(B).

4. (C). **解析** 如果 X 与 Y 相互独立,且均服从正态分布,则 (X,Y) 服从二维正态分布,$X+Y$ 服从一维正态分布.但若仅已知 X 与 Y 不相关 $\not\Longrightarrow X$ 和 Y 独立,因此(A),(B),(D)未必成立.故选(C).

5. (A). **解析** 利用协方差与方差的性质求解,注意 $X_1,X_2,\cdots,X_n$ 的独立性.

$$\operatorname{cov}(X_1,Y)=\operatorname{cov}\left(X_1,\frac{1}{n}\sum_{i=1}^{n}X_i\right)=\frac{1}{n}\sum_{i=1}^{n}\operatorname{cov}(X_1,X_i)=\frac{1}{n}\operatorname{cov}(X_1,X_1)=\frac{1}{n}D(X_1)=\frac{\sigma^2}{n},$$

$$D(X_1+Y)=D\left(\frac{n+1}{n}X_1+\frac{1}{n}X_2+\cdots+\frac{1}{n}X_n\right)=\frac{(n+1)^2}{n^2}\sigma^2+\frac{n-1}{n^2}\sigma^2=\frac{n+3}{n}\sigma^2,$$

同理 $D(X_1-Y)=\frac{n-1}{n}\sigma^2$.故选(A).

二、填空题:

1. 1/12. **解** $E(X+Y)=E(X)+E(Y)=0$,

$$D(X+Y)=D(X)+D(Y)+2\rho_{XY}\sqrt{D(X)}\sqrt{D(Y)}=3,$$

$$P\{|X+Y|\geqslant 6\}=P\{|X+Y-E(X+Y)|\geqslant 6\}\leqslant\frac{D(X+Y)}{6^2}=\frac{1}{12}.$$

2. 2. **解** 由题设,(X,Y) 服从二维正态分布,所以 $(aX+Y,Y)$ 也服从二维正态分布,故 $aX+Y$ 与 Y 相互独立等价于 $aX+Y$ 与 Y 不相关.又

$$\operatorname{cov}(aX+Y,Y)=a\operatorname{cov}(X,Y)+D(Y)=a\rho_{XY}\sqrt{D(X)}\sqrt{D(Y)}+D(Y)=a\times\left(-\frac{1}{2}\right)+1,$$

当 $\operatorname{cov}(aX+Y,Y)=0$,即 $a=2$ 时,$aX+Y$ 与 Y 不相关,即 $aX+Y$ 与 Y 相互独立.

3. $\sqrt{6}/4$. **解** 由题设,$E(X)=0$,$D(X)=4$,$E(Y)=2$,$D(Y)=4$,所以

$$D(Z)=D(X-aY)=D(X)+a^2D(Y)-2a\operatorname{cov}(X,Y)=4+4a^2+2a,$$

$$\operatorname{cov}(X,Z)=\operatorname{cov}(X,X-aY)=D(X)-a\operatorname{cov}(X,Y)=4+a,$$

$$\operatorname{cov}(Y,Z)=\operatorname{cov}(Y,X-aY)=\operatorname{cov}(X,Y)-aD(Y)=-1-4a.$$

又由 $\operatorname{cov}(X,Z)=\operatorname{cov}(Y,Z)$,即 $4+a=-1-4a$,可知 $a=-1$,于是 $D(Z)=6$,$\operatorname{cov}(X,Z)=3$,从而

$$\rho_{XZ}=\frac{\operatorname{cov}(X,Z)}{\sqrt{D(X)}\sqrt{D(Z)}}=\frac{3}{2\times\sqrt{6}}=\frac{\sqrt{6}}{4}.$$

4. $\frac{8}{9}$. **解** 由题设,X 的概率密度为 $f(x)=\begin{cases}1/3, & -1<x<2,\\ 0, & \text{其他},\end{cases}$ 于是

$$P\{Y=-1\}=P\{X>0\}=\int_0^2\frac{1}{3}dx=\frac{2}{3},$$

$$P\{Y=1\}=P\{X<0\}=\int_{-1}^{0}\frac{1}{3}\mathrm{d}x=\frac{1}{3},$$

$$P\{Y=0\}=1-P\{Y=-1\}-P\{Y=1\}=0.$$

所以
$$\mathrm{E}(Y)=-1\times\frac{2}{3}+0\times 0+1\times\frac{1}{3}=-\frac{1}{3},$$

$$\mathrm{E}(Y^2)=(-1)^2\times\frac{2}{3}+0^2\times 0+1^2\times\frac{1}{3}=1,$$

$$\mathrm{D}(Y)=\mathrm{E}(Y^2)-[\mathrm{E}(Y)]^2=1-\left(-\frac{1}{3}\right)^2=\frac{8}{9}.$$

5. 6. **解** 由 $\mathrm{E}(X)=\mathrm{E}(Y)=0,\mathrm{E}(X^2)=\mathrm{E}(Y^2)=2$,得 $\mathrm{D}(X)=\mathrm{D}(Y)=2$ 及

$$\mathrm{E}(XY)=\mathrm{E}(XY)-\mathrm{E}(X)\mathrm{E}(Y)=\mathrm{cov}(X,Y)=\rho_{XY}\sqrt{\mathrm{D}(X)}\sqrt{\mathrm{D}(Y)}=1,$$

于是
$$\mathrm{E}(X+Y)^2=\mathrm{E}(X^2)+\mathrm{E}(Y^2)+2\mathrm{E}(XY)=2+2+2=6.$$

三、计算题:

1. 解 (1) 由题设,$\mathrm{E}(X)=\mathrm{E}(Y)=0,\mathrm{E}(X^2)=\mathrm{E}(Y^2)=1/2$.又由 $P\{XY=0\}=1$ 知,$P\{XY\neq 0\}=0$,从而 $\mathrm{E}(XY)=0$,所以

$$\mathrm{cov}(X,Y)=\mathrm{E}(XY)-\mathrm{E}(X)\mathrm{E}(Y)=0,$$

又 $\mathrm{D}(X)=\mathrm{E}(X^2)-[\mathrm{E}(X)]^2=\frac{1}{2}=\mathrm{D}(Y)$,所以 $\rho_{XY}=\frac{\mathrm{cov}(X,Y)}{\sqrt{\mathrm{D}(X)}\sqrt{\mathrm{D}(Y)}}=0$.

(2) 由 $\rho_{XY}=0$ 可知 X 与 Y 不相关.下面讨论 X 与 Y 的独立性.由题设,(X,Y)的联合分布律为

$X \backslash Y$	-1	0	1	$P\{X=x_i\}$
-1	0	1/4	0	1/4
0	1/4	0	1/4	1/2
1	0	1/4	0	1/4
$P\{Y=y_j\}$	1/4	1/2	1/4	1

由于 $P\{X=-1,Y=-1\}=0\neq\frac{1}{16}=P\{X=-1\}P\{Y=-1\}$,所以 X 与 Y 不相互独立.

2. 解 因为 $\min\{|x|,1\}=\begin{cases}|x|, & |x|<1,\\ 1, & |x|\geqslant 1,\end{cases}$ 所以

$$\begin{aligned}\mathrm{E}(\min\{|X|,1\}&=\int_{-\infty}^{+\infty}\min(|x|,1)f(x)\mathrm{d}x=\int_{|x|<1}|x|\,f(x)\mathrm{d}x+\int_{|x|\geqslant 1}f(x)\mathrm{d}x\\&=\int_{-1}^{1}|x|\frac{1}{\pi(1+x^2)}\mathrm{d}x+\int_{-\infty}^{-1}\frac{1}{\pi(1+x^2)}\mathrm{d}x+\int_{1}^{+\infty}\frac{1}{\pi(1+x^2)}\mathrm{d}x\\&=2\int_0^1 x\frac{1}{\pi(1+x^2)}\mathrm{d}x+\frac{1}{\pi}\arctan x\Big|_{-\infty}^{-1}+\frac{1}{\pi}\arctan x\Big|_{1}^{+\infty}\\&=\frac{\ln(1+x^2)}{\pi}\Big|_0^1+\frac{1}{\pi}\left[-\frac{\pi}{4}-\left(-\frac{\pi}{2}\right)\right]+\frac{1}{\pi}\left(\frac{\pi}{2}-\frac{\pi}{4}\right)=\frac{\ln 2}{\pi}+\frac{1}{2}.\end{aligned}$$

3. 解 $\mathrm{E}(X)=\int_{-\infty}^{+\infty}\int_{-\infty}^{+\infty}xf(x,y)\mathrm{d}x\mathrm{d}y=\int_0^1 x\mathrm{d}x\int_0^1\frac{3}{2}(x^2+y^2)\mathrm{d}y=\frac{3}{2}\int_0^1 x\left(\frac{3}{2}-x\right)\mathrm{d}x=\frac{5}{8}$,

$$\mathrm{E}(XY)=\int_{-\infty}^{+\infty}\int_{-\infty}^{+\infty}xyf(x,y)\mathrm{d}x\mathrm{d}y=\frac{3}{2}\int_0^1 x\mathrm{d}x\int_0^1 y(x^2+y^2)\mathrm{d}y=\frac{3}{2}\int_0^1 x\left(\frac{x^2}{2}+\frac{1}{4}\right)\mathrm{d}x=\frac{3}{8},$$

$$E(X^2)=\int_{-\infty}^{+\infty}\int_{-\infty}^{+\infty}x^2f(x,y)\mathrm{d}x\mathrm{d}y=\frac{3}{2}\int_0^1x^2\mathrm{d}x\int_0^1(x^2+y^2)\mathrm{d}y=\frac{3}{2}\int_0^1x^2\left(x^2+\frac{1}{3}\right)\mathrm{d}x=\frac{7}{15},$$

由对称性，$E(Y)=\frac{3}{8}$，$E(Y^2)=\frac{7}{15}$，从而

$$D(X)=E(X^2)-[E(X)]^2=\frac{73}{960},\quad D(Y)=E(Y^2)-[E(Y)]^2=\frac{73}{960},$$

$$\mathrm{cov}(X,Y)=E(XY)-E(X)E(Y)=-\frac{1}{64},$$

因此 $D(X+Y)=D(X)+D(Y)+2\mathrm{cov}(X,Y)=\frac{29}{240}$，$\rho_{XY}=\frac{\mathrm{cov}(X,Y)}{\sqrt{D(X)}\sqrt{D(X)}}=-\frac{15}{73}$.

4. 解 由题设，$X_i(i=1,2,\cdots,n)$的分布函数均为 $F(x)=\begin{cases}1-e^{-x}, & x>0,\\ 0, & 其他,\end{cases}$ 又 $X_1,X_2,\cdots,X_n$ 相互独立，所以 $Y=\min\{X_1,X_2,\cdots,X_n\}$的分布函数为

$$F_Y(y)=1-[1-F(y)]^n=\begin{cases}1-e^{-ny}, & y>0,\\ 0, & 其他.\end{cases}$$

从而 Y 的概率密度为 $f_Y(y)=\begin{cases}ne^{-ny}, & y>0,\\ 0, & 其他.\end{cases}$ 于是

$$E(Y)=\int_0^{+\infty}yne^{-ny}\mathrm{d}y=\frac{1}{n},\quad E(Y^2)=\int_0^{+\infty}y^2ne^{-ny}\mathrm{d}y=\frac{2}{n^2},\quad D(Y)=E(Y^2)-[E(Y)]^2=\frac{1}{n^2}.$$

四、综合应用题：

1. 解 引入随机变量 $X_i=\begin{cases}1, & 第\ i\ 封信与其地址匹配,\\ 0, & 第\ i\ 封信与其地址不匹配\end{cases}(i=1,2,\cdots,n)$，则 X_i 的概率分布为

X_i	0	1
P	$1-1/n$	$1/n$

所以 $E(X_i)=\frac{1}{n}$，$D(X_i)=\frac{1}{n}-\frac{1}{n^2}(i=1,2,\cdots,n)$.因 $X=X_1+X_2+\cdots+X_n$（注意 $X_1,X_2,\cdots,X_n$ 不相互独立），故 $E(X)=E(X_1+X_2+\cdots+X_n)=E(X_1)+E(X_2)+\cdots+E(X_n)=1$.又由

$$P\{X_iX_j=1\}=P\{X_i=1,X_j=1\}=P\{X_i=1\}P\{X_j=1\mid X_i=1\}=\frac{1}{n}\times\frac{1}{n-1}$$

可得 $X_iX_j(i,j=1,2,\cdots,n;i\neq j)$的概率分布为

X_iX_j	0	1
P	$1-\frac{1}{n(n-1)}$	$\frac{1}{n(n-1)}$

于是

$$E(X_iX_j)=\frac{1}{n(n-1)}\quad(i,j=1,2,\cdots,n;i\neq j),$$

$$\mathrm{cov}(X_i,X_j)=E(X_iX_j)-E(X_i)E(X_j)=\frac{1}{n^2(n-1)}\quad(i,j=1,2,\cdots,n;i\neq j),$$

$$D(X)=D(X_1+X_2+\cdots+X_n)=D(X_1)+D(X_2)+\cdots+D(X_n)+2\sum_{1\leqslant i<j\leqslant n}\mathrm{cov}(X_i,X_j)$$

$$=n\left(\frac{1}{n}-\frac{1}{n^2}\right)+2C_n^2\frac{1}{n^2(n-1)}=1.$$

2. 解　(1) 由题设及切比雪夫不等式知 $P\{70\leqslant X\leqslant 90\}=P\{|X-80|\leqslant 10\}\geqslant 1-\frac{25}{10^2}=\frac{3}{4}=0.75$.

(2) 设有 n 名学生参加考试,平均分数为 $\overline{X}$,则

$$\mathrm{E}(\overline{X})=\mathrm{E}(X)=\mu=80,\quad \mathrm{D}(\overline{X})=\frac{1}{n}\mathrm{D}(X)=\frac{25}{n}.$$

据题意及切比雪夫不等式知,n 需满足

$$P\{75<\overline{X}<85\}=P\{|\overline{X}-80|<5\}=P\{|\overline{X}-\mathrm{E}(\overline{X})|\}\geqslant 1-\frac{\mathrm{D}(\overline{X})}{5^2}=1-\frac{1}{n}\geqslant 0.90,$$

即 $n\geqslant 10$,所以有 10 名以上的考生就可以达到要求.

3. 解　某种意外伤害损失保险的理赔额 X 的分布函数为

$$F(x)=\int_{-\infty}^{x}\frac{3}{t^4}\mathrm{d}t=\begin{cases}\int_1^x\frac{3}{t^4}\mathrm{d}t, & x>1,\\ 0, & x\leqslant 1\end{cases}=\begin{cases}1-\frac{1}{x^3}, & x>1,\\ 0, & x\leqslant 1.\end{cases}$$

以 X_1,X_2,X_3 分别记这 3 宗理赔额,则 $Y=\max\{X_1,X_2,X_3\}$的分布函数及概率密度分别为

$$F_Y(y)=(F(y))^3=\begin{cases}\left(1-\frac{1}{y^3}\right)^3, & y>1,\\ 0, & y\leqslant 1,\end{cases}\quad f_Y(y)=(F_Y(y))'=\begin{cases}\frac{9}{y^4}\left(1-\frac{1}{y^3}\right)^2, & y>1,\\ 0, & y\leqslant 1.\end{cases}$$

于是平均最大理赔额为

$$\begin{aligned}\mathrm{E}(Y)&=\int_{-\infty}^{+\infty}yf_Y(y)\mathrm{d}y=\int_1^{+\infty}y\frac{9}{y^4}\left(1-\frac{1}{y^3}\right)^2\mathrm{d}y=9\int_1^{+\infty}\frac{1}{y^3}\left(1-\frac{1}{y^3}\right)^2\mathrm{d}y\\&=9\int_1^{+\infty}\frac{1}{y^3}\left(1-\frac{2}{y^3}+\frac{1}{y^6}\right)\mathrm{d}y=9\int_1^{+\infty}\left(\frac{1}{y^3}-\frac{2}{y^6}+\frac{1}{y^9}\right)\mathrm{d}y\\&=9\int_1^{+\infty}\left(\frac{1}{y^3}-\frac{2}{y^6}+\frac{1}{y^9}\right)\mathrm{d}y=\frac{81}{40}\approx 2.025.\end{aligned}$$

自 测 题 五

一、单项选择题:

1. (C).　**解析**　根据林德伯格-莱维中心极限定理,$\{X_n\}$必须满足独立同分布且有有限的均值与方差,故选(C).

2. (A).　**解析**　$\{X_n\}$独立同分布且有 $\mathrm{E}(X_i)=1/\lambda$,$\mathrm{D}(X_i)=1/\lambda^2$,根据林德伯格-莱维中心极限定理,得

$$\frac{\sum_{i=1}^{n}X_i-n\times\frac{1}{\lambda}}{\sqrt{n}\times\frac{1}{\lambda}}\overset{\text{近似}}{\sim}N(0,1)\quad(\text{当 } n \text{ 充分大时}),$$

即 $\lim\limits_{n\to\infty}P\left\{\frac{\lambda\sum_{i=1}^{n}X_i-n}{\sqrt{n}}\leqslant x\right\}=\Phi(x)$,故选(A).

3. (A).　**解析**　根据随机变量序列依概率收敛的定义,故选(A).

4. (C).　**解析**　由伯努利大数定律知(A)成立,由棣莫弗-拉普拉斯中心极限定理知(B)成立,比较而言(C)不正确,而(D)正确,故选(C).

5. (D).　**解析**　由林德伯格-莱维中心极限定理,有 $\lim\limits_{n\to\infty}P\left\{\frac{\sum_{i=1}^{n}X_i-n\lambda}{\sqrt{n\lambda}}\leqslant x\right\}=\Phi(x)$,所以(A)不正确.

当 n 充分大时，$\dfrac{\sum_{i=1}^{n}X_i-n\lambda}{\sqrt{n\lambda}}\overset{\text{近似}}{\sim}N(0,1)$，所以(B)，(C)不正确，(D)正确.故选(D).

二、填空题：

1. $\sigma^2+\mu^2$. **解** 由题设 $X_1^2,X_2^2,\cdots$ 为独立同分布随机变量序列，且有均值 $E(X_k^2)=D(X_k)+[E(X_k)]^2=\sigma^2+\mu^2(k=1,2,\cdots)$，所以由辛钦大数定律，当 $n\to\infty$ 时，

$$Y_n=\frac{1}{n}\sum_{k=1}^{n}X_k^2\xrightarrow{P}\sigma^2+\mu^2.$$

2. 0. **解** 由切比雪夫大数定律的特殊情形，对任意 $\varepsilon>0$，有

$$\lim_{n\to\infty}P\left\{\frac{1}{n}\left|\sum_{i=1}^{n}X_i-n\mu\right|\geqslant\varepsilon\right\}=\lim_{n\to\infty}P\left\{\left|\frac{1}{n}\sum_{i=1}^{n}X_i-\mu\right|\geqslant\varepsilon\right\}=0.$$

3. $\Phi\left(\dfrac{\sqrt{n}(x-\lambda)}{\sqrt{\lambda}}\right)$. **解** 随机变量序列 $X_1,X_2,\cdots$ 独立同分布，且 $E(X_i)=D(X_i)=\lambda(\lambda>0)$，由林德伯格-莱维中心极限定理，有

$$\frac{\sum_{i=1}^{n}X_i-n\times\lambda}{\sqrt{n\times\lambda}}=\frac{\frac{1}{n}\sum_{i=1}^{n}X_i-\lambda}{\sqrt{\lambda/n}}\overset{\text{近似}}{\sim}N(0,1)\quad(\text{当 }n\text{ 充分大时}),$$

即
$$P\{\overline{X}<x\}=P\left\{\frac{1}{n}\sum_{i=1}^{n}X_i\leqslant x\right\}=P\left\{\frac{\frac{1}{n}\sum_{i=1}^{n}X_i-\lambda}{\sqrt{\lambda/n}}\leqslant\frac{x-\lambda}{\sqrt{\lambda/n}}\right\}\approx\Phi\left(\frac{\sqrt{n}(x-\lambda)}{\sqrt{\lambda}}\right).$$

4. 0.5. **解** 由林德伯格-莱维中心极限定理，有

$$\frac{\sum_{i=1}^{n}X_i-n\mu}{\sqrt{n}\sigma}\overset{\text{近似}}{\sim}N(0,1)\quad(\text{当 }n\text{ 充分大时}),$$

所以
$$\lim_{n\to\infty}P\left\{\frac{\sum_{i=1}^{n}X_i-n\mu}{\sqrt{n}\sigma}>0\right\}=1-\lim_{n\to\infty}P\left\{\frac{\sum_{i=1}^{n}X_i-n\mu}{\sqrt{n}\sigma}\leqslant0\right\}\approx1-\Phi(0)=0.5.$$

5. $\Phi(\sqrt{3})$. **解** 由林德伯格-莱维中心极限定理，

$$\frac{\sum_{i=1}^{n}X_i-n\times0}{\sqrt{n\times(1/3)}}=\frac{\sum_{i=1}^{n}X_i}{\sqrt{n/3}}\overset{\text{近似}}{\sim}N(0,1)\quad(\text{当 }n\text{ 充分大时}),$$

即
$$\lim_{n\to\infty}P\left\{\frac{\sum_{i=1}^{n}X_i}{\sqrt{n}}\leqslant1\right\}=\lim_{n\to\infty}P\left\{\frac{\sum_{i=1}^{n}X_i}{\sqrt{n/3}}\leqslant\sqrt{3}\right\}=\Phi(\sqrt{3}).$$

三、计算题：

1. 解 设 D_k 的寿命为 $T_k(k=1,2,\cdots,30)$，则 $\{T_k\}$ 独立同分布，$T=T_1+T_2+\cdots+T_{30}$.由题意，$E(T_k)=10$，$D(T_k)=100(k=1,2,\cdots,30)$，于是由林德伯格-莱维中心极限定理，有 $\dfrac{T-30\times10}{\sqrt{30\times100}}\overset{\text{近似}}{\sim}N(0,1)$，从而

$$P\{T>350\}=1-P\{T\leqslant 350\}=1-P\left\{\frac{T-30\times 10}{\sqrt{30\times 100}}\leqslant \frac{350-30\times 10}{\sqrt{30\times 100}}\right\}$$

$$\approx 1-\Phi\left(\frac{50}{10\sqrt{30}}\right)\approx 1-\Phi(0.913)=0.1806.$$

2. 解　(1) 设第 i 个数的舍入误差为 X_i，则 $\{X_i\}$ 独立同分布，且 $E(X_i)=0, D(X_i)=1/12(i=1,2,\cdots,1500)$，误差的总和为 $\sum_{i=1}^{1500}X_i$. 由林德伯格-莱维中心极限定理，有 $\dfrac{\sum_{i=1}^{1500}X_i-1500\times 0}{\sqrt{1500\times(1/12)}}\overset{\text{近似}}{\sim}N(0,1)$，于是

$$P\left\{\left|\sum_{i=1}^{1500}X_i\right|>15\right\}=1-P\left\{\left|\sum_{i=1}^{1500}X_i\right|\leqslant 15\right\}=1-P\left\{\frac{\left|\sum_{i=1}^{1500}X_i\right|}{\sqrt{1500/12}}\leqslant\frac{15}{\sqrt{1500/12}}\right\}$$

$$\approx 1-\left(\Phi\left(\frac{15}{\sqrt{1500/12}}\right)-\Phi\left(-\frac{15}{\sqrt{1500/12}}\right)\right)$$

$$\approx 2[1-\Phi(1.34)]=2(1-0.9099)=0.1802.$$

(2) 设至少要有 n 个数相加，才能满足 $P\left\{\left|\sum_{i=1}^{n}X_i\right|<10\right\}\geqslant 0.90$. 由林德伯格-莱维中心极限定理，有

$$\frac{\sum_{i=1}^{n}X_i-n\times 0}{\sqrt{n\times(1/12)}}\overset{\text{近似}}{\sim}N(0,1)\quad(\text{当 } n \text{ 充分大时}),$$

从而

$$P\left\{\left|\sum_{i=1}^{n}X_i\right|<10\right\}=P\left\{\frac{\left|\sum_{i=1}^{n}X_i\right|}{\sqrt{n/12}}<\frac{10}{\sqrt{n/12}}\right\}\approx 2\Phi\left(\frac{10}{\sqrt{n/12}}\right)-1.$$

依题意，要使 $2\Phi\left(\dfrac{10}{\sqrt{n/12}}\right)-1\geqslant 0.90$，即 $\Phi\left(\dfrac{10}{\sqrt{n/12}}\right)\geqslant 0.95$，反查标准正态分布表得 $\dfrac{10}{\sqrt{n/12}}\geqslant 1.645$，即 $n\leqslant 443.45$，于是取 $n=443$，从而要使误差总和的绝对值小于 10 的概率不小于 0.90，最多允许 443 个数相加.

3. 解　设 X 表示 500 名持券人中债券到期之日需兑换的人数，则 $X\sim B(500,0.4)$，由棣莫弗-拉普拉斯中心极限定理，有

$$\frac{X-500\times 0.4}{\sqrt{500\times 0.4\times 0.6}}\overset{\text{近似}}{\sim}N(0,1).$$

又设银行需准备 a 元现金才能满足需要，依题意，a 应满足 $P\{1000X\leqslant a\}\geqslant 0.999$，即

$$P\{1000X\leqslant a\}=P\left\{X\leqslant\frac{a}{1000}\right\}=P\left\{\frac{X-500\times 0.4}{\sqrt{500\times 0.4\times(1-0.4)}}\leqslant\frac{\frac{a}{1000}-500\times 0.4}{\sqrt{500\times 0.4\times(1-0.4)}}\right\}$$

$$\approx\Phi\left(\frac{\frac{a}{1000}-200}{\sqrt{120}}\right)\geqslant 0.999.$$

反查标准正态分布表得 $\dfrac{\frac{a}{1000}-200}{\sqrt{120}}\geqslant 3.1$，解得 $a\geqslant(3.1\times\sqrt{120}+200)\times 1000\approx 233976$. 所以银行于该

日应至少准备 233976 元现金才能以 99.9%的概率保证满足持券人的兑换.

4. 解 以 X 记高峰时用电户数,则 $X\sim B(10000,0.9)$.由棣莫弗-拉普拉斯中心极限定理,有

$$\frac{X-10000\times 0.9}{\sqrt{10000\times 0.9\times 0.1}} \overset{\text{近似}}{\sim} N(0,1).$$

(1) $P\{9030<X\leqslant 10000\}=P\left\{\frac{9030-9000}{\sqrt{900}}<\frac{X-9000}{\sqrt{900}}\leqslant\frac{10000-9000}{\sqrt{900}}\right\}$

$$\approx\Phi\left(\frac{10000-9000}{\sqrt{900}}\right)-\Phi\left(\frac{9030-9000}{\sqrt{900}}\right)=\Phi\left(\frac{100}{3}\right)-\Phi(1)$$

$$\approx 1-0.8413=0.1587.$$

(2) 设电站的发电量至少为 a (单位: W)才能以 0.95 的概率保证供电,依题意,a 应满足 $P\{200X\leqslant a\}\geqslant 0.95$.而

$$P\{200X\leqslant a\}=P\left\{X\leqslant\frac{a}{200}\right\}=P\left\{\frac{X-9000}{\sqrt{900}}\leqslant\frac{\frac{a}{200}-9000}{\sqrt{900}}\right\}$$

$$\approx\Phi\left(\frac{\frac{a}{200}-9000}{30}\right)=\Phi\left(\frac{a-1800000}{6000}\right),$$

所以 $\Phi\left(\frac{a-1800000}{6000}\right)\geqslant 0.95$.反查标准正态分布表得 $\frac{a-1800000}{6000}\geqslant 1.645$,即 $a\geqslant 1809870$,所以电站至少应具有 1809870 W 发电量,才能以 0.95 的概率保证供电.

四、证明题:

1. 证 因为 $\frac{1}{n^2}\mathrm{D}\left(\sum_{k=1}^{n}X_k\right)=\frac{1}{n^2}\sum_{k=1}^{n}\mathrm{D}(X_k)=\frac{n\sqrt{n}}{n^2}\to 0(n\to\infty)$,所以 $\{X_n\}$ 服从马尔可夫大数定律.

2. 证 由题设知,当 $|i-j|>1$ 时,$\mathrm{cov}(X_i,X_j)=0$,当 $|i-j|=1$ 时,$\mathrm{cov}(X_i,X_j)\neq 0$,又由协方差的性质有 $|\mathrm{cov}(X_i,X_j)|\leqslant\sqrt{\mathrm{D}(X_i)}\sqrt{\mathrm{D}(X_j)}$,所以

$$\mathrm{D}\left(\sum_{k=1}^{n}X_k\right)=\sum_{k=1}^{n}\mathrm{D}(X_k)+2\sum_{1\leqslant i<j\leqslant n}\mathrm{cov}(X_i,X_j)=\sum_{k=1}^{n}\mathrm{D}(X_k)+2\sum_{i=1}^{n-1}\mathrm{cov}(X_i,X_{i+1})$$

$$\leqslant\sum_{k=1}^{n}\mathrm{D}(X_k)+2\sum_{i=1}^{n-1}\sqrt{\mathrm{D}(X_i)\mathrm{D}(X_j)}\leqslant nC+2(n-1)C=(3n-2)C,$$

因此

$$\frac{1}{n^2}\mathrm{D}\left(\sum_{k=1}^{n}X_k\right)\leqslant\frac{(3n-2)C}{n^2}\to 0\quad(n\to\infty),$$

故 $\{X_n\}$ 服从马尔可夫大数定律,从而对任意的 $\varepsilon>0$,有

$$\lim_{n\to\infty}P\left\{\left|\frac{1}{n}\sum_{i=1}^{n}X_i-\frac{1}{n}\sum_{i=1}^{n}\mathrm{E}(X_i)\right|<\varepsilon\right\}=1.$$

自 测 题 六

一、单项选择题:

1. (B). **解析** 仅有(B)含未知参数,不满足统计量定义,故选(B).

2. (C). **解析** 因为 $\bar{X}-\bar{Y}\sim N\left(0,\frac{2\sigma^2}{n}\right)$, $\frac{\bar{X}-\bar{Y}}{\sqrt{2\sigma^2/n}}\sim N(0,1)$,而

$$P\{|\bar{X}-\bar{Y}|>\sigma\}=P\left\{\left|\frac{\bar{X}-\bar{Y}}{\sqrt{2\sigma^2/n}}\right|>\frac{\sigma}{\sqrt{2\sigma^2/n}}\right\}=P\left\{\left|\frac{\bar{X}-\bar{Y}}{\sqrt{2\sigma^2/n}}\right|>\sqrt{\frac{n}{2}}\right\}$$

$$=1-P\left\{\left|\frac{\overline{X}-\overline{Y}}{\sqrt{2\sigma^2/n}}\right|\leqslant\sqrt{\frac{n}{2}}\right\}=1-\left[2\Phi\left(\sqrt{\frac{n}{2}}\right)-1\right],$$

与 σ 无关,故选(C).

3. (A). **解析** 由题设 $X\sim N(0,\sigma^2)$,则 $\overline{X}\sim N\left(0,\frac{\sigma^2}{n}\right)$,$\frac{\sqrt{n}\,\overline{X}}{\sigma}\sim N(0,1)$,$\frac{(n-1)S^2}{\sigma^2}\sim\chi^2(n-1)$,$\overline{X}$ 与 S^2 相互独立,所以 $\frac{\sqrt{n}\,\overline{X}/\sigma}{\sqrt{(n-1)S^2/[\sigma^2(n-1)]}}=\frac{\sqrt{n}\,\overline{X}}{S}\sim t(n-1)$.故选(A).

4. (D). **解析** (A),(B),(C)成立的充分条件中均要求 X 与 Y 相互独立,(D)成立.

5. (C). **解析** X 不是服从标准正态分布,故(A),(B)显然不成立.

分析(D),X^2 与 Y^2 经变形可以构造出 χ^2 分布,然而 X^2 构造出的 χ^2 分布自由度不会是 10,Y^2 构造出的 χ^2 分布自由度不会是 1,故即使服从 F 分布也不会是 $F(10,1)$.事实上

$$\frac{X}{\sigma}\sim N(0,1),\quad \frac{X^2}{\sigma^2}\sim\chi^2(1),\quad \sum_{i=1}^{10}\left(\frac{X_i}{\sigma}\right)^2\sim\chi^2(10),$$

$$\frac{\dfrac{X^2/\sigma^2}{1}}{\sum\limits_{i=1}^{10}\left(\dfrac{X_i}{\sigma}\right)^2\Big/10}=\frac{X^2}{\dfrac{1}{10}\sum\limits_{i=1}^{10}(X_i)^2}=\frac{X^2}{Y^2}\sim F(1,10),$$

(D)不成立.

由排除法应该选(C).事实上,因为 $\frac{X}{\sigma}\sim N(0,1)$,$\frac{X^2}{\sigma^2}\sim\chi^2(1)$,$\sum\limits_{i=1}^{10}\left(\frac{X_i}{\sigma}\right)^2\sim\chi^2(10)$,$\frac{X}{\sigma}$ 与 $\sum\limits_{i=1}^{10}\left(\frac{X_i}{\sigma}\right)^2$ 相互独立,所以

$$\frac{X/\sigma}{\sqrt{\sum\limits_{i=1}^{10}\left(\dfrac{X_i}{\sigma}\right)^2\Big/10}}=\frac{X}{\sqrt{Y^2}}=\frac{X}{Y}\sim t(10).$$

二、填空题:

1. $\pm5,\mp5$. **解** 由题设 $Y=a\overline{X}+b\sim N(0,1)$,有

$$\mathrm{E}(Y)=\mathrm{E}(a\overline{X}+b)=a\mathrm{E}(\overline{X})+b=a+b=0,$$

$$\mathrm{D}(Y)=\mathrm{D}(a\overline{X}+b)=a^2\mathrm{D}(\overline{X})=a^2\times\frac{4}{100}=1,$$

所以 $a=\pm5,b=\mp5$.

2. 0.2628,0.2923. **解** 设 $\overline{X}$ 为样本均值,则 $\overline{X}\sim N\left(12,\frac{4}{5}\right)$.故

$$P\{|\overline{X}-12|>1\}=P\left\{\frac{|\overline{X}-12|}{\sqrt{4/5}}>\frac{1}{\sqrt{4/5}}\right\}=1-P\left\{\frac{|\overline{X}-12|}{\sqrt{4/5}}\leqslant\frac{1}{\sqrt{4/5}}\right\}$$

$$=2-2\Phi\left(\frac{\sqrt{5}}{2}\right)=2-2\Phi(1.12)=0.2628,$$

$$P\{\max\{X_1,X_2,\cdots,X_5\}>15\}=1-P\{\max\{X_1,X_2,\cdots,X_5\}\leqslant15\}$$

$$=1-P\{X_1\leqslant15,X_2\leqslant15,\cdots,X_5\leqslant15\}=1-(P\{X_1\leqslant15\})^5$$

$$=1-\left(P\left\{\frac{X_1-12}{2}\leqslant\frac{3}{2}\right\}\right)^5=1-0.9332^5=0.2923.$$

3. F,10,5. **解** 由题设 $\frac{X_i}{2}\sim N(0,1)(i=1,2,\cdots,15)$,则 $\frac{1}{4}(X_1^2+\cdots+X_{10}^2)\sim\chi^2(10)$,$\frac{1}{4}(X_{11}^2+\cdots+X_{15}^2)$

$\sim\chi^2(5)$，且二者相互独立，故

$$\frac{\dfrac{(X_1^2+\cdots+X_{10}^2)/4}{10}}{\dfrac{(X_{11}^2+\cdots+X_{15}^2)/4}{5}}=\frac{X_1^2+\cdots+X_{10}^2}{2(X_{11}^2+\cdots+X_{15}^2)}=Y\sim F(10,5).$$

4. $F(n,1)$.　**分析**　若通过求随机变量函数分布的一般方法，先求 $Y=\dfrac{1}{X^2}$ 的分布函数，再求概率密度，则此题就复杂了.可从 t 分布的背景出发.

解　设 $U\sim N(0,1)$，$V\sim\chi^2(n)$，则 $X=\dfrac{U}{\sqrt{V/n}}\sim t(n)$. 又 $U^2\sim\chi^2(1)$，所以

$$Y=\frac{1}{X^2}=\frac{V/n}{U^2/1}\sim F(n,1).$$

5. $\dfrac{1}{4}$，4.　**分析**　因为 $X_1,X_2,\cdots,X_{16}$ 为标准正态总体的样本，所以 $\sum\limits_{i=1}^{4}X_i$ 服从正态分布.对它添加系数即可以构造出标准正态分布，再平方可得 χ^2 分布. Y 为 4 个相互独立服从 χ^2 分布随机变量的和，故 Y 服从 χ^2 分布.

解　由题设 $X_i\sim N(0,1)(i=1,2,\cdots,16)$，故

$$\sum_{i=1}^{4}X_i\sim N(0,4),\quad \sum_{i=1}^{4}X_i\Big/2\sim N(0,1),\quad \left(\frac{1}{2}\sum_{i=1}^{4}X_i\right)^2=\frac{1}{4}\left(\sum_{i=1}^{4}X_i\right)^2\sim\chi^2(1),$$

同理 $\dfrac{1}{4}\left(\sum\limits_{i=5}^{8}X_i\right)^2$，$\dfrac{1}{4}\left(\sum\limits_{i=9}^{12}X_i\right)^2$，$\dfrac{1}{4}\left(\sum\limits_{i=13}^{16}X_i\right)^2$ 均服从 $\chi^2(1)$. 又 $\left(\sum\limits_{i=1}^{4}X_i\right)^2$，$\left(\sum\limits_{i=5}^{8}X_i\right)^2$，$\left(\sum\limits_{i=9}^{12}X_i\right)^2$，$\left(\sum\limits_{i=13}^{16}X_i\right)^2$ 相互独立，所以

$$\frac{1}{4}Y=\frac{1}{4}\left(\sum_{i=1}^{4}X_i\right)^2+\frac{1}{4}\left(\sum_{i=5}^{8}X_i\right)^2+\frac{1}{4}\left(\sum_{i=9}^{12}X_i\right)^2+\frac{1}{4}\left(\sum_{i=13}^{16}X_i\right)^2\sim\chi^2(4),$$

综上所述，当 $c=\dfrac{1}{4}$ 时，cY 服从 χ^2 分布，$E(cY)=4$.

三、计算题：

1. 分析　样本均值的分布可知，则可以计算其取值在区间(1.4,5.4)内的概率.令概率大于等于 0.95，得到含样本容量 n 的不等式，解不等式即可.

解　设 $\overline{X}$ 为样本均值，$\overline{X}\sim N\left(3.4,\dfrac{6^2}{n}\right)$，要使

$$P\{1.4<\overline{X}<5.4\}=P\left\{-\frac{\sqrt{n}}{3}<\frac{\overline{X}-3.4}{6/\sqrt{n}}<\frac{\sqrt{n}}{3}\right\}=2\Phi\left(\frac{\sqrt{n}}{3}\right)-1\geqslant 0.95,$$

即使 $\Phi\left(\dfrac{\sqrt{n}}{3}\right)\geqslant 0.975$.查标准正态分布表得 $\dfrac{\sqrt{n}}{3}\geqslant 1.96$，则 $n\geqslant(1.96\times 3)^2\approx 34.6$，所以 n 最小应取 35.

2. 分析　注意到 $\overline{X}$ 与 S 均为随机变量，应该找到含二者且分布已知的样本函数，才能够进一步转化概率式 $P\{\overline{X}>\mu+aS\}=0.95$，从而解出 a.

解　由定理 3 知 $T=\dfrac{\overline{X}-\mu}{S/4}\sim t(15)$，又由题设

$$P\{\overline{X}>\mu+aS\}=P\left\{\frac{\overline{X}-\mu}{S/4}>4a\right\}=0.95,$$

故 $4a=t_{0.95}(15)=-t_{0.05}(15)=-1.7531$，所以 $a=-0.4383$.

3. 分析　X_{n+1} 与 $\overline{X}$ 相互独立均服从正态分布，则 $X_{n+1}-\overline{X}$ 服从正态分布，可通过调整系数使其服从标准正态分布.含有样本标准差 S，容易想到 $\dfrac{(n-1)S^2}{\sigma^2}$ 服从 χ^2 分布，从而 $\dfrac{X_{n+1}-\overline{X}}{S}\sqrt{\dfrac{n}{n+1}}$ 符合 t 分布的背景.

解　由题设知 X_{n+1} 与 $\overline{X}$ 相互独立服从正态分布，故

$$X_{n+1}-\overline{X}\sim N\left(0,\frac{(n+1)\sigma^2}{n}\right),\quad \frac{X_{n+1}-\overline{X}}{\sigma}\sqrt{\frac{n}{n+1}}\sim N(0,1),$$

由定理 2 知 $\dfrac{(n-1)S^2}{\sigma^2}\sim\chi^2(n-1)$，且 $\overline{X},X_{n+1}$ 均与 S^2 相互独立，所以 $\dfrac{X_{n+1}-\overline{X}}{\sigma}\sqrt{\dfrac{n}{n+1}}$ 与 $\dfrac{(n-1)S^2}{\sigma^2}$ 相互独立，由此得

$$\frac{\dfrac{X_{n+1}-\overline{X}}{\sigma}\sqrt{\dfrac{n}{n+1}}}{\sqrt{\dfrac{(n-1)S^2}{\sigma^2(n-1)}}}=\frac{X_{n+1}-\overline{X}}{S}\sqrt{\frac{n}{n+1}}\sim t(n-1).$$

4. 分析　由 X_1+X_2 构造标准正态分布，$X_3^2+X_4^2+X_5^2$ 构造 χ^2 分布，再由它们构造 t 分布.由此常数 C 可得.

解　由题设知 $X_1+X_2\sim N(0,2)$，$\dfrac{X_1+X_2}{\sqrt{2}}\sim N(0,1)$，$X_3^2+X_4^2+X_5^2\sim\chi^2(3)$，且 $\dfrac{X_1+X_2}{\sqrt{2}}$ 与 $X_3^2+X_4^2+X_5^2$ 相互独立;故

$$\frac{(X_1+X_2)/\sqrt{2}}{\sqrt{(X_3^2+X_4^2+X_5^2)/3}}=\frac{\sqrt{3/2}(X_1+X_2)}{\sqrt{X_3^2+X_4^2+X_5^2}}\sim t(3).$$

所以当 $C=\sqrt{\dfrac{3}{2}}$ 时，$\dfrac{C(X_1+X_2)}{\sqrt{X_3^2+X_4^2+X_5^2}}$ 服从自由度为 3 的 t 分布.

5. 分析　从 S_1^2,S_2^2 的表达式知，S_1^2,S_2^2 均可以构造出服从 χ^2 分布的随机变量，则期望、方差可得.

解　(1) 由题设知 $X_i\sim N(\mu,\sigma^2)$，$\dfrac{X_i-\mu}{\sigma}\sim N(0,1)(i=1,2,\cdots,n)$ 且相互独立，故

$$\frac{S_1^2}{\sigma^2}=\sum_{i=1}^{n}\left(\frac{X_i-\mu}{\sigma}\right)^2\sim\chi^2(n),$$

则　$$\mathrm{E}\left(\frac{S_1^2}{\sigma^2}\right)=\frac{1}{\sigma^2}\mathrm{E}(S_1^2)=n,\quad \mathrm{E}(S_1^2)=n\sigma^2,\quad \mathrm{D}\left(\frac{S_1^2}{\sigma^2}\right)=\frac{1}{\sigma^4}\mathrm{D}(S_1^2)=2n,\quad \mathrm{D}(S_1^2)=2n\sigma^4.$$

(2) 设 $S^2=\dfrac{1}{n-1}\sum\limits_{i=1}^{n}(X_i-\overline{X})^2$，$S^2$ 为样本方差，由定理 2 知

$$\frac{S_2^2}{\sigma^2}=\frac{\dfrac{n-1}{n-1}\sum\limits_{i=1}^{n}(X_i-\overline{X})^2}{\sigma^2}=\frac{(n-1)S^2}{\sigma^2}\sim\chi^2(n-1),$$

所以
$$\mathrm{E}\left(\frac{S_2^2}{\sigma^2}\right)=\frac{1}{\sigma^2}\mathrm{E}(S_2^2)=n-1,\quad \mathrm{E}(S_2^2)=(n-1)\sigma^2,$$

$$\mathrm{D}\left(\frac{S_2^2}{\sigma^2}\right)=\frac{1}{\sigma^4}\mathrm{D}(S_2^2)=2(n-1),\quad \mathrm{D}(S_2^2)=2(n-1)\sigma^4.$$

6. 分析　将完全平方项 $(X_i+X_{n+i}-2\overline{X})^2$ 打开，利用已知

$$\mathrm{E}(X_i)=\mu,\quad \mathrm{D}(X_i)=\sigma^2,\quad \mathrm{E}(X_i^2)=\sigma^2+\mu^2;\quad \mathrm{E}(\overline{X})=\mu,\quad \mathrm{D}(\overline{X})=\frac{\sigma^2}{2n},\quad \mathrm{E}(\overline{X}^2)=\frac{\sigma^2}{2n}+\mu^2$$

求解.也可先求 $X_i+X_{n+i}-2\overline{X}$ 的期望、方差,再利用

$$E(X_i+X_{n+i}-2\overline{X})^2=D(X_i+X_{n+i}-2\overline{X})+[E(X_i+X_{n+i}-2\overline{X})]^2$$

得到$(X_i+X_{n+i}-2\overline{X})^2$ 的期望.

解 方法1 由题设有

$$Y=\sum_{i=1}^{n}(X_i+X_{n+i}-2\overline{X})^2=\sum_{i=1}^{n}(X_i^2+X_{n+i}^2+4\overline{X}^2+2X_iX_{n+i}-4X_i\overline{X}-4X_{n+i}\overline{X})$$
$$=\sum_{i=1}^{2n}X_i^2+4n\overline{X}^2+2\sum_{i=1}^{n}X_iX_{n+i}-4\overline{X}\sum_{i=1}^{2n}X_i=\sum_{i=1}^{2n}X_i^2-4n\overline{X}^2+2\sum_{i=1}^{n}X_iX_{n+i},$$

所以统计量 Y 的数学期望为

$$E(Y)=\sum_{i=1}^{2n}E(X_i^2)-4nE(\overline{X}^2)+2\sum_{i=1}^{n}E(X_i)E(X_{n+i})$$
$$=2n(\sigma^2+\mu^2)-4n\left(\frac{\sigma^2}{2n}+\mu^2\right)+2n\mu^2=2(n-1)\sigma^2.$$

方法2 由题设有 $E(X_i+X_{n+i}-2\overline{X})=\mu+\mu-2\mu=0$ 及

$$D(X_i+X_{n+i}-2\overline{X})$$
$$=D(X_i)+D(X_{n+i})+D(2\overline{X})+2\text{cov}(X_i,X_{n+i})-2\text{cov}(X_i,2\overline{X})-2\text{cov}(X_{n+i},2\overline{X})$$
$$=\sigma^2+\sigma^2+4\times\frac{\sigma^2}{2n}-\frac{2\sigma^2}{n}-\frac{2\sigma^2}{n}=\frac{(2n-2)\sigma^2}{n},$$

从而得

$$E(X_i+X_{n+i}-2\overline{X})^2=D(X_i+X_{n+i}-2\overline{X})+[E(X_i+X_{n+i}-2\overline{X})]^2$$
$$=D(X_i+X_{n+i}-2\overline{X})=\frac{(2n-2)\sigma^2}{n},$$

所以统计量 Y 的数学期望为 $E(Y)=\sum_{i=1}^{n}E(X_i+X_{n+i}-2\overline{X})^2=n\times\frac{(2n-2)\sigma^2}{n}=2(n-1)\sigma^2.$

7. 分析 样本方差的期望等于总体方差,即 $E(S^2)=D(X)$.因为此题总体 X 的方差未知,故问题转化为利用总体的概率密度求总体方差.

解 由题设得 $E(X)=\int_{-\infty}^{+\infty}x\,\frac{1}{2}e^{-|x|}dx=0$ 及

$$E(X^2)=\int_{-\infty}^{+\infty}x^2\,\frac{1}{2}e^{-|x|}dx=2\int_0^{+\infty}x^2\,\frac{1}{2}e^{-x}dx=\int_0^{+\infty}x^2e^{-x}dx=-x^2e^{-x}\Big|_0^{+\infty}+\int_0^{+\infty}2xe^{-x}dx$$
$$=-2xe^{-x}\Big|_0^{+\infty}+2\int_0^{+\infty}e^{-x}dx=-2e^{-x}\Big|_0^{+\infty}=2,$$

即 $D(X)=2$,所以 $E(S^2)=2$.

自测题七

一、单项选择题:

1. (C). **解析** 因为 $E(\hat{\theta}^2)=D(\hat{\theta})+E(\hat{\theta})^2=D(\hat{\theta})+\theta^2>\theta^2$,所以 $\hat{\theta}^2$ 一定不是 θ^2 的无偏估计量.故选(C).

2. (D). **解析** 因为 S^2 不是 σ^2 的矩估计量,所以 S 不是 σ 的矩估计量;最大似然估计量与具体分布有关,不能肯定 S 是 σ 的最大似然估计量;虽然 S^2 是 σ^2 的无偏估计量,但 S 不是 σ 的无偏估计量;因 S^2 依概率收敛到 σ^2,故由依概率收敛的性质,S 依概率收敛到 σ,从而 S 是 σ 的一致估计量.故选(D).

3. (B). **解析** σ^2 已知时,μ 的置信区间长度 $L=2u_{\alpha/2}\sigma/\sqrt{n}$.当 $1-\alpha$ 减小时,α 增大,而分位点 $u_{\alpha/2}$ 变小,所以 L 变小.故选(B).

4. (A). **解析** 当 σ^2 未知时，μ 的置信度为 $1-\alpha$ 的单侧置信下限为 $\overline{X}-t_\alpha(n-1)S/\sqrt{n}$.将 $n=9,\bar{x}=15$，$s=0.4,t_{0.05}(8)=1.8595$ 代入，得 $15-(0.4/3)\times1.8595$.故选(A).

5. (D). **解析** 显然样本容量、区间长度、总体方差都会影响到总体方差的置信区间的优劣，又方差刻画的是随机变量的取值与其均值的平均偏离程度，与均值具体在哪无关.故选(D).

二、填空题：

1. $p=\frac{1}{m}\overline{X}$. **解** 因为 $E(X)=mp$，得 $p=\frac{1}{m}E(X)$，所以 p 的矩估计量为 $\hat{p}=\frac{1}{m}\overline{X}$.

2. 0.2,0.8. **解** 因为 $\hat{\theta}_3=a\hat{\theta}_1+b\hat{\theta}_2$ 是 θ 的无偏估计量，则 $E(\hat{\theta}_3)=E(a\hat{\theta}_1+b\hat{\theta}_2)=(a+b)\theta=\theta$，所以 $a+b=1$.由 $\hat{\theta}_1$ 与 $\hat{\theta}_2$ 不相关，得
$$D(\hat{\theta}_3)=a^2D(\hat{\theta}_1)+b^2D(\hat{\theta}_2)=4a^2D(\hat{\theta}_2)+(1-a)^2D(\hat{\theta}_2)=(5a^2-2a+1)D(\hat{\theta}_2).$$
求得极小值点为 $a=0.2$，则 $b=0.8$.

3. $2\hat{\theta}^2+1$. **解** 由最大似然估计的性质，$2\theta^2+1$ 的最大似然估计量为 $2\hat{\theta}^2+1$.

4. 0.2634. **解** 方差的置信度为 0.95 的单侧置信上限为$\frac{(n-1)S^2}{\chi^2_{0.95}(n-1)}$.将 $n=9,s^2=0.3^2,\chi^2_{0.95}(8)=2.733$ 代入，得方差的置信度为 0.95 的单侧置信上限为 0.2634.

三、计算题：

1. **解** 因为 $\mu_1=E(X)=\int_0^1 x(\theta+1)x^\theta dx=\frac{\theta+1}{\theta+2}$，得 $\theta=\frac{1-2\mu_1}{\mu_1-1}$，则 θ 的矩估计量为 $\hat{\theta}=\frac{1-2\overline{X}}{\overline{X}-1}$.

2. **解** p 的无偏估计量为 $\hat{p}=\frac{1}{m}\overline{X}$，则 $\hat{p}^2=\frac{1}{m^2}\overline{X}^2$，下面计算 $\hat{p}^2$ 的期望：
$$E(\hat{p}^2)=\frac{1}{m^2}E(\overline{X}^2)=\frac{1}{m^2}[D(\overline{X})+(E(\overline{X}))^2]=\frac{p+(mn-1)p^2}{mn}.$$
由此有 $E(mn\hat{p}^2)=p+(mn-1)p^2$，整理得
$$p^2=\frac{1}{mn-1}[E(mn\hat{p}^2)-p]=\frac{1}{mn-1}E[(mn\hat{p}^2)-\hat{p}]$$
$$=\frac{1}{mn-1}E[(mn\overline{X}^2)-\overline{X}]=E\left[\frac{1}{mn-1}(mn\overline{X}^2-\overline{X})\right],$$
所以，p^2 的一个无偏估计量为$\frac{1}{mn-1}(mn\overline{X}^2-\overline{X})$.

3. **解** (1) 总体的一阶矩 $\mu_1=E(X)=\theta^2+2\theta(1-\theta)+3(1-\theta)^2=-2\theta+3$，得 $\theta=(3-\mu_1)/2$，所以 θ 的矩估计量为 $\hat{\theta}=(3-\overline{X})/2$.

(2) 样本的似然函数为 $L(\theta)=\theta^{12}[2\theta(1-\theta)]^4(1-\theta)^8=16\theta^{16}(1-\theta)^{12}$，取对数得 $\ln L(\theta)=\ln16+16\ln\theta+12\ln(1-\theta)$.关于 θ 求导数，并令$\frac{d\ln L(\theta)}{d\theta}=\frac{16}{\theta}-\frac{12}{1-\theta}=0$，得 θ 的最大似然估计值为 $\hat{\theta}=\frac{4}{7}$.

4. **分析** 概率密度的自变量受到参数 θ 的约束，θ 的最大似然估计应该是样本的最值.参见例 7.7.1.

解 (1) 样本的似然函数为 $L(\theta)=\prod_{i=1}^n\frac{1}{\theta}=\frac{1}{\theta^n}(0<x_i\leqslant\theta,i=1,2,\cdots,n)$，显然 θ 越小，$L(\theta)$ 越大，而 $\theta\geqslant\max\{x_1,x_2,\cdots,x_n\}$，故 $\theta=\max\{x_1,x_2,\cdots,x_n\}$ 时，$L(\theta)$ 达到最大.所以 θ 的最大似然估计量为 $\hat{\theta}=\max\{X_1,X_2,\cdots,X_n\}$.

(2) 设 $Y=\max\{X_1,X_2,\cdots,X_n\}$，需求出 Y 的概率密度.总体 X 的分布函数为
$$F(x)=\int_{-\infty}^x f(x)dx=\begin{cases}0, & x\leqslant0,\\ \int_0^x\frac{1}{\theta}dx, & 0<x\leqslant\theta,\\ 1, & x>\theta\end{cases}=\begin{cases}0, & x\leqslant0,\\ \frac{x}{\theta}, & 0<x\leqslant\theta,\\ 1, & x>\theta,\end{cases}$$

则
$$F_Y(y)=[F(y)]^n,\quad f_Y(y)=n[F(y)]^{n-1}f(y)=\begin{cases}\dfrac{ny^{n-1}}{\theta^n}, & 0<y\leqslant\theta,\\ 0, & \text{其他}.\end{cases}$$

由于 $E(Y)=\int_0^\theta y\dfrac{ny^{n-1}}{\theta^n}dy=\dfrac{n}{n+1}\theta\neq\theta$，所以 $\hat\theta=\max\{X_1,X_2,\cdots,X_n\}$ 不是 θ 的无偏估计量.

(3) 令 $Z=\dfrac{n+1}{n}Y$，则 $E(Z)=E\left(\dfrac{n+1}{n}Y\right)=\dfrac{n+1}{n}\dfrac{n}{n+1}\theta=\theta$. 所以 $\hat\theta^*=\dfrac{n+1}{n}\max\{X_1,X_2,\cdots,X_n\}$ 为 θ 的无偏估计量.

5. 解　两总体的方差未知但相等时，$\mu_1-\mu_2$ 的置信度为 $1-\alpha$ 的置信区间为
$$\left(\overline{X}-\overline{Y}-t_{\alpha/2}(n_1+n_2-2)S_w\sqrt{\frac{1}{n_1}+\frac{1}{n_2}},\ \overline{X}-\overline{Y}+t_{\alpha/2}(n_1+n_2-2)S_w\sqrt{\frac{1}{n_1}+\frac{1}{n_2}}\right).$$

将 $\bar x=175.9,\bar y=172.0,s_1^2=11.3,s_1^2=9.1,n_1=5,n_2=6,t_{0.025}(9)=2.2622,s_w^2=\dfrac{(n_1-1)s_1^2+(n_2-1)s_2^2}{n_1+n_2-2}$ $=10.08$ 代入置信区间的表达式，得 $\mu_1-\mu_2$ 的置信度为 0.95 的置信区间为 $(-0.44,8.24)$.

6. 分析　先利用正态分布的性质求出任意一个 $X_i-\overline{X}$ 的分布，再求 $|X_i-\overline{X}|$ 的期望，然后利用期望的性质求 $\hat\sigma$ 的期望，根据无偏性得到 k.

解　由于 $X_1,X_2,\cdots,X_n$ 独立同分布，所以 $E(\hat\sigma)=kE\left(\sum\limits_{i=1}^n|X_i-\overline{X}|\right)=knE(|X_1-\overline{X}|)$，且
$$X_1-\overline{X}=\frac{n-1}{n}X_1-\frac{1}{n}X_2-\cdots-\frac{1}{n}X_n$$
服从正态分布. 因为 $E(X_1-\overline{X})=0,D(X_1-\overline{X})=\dfrac{n-1}{n}\sigma^2$，所以 $X_1-\overline{X}\sim N\left(0,\dfrac{n-1}{n}\sigma^2\right)$. 又因为
$$E(|X_1-\overline{X}|)=\int_{-\infty}^{+\infty}|x|\frac{1}{\sqrt{2\pi}\sqrt{\frac{n-1}{n}}\sigma}e^{-\frac{1}{2\frac{n-1}{n}\sigma^2}x^2}dx=\sqrt{\frac{2(n-1)}{n\pi}}\sigma,$$

则 $E(\hat\sigma)=kn\sqrt{\dfrac{2(n-1)}{n\pi}}\sigma=k\sqrt{\dfrac{2n(n-1)}{\pi}}\sigma$. 所以当 $\hat\sigma$ 为 σ 的无偏估计时，有 $k=\sqrt{\dfrac{\pi}{2n(n-1)}}$.

四、证明题：

分析　只需证明 $E[\varphi(X_1,\cdots,X_n)]=\Phi\left(\dfrac{a-\mu}{\sigma}\right)$ 即可. 由条件知，$\varphi(X_1,\cdots,X_n)$ 服从 0-1 分布.

证　因为 $E[\varphi(X_1,\cdots,X_n)]=1\cdot P\{X_1\leqslant a\}+0\cdot P\{X_1>a\}=P\left\{\dfrac{X_1-\mu}{\sigma}\leqslant\dfrac{a-\mu}{\sigma}\right\}=\Phi\left(\dfrac{a-\mu}{\sigma}\right)$，所以 $\varphi(X_1,\cdots,X_n)$ 是 $\Phi\left(\dfrac{a-\mu}{\sigma}\right)$ 的无偏估计量.

自测题八

一、单项选择题：

1. (B).　**解析**　两类错误都是对 H_0 而言的，第二类错误是取伪的错误. 故选(B).

2. (A).　**解析**　α 是犯第一类错误的概率，即拒真的概率，α 越小，越不容易拒绝 H_0，故必容易接受 H_o，或参见例 8.3.3 的解，本题是例 8.3.3 的逆问题. 选(A).

3. (D).

4. (C).　**解析**　显著性水平 α 越小，接受域越大，拒绝域自然越小；虽然 H_0 为真时拒绝 H_0 是小概率事件，但仍然会发生，所以检验统计量的值落入拒绝域，H_0 也可能是真的；拒绝域是由 α 的大小确定的，而

α 和 β 没有确切的关系表达式，仅给定 β，不能确定拒绝域.故选(C).

二、填空题：

1. $\dfrac{\overline{X}\sqrt{n(n-1)}}{Q}$. **解** 由于 σ^2 未知，因此对总体期望的检验采用 T 检验，检验统计量为

$$T=\frac{\overline{X}-0}{S/\sqrt{n}}=\frac{\overline{X}\sqrt{n}}{\sqrt{\dfrac{1}{n-1}\sum_{i=1}^{n}(X_i-\overline{X})^2}}=\frac{\overline{X}\ \sqrt{n(n-1)}}{Q}.$$

2. 1.176. **解** 检验问题 $H_0:\mu=\mu_0,H_1:\mu\neq\mu_0$ 的拒绝域为 $\left|\dfrac{\overline{x}-\mu_0}{3/\sqrt{25}}\right|\geqslant u_{0.025}=1.96$，所以

$$|\overline{x}-\mu_0|\geqslant 1.96\times\frac{3}{5}=1.176,\quad 即\quad C=1.176.$$

三、计算题和应用题：

1. 分析 单正态总体方差未知时，关于总体期望的检验采用 T 检验.题目中出现的新情况是贷款规模有扩大的趋势，故这是右边检验.

解 提出假设 $H_0:\mu\leqslant 60,H_1:\mu>60$.选取检验统计量 $T=\dfrac{\overline{X}-60}{S/\sqrt{n}}\sim t(n-1)(\mu=60\text{ 时})$，其中 $n=16$.

在显著性水平 $\alpha=0.05$ 下，拒绝域为 $t>t_{0.05}(15)=1.7531$.计算得 $t=\dfrac{68-60}{20/4}=1.6<1.7531$，即检验统计量的值没有落入拒绝域，所以不拒绝 H_0，即认为贷款数额符合银行的规定.

2. 分析 均值和方差都要进行检验，参见例 8.4.2.

解 (1) 提出假设 $H_0:\mu=500,H_1:\mu\neq 500$.选取检验统计量 $T=\dfrac{\overline{X}-500}{S/\sqrt{9}}\sim t(8)(\mu=500\text{ 时})$.

对于显著性水平 $\alpha=0.05$，拒绝域为 $|t|\geqslant t_{0.025}(8)=2.306$.计算得 $|t|=\left|\dfrac{499-500}{16.03/3}\right|=0.187<2.306$，即检验统计量的值没有落入拒绝域，所以不拒绝 H_0，即认为 μ 与 500 没有显著性差异.

(2) 提出假设 $H_0:\sigma^2\leqslant 10^2$，$H_1:\sigma^2>10^2$.选取检验统计量 $\chi^2=\dfrac{8S^2}{10^2}\sim\chi^2(8)(\sigma^2=10^2\text{ 时})$.

对于显著性水平 $\alpha=0.05$，拒绝域为 $\chi^2\geqslant\chi^2_{0.05}(8)=15.507$.计算得 $\chi^2=\dfrac{8\times 16.03^2}{10^2}=20.557>15.507$，即检验统计量的值落入拒绝域，所以拒绝 H_0，即认为标准差已超过 10 g.

综上所述，认为机器工作不正常.

3. 解 提出假设 $H_0:\mu_D\leqslant 0,H_1:\mu_D>0$.选取检验统计量 $T=\dfrac{\overline{D}-0}{S_D/\sqrt{n}}\sim t(7)(\mu_D=0\text{ 时})$.

对于显著性水平 $\alpha=0.05$，拒绝域为 $t\geqslant t_{0.05}(7)=1.8946$.计算得 $\overline{d}=\dfrac{1}{8}\sum_{i=1}^{8}d_i=1.25$，$s_D=1.2817$，可知 $t=\dfrac{1.25}{1.2817/\sqrt{8}}=2.758>1.8946$，即检验统计量的值落入拒绝域，所以拒绝 H_0，即认为早晨身高要比晚上的高.

4. 分析 双正态总体参数的假设检验，第(1)问是方差齐性检验，若通过了方差齐性检验，在此基础上检验均值是否相等.

解 (1) 提出假设 $H_0:\sigma_1^2=\sigma_2^2,H_1:\sigma_1^2\neq\sigma_2^2$.选取检验统计量 $F=\dfrac{S_1^2}{S_2^2}\sim F(7,9)(\sigma_1^2=\sigma_2^2\text{ 时})$.

对于显著性水平 $\alpha=0.05$,拒绝域为 $F\geqslant F_{0.025}(7,9)=4.20$ 或 $F\leqslant F_{0.975}(7,9)=\dfrac{1}{F_{0.025}(9,7)}=\dfrac{1}{4.82}$.计算得 $s_1^2=0.0146^2$,$s_2^2=0.0097^2$,$F=\dfrac{s_1^2}{s_2^2}=2.2655$,即检验统计量的值没有落入拒绝域,故不拒绝 H_0,即认为两个总体的方差是相等的.

(2) 提出假设 H_0': $\mu_1=\mu_2$,H_1': $\mu_1\neq\mu_2$.选取检验统计量 $T=\dfrac{\overline{X}-\overline{Y}}{S_w\sqrt{1/n_1+1/n_2}}\sim t(16)$($\mu_1=\mu_2$ 时).

对于显著性水平 $\alpha=0.05$,拒绝域为 $|t|\geqslant t_{0.025}(16)=2.1199$.计算得 $\overline{x}=0.2319$,$\overline{y}=0.2097$,$s_w^2=\dfrac{(n_1-1)s_1^2+(n_2-1)s_2^2}{n_1+n_2-2}=0.012^2$,代入统计量 T 的表达式得 $|t|=\left|\dfrac{0.0222}{0.012\sqrt{1/8+1/10}}\right|=3.900>2.1199$,即检验统计量的值落入拒绝域,故拒绝 H_0',即认为两个作家所写的小品文中包含由 3 个字母组成的单词的比例有明显的差异.

模拟试卷 A

一、单项选择题:

1. (C). **解析**　因为 $P(A_1A_2B)\leqslant P(A_1A_2)=0$,所以

$$P(A_1A_2|B)=\frac{P(A_1A_2B)}{P(B)}=0,$$

$$P(A_1\cup A_2|B)=P(A_1|B)+P(A_2|B)-P(A_1A_2|B)=P(A_1|B)+P(A_2|B).$$

故(A),(B)均正确.又 $P(\overline{A}_1\cup\overline{A}_2|B)=P(\overline{A_1A_2}|B)=1-P(A_1A_2|B)=1$,所以(D)正确.由排除法知选(C).事实上,由

$$\begin{aligned}P(\overline{A}_1\overline{A}_2|B)&=P(\overline{A_1\cup A_2}|B)=1-P(A_1\cup A_2|B)\\&=1-[P(A_1|B)+P(A_2|B)-P(A_1A_2|B)]\end{aligned}$$

知道 $P(A_1A_2|B)=0$,而 $P(A_1|B)$,$P(A_2|B)$不一定为 0,所以 $P(\overline{A}_1\overline{A}_2|B)$不一定为 1.

2. (B). **解析**　两个事件的独立与互斥之间有如下关系:

(1) 若 $P(A)>0$,$P(B)>0$,则有 A,B 互斥$\Longrightarrow A,B$ 不相互独立;A,B 相互独立$\Longrightarrow A,B$ 不互斥.注意上述结论是单向的,即若 A,B 非互斥,则 A,B 的独立性不定.

(2) 若 $P(A)=0$(或 $P(B)=0$),则 A,B 相互独立;

(3) 不可能事件与任意事件互斥,且独立.

分析各选项:

对于(A),因为 A,B 非互斥,则 A,B 的独立性不定,所以(A)不成立;

对于(C),若 $P(A)>0$,$P(B)>0$,又 A,B 互斥,则 A,B 不相互独立,所以(C)不成立.

对于(D),若有 $P(A)=0$(或 $P(B)=0$),尽管 A,B 互斥,也有 A,B 相互独立,所以(D)不成立.故选(B).

3. (B). **解析**　$X-Y$ 与 $X+Y$ 均服从正态分布,即四个选项均为服从正态分布的随机变量大于等于一个数的概率为 1/2,关键就在于 $X-Y$ 与 $X+Y$ 的期望,而 $\mathrm{E}(X-Y)=-1$,$\mathrm{E}(X+Y)=1$,所以选(B).

4. (C). **解析**　X 与 Y 相互独立,则$(X-1)$与$(Y-2)$相互独立,所以

$$\mathrm{E}[(X-1)(Y-2)]=\mathrm{E}(X-1)\mathrm{E}(Y-2)=[\mathrm{E}(X)-1][\mathrm{E}(Y)-2]=2.$$

又知道 $\mathrm{E}(X)=\lambda$,$\mathrm{E}(Y)=\theta$,经计算知,(C)不成立.

5. (B). **解析**　切比雪夫不等式为:设 $\mathrm{E}(X)=\mu$,$\mathrm{D}(X)=\sigma^2$,则对任意 $\varepsilon>0$,有

$$P\{|X-\mu|\geqslant\varepsilon\}\leqslant\sigma^2/\varepsilon^2\quad 或\quad P\{|X-\mu|<\varepsilon\}\geqslant1-\sigma^2/\varepsilon^2.$$

将题目所给条件代入不等式有

$$P\{|X-0|\geqslant 2\}=P\{|X|\geqslant 2\}\leqslant 1/4=0.25$$

或

$$P\{|X-0|<2\}=P\{|X|<2\}\geqslant 1-1/4=0.75,$$

所以选(B).

6. (A). **解析**　有结论：$(X_1,X_2,\cdots,X_n)$服从 n 维正态分布$\Longleftrightarrow l_1X_1+l_2X_2+\cdots+l_nX_n$ 服从一维正态分布($l_1,l_2,\cdots,l_n$ 不全为 0)，所以(A)成立，(C)不成立.关于(B)，(D)，由于 X,Y 不一定服从标准正态分布，X^2,Y^2 也就不一定服从 χ^2 分布.又因为 $\rho\neq 0$，X 与 Y 不相互独立，"X^2+Y^2 服从 χ^2 分布"与"$\frac{X^2}{Y^2}$ 服从 F 分布"就更无从说起.

二、填空题：

1. $P\{X=k\}=C_{n-1}^{k-1}p^k(1-p)^{n-k}(k=1,2,\cdots,n)$. **解**　射中次数 X 的可能取值有 $1,2,\cdots,n$.当 $X=k$ 时，必然是前 $n-1$ 次射中 $k-1$ 次.每次射中的概率为 p，说明各次射击是相互独立的. 所以 X 的分布律为

$$P\{X=k\}=C_{n-1}^{k-1}p^k(1-p)^{n-k}\quad(k=1,2,\cdots,n).$$

2. 0.7. **解**　因为

$$P\{Y\leqslant c\}=P\{1-X\leqslant c\}=P\{X\geqslant 1-c\}=1-P\{X\leqslant 1-c\}=0.2,$$

$$P\{X\leqslant 1-c\}=0.8,\quad 1-c=0.3,$$

所以 $c=0.7$.

3.

Z	0	1
P	1/9	8/9

. **解**　Z 的可能取值为 0，1，取各值的概率分别为

$$P\{Z=0\}=P\{\max\{X,Y\}=0\}=P\{X=0,Y=0\}=P\{X=0\}P\{Y=0\}=1/9,$$

$$P\{Z=1\}=1-P\{Z=0\}=8/9,$$

所以 $Z=\max\{X,Y\}$的分布律为

Z	0	1
P	1/9	8/9

.

4. 3. **解**　由题设 $D(X)=D(Y)=4$，再由方差、协方差的性质及相关系数的定义得

$$D\left(\frac{1}{2}X+Y\right)=D\left(\frac{1}{2}X\right)+D(Y)+2\mathrm{cov}\left(\frac{1}{2}X,Y\right)=\frac{1}{4}D(X)+D(Y)+\mathrm{cov}(X,Y)$$

$$=\frac{1}{4}D(X)+D(Y)+\rho_{XY}\sqrt{D(X)D(Y)}=3.$$

5. 1/2，5. **解析**　设成功次数为 X，$X\sim B(100,p)$，求 p 使 X 的方差 $D(X)=100\times p\times(1-p)$最大，则使标准差 $\sigma=\sqrt{100\times p\times(1-p)}$最大. 只要求函数 $g(p)=p\times(1-p)$的最大值点与最大值即可. 令 $g'(p)=[p\times(1-p)]'=1-2p=0$，得 $p=1/2$，且 $g''(1/2)=-2$，所以当 $p=1/2$ 时，σ 取最大值，为

$$\sigma=\sqrt{100\times\frac{1}{2}\times\left(1-\frac{1}{2}\right)}=5.$$

6. (4.412，5.588)；5.6198. **解**　因为

$$\frac{\overline{X}-\mu}{\sigma/\sqrt{n}}\sim N(0,1),\quad P\left\{\left|\frac{\overline{X}-\mu}{\sigma/\sqrt{n}}\right|\leqslant u_{0.025}\right\}=0.95,$$

$$P\{\overline{X}-(\sigma/\sqrt{n})\times u_{0.025}\leqslant\mu\leqslant\overline{X}+(\sigma/\sqrt{n})\times u_{0.025}\}=0.95,$$

所以当方差 $\sigma^2=0.9^2$ 时，总体均值 μ 的置信度为 0.95 的置信区间为

$$(\bar{x}-(\sigma/\sqrt{n})\times u_{0.025}\leqslant\mu\leqslant\bar{x}+(\sigma/\sqrt{n})\times u_{0.025})$$
$$=(5-0.3\times1.96,5+0.3\times1.96)=(4.412,5.588).$$

因为 $$\frac{\overline{X}-\mu}{S/\sqrt{n}}\sim t(n-1),\quad P\left\{\frac{\overline{X}-\mu}{S/\sqrt{n}}\geqslant -t_{0.05}(n-1)\right\}=0.95,$$

$$P\{\mu\leqslant\overline{X}+(S/\sqrt{n})\times t_{0.05}(n-1)\}=0.95,$$

所以当方差未知时，总体均值 μ 的置信度为 0.95 的单侧置信上限为

$$\bar{x}+(s/\sqrt{n})\times t_{0.05}(n-1)=5+(1/3)\times1.8595=5.6198.$$

三、判断题：

1. (×). **解** 从发生角度判断，左边事件 $(A-B)\cup B$ 发生为 $A-B$ 发生或 B 发生，而右边事件发生仅为事件 A 发生，两边非同时发生，所以等式不成立.

2. (√). **解** 因为左式 $=AB-AC=AB\overline{AC}=AB(\bar{A}\cup\bar{C})=AB\bar{A}\cup AB\bar{C}=AB\bar{C}$，右式 $=A(B\bar{C})=AB\bar{C}$，所以等式成立.

3. (×). **解** 参阅例 1.6.1，可知事件是否独立在不同的条件下会有不同结果.故事件 A,B 相互独立，在事件 C 发生条件下不一定仍然相互独立.

4. (√). **解** 因为 A,B,C 三个事件相互独立，则 $A,\bar{B},\bar{C}$ 相互独立，从而 A 与 $\bar{B}\cup\bar{C}$ 独立.

5. (×). **解** 有效性的比较，要以无偏性为前提，没有无偏性，方差小没有任何意义.

6. (×). **解** 当假设检验内容与样本容量确定时，若减小犯第一类错误的概率则加大犯第二类错误的概率.

四、计算题：

1. 分析 这是一道典型的利用全概公式与贝叶斯公式求解的题目，先求一件索赔事件经过协商解决的概率，其中质量问题、数量短缺问题、包装问题即构成一完备事件组.

解 设 A 为索赔事件经过协商得到解决，B_1,B_2,B_3 分别为质量问题、数量短缺问题、包装问题，则

$$P(A)=P(AB_1\cup AB_2\cup AB_3)=P(AB_1)+P(AB_2)+P(AB_3)$$
$$=P(B_1)P(A|B_1)+P(B_2)P(A|B_2)+P(B_3)P(A|B_3)$$
$$=0.5\times0.4+0.3\times0.6+0.2\times0.75=0.53.$$

故一件索赔事件经过协商解决了，其属于质量问题的概率为

$$P(B_1|A)=\frac{P(B_1)P(A|B_1)}{P(A)}=\frac{0.5\times0.4}{0.53}=0.38,$$

所以其不属于质量问题的概率为

$$P(\bar{B}_1|A)=1-P(B_1\mid A)=0.62.$$

评注 (1) 直接求协商解决条件下不属于质量问题的概率也可，注意 $\bar{B}_1=B_2\cup B_3$，故

$$P(\bar{B}_1|A)=P(B_2\cup B_3|A)=P(B_2|A)+P(B_3|A)$$
$$=\frac{P(B_2)P(A|B_2)}{P(A)}+\frac{P(B_3)P(A|B_3)}{P(A)}=\frac{0.3\times0.6}{0.53}+\frac{0.2\times0.75}{0.53}=0.62.$$

(2) 若变形为 $P(\bar{B}_1|A)=\dfrac{P(\bar{B}_1)P(A|\bar{B}_1)}{P(A)}$，则步入误区，因为 $P(A|\bar{B}_1)$ 没有给出.

(3) 条件概率也有性质：互为对立事件的条件概率和为 1；互斥事件和的条件概率等于条件概率的和.

2. 解 (1) 当 X 在 $(-1,2)$ 内取值时，Y 的取值属于 $[0,4)$，故当 $y\leqslant0$ 时，$F_Y(y)=0$；当 $y\geqslant4$ 时，$F_Y(y)=$

1.对任意 $y\in(0,4)$,有

$$F_Y(y)=P\{X^2\leqslant y\}=P\{-\sqrt{y}\leqslant X\leqslant\sqrt{y}\}=F_X(\sqrt{y})-F_X(-\sqrt{y}),$$

$$f_Y(y)=f_X(\sqrt{y})\frac{1}{2\sqrt{y}}+f_X(-\sqrt{y})\frac{1}{2\sqrt{y}}.$$

当 $y\in(0,1)$时, $f_Y(y)=\frac{1}{4}\times\frac{1}{2\sqrt{y}}+\frac{1}{2}\times\frac{1}{2\sqrt{y}}=\frac{3}{4}\times\frac{1}{2\sqrt{y}}=\frac{3}{8\sqrt{y}}$;

$y\in(1,4)$时, $f_Y(y)=f_X(\sqrt{y})\frac{1}{2\sqrt{y}}+0\times\frac{1}{2\sqrt{y}}=\frac{1}{4}\times\frac{1}{2\sqrt{y}}=\frac{1}{8\sqrt{y}}$.

综上所述

$$f_Y(y)=\begin{cases}\frac{3}{8\sqrt{y}}, & 0<y<1,\\ \frac{1}{8\sqrt{y}}, & 1<y<4,\\ 0, & \text{其他}.\end{cases}$$

(2) $\operatorname{cov}(X,Y)=\operatorname{cov}(X,X^2)=E(X^3)-E(X)E(X^2)=2/3$,其中

$$E(X^3)=\int_{-1}^0 x^3\frac{1}{2}dx+\int_0^2 x^3\frac{1}{4}dx=\frac{7}{8},\quad E(X)=\int_{-1}^0 x\frac{1}{2}dx+\int_0^2 x\frac{1}{4}dx=\frac{1}{4},$$

$$E(X^2)=\int_{-1}^0 x^2\frac{1}{2}dx+\int_0^2 x^2\frac{1}{4}dx=\frac{5}{6}.$$

(3) (X,Y)的分布函数在$(-1/2,4)$点的值为

$$F\left(-\frac{1}{2},4\right)=P\left\{X\leqslant-\frac{1}{2},X^2\leqslant 4\right\}=P\left\{X\leqslant-\frac{1}{2}\right\}=\int_{-1}^{-\frac{1}{2}}\frac{1}{2}dx=\frac{1}{4}.$$

评注　求 Y 的分布函数 $F_Y(y)$转化为计算概率 $P\{-\sqrt{y}\leqslant X\leqslant\sqrt{y}\}$,也可以通过对 X 的概率密度积分得到,再求导得到 Y 概率密度.

3. 解　(1) X_1,X_2 的可能取值均为$-1,1,2$,显然

$$P\{X_1=-1,X_2=-1\}=0,\quad P\{X_1=2,X_2=2\}=0;$$

$$P\{X_1=1,X_2=1\}=P\{X_1=1\}P\{X_2=1|X_1=1\}=\frac{2}{4}\times\frac{1}{3}=\frac{2}{12};$$

$$P\{X_1=-1,X_2=1\}=P\{X_1=-1\}P\{X_2=1|X_1=-1\}=\frac{1}{4}\times\frac{2}{3}=\frac{2}{12};$$

$$P\{X_1=-1,X_2=2\}=P\{X_1=-1\}P\{X_2=2|X_1=-1\}=\frac{1}{4}\times\frac{1}{3}=\frac{1}{12};$$

$$P\{X_1=1,X_2=-1\}=P\{X_1=1\}P\{X_2=-1|X_1=1\}=\frac{2}{4}\times\frac{1}{3}=\frac{2}{12},$$

其他类似可得,于是得到联合分布律,见表 1.

表　1

X_1 \ X_2	-1	1	2
-1	0	2/12	1/12
1	2/12	2/12	2/12
2	1/12	2/12	0

(2) X_1,X_2 的边缘分布律分别为

X_1	-1	1	2
P	1/4	2/4	1/4

X_2	-1	1	2
P	1/4	2/4	1/4

又 $P\{X_1=1,X_2=1\}=1/6$,$P\{X_1=1\}P\{X_2=1\}=1/4$,所以 X_1,X_2 相互不独立.

(3) 当 $X_1=-1$ 时,X_2 的可能取值为 1,2,故当 $X_1=-1$ 时,X_2 的条件分布律为

$$P\{X_2=1|X_1=-1\}=\frac{P\{X_2=1,X_1=-1\}}{P\{X_1=-1\}}=\frac{2/12}{1/4}=\frac{2}{3},\quad P\{X_2=2|X_1=-1\}=\frac{1}{3}.$$

(4) 列表确定 $Y=X_1+X_2$ 的可能取值,见表 2(a),表中数值为 $(X_1,X_2)=(x_{1i},x_{2j})$ 时 $Y=x_{1i}+x_{2j}$ 的对应取值 $x_{1i}+x_{2j}$.

表 2(a)

X_1+X_2	-1	1	2
-1	-2	0	1
1	0	2	3
2	1	3	4

表 2(b)

Y	0	1	2	3
P	$\frac{4}{12}$	$\frac{2}{12}$	$\frac{2}{12}$	$\frac{4}{12}$

$Y=X_1+X_2$ 的分布律见表 2(b),其中

$$P\{Y=0\}=P\{(X_1=-1,X_2=1)\cup(X_1=1,X_2=-1)\}=2/12+2/12=4/12,$$

其余类推.

评注 (1) 在确定联合分布律时,将 X_1,X_2 的可能取值列为 $-1,1,1,2$,也即将两个 1 作为两个取值,是较常见的错误.

(2) 计算条件概率 $P\{X_2=1|X_1=-1\}$,根据条件概率的本质含义可以直接得出结果.在 $X_1=-1$ 发生条件下,即已知第一次取出 -1 号球,袋中还有 2 个 1 号球,1 个 2 号球,第二次取到 1 号球的概率显然为 2/3.

4. 分析 有 X 的边缘概率密度与 Y 的条件概率密度可以确定联合概率密度,进而可以确定 Y 的边缘概率密度,以及判断独立性.

解 (1) 当 $x>0,y>0$ 时,(X,Y) 的联合概率密度为 $f(x,y)=f_X(x)f_{Y|X}(y|x)=\lambda x\mathrm{e}^{-x(\lambda+y)}$;当 $x\leqslant 0$ 或 $y\leqslant 0$ 时,$f(x,y)=0$,即 $f(x,y)=\begin{cases}\lambda x\mathrm{e}^{-x(\lambda+y)}, & x>0,y>0,\\ 0, & x\leqslant 0 \text{ 或 } y\leqslant 0;\end{cases}$

当 $y\leqslant 0$ 时,$f_Y(y)=\int_{-\infty}^{+\infty}f(x,y)\mathrm{d}x=\int_{-\infty}^{+\infty}0\mathrm{d}x=0$;

当 $y>0$ 时,

$$\begin{aligned}f_Y(y)&=\int_0^{+\infty}\lambda x\mathrm{e}^{-x(\lambda+y)}\mathrm{d}x=\lambda\left[-\frac{1}{\lambda+y}x\mathrm{e}^{-x(\lambda+y)}\Big|_0^{+\infty}+\int_0^{+\infty}\mathrm{e}^{-x(\lambda+y)}\mathrm{d}x\right]\\&=\lambda\left[-\frac{1}{\lambda+y}\mathrm{e}^{-x(\lambda+y)}\Big|_0^{+\infty}\right]=\frac{\lambda}{\lambda+y}.\end{aligned}$$

综上所述,$f_Y(y)=\begin{cases}\dfrac{\lambda}{\lambda+y}, & y>0,\\ 0, & y\leqslant 0.\end{cases}$

(2) 当 $x>0$ 且 $y>0$ 时,(X,Y)的联合概率密度为 $f(x,y)=\lambda x\mathrm{e}^{-x(\lambda+y)}$,而 X,Y 的边缘概率密度的积为 $f_X(x)f_Y(y)=\lambda\mathrm{e}^{-\lambda x}\cdot\dfrac{\lambda}{\lambda+y}=\dfrac{\lambda^2\mathrm{e}^{-\lambda x}}{\lambda+y}$,二者不等,所以 X 与 Y 不独立.

(3) $f_Y(2)=\dfrac{\lambda}{\lambda+2}$.当 $x>0$ 时,$f(x,2)=\lambda x\mathrm{e}^{-x(\lambda+2)}$;当 $x\leqslant 0$ 时,$f(x,2)=0$.所以 $Y=2$ 的条件下,随机变量 X 的条件概率密度为

$$f_{X|Y}(x\mid 2)=\frac{f(x,2)}{f_Y(2)}=\begin{cases}(\lambda+2)x\mathrm{e}^{-x(\lambda+2)}, & x>0,\\ 0, & x\leqslant 0.\end{cases}$$

5. 解 设每周所得利润为 Z,则

$$Z=\begin{cases}1000X, & X\leqslant Y,\\ 1000Y+500(X-Y), & X>Y\end{cases}=\begin{cases}1000X, & X\leqslant Y,\\ 500X+500Y, & X>Y.\end{cases}$$

由题目所给 X 与 Y 相互独立,且均服从均匀分布,故(X,Y)服从 $G=\{(x,y)\mid 0\leqslant x\leqslant 10,0\leqslant y\leqslant 10\}$上的均匀分布,概率密度为

$$f(x,y)=\begin{cases}1/100, & 0\leqslant x\leqslant 10,0\leqslant y\leqslant 10,\\ 0, & \text{其他}.\end{cases}$$

所以每周所得利润 Z 的期望为

$$\begin{aligned}\mathrm{E}(Z)&=\int_0^{10}\mathrm{d}x\int_x^{10}1000x\times\frac{1}{100}\mathrm{d}y+\int_0^{10}\mathrm{d}x\int_0^x 500(x+y)\times\frac{1}{100}\mathrm{d}y\\&=\int_0^{10}\mathrm{d}x\int_x^{10}10x\,\mathrm{d}y+\int_0^{10}\mathrm{d}x\int_0^x 5(x+y)\mathrm{d}y\\&=\int_0^{10}10xy\Big|_x^{10}\mathrm{d}x+\int_0^{10}5\left(xy+\frac{1}{2}y^2\right)\Big|_0^x\mathrm{d}x\\&=\int_0^{10}10x(10-x)\mathrm{d}x+\int_0^{10}5(x^2+\frac{1}{2}x^2)\mathrm{d}x=4166.7.\end{aligned}$$

6. 分析 箱装苹果的净重为 100 个苹果质量的和,即 100 个独立同分布随机变量的和,由独立同分布中心极限定理,其近似服从正态分布.有净重的分布,其不少于 19.55 kg 的概率则易求.

解 设第 i 个苹果的质量为 $X_i(i=1,2,\cdots,100)$,则 $X_1,X_2,\cdots,X_{100}$ 相互独立同分布.由林德伯格-莱维中心极限定理有

$$\sum_{i=1}^{100}X_i\overset{\text{近似}}{\sim}N\left(\mathrm{E}\left(\sum_{i=1}^{100}X_i\right),\mathrm{D}\left(\sum_{i=1}^{100}X_i\right)\right),\quad \text{其中}\quad \mathrm{E}\left(\sum_{i=1}^{100}X_i\right)=20,\mathrm{D}\left(\sum_{i=1}^{100}X_i\right)=0.81,$$

即 $\sum\limits_{i=1}^{100}X_i\overset{\text{近似}}{\sim}N(20,0.81)$,故该批苹果的合格品率为

$$\begin{aligned}P\left\{\sum_{i=1}^{100}X_i\geqslant 19.5\right\}&=P\left\{\frac{\sum\limits_{i=1}^{100}X_i-20}{0.9}\geqslant\frac{19.5-20}{0.9}\right\}\\&=1-\Phi(-0.56)=\Phi(0.56)=0.7123.\end{aligned}$$

7. 分析 建立 θ 的似然函数,在 θ 的可取值范围内求使似然函数最大的值 $\hat{\theta}$,即 θ 的最大似然估计值.进而求最大似然估计量 $\hat{\theta}$ 的期望,若 $\mathrm{E}(\hat{\theta})=\theta$,则 $\hat{\theta}$ 是 θ 的无偏估计量.

解 (1) 设样本观察值为 $x_1,x_2,\cdots,x_n$,样本的似然函数为

$$L(\theta)=\prod_{i=1}^{n}f(x_i,\theta)=\prod_{i=1}^{n}\frac{1}{2\theta}\mathrm{e}^{-\frac{|x_i|}{\theta}}=\left(\frac{1}{2\theta}\right)^n\mathrm{e}^{-\frac{1}{\theta}\sum_{i=1}^{n}|x_i|},$$

取对数得
$$\ln L(\theta)=-n\ln 2\theta-\frac{1}{\theta}\sum_{i=1}^{n}|x_i|.$$

令
$$\frac{\mathrm{d}\ln L(\theta)}{\mathrm{d}\theta}=-\frac{n}{\theta}+\frac{1}{\theta^2}\sum_{i=1}^{n}|x_i|=\frac{1}{\theta^2}\left(\sum_{i=1}^{n}|x_i|-n\theta\right)=0,$$

得 θ 的最大似然估计值 $\hat{\theta}=\frac{1}{n}\sum_{i=1}^{n}|x_i|$，最大似然估计量 $\hat{\theta}=\frac{1}{n}\sum_{i=1}^{n}|X_i|$.

(2) 由题设 $X_1,X_2,\cdots,X_n$ 为来自 X 的样本，$X_i(i=1,2,\cdots,n)$ 与 X 同分布，故

$$\mathrm{E}(|X_i|)=\int_{-\infty}^{+\infty}|x|\frac{1}{2\theta}\mathrm{e}^{-\frac{|x|}{\theta}}\mathrm{d}x=2\int_0^{+\infty}x\frac{1}{2\theta}\mathrm{e}^{-\frac{x}{\theta}}\mathrm{d}x=\int_0^{+\infty}x\frac{1}{\theta}\mathrm{e}^{-\frac{x}{\theta}}\mathrm{d}x$$
$$=-x\mathrm{e}^{-\frac{x}{\theta}}\Big|_0^{+\infty}+\int_0^{+\infty}\mathrm{e}^{-\frac{x}{\theta}}\mathrm{d}x=-\theta\mathrm{e}^{-\frac{x}{\theta}}\Big|_0^{+\infty}=\theta.$$

因 $\mathrm{E}(\hat{\theta})=\mathrm{E}\left(\frac{1}{n}\sum_{i=1}^{n}|X_i|\right)=\mathrm{E}\left(\frac{n}{n}|X_i|\right)=\theta$，所以 $\hat{\theta}=\frac{1}{n}\sum_{i=1}^{n}|X_i|$ 是 θ 的无偏估计.

8. 分析　抽球次数 X 的分布不容易求，因为在首次抽到第 r 个不同号之前的情况非常复杂.分析试验的过程，从抽到第 $k-1$ 个号之后到首次抽到第 k 个号，中间可能经过 1 到无穷多次，抽球次数是随机变量，且中间只抽到抽过的 $k-1$ 个号，其服从几何分布，分布与期望均容易得到.而抽球次数 X 为 r 个随机变量的和，$\mathrm{E}(X)$ 可得.

解　设从抽到第 $k-1$ 个号之后到首次抽到第 k 个号的抽球次数为 X_k，则 $X=X_1+X_2+\cdots+X_r$，且

$$X_k\sim G\left(\frac{n-k+1}{n}\right),\quad \mathrm{E}(X_k)=\frac{n}{n-k+1}\quad(k=1,2,3,\cdots,r).$$

故
$$\mathrm{E}(X)=\mathrm{E}(X_1+X_2+\cdots+X_r)=\sum_{k=1}^{r}\mathrm{E}(X_k)=\sum_{k=1}^{r}\frac{n}{n-k+1}.$$

五、分析　机器正常的标准有两条：期望 $\mu=1000$ g，标准差 $\sigma\leqslant 15$ g，应该分别检验.

解　(1) 提出假设 $H_0:\mu=1000$，$H_1:\mu\neq 1000$.选择检验统计量 $T=\frac{\overline{X}-1000}{S/\sqrt{9}}\sim t(8)(\mu=1000$ 时).

对于显著性水平 $\alpha=0.05$，拒绝域为 $|t|\geqslant t_{0.025}(8)=2.306$.

计算检验统计量的值：$|t|=\left|\frac{998-1000}{30.23/\sqrt{9}}\right|=0.198<2.036$.所以接受 H_0.

(2) 提出假设 $H_0:\sigma\leqslant 15$，$H_1:\sigma>15$.选择检验统计量 $\chi^2=\frac{8S^2}{15^2}\sim\chi^2(8)(\sigma^2=15^2$ 时).

对于显著性水平 $\alpha=0.05$，拒绝域为 $\chi^2\geqslant\chi^2_{0.05}(8)=15.507$.

计算检验统计量的值：$\chi^2=\frac{8\times 30.23^2}{15^2}=32.49>15.507$.故拒绝 H_0，接受 H_1，即认为标准差显著大于 15.

综上所述可以认为机器工作不正常.

六、证明题：

1. 分析　由第六章定理 3 有 $\frac{\overline{X}-\mu}{S/\sqrt{n}}\sim t(n-1)$，其中 S 为样本标准差，该题目 S_1^2 恰为样本方差，似乎应该是 T_1 服从自由度为 $n-1$ 的 t 分布，然而定理 3 式中的 $\sqrt{n}$ 却没来源. 恰是由 S_2^2 构造样本方差，转化为式

子$\dfrac{\overline{X}-\mu}{S/\sqrt{n}}$的可能性大.

证　设样本方差$S^2=\dfrac{1}{n-1}\sum\limits_{i=1}^{n}(X_i-\overline{X})^2$,则

$$T_2=\frac{\overline{X}-\mu}{S_2/\sqrt{n-1}}=\frac{\overline{X}-\mu}{\sqrt{\dfrac{n-1}{n-1}}S_2\Big/\sqrt{n-1}}=\frac{\overline{X}-\mu}{\sqrt{\dfrac{n-1}{n}}S\Big/\sqrt{n-1}}=\frac{\overline{X}-\mu}{S/\sqrt{n}},$$

所以是(B) $T_2=\dfrac{\overline{X}-\mu}{S_2/\sqrt{n-1}}\sim t(n-1)$.

2. 证　因为

$$\begin{aligned}\operatorname{cov}(X_i-\overline{X},X_j-\overline{X})&=\operatorname{cov}(X_i,X_j)-\operatorname{cov}(\overline{X},X_j)-\operatorname{cov}(X_i,\overline{X})+\operatorname{cov}(\overline{X},\overline{X})\\&=0-\operatorname{cov}\left(\frac{1}{n}X_j,X_j\right)-\operatorname{cov}\left(X_i,\frac{1}{n}X_i\right)+\mathrm{D}(\overline{X})\\&=-\frac{1}{n}\mathrm{D}(X_j)-\frac{1}{n}\mathrm{D}(X_i)+\mathrm{D}(\overline{X})=\frac{\sigma^2}{n}-\frac{2}{n}\sigma^2=-\frac{1}{n}\sigma^2,\end{aligned}$$

$$\mathrm{D}(X_i-\overline{X})=\mathrm{D}(X_i)+\mathrm{D}(\overline{X})-2\operatorname{cov}(X_i,\overline{X})=\sigma^2+\frac{\sigma^2}{n}-\frac{2\sigma^2}{n}=\frac{n-1}{n}\sigma^2,$$

$$\mathrm{D}(X_i-\overline{X})=\mathrm{D}(X_j-\overline{X})=\frac{n-1}{n}\sigma^2,$$

所以
$$\rho(X_i-\overline{X},X_j-\overline{X})=\frac{\operatorname{cov}(X_i-\overline{X},X_j-\overline{X})}{\sqrt{\mathrm{D}(X_i-\overline{X})\mathrm{D}(X_j-\overline{X})}}=\frac{-\dfrac{1}{n}\sigma^2}{\dfrac{n-1}{n}\sigma^2}=-\frac{1}{n-1}.$$

模拟试卷 B

一、单项选择题:

1. (A).　**解**　第n次试验事件A发生,而前$n-1$次试验中事件A发生$k-1$次,因此所求概率为$\mathrm{C}_{n-1}^{k-1}p^k(1-p)^{n-k}$. 故选(A).

2. (D).　**解**　由已知,有

$$1=\int_{-\infty}^{+\infty}f(x)\mathrm{d}x=\int_{-\infty}^{+\infty}(af_1(x)+bf_2(x))\mathrm{d}x=a\int_{-\infty}^{+\infty}f_1(x)\mathrm{d}x+b\int_{-\infty}^{+\infty}f_2(x)\mathrm{d}x=a+b,$$

$$F(0)=\int_{-\infty}^{0}(af_1(x)+bf_2(x))\mathrm{d}x=a\int_{-\infty}^{0}f_1(x)\mathrm{d}x=a\times\frac{1}{2},\quad 即\quad a\times\frac{1}{2}=\frac{1}{8},\ a=\frac{1}{4},$$

于是$b=1-a=3/4$.故选(D).

3. (D).　**解**　由$\rho_{XY}=1$知,X与Y正相关,所以排除(A),(C).又不妨设$Y=aX+b$,则$1=\mathrm{E}(Y)=\mathrm{E}(aX+b)=a\mathrm{E}(X)+b=b$.故选(D).

4. (D).　**解**　由题设,$\sum\limits_{i=2}^{n}X_i^2\sim\chi(n-1)$,$X_1^2\sim\chi(1)$,且$\sum\limits_{i=2}^{n}X_i^2$与$X_1^2$相互独立,所以

$$(n-1)X_1^2\Big/\sum_{i=2}^{n}X_i^2\sim F(1,n-1).$$

故选(D).

5. (C).　**解**　因为

$$\mathrm{E}(\hat{\mu}_1)=\frac{1}{4}[\mathrm{E}(X_1)+2\mathrm{E}(X_2)+\mathrm{E}(X_3)]=\mu,$$

$$E(\hat{\mu}_2)=\frac{1}{6}[2E(X_1)+3E(X_2)+E(X_3)]=\mu,$$

$$E(\hat{\mu}_3)=\frac{1}{8}(X_1+X_2+X_3)=\frac{3}{8}\mu,$$

所以 $\hat{\mu}_1,\hat{\mu}_2$ 是无偏估计量，而 $\hat{\mu}_3$ 不是无偏估计量.又

$$D(\hat{\mu}_1)=\frac{1}{4^2}(D(X_1)+2^2D(X_2)+D(X_3))=\frac{3}{8}\sigma^2,$$

$$D(\hat{\mu}_2)=\frac{1}{6^2}(2^2D(X_1)+3^2D(X_2)+D(X_3))=\frac{7}{18}\sigma^2,$$

即 $D(\hat{\mu}_1)<D(\hat{\mu}_2)$，故选(C).

6. (A). **解** 显著性水平 α 越大，拒绝域越大，接受域越小，所以对应于显著性水平 $\alpha=0.05$ 的接受域必包含在对应于显著性水平 $\alpha=0.01$ 的接受域中.故选(A).

二、填空题：

1. 7/8. **解** $P(A\cup\bar{B})=1-P(\overline{A\cup\bar{B}})=1-P(\bar{A}B)=1-[P(B)-P(AB)]=0.8$，于是

$$P(A|A\cup\bar{B})=\frac{P(A(A\cup\bar{B}))}{P(A\cup\bar{B})}=\frac{P(A)}{P(A\cup\bar{B})}=\frac{7}{8}.$$

2. $e^{-1}/2$. **解** 由题设，$1=D(X)=E(X^2)-[E(X)]^2=E(X^2)-1$，所以 $E(X^2)=2$，$P\{X=2\}=1^2e^{-1}/2!=e^{-1}/2$.

3. $e^{-2}+e^{-3}-e^{-5}$. **解**

$$F_X(x)=F(x,+\infty)=\begin{cases}1-e^{-2x}, & x>0,\\ 0, & \text{其他},\end{cases}\quad F_Y(y)=F(+\infty,y)=\begin{cases}1-e^{-3y}, & y>0,\\ 0, & \text{其他},\end{cases}$$

由于对任意的 x,y，$F(x,y)=F_X(x)F_Y(y)$，所以 X 与 Y 相互独立.由此有

$$\begin{aligned}P\{\max(X,Y)>1\}&=1-P\{\max(X,Y)\leqslant 1\}=1-P\{X\leqslant 1,Y\leqslant 1\}\\&=1-P\{X\leqslant 1\}P\{Y\leqslant 1\}=1-F_X(1)F_Y(1)=e^{-2}+e^{-3}-e^{-5}.\end{aligned}$$

4. 1/3. **解** 由题设，$X\sim N(-2,1)$，$Y\sim N(2,4)$，于是 $E(X)=-2$，$D(X)=1$，$E(Y)=2$，$D(Y)=4$，$\rho_{XY}=-1/2$，所以

$$E(X+Y)=E(X)+E(Y)=0,\quad D(X+Y)=D(X)+D(Y)+2\rho_{XY}\sqrt{D(X)D(Y)}=3,$$

由切比雪夫不等式，有 $P\{|X+Y|\geqslant 3\}=P\{|X+Y-E(X+Y)|\geqslant 3\}\leqslant\frac{D(X+Y)}{3^2}=\frac{1}{3}$.

5. $\lambda+\lambda^2$. **解** 随机变量序列 $\{X_n^2\}$ 独立同分布，且 $E(X_i^2)=D(X_i)+[E(X_i)]^2=\lambda+\lambda^2$，由辛钦大数定律，有 $\frac{1}{n}\sum_{i=1}^{n}X_i^2\xrightarrow{P}\lambda+\lambda^2$.

6. $n,\frac{2}{9}n$. **解** 由题设，$E(X)=n$，$D(X)=2n$，于是

$$E(\bar{X})=E\left(\frac{1}{9}\sum_{i=1}^{9}X_i\right)=\frac{1}{9}\sum_{i=1}^{9}E(X_i)=n,\quad D(\bar{X})=D\left(\frac{1}{9}\sum_{i=1}^{9}X_i\right)=\frac{1}{9^2}\sum_{i=1}^{9}D(X_i)=\frac{2}{9}n.$$

三、计算题：

1. 解 设 $A_i=\{i$ 次交换后黑球出现在甲袋中$\}$，$\bar{A}_i=\{i$ 次交换后黑球出现在乙袋中$\}(i=1,2,3)$，则

$$P(A_2)=P(A_2|A_1)P(A_1)+P(A_2|\overline{A_1})P(\overline{A_1})=\frac{9}{10}\times\frac{9}{10}+\frac{1}{10}\times\frac{1}{10}=0.82,$$

$$P(A_3)=P(A_3|A_2)P(A_2)+P(A_3|\overline{A_2})P(\overline{A_2})=\frac{9}{10}\times\frac{82}{100}+\frac{1}{10}\times\frac{18}{100}=0.756.$$

2. 解 (1) 由规范性得 $1=\int_{-\infty}^{+\infty}f_X(x)\mathrm{d}x=\int_{-\pi/2}^{\pi/2}A\cos x\,\mathrm{d}x=A\sin x\Big|_{-\pi/2}^{\pi/2}=2A$，从而 $A=1/2$.

(2) 由 X 的概率密度表达式可知：

当 $x<-\pi/2$ 时，$F_X(x)=0$；当 $x\geqslant\pi/2$ 时，$F_X(x)=1$；当 $-\pi/2\leqslant x\leqslant\pi/2$ 时，

$$F_X(x)=\int_{-\infty}^{x}f_X(x)\mathrm{d}x=\frac{1}{2}\int_{-\pi/2}^{x}\cos x\,\mathrm{d}x=\frac{1}{2}(\sin x+1),$$

故 X 的分布函数为

$$F_X(x)=\begin{cases}0, & x<-\pi/2,\\ (\sin x+1)/2, & -\pi/2\leqslant x<\pi/2,\\ 1, & x\geqslant\pi/2,\end{cases}$$

(3) $y=\sin x$ 在 $\left(-\frac{\pi}{2},\frac{\pi}{2}\right)$ 内可导且 $y'=\cos x>0$，其反函数为 $x=h(y)=\arcsin y$，$h'(y)=\frac{1}{\sqrt{1-y^2}}$，

由公式得

$$f_Y(y)=\begin{cases}f_X(\arcsin y)\dfrac{1}{\sqrt{1-y^2}}, & -1<y<1,\\ 0, & \text{其他}\end{cases}=\begin{cases}\dfrac{1}{2\sqrt{1-y^2}\cos(\arcsin y)}, & -1<y<1,\\ 0, & \text{其他}.\end{cases}$$

3. 解 (1) 设 $X=\begin{cases}1, & \text{从甲盒取出红球},\\ 0, & \text{从甲盒取出白球},\end{cases}$ $Y=\begin{cases}1, & \text{从乙盒取出红球},\\ 0, & \text{从乙盒取出白球},\end{cases}$ 则有

$$P\{X=0,Y=0\}=\frac{3}{5}\times\frac{4}{6}=\frac{2}{5},\quad P\{X=1,Y=0\}=\frac{2}{5}\times\frac{3}{6}=\frac{1}{5},$$

$$P\{X=0,Y=1\}=\frac{3}{5}\times\frac{2}{6}=\frac{1}{5},\quad P\{X=1,Y=1\}=\frac{2}{5}\times\frac{3}{6}=\frac{1}{5}.$$

于是 (X,Y) 的联合分布律及关于 X 与关于 Y 的边缘分布律为

X \ Y	0	1	$P\{X=x_i\}$
0	2/5	1/5	3/5
1	1/5	1/5	2/5
$P\{Y=y_j\}$	3/5	2/5	1

(2) 从上表可看出，

$$\mathrm{E}(X)=2/5,\quad \mathrm{E}(Y)=2/5,\quad \mathrm{E}(XY)=P\{XY=1\}=P\{X=1,Y=1\}=1/5,$$

$$\mathrm{cov}(X,Y)=\mathrm{E}(XY)-\mathrm{E}(X)\mathrm{E}(Y)=1/25,\quad \mathrm{D}(X)=P\{X=0\}P\{X=1\}=6/25,$$

$$\mathrm{D}(Y)=P\{Y=0\}P\{Y=1\}=\frac{6}{25},\quad \rho_{XY}=\frac{\mathrm{cov}(X,Y)}{\sqrt{\mathrm{D}(X)}\sqrt{\mathrm{D}(Y)}}=\frac{1}{6}.$$

(3) 由 $\rho_{XY}=1/6\neq0$ 可知，X 与 Y 不是不相关的，显然 X 与 Y 不相互独立.

(4) (X,Y) 的协方差矩阵为

$$\begin{pmatrix}\mathrm{D}(X) & \mathrm{cov}(X,Y)\\ \mathrm{cov}(Y,X) & \mathrm{D}(Y)\end{pmatrix}=\begin{pmatrix}6/25 & 1/25\\ 1/25 & 6/25\end{pmatrix}.$$

4. 解 (1) 由题设，$f(x,y)$ 只在图 1 的阴影部分取非零值，所以

$$f_Y(y)=\int_{-\infty}^{+\infty}f(x,y)\mathrm{d}x=\begin{cases}\int_y^{+\infty}\mathrm{e}^{-x}\mathrm{d}x, & y>0,\\ 0, & y\leqslant 0\end{cases}=\begin{cases}\mathrm{e}^{-y}, & y>0,\\ 0, & y\leqslant 0,\end{cases}$$

$$f_X(x)=\int_{-\infty}^{+\infty}f(x,y)\mathrm{d}y=\begin{cases}\int_0^{x}\mathrm{e}^{-x}\mathrm{d}y, & x>0,\\ 0, & x\leqslant 0,\end{cases}=\begin{cases}x\mathrm{e}^{-x}, & x>0,\\ 0, & x\leqslant 0.\end{cases}$$

在区域 $G=\{(x,y)\mid 0<y<x\}$ 内(见图 1)，$f(x,y)\neq f_X(x)f_Y(y)$，所以 X 与 Y 不相互独立.

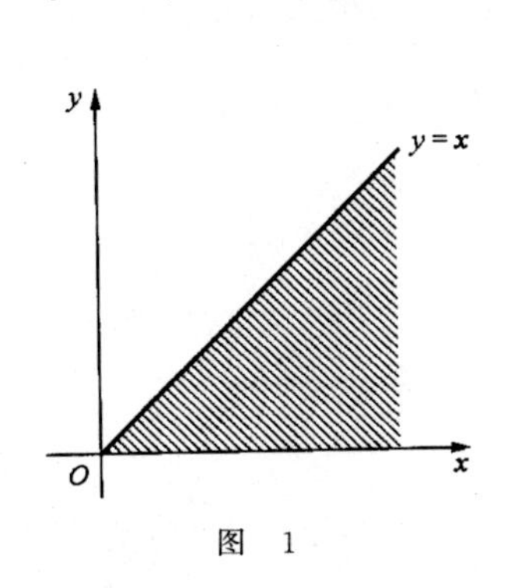

图　1

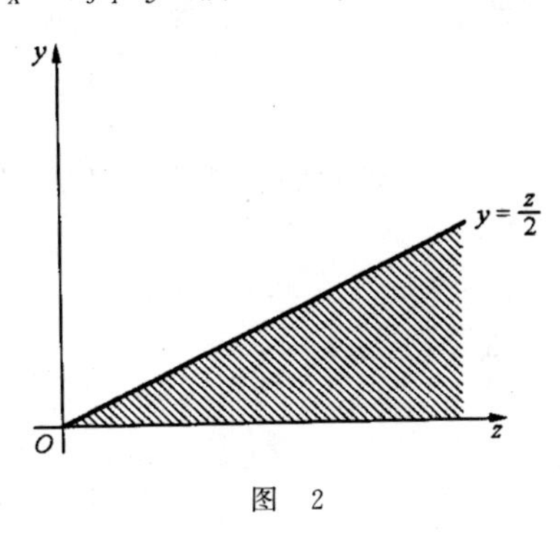

图　2

(2) 当 $x>0$ 时，$f_X(x)>0$，于是在 $X=x(x>0)$ 条件下，

$$f_{Y|X}(y|x)=\frac{f(x,y)}{f_X(x)}=\frac{f(x,y)}{x\mathrm{e}^{-x}}=\begin{cases}1/x, & 0<y<x,\\ 0, & \text{其他}.\end{cases}$$

(3) 当 $x=3$ 时，$f_X(3)>0$，在 $X=3$ 条件下，

$$f_{Y|X}(y|x=3)=\begin{cases}1/3, & 0<y<3,\\ 0, & \text{其他},\end{cases}$$

于是
$$P\{Y\leqslant 2|X=3\}=\int_{-\infty}^{2}f_{Y|X}(y|x=3)\mathrm{d}y=\int_0^2\frac{1}{3}\mathrm{d}y=\frac{2}{3}.$$

(4) $Z=X+Y$ 的概率密度为 $f_Z(z)=\int_{-\infty}^{+\infty}f(z-y,y)\mathrm{d}y$，其中被积函数不为 0 的区域是 $\begin{cases}y>0,\\ z-y>y\end{cases}\Longrightarrow\begin{cases}y>0,\\ z>2y\end{cases}$(见图 2 阴影部分).所以

$$f_Z(z)=\begin{cases}\int_0^{z/2}\mathrm{e}^{-(z-y)}\mathrm{d}y, & z>0,\\ 0, & z\leqslant 0\end{cases}=\begin{cases}\mathrm{e}^{-z/2}-\mathrm{e}^{-z}, & z>0,\\ 0, & z\leqslant 0.\end{cases}$$

四、应用题:

1. 解　设 X 表示 900 名学生中同时上机的人数，则 $X\sim B(900,0.1)$.又设机房至少需配备 n 台电脑，依题意，n 应满足 $P\{X\leqslant n\}>0.95$.由棣莫弗-拉普拉斯中心极限定理有 $\dfrac{X-900\times 0.1}{\sqrt{900\times 0.1\times 0.9}}\overset{\text{近似}}{\sim}N(0,1)$，于是

$$P\{X\leqslant n\}=P\left\{\frac{X-900\times 0.1}{\sqrt{900\times 0.1\times(1-0.1)}}\leqslant\frac{n-900\times 0.1}{\sqrt{900\times 0.1\times(1-0.1)}}\right\}\approx\Phi\left(\frac{n-90}{9}\right)>0.95.$$

反查标准正态分布表得 $\dfrac{n-90}{9}\geqslant 1.645$，即 $n\geqslant 104.805$.因此该校机房至少需配备 105 台电脑，才能以

95%以上的概率保证学生使用.

2. 解　依题意需检验假设 $H_0: \mu \leqslant \mu_0 = 51.2, H_1: \mu > \mu_0$，应用 T 检验.选取检验统计量 $T = \dfrac{\overline{X} - \mu_0}{S/\sqrt{n}}$.当 H_0 为真时，

$$T = \frac{\overline{X} - \mu_0}{S/\sqrt{n}} \leqslant T_0 = \frac{\overline{X} - \mu}{S/\sqrt{n}} \sim t(n-1).$$

对于显著性水平 $\alpha = 0.05$，拒绝域为 $t \geqslant t_\alpha(n-1) = t_{0.05}(8) = 1.8595$.计算检验统计量的值：

$$t = \frac{\overline{x} - \mu_0}{s/\sqrt{n}} = \frac{54.5 - 51.2}{3.29/\sqrt{9}} \approx 3.01 > 1.8595.$$

故拒绝原假设 H_0，即认为调整措施后日平均销售额有显著增加.

五、综合题：

解　(1) 证　因为

$$E(T) = E(\overline{X}^2) - \frac{1}{n}E(S^2) = D(\overline{X}) + [E(\overline{X})]^2 - \frac{1}{n}E(S^2) = \frac{\sigma^2}{n} + \mu^2 - \frac{1}{n}\sigma^2 = \mu^2,$$

所以 T 是 μ^2 的无偏估计量.

(2) 当 $\mu = 0, \sigma = 1$ 时，$X_1, X_2, \cdots, X_n$ 是来自总体 $N(0,1)$ 的样本，因为 $\overline{X}^2$ 与 S^2 相互独立，所以 $D(T) = D(\overline{X}^2) + \dfrac{1}{n^2}D(S^2)$，又 $\dfrac{(n-1)S^2}{\sigma^2} = (n-1)S^2 \sim \chi^2(n-1)$，所以

$$D((n-1)S^2) = (n-1)^2 D(S^2) = D(\chi^2(n-1)) = 2(n-1),$$

从而 $D(S^2) = \dfrac{2}{n-1}$.又 $\overline{X} \sim N\left(0, \dfrac{1}{n}\right)$，$\dfrac{\overline{X}}{1/\sqrt{n}} \sim N(0,1)$，$\dfrac{\overline{X}^2}{1/n} \sim \chi^2(1)$，所以 $D\left(\dfrac{\overline{X}^2}{1/n}\right) = n^2 D(\overline{X}^2) = D(\chi^2(1)) = 2$，从而 $D(\overline{X}^2) = \dfrac{2}{n^2}$.故

$$D(T) = D(\overline{X}^2) + \frac{1}{n^2}D(S^2) = \frac{2}{n^2} + \frac{1}{n^2} \cdot \frac{2}{n-1} = \frac{2}{n(n-1)}.$$

六、证明题：

证　由题设，$X \sim N(0,1), Y \sim N(0,1)$，注意 X 与 Y 未必相互独立.因为

$$\max\{X, Y\} = \frac{1}{2}(X + Y + |X - Y|),$$

所以

$$E(\max\{X,Y\}) = \frac{1}{2}(E(X) + E(Y) + E(|X - Y|)) = \frac{1}{2}E(|X - Y|).$$

又 (X,Y) 服从二维正态分布，所以 $X - Y$ 服从一维正态分布，而

$$E(X - Y) = E(X) - E(Y) = 0,\quad D(X - Y) = D(X) + D(Y) - 2\rho\sqrt{D(X)}\sqrt{D(Y)} = 2 - 2\rho,$$

于是 $Z = X - Y \sim N(0, 2 - 2\rho)$，其概率密度为 $f_Z(z) = \dfrac{1}{\sqrt{2\pi(2-2\rho)}}e^{-\frac{z^2}{2(2-2\rho)}}$.所以

$$E(|X - Y|) = \int_{-\infty}^{+\infty} |z| f_Z(z)dz = \frac{2}{\sqrt{2\pi(2-2\rho)}}\int_0^{+\infty} z e^{-\frac{z^2}{2(2-2\rho)}}dz = 2\sqrt{\frac{1-\rho}{\pi}},$$

$$E(\max\{X,Y\}) = \frac{1}{2}E(|X - Y|) = \sqrt{\frac{1-\rho}{\pi}}.$$

附表 1　标准正态分布表

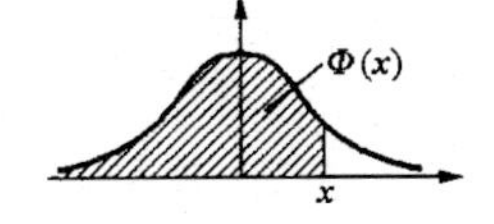

$$\Phi(x)=\int_{-\infty}^{x}\frac{1}{\sqrt{2\pi}}e^{-t^2/2}\,dt = P\{U\leqslant x\}$$

x	0	1	2	3	4	5	6	7	8	9
0.0	0.500 0	0.504 0	0.508 0	0.512 0	0.516 0	0.519 9	0.523 9	0.527 9	0.531 9	0.535 9
0.1	0.539 8	0.543 8	0.547 8	0.551 7	0.555 7	0.559 6	0.563 6	0.567 5	0.571 4	0.575 3
0.2	0.579 3	0.583 2	0.587 1	0.591 0	0.594 8	0.598 7	0.602 6	0.606 4	0.610 3	0.614 1
0.3	0.617 9	0.621 7	0.625 5	0.629 3	0.633 1	0.636 8	0.640 6	0.644 3	0.648 0	0.651 7
0.4	0.655 4	0.659 1	0.662 8	0.666 4	0.670 0	0.673 6	0.677 2	0.680 8	0.684 4	0.687 9
0.5	0.691 5	0.695 0	0.698 5	0.701 9	0.705 4	0.708 8	0.712 3	0.715 7	0.719 0	0.722 4
0.6	0.725 7	0.729 1	0.732 4	0.735 7	0.738 9	0.742 2	0.745 4	0.748 6	0.751 7	0.754 9
0.7	0.758 0	0.761 1	0.764 2	0.767 3	0.770 3	0.773 4	0.776 4	0.779 4	0.782 3	0.785 2
0.8	0.788 1	0.791 0	0.793 9	0.796 7	0.799 5	0.802 3	0.805 1	0.807 8	0.810 6	0.813 3
0.9	0.815 9	0.818 6	0.821 2	0.823 8	0.826 4	0.828 9	0.831 5	0.834 0	0.836 5	0.838 9
1.0	0.841 3	0.843 8	0.846 1	0.848 5	0.850 8	0.853 1	0.855 4	0.857 7	0.859 9	0.862 1
1.1	0.864 3	0.866 5	0.868 6	0.870 8	0.872 9	0.874 9	0.877 0	0.879 0	0.881 0	0.883 0
1.2	0.884 9	0.886 9	0.888 8	0.890 7	0.892 5	0.894 4	0.896 2	0.898 0	0.899 7	0.901 5
1.3	0.903 2	0.904 9	0.906 6	0.908 2	0.909 9	0.911 5	0.913 1	0.914 7	0.916 2	0.917 7
1.4	0.919 2	0.920 7	0.922 2	0.923 6	0.925 1	0.926 5	0.927 8	0.929 2	0.930 6	0.931 9
1.5	0.933 2	0.934 5	0.935 7	0.937 0	0.938 2	0.939 4	0.940 6	0.941 8	0.943 0	0.944 1
1.6	0.945 2	0.946 3	0.947 4	0.948 4	0.949 5	0.950 5	0.951 5	0.952 5	0.953 5	0.954 5
1.7	0.955 4	0.956 4	0.957 3	0.958 2	0.959 1	0.959 9	0.960 8	0.961 6	0.962 5	0.963 3
1.8	0.964 1	0.964 8	0.965 6	0.966 4	0.967 1	0.967 8	0.968 6	0.969 3	0.970 0	0.970 6
1.9	0.971 3	0.971 9	0.972 6	0.973 2	0.973 8	0.974 4	0.975 0	0.975 6	0.976 2	0.976 7
2.0	0.977 2	0.977 8	0.978 3	0.978 8	0.979 3	0.979 8	0.980 3	0.980 8	0.981 2	0.981 7
2.1	0.982 1	0.982 6	0.983 0	0.983 4	0.983 8	0.984 2	0.984 6	0.985 0	0.985 4	0.985 7
2.2	0.986 1	0.986 4	0.986 8	0.987 1	0.987 4	0.987 8	0.988 1	0.988 4	0.988 7	0.989 0
2.3	0.989 3	0.989 6	0.989 8	0.990 1	0.990 4	0.990 6	0.990 9	0.991 1	0.991 3	0.991 6
2.4	0.991 8	0.992 0	0.992 2	0.992 5	0.992 7	0.992 9	0.993 1	0.993 2	0.993 4	0.993 6
2.5	0.993 8	0.994 0	0.994 1	0.994 3	0.994 5	0.994 6	0.994 8	0.994 9	0.995 1	0.995 2
2.6	0.995 3	0.995 5	0.995 6	0.995 7	0.995 9	0.996 0	0.996 1	0.996 2	0.996 3	0.996 4
2.7	0.996 5	0.996 6	0.996 7	0.996 8	0.996 9	0.997 0	0.997 1	0.997 2	0.997 3	0.997 4
2.8	0.997 4	0.997 5	0.997 6	0.997 7	0.997 7	0.997 8	0.997 9	0.997 9	0.998 0	0.998 1
2.9	0.998 1	0.998 2	0.998 2	0.998 3	0.998 4	0.998 4	0.998 5	0.998 5	0.998 6	0.998 6
3.0	0.998 7	0.999 0	0.999 3	0.999 5	0.999 7	0.999 8	0.999 8	0.999 9	0.999 9	1.000 0

注:表中末行系函数值 $\Phi(3.0),\Phi(3.1),\cdots,\Phi(3.9)$.

附表 2　泊松分布表

$$1-F(x-1)=\sum_{r=x}^{+\infty}\frac{e^{-\lambda}\lambda^{r}}{r!}\quad\left(F(x)=\sum_{r=0}^{x}\frac{e^{-\lambda}\lambda^{r}}{r!}\right)$$

x	$\lambda=0.2$	$\lambda=0.3$	$\lambda=0.4$	$\lambda=0.5$	$\lambda=0.6$
0	1.000 000 0	1.000 000 0	1.000 000 0	1.000 000 0	1.000 000 0
1	0.181 269 2	0.259 181 8	0.329 680 0	0.323 469	0.451 188
2	0.017 523 1	0.036 936 3	0.061 551 9	0.090 204	0.121 901
3	0.001 148 5	0.003 599 5	0.007 926 3	0.014 388	0.023 115
4	0.000 056 8	0.000 265 8	0.000 776 3	0.001 752	0.003 358
5	0.000 002 3	0.000 015 8	0.000 061 2	0.000 172	0.000 394
6	0.000 000 1	0.000 000 8	0.000 004 0	0.000 014	0.000 039
7			0.000 000 2	0.000 001	0.000 003

x	$\lambda=0.7$	$\lambda=0.8$	$\lambda=0.9$	$\lambda=1.0$	$\lambda=1.2$
0	1.000 000	1.000 000	1.000 000	1.000 000	1.000 000
1	0.503 415	0.550 671	0.593 430	0.632 121	0.698 806
2	0.155 805	0.191 208	0.227 518	0.264 241	0.337 373
3	0.034 142	0.047 423	0.062 857	0.080 301	0.120 513
4	0.005 753	0.009 080	0.013 459	0.018 988	0.033 769
5	0.000 786	0.001 411	0.002 344	0.003 660	0.007 746
6	0.000 090	0.000 184	0.000 343	0.000 594	0.001 500
7	0.000 009	0.000 021	0.000 043	0.000 083	0.000 251
8	0.000 001	0.000 002	0.000 005	0.000 010	0.000 037
9				0.000 001	0.000 005
10					0.000 001

x	$\lambda=1.4$	$\lambda=1.6$	$\lambda=1.8$	$\lambda=2.0$	$\lambda=2.2$
0	1.000 000	1.000 000	1.000 000	1.000 000	1.000 000
1	0.753 403	0.798 103	0.834 701	0.864 665	0.889 197
2	0.408 167	0.475 069	0.537 163	0.593 994	0.645 430
3	0.166 502	0.216 642	0.269 379	0.323 324	0.377 286
4	0.053 725	0.078 813	0.108 708	0.142 877	0.180 648
5	0.014 253	0.023 682	0.036 407	0.052 653	0.072 496
6	0.003 201	0.006 040	0.010 378	0.016 564	0.024 910
7	0.000 622	0.001 336	0.002 569	0.004 534	0.007 461
8	0.000 107	0.000 260	0.000 562	0.001 097	0.001 978
9	0.000 016	0.000 045	0.000 110	0.000 237	0.000 470
10	0.000 002	0.000 007	0.000 019	0.000 046	0.000 101
11		0.000 001	0.000 003	0.000 008	0.000 020

x	$\lambda=2.5$	$\lambda=3.0$	$\lambda=3.5$	$\lambda=4.0$	$\lambda=4.5$	$\lambda=5.0$
0	1.000 000	1.000 000	1.000 000	1.000 000	1.000 000	1.000 000
1	0.917 915	0.950 213	0.969 803	0.981 684	0.988 891	0.993 262
2	0.712 703	0.800 852	0.864 112	0.908 422	0.938 901	0.959 572
3	0.456 187	0.576 810	0.679 153	0.761 897	0.826 422	0.875 348
4	0.242 424	0.352 768	0.463 367	0.566 530	0.657 704	0.734 974
5	0.108 822	0.184 737	0.274 555	0.371 163	0.467 896	0.559 507
6	0.042 021	0.083 918	0.142 386	0.214 870	0.297 070	0.384 039
7	0.014 187	0.033 509	0.065 288	0.110 674	0.168 949	0.237 817
8	0.004 247	0.011 905	0.026 739	0.051 134	0.086 586	0.133 372
9	0.001 140	0.003 803	0.009 874	0.021 363	0.040 257	0.068 094
10	0.000 277	0.001 102	0.003 315	0.008 132	0.017 093	0.031 828
11	0.000 062	0.000 292	0.001 019	0.002 840	0.006 669	0.013 695
12	0.000 013	0.000 071	0.000 289	0.000 915	0.002 404	0.005 453
13	0.000 002	0.000 016	0.000 076	0.000 274	0.000 805	0.002 019
14		0.000 003	0.000 019	0.000 076	0.000 252	0.000 698
15		0.000 001	0.000 004	0.000 020	0.000 074	0.000 226
16			0.000 001	0.000 005	0.000 020	0.000 069
17				0.000 001	0.000 005	0.000 020
18					0.000 001	0.000 005
19						0.000 001

附表 3　t 分布表

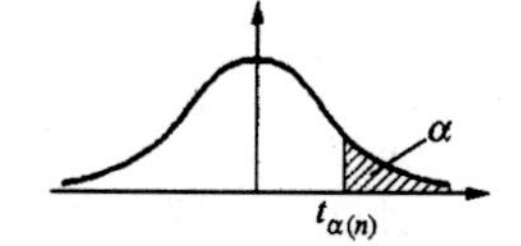

$$P\{t(n) \geqslant t_\alpha(n)\} = \alpha$$

n \ α	0.25	0.10	0.05	0.025	0.01	0.005
1	1.000 0	3.077 7	6.313 8	12.706 2	31.820 7	63.657 4
2	0.816 5	1.885 6	2.920 0	4.302 7	6.964 6	9.924 8
3	0.764 9	1.637 7	2.353 4	3.182 4	4.540 7	5.840 9
4	0.740 7	1.533 2	2.131 8	2.776 4	3.746 9	4.604 1
5	0.726 7	1.475 9	2.015 0	2.570 6	3.364 9	4.032 2
6	0.717 6	1.439 8	1.943 2	2.446 9	3.142 7	3.707 4
7	0.711 1	1.414 9	1.894 6	2.364 6	2.998 0	3.499 5
8	0.706 4	1.396 8	1.859 5	2.306 0	2.896 5	3.355 4
9	0.702 7	1.383 0	1.833 1	2.262 2	2.821 4	3.249 8
10	0.699 8	1.372 2	1.812 5	2.228 1	2.763 8	3.169 3
11	0.697 4	1.363 4	1.795 9	2.201 0	2.718 1	3.105 8
12	0.695 5	1.356 2	1.782 3	2.178 8	2.681 0	3.054 5
13	0.693 8	1.350 2	1.770 9	2.160 4	2.650 3	3.012 3
14	0.692 4	1.345 0	1.761 3	2.144 8	2.624 5	2.976 8
15	0.691 2	1.340 6	1.753 1	2.131 5	2.602 5	2.946 7
16	0.690 1	1.336 8	1.745 9	2.119 9	2.583 5	2.920 8
17	0.689 2	1.333 4	1.739 6	2.109 8	2.566 9	2.898 2
18	0.688 4	1.330 4	1.734 1	2.100 9	2.552 4	2.878 4
19	0.687 6	1.327 7	1.729 1	2.093 0	2.539 5	2.860 9
20	0.687 0	1.325 3	1.724 7	2.086 0	2.528 0	2.845 3
21	0.686 4	1.323 2	1.720 7	2.079 6	2.517 7	2.831 4
22	0.685 8	1.321 2	1.717 1	2.073 9	2.508 3	2.818 8
23	0.685 3	1.319 5	1.713 9	2.068 7	2.499 9	2.807 3
24	0.684 8	1.317 8	1.710 9	2.063 9	2.492 2	2.796 9
25	0.684 4	1.316 3	1.708 1	2.059 5	2.485 1	2.787 4
26	0.684 0	1.315 0	1.705 6	2.055 5	2.478 6	2.778 7
27	0.683 7	1.313 7	1.703 3	2.051 8	2.472 7	2.770 7
28	0.683 4	1.312 5	1.701 1	2.048 4	2.467 1	2.763 3
29	0.683 0	1.311 4	1.699 1	2.045 2	2.462 0	2.756 4
30	0.682 8	1.310 4	1.697 3	2.042 3	2.457 3	2.750 0
31	0.682 5	1.309 5	1.695 5	2.039 5	2.452 8	2.744 0
32	0.682 2	1.308 6	1.693 9	2.036 9	2.448 7	2.738 5
33	0.682 0	1.307 7	1.692 4	2.034 5	2.444 8	2.733 3
34	0.681 8	1.307 0	1.690 9	2.032 2	2.441 1	2.728 4
35	0.681 6	1.306 2	1.689 6	2.030 1	2.437 7	2.723 8
36	0.681 4	1.305 5	1.688 3	2.028 1	2.434 5	2.719 5
37	0.681 2	1.304 9	1.687 1	2.026 2	2.431 4	2.715 4
38	0.681 0	1.304 2	1.686 0	2.024 4	2.428 6	2.711 6
39	0.680 8	1.303 6	1.684 9	2.022 7	2.425 8	2.707 9
40	0.680 7	1.303 1	1.683 9	2.021 1	2.423 3	2.704 5
41	0.680 5	1.302 5	1.682 9	2.019 5	2.420 8	2.701 2
42	0.680 4	1.302 0	1.682 0	2.018 1	2.418 5	2.698 1
43	0.680 2	1.301 6	1.681 1	2.016 7	2.416 3	2.695 1
44	0.680 1	1.301 1	1.680 2	2.015 4	2.414 1	2.692 3
45	0.680 0	1.300 6	1.679 4	2.014 1	2.412 1	2.689 6

附表 4　χ^2 分布表

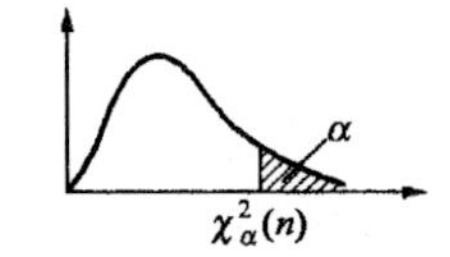

$$P\{\chi^2(n)\geqslant\chi^2_\alpha(n)\}=\alpha$$

n \ α	0.995	0.99	0.975	0.95	0.90	0.75
1	—	—	0.001	0.004	0.016	0.102
2	0.010	0.020	0.051	0.103	0.211	0.575
3	0.072	0.115	0.216	0.352	0.584	1.213
4	0.207	0.297	0.484	0.711	1.064	1.923
5	0.412	0.554	0.831	1.145	1.610	2.675
6	0.676	0.872	1.237	1.635	2.204	3.455
7	0.989	1.239	1.690	2.167	2.833	4.255
8	1.344	1.646	2.180	2.733	3.490	5.071
9	1.735	2.088	2.700	3.325	4.168	5.899
10	2.156	2.558	3.247	3.940	4.865	6.737
11	2.603	3.053	3.816	4.575	5.578	7.584
12	3.074	3.571	4.404	5.226	6.304	8.438
13	3.565	4.107	5.009	5.892	7.042	9.299
14	4.075	4.660	5.629	6.571	7.790	10.165
15	4.601	5.229	6.262	7.261	8.547	11.037
16	5.142	5.812	6.908	7.962	9.312	11.912
17	5.697	6.408	7.564	8.672	10.085	12.792
18	6.265	7.015	8.231	9.390	10.865	13.675
19	6.844	7.633	8.907	10.117	11.651	14.562
20	7.434	8.260	9.591	10.851	12.443	15.452
21	8.034	8.897	10.283	11.591	13.240	16.344
22	8.643	9.542	10.982	12.338	14.042	17.240
23	9.260	10.196	11.689	13.091	14.848	18.137
24	9.886	10.856	12.401	13.848	15.659	19.037
25	10.520	11.524	13.120	14.611	16.473	19.939
26	11.160	12.198	13.844	15.379	17.292	20.843
27	11.808	12.879	14.573	16.151	18.114	21.749
28	12.461	13.565	15.308	16.928	18.939	22.657
29	13.121	14.257	16.047	17.708	19.768	23.567
30	13.787	14.954	16.791	18.493	20.599	24.478
31	14.458	15.655	17.539	19.281	21.434	25.390
32	15.134	16.362	18.291	20.072	22.271	26.304
33	15.815	17.074	19.047	20.867	23.110	27.219
34	16.501	17.789	19.806	21.664	23.952	28.136
35	17.192	18.509	20.569	22.465	24.797	29.054
36	17.887	19.233	21.336	23.269	25.643	29.973
37	18.586	19.960	22.106	24.075	26.492	30.893
38	19.289	20.691	22.878	24.884	27.343	31.815
39	19.996	21.426	23.654	25.695	28.196	32.737
40	20.707	22.164	24.433	26.509	29.051	33.660
41	21.421	22.906	25.215	27.326	29.907	34.585
42	22.138	23.650	25.999	28.144	30.765	35.510
43	22.859	24.398	26.785	28.965	31.625	36.436
44	23.584	25.148	27.575	29.787	32.487	37.363
45	24.311	25.901	28.366	30.612	33.350	38.291

$$P\{\chi^2(n) \geqslant \chi_\alpha^2(n)\} = \alpha$$

续附表 4

n \ α	0.25	0.10	0.05	0.025	0.01	0.005
1	1.323	2.706	3.841	5.024	6.635	7.879
2	2.773	4.605	5.991	7.378	9.210	10.597
3	4.108	6.251	7.815	9.348	11.345	12.838
4	5.385	7.779	9.488	11.143	13.277	14.860
5	6.626	9.236	11.071	12.833	15.086	16.750
6	7.841	10.645	12.592	14.449	16.812	18.548
7	9.037	12.017	14.067	16.013	18.475	20.278
8	10.219	13.362	15.507	17.535	20.090	21.955
9	11.389	14.684	16.919	19.023	21.666	23.589
10	12.549	15.987	18.307	20.483	23.209	25.188
11	13.701	17.275	19.675	21.920	24.725	26.757
12	14.845	18.549	21.026	23.337	26.217	28.299
13	15.984	19.812	22.362	24.736	27.688	29.819
14	17.117	21.064	23.685	26.119	29.141	31.319
15	18.245	22.307	24.996	27.488	30.578	32.801
16	19.369	23.542	26.296	28.845	32.000	34.267
17	20.489	24.769	27.587	30.191	33.409	35.718
18	21.605	25.989	28.869	31.526	34.805	37.156
19	22.718	27.204	30.144	32.852	36.191	38.582
20	23.828	28.412	31.410	34.170	37.566	39.997
21	24.935	29.615	32.671	35.479	38.932	41.401
22	26.039	30.813	33.924	36.781	40.289	42.796
23	27.141	32.007	35.172	38.076	41.638	44.181
24	28.241	33.196	36.415	39.364	42.980	45.559
25	29.339	34.382	37.652	40.646	44.314	46.928
26	30.435	35.563	38.885	41.923	45.642	48.290
27	31.528	36.741	40.113	43.194	46.963	49.645
28	32.620	37.916	41.337	44.461	48.278	50.993
29	33.711	39.087	42.557	45.722	49.588	52.336
30	34.800	40.256	43.773	46.979	50.892	53.672
31	35.887	41.422	44.985	48.232	52.191	55.003
32	36.973	42.585	46.194	49.480	53.486	56.328
33	38.058	43.745	47.400	50.725	54.776	57.648
34	39.141	44.903	48.602	51.966	56.061	58.964
35	40.223	46.059	49.802	53.203	57.342	60.275
36	41.304	47.212	50.998	54.437	58.619	61.581
37	42.383	48.363	52.192	55.668	59.892	62.883
38	43.462	49.513	53.384	56.896	61.162	64.181
39	44.539	50.660	54.572	58.120	62.428	65.476
40	45.616	51.805	55.758	59.342	63.691	66.766
41	46.692	52.949	56.942	60.561	64.950	68.053
42	47.766	54.090	58.124	61.777	66.206	69.336
43	48.840	55.230	59.304	62.990	67.459	70.616
44	49.913	56.369	60.481	64.201	68.710	71.893
45	50.985	57.505	61.656	65.410	69.957	73.166

附表 5　F 分布表

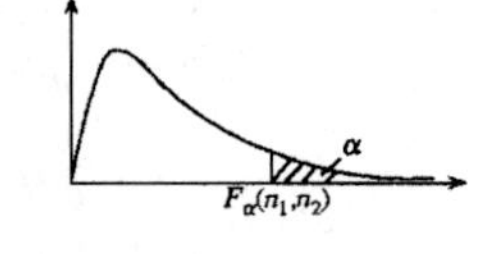

$$P\{F(n_1,n_2)>F_\alpha(n_1,n_2)\}=\alpha$$

$\alpha=0.10$

n_2 \ n_1	1	2	3	4	5	6	7	8	9	10	12	15	20	24	30	40	60	120	∞
1	39.86	49.50	53.59	55.83	57.24	58.20	58.91	59.44	59.86	60.19	60.71	61.22	61.74	62.00	62.26	62.53	62.79	63.00	63.33
2	8.53	9.00	9.16	9.24	9.29	9.33	9.35	9.37	9.38	9.39	9.41	9.42	9.44	9.45	9.46	9.47	9.47	9.48	9.49
3	5.54	5.46	5.39	5.34	5.31	5.28	5.27	5.25	5.24	5.23	5.22	5.20	5.18	5.18	5.17	5.16	5.15	5.14	5.13
4	4.54	4.32	4.19	4.11	4.05	4.01	3.98	3.95	3.94	3.92	3.90	3.87	3.84	3.83	3.82	3.80	3.79	3.78	3.76
5	4.06	3.78	3.62	3.52	3.45	3.40	3.37	3.34	3.32	3.30	3.27	3.24	3.21	3.19	3.17	3.16	3.14	3.12	3.10
6	3.78	3.46	3.29	3.18	3.11	3.05	3.01	2.98	2.96	2.94	2.90	2.87	2.84	2.82	2.80	2.78	2.76	2.74	2.72
7	3.59	3.26	3.07	2.96	2.88	2.83	2.78	2.75	2.72	2.70	2.67	2.63	2.59	2.58	2.56	2.54	2.51	2.49	2.47
8	3.46	3.11	2.92	2.81	2.73	2.67	2.62	2.59	2.56	2.54	2.50	2.46	2.42	2.40	2.38	2.36	2.34	2.32	2.29
9	3.36	3.01	2.81	2.69	2.61	2.55	2.51	2.47	2.44	2.42	2.38	2.34	2.30	2.28	2.25	2.23	2.21	2.18	2.16
10	3.29	2.92	2.73	2.61	2.52	2.46	2.41	2.38	2.35	2.32	2.28	2.24	2.20	2.18	2.16	2.13	2.11	2.08	2.06
11	3.23	2.86	2.66	2.54	2.45	2.39	2.34	2.30	2.27	2.25	2.21	2.17	2.12	2.10	2.08	2.05	2.03	2.00	1.97
12	3.18	2.81	2.61	2.48	2.39	2.33	2.28	2.24	2.21	2.19	2.15	2.10	2.06	2.04	2.01	1.99	1.96	1.93	1.90
13	3.14	2.76	2.56	2.43	2.35	2.28	2.23	2.20	2.16	2.14	2.10	2.05	2.01	1.98	1.96	1.93	1.90	1.88	1.85
14	3.10	2.73	2.52	2.39	2.31	2.24	2.19	2.15	2.12	2.10	2.05	2.01	1.96	1.94	1.91	1.89	1.86	1.83	1.80
15	3.07	2.70	2.49	2.36	2.27	2.21	2.16	2.12	2.09	2.06	2.02	1.97	1.92	1.90	1.87	1.85	1.82	1.79	1.76
16	3.05	2.67	2.46	2.33	2.24	2.18	2.13	2.09	2.06	2.03	1.99	1.94	1.89	1.87	1.84	1.81	1.78	1.75	1.72
17	3.03	2.64	2.44	2.31	2.22	2.15	2.10	2.06	2.03	2.00	1.96	1.91	1.86	1.84	1.81	1.78	1.75	1.72	1.69
18	3.01	2.62	2.42	2.29	2.20	2.13	2.08	2.04	2.00	1.98	1.93	1.89	1.84	1.81	1.78	1.75	1.72	1.69	1.66
19	2.99	2.61	2.40	2.27	2.18	2.11	2.06	2.02	1.98	1.90	1.91	1.86	1.81	1.79	1.76	1.73	1.70	1.67	1.63
20	2.97	2.59	2.38	2.25	2.16	2.09	2.04	2.00	1.96	1.94	1.89	1.84	1.79	1.77	1.74	1.71	1.68	1.64	1.61
21	2.96	2.57	2.36	2.23	2.14	2.08	2.02	1.98	1.95	1.92	1.87	1.83	1.78	1.75	1.72	1.69	1.66	1.62	1.59
22	2.95	2.56	2.35	2.22	2.13	2.06	2.01	1.97	1.93	1.90	1.86	1.81	1.76	1.73	1.70	1.67	1.64	1.60	1.57
23	2.94	2.55	2.34	2.21	2.11	2.05	1.99	1.95	1.92	1.89	1.84	1.80	1.74	1.72	1.69	1.66	1.62	1.59	1.55
24	2.93	2.54	2.33	2.19	2.10	2.04	1.98	1.94	1.91	1.88	1.83	1.78	1.73	1.70	1.67	1.64	1.61	1.57	1.53
25	2.92	2.53	2.32	2.18	2.09	2.02	1.97	1.93	1.89	1.87	1.82	1.77	1.72	1.69	1.66	1.63	1.59	1.56	1.52
26	2.91	2.52	2.31	2.17	2.08	2.01	1.96	1.92	1.88	1.86	1.81	1.76	1.71	1.68	1.65	1.61	1.58	1.54	1.50
27	2.90	2.51	2.30	2.17	2.07	2.00	1.95	1.91	1.87	1.85	1.80	1.75	1.70	1.67	1.64	1.60	1.57	1.53	1.49
28	2.89	2.50	2.29	2.16	2.06	2.00	1.94	1.90	1.87	1.84	1.79	1.74	1.69	1.66	1.63	1.59	1.56	1.52	1.48
29	2.89	2.50	2.28	2.15	2.06	1.99	1.93	1.89	1.86	1.83	1.78	1.73	1.68	1.65	1.62	1.58	1.55	1.51	1.47
30	2.88	2.49	2.28	2.14	2.05	1.98	1.93	1.88	1.85	1.82	1.77	1.72	1.67	1.64	1.61	1.57	1.54	1.50	1.46
40	2.84	2.44	2.23	2.09	2.00	1.93	1.87	1.83	1.79	1.76	1.71	1.66	1.61	1.57	1.54	1.51	1.47	1.42	1.38
60	2.79	2.39	2.18	2.04	1.95	1.87	1.82	1.77	1.74	1.71	1.66	1.60	1.54	1.51	1.48	1.44	1.40	1.35	1.29
120	2.75	2.35	2.13	1.99	1.90	1.82	1.77	1.72	1.68	1.65	1.60	1.55	1.48	1.45	1.41	1.37	1.32	1.26	1.19
∞	2.71	2.30	2.08	1.94	1.85	1.77	1.72	1.67	1.63	1.60	1.55	1.49	1.42	1.38	1.34	1.30	1.24	1.17	1.00

$\alpha=0.05$ 续附表5

n_2 \ n_1	1	2	3	4	5	6	7	8	9	10	12	15	20	24	30	40	60	120	∞
1	161.4	199.5	215.7	224.6	230.2	234.0	236.8	238.9	240.5	241.9	243.9	245.9	248.0	249.1	250.1	251.1	252.2	253.3	254.3
2	18.51	19.00	19.16	19.25	19.30	19.33	19.35	19.37	19.38	19.40	19.41	19.43	19.45	19.45	19.46	19.47	19.48	19.49	19.50
3	10.13	9.55	9.28	9.12	9.01	8.94	8.89	8.85	8.81	8.79	8.74	8.70	8.66	8.64	8.62	8.59	8.57	8.55	8.53
4	7.71	6.94	6.59	6.39	6.26	6.16	6.09	6.04	6.00	5.96	5.91	5.86	5.80	5.77	5.75	5.72	5.69	5.66	5.63
5	6.61	5.79	5.41	5.19	5.05	4.95	4.88	4.82	4.77	4.74	4.68	4.62	4.56	4.53	4.50	4.46	4.43	4.40	4.36
6	5.99	5.14	4.76	4.53	4.39	4.28	4.21	4.15	4.10	4.06	4.00	3.94	3.87	3.84	3.81	3.77	3.74	3.70	3.67
7	5.59	4.74	4.35	4.12	3.97	3.87	3.79	3.73	3.68	3.64	3.57	3.51	3.44	3.41	3.38	3.34	3.30	3.27	3.23
8	5.32	4.46	4.07	3.84	3.69	3.58	3.50	3.44	3.39	3.35	3.28	3.22	3.15	3.12	3.08	3.04	3.01	2.97	2.93
9	5.12	4.26	3.86	3.63	3.48	3.37	3.29	3.23	3.18	3.14	3.07	3.01	2.94	2.90	2.86	2.83	2.79	2.75	2.71
10	4.96	4.10	3.71	3.48	3.33	3.22	3.14	3.07	3.02	2.98	2.91	2.85	2.77	2.74	2.70	2.66	2.62	2.58	2.54
11	4.84	3.98	3.59	3.36	3.20	3.09	3.01	2.95	2.90	2.85	2.79	2.72	2.65	2.61	2.57	2.53	2.49	2.45	2.40
12	4.75	3.89	3.49	3.26	3.11	3.00	2.91	2.85	2.80	2.75	2.69	2.62	2.54	2.51	2.47	2.43	2.38	2.34	2.30
13	4.67	3.81	3.41	3.18	3.03	2.92	2.83	2.77	2.71	2.67	2.60	2.53	2.46	2.42	2.38	2.34	2.30	2.25	2.21
14	4.60	3.74	3.34	3.11	2.96	2.85	2.76	2.70	2.65	2.60	2.53	2.46	2.39	2.35	2.31	2.27	2.22	2.18	2.13
15	4.54	3.68	3.29	3.06	2.90	2.79	2.71	2.64	2.59	2.54	2.48	2.40	2.33	2.29	2.25	2.20	2.16	2.11	2.07
16	4.49	3.63	3.24	3.01	2.85	2.74	2.66	2.59	2.54	2.49	2.42	2.35	2.28	2.24	2.19	2.15	2.11	2.06	2.01
17	4.45	3.59	3.20	2.96	2.81	2.70	2.61	2.55	2.49	2.45	2.38	2.31	2.23	2.19	2.15	2.10	2.06	2.01	1.96
18	4.41	3.55	3.16	2.93	2.77	2.66	2.58	2.51	2.46	2.41	2.34	2.27	2.19	2.15	2.11	2.06	2.02	1.97	1.92
19	4.38	3.52	3.13	2.90	2.74	2.63	2.54	2.48	2.42	2.38	2.31	2.23	2.16	2.11	2.07	2.03	1.98	1.93	1.88
20	4.35	3.49	3.10	2.87	2.71	2.60	2.51	2.45	2.39	2.35	2.28	2.20	2.12	2.08	2.04	1.99	1.95	1.90	1.84
21	4.32	3.47	3.07	2.84	2.68	2.57	2.49	2.42	2.37	2.32	2.25	2.18	2.10	2.05	2.01	1.96	1.92	1.87	1.81
22	4.30	3.44	3.05	2.82	2.66	2.55	2.46	2.40	2.34	2.30	2.23	2.15	2.07	2.03	1.98	1.94	1.89	1.84	1.78
23	4.28	3.42	3.03	2.80	2.64	2.53	2.44	2.37	2.32	2.27	2.20	2.13	2.05	2.01	1.96	1.91	1.86	1.81	1.76
24	4.26	3.40	3.01	2.78	2.62	2.51	2.42	2.36	2.30	2.25	2.18	2.11	2.03	1.98	1.94	1.89	1.84	1.79	1.73
25	4.24	3.39	2.99	2.76	2.60	2.49	2.40	2.34	2.28	2.24	2.16	2.09	2.01	1.96	1.92	1.87	1.82	1.77	1.71
26	4.23	3.37	2.98	2.74	2.59	2.47	2.39	2.32	2.27	2.22	2.15	2.07	1.99	1.95	1.90	1.85	1.80	1.75	1.69
27	4.21	3.35	2.96	2.73	2.57	2.46	2.37	2.31	2.25	2.20	2.13	2.06	1.97	1.93	1.88	1.84	1.79	1.73	1.67
28	4.20	3.34	2.95	2.71	2.56	2.45	2.36	2.29	2.24	2.19	2.12	2.04	1.96	1.91	1.87	1.82	1.77	1.71	1.65
29	4.18	3.33	2.93	2.70	2.55	2.43	2.35	2.28	2.22	2.18	2.10	2.03	1.94	1.90	1.85	1.81	1.75	1.70	1.64
30	4.17	3.32	2.92	2.69	2.53	2.42	2.33	2.27	2.21	2.16	2.09	2.01	1.93	1.89	1.84	1.79	1.74	1.68	1.62
40	4.08	3.23	2.84	2.61	2.45	2.34	2.25	2.18	2.12	2.08	2.00	1.92	1.84	1.79	1.74	1.69	1.64	1.58	1.51
60	4.00	3.15	2.76	2.53	2.37	2.25	2.17	2.10	2.04	1.99	1.92	1.84	1.75	1.70	1.65	1.59	1.53	1.47	1.39
120	3.92	3.07	2.68	2.45	2.29	2.17	2.09	2.02	1.96	1.91	1.83	1.75	1.66	1.61	1.55	1.50	1.43	1.35	1.25
∞	3.84	3.00	2.60	2.37	2.21	2.10	2.01	1.94	1.88	1.83	1.75	1.67	1.57	1.52	1.46	1.39	1.32	1.22	1.00

$\alpha=0.025$ 续附表 5

n_2 \ n_1	1	2	3	4	5	6	7	8	9	10	12	15	20	24	30	40	60	120	∞
1	647.8	799.5	864.2	899.6	921.8	937.1	948.2	956.7	963.3	968.6	976.7	984.9	993.1	997.2	1001	1006	1010	1014	1018
2	38.51	39.00	39.17	39.25	39.30	39.33	39.36	39.37	39.39	39.40	39.41	39.43	39.45	39.46	39.46	39.47	39.48	39.49	39.50
3	17.44	16.04	15.44	15.10	14.88	14.73	14.62	14.54	14.47	14.42	14.34	14.25	14.17	14.12	14.08	14.04	13.99	13.95	13.90
4	12.22	10.65	9.98	9.60	9.36	9.20	9.07	8.98	8.90	8.84	8.75	8.66	8.56	8.51	8.46	8.41	8.36	8.31	8.26
5	10.01	8.43	7.76	7.39	7.15	6.98	6.85	6.76	6.68	6.62	6.52	6.43	6.33	6.28	6.23	6.18	6.12	6.07	6.02
6	8.81	7.26	6.60	6.23	5.99	5.82	5.70	5.60	5.52	5.46	5.37	5.27	5.17	5.12	5.07	5.01	4.96	4.90	4.85
7	8.07	6.54	5.89	5.52	5.29	5.12	4.99	4.90	4.82	4.76	4.67	4.57	4.47	4.42	4.36	4.31	4.25	4.20	4.14
8	7.57	6.06	5.42	5.05	4.82	4.65	4.53	4.43	4.36	4.30	4.20	4.10	4.00	3.95	3.89	3.84	3.78	3.73	3.67
9	7.21	5.71	5.08	4.72	4.48	4.32	4.20	4.10	4.03	3.96	3.87	3.77	3.67	3.61	3.56	3.51	3.45	3.39	3.33
10	6.94	5.46	4.83	4.47	4.24	4.07	3.95	3.85	3.78	3.72	3.62	3.52	3.42	3.37	3.31	3.26	3.20	3.14	3.08
11	6.72	5.26	4.63	4.28	4.04	3.88	3.76	3.66	3.59	3.53	3.43	3.33	3.23	3.17	3.12	3.06	3.00	2.94	2.88
12	6.55	5.10	4.47	4.12	3.89	3.73	3.61	3.51	3.44	3.37	3.28	3.18	3.07	3.02	2.96	2.91	2.85	2.79	2.72
13	6.41	4.97	4.35	4.00	3.77	3.60	3.48	3.39	3.31	3.25	3.15	3.05	2.95	2.89	2.84	2.78	2.72	2.66	2.60
14	6.30	4.86	4.24	3.89	3.66	3.50	3.38	3.29	3.21	3.15	3.05	2.95	2.84	2.79	2.73	2.67	2.61	2.55	2.49
15	6.20	4.77	4.15	3.80	3.58	3.41	3.29	3.20	3.12	3.06	2.96	2.86	2.76	2.70	2.64	2.59	2.52	2.46	2.40
16	6.12	4.69	4.08	3.73	3.50	3.34	3.22	3.12	3.05	2.99	2.89	2.79	2.68	2.63	2.57	2.51	2.45	2.38	2.32
17	6.04	4.62	4.01	3.66	3.44	3.28	3.16	3.06	2.98	2.92	2.82	2.72	2.62	2.56	2.50	2.44	2.38	2.32	2.25
18	5.98	4.56	3.95	3.61	3.38	3.22	3.10	3.01	2.93	2.87	2.77	2.67	2.56	2.50	2.44	2.38	2.32	2.26	2.19
19	5.92	4.51	3.90	3.56	3.33	3.17	3.05	2.96	2.88	2.82	2.72	2.62	2.51	2.45	2.39	2.33	2.27	2.20	2.13
20	5.87	4.46	3.86	3.51	3.29	3.13	3.01	2.91	2.84	2.77	2.68	2.57	2.46	2.41	2.35	2.29	2.22	2.16	2.09
21	5.83	4.42	3.82	3.48	3.25	3.09	2.97	2.87	2.80	2.73	2.64	2.53	2.42	2.37	2.31	2.25	2.18	2.11	2.04
22	5.79	4.38	3.78	3.44	3.22	3.05	2.93	2.84	2.76	2.70	2.60	2.50	2.39	2.33	2.27	2.21	2.14	2.08	2.00
23	5.75	4.35	3.75	3.41	3.18	3.02	2.90	2.81	2.73	2.67	2.57	2.47	2.36	2.30	2.24	2.18	2.11	2.04	1.97
24	5.72	4.32	3.72	3.38	3.15	2.99	2.87	2.78	2.70	2.64	2.54	2.44	2.33	2.27	2.21	2.15	2.08	2.01	1.94
25	5.69	4.29	3.69	3.35	3.13	2.97	2.85	2.75	2.68	2.61	2.51	2.41	2.30	2.24	2.18	2.12	2.05	1.98	1.91
26	5.66	4.27	3.67	3.33	3.10	2.94	2.82	2.73	2.65	2.59	2.49	2.39	2.28	2.22	2.16	2.09	2.03	1.95	1.88
27	5.63	4.24	3.65	3.31	3.08	2.92	2.80	2.71	2.63	2.57	2.47	2.36	2.25	2.19	2.13	2.07	2.00	1.93	1.85
28	5.61	4.22	3.63	3.29	3.06	2.90	2.78	2.69	2.61	2.55	2.45	2.34	2.23	2.17	2.11	2.05	1.98	1.91	1.83
29	5.59	4.20	3.61	3.27	3.04	2.88	2.76	2.67	2.59	2.53	2.43	2.32	2.21	2.15	2.09	2.03	1.96	1.89	1.81
30	5.57	4.18	3.59	3.25	3.03	2.87	2.75	2.65	2.57	2.51	2.41	2.31	2.20	2.14	2.07	2.01	1.94	1.87	1.79
40	5.42	4.05	3.46	3.13	2.90	2.74	2.62	2.53	2.45	2.39	2.29	2.18	2.07	2.01	1.94	1.88	1.80	1.72	1.64
60	5.29	3.93	3.34	3.01	2.79	2.63	2.51	2.41	2.33	2.27	2.17	2.06	1.94	1.88	1.82	1.74	1.67	1.58	1.48
120	5.15	3.80	3.23	2.89	2.67	2.52	2.39	2.30	2.22	2.16	2.05	1.94	1.82	1.76	1.69	1.61	1.53	1.43	1.31
∞	5.02	3.69	3.12	2.79	2.57	2.41	2.29	2.19	2.11	2.05	1.94	1.83	1.71	1.64	1.57	1.48	1.39	1.27	1.00

参考文献

[1] 盛骤，谢式千，潘承毅.概率论与数理统计.第3版.北京：高等教育出版社，2003.
[2] 李贤平，沈崇圣，陈子毅.概率论与数理统计.上海：复旦大学出版社，2003.
[3] 陈魁.概率统计辅导.北京：清华大学出版社，2006.
[4] 李博纳，许静，张立卓.概率论与数理统计.北京：北京大学出版社，2006.
[5] 孙清华，孙昊.概率论与数理统计内容、方法与技巧.第2版.武汉：华中科技大学出版社，2006.
[6] 华东师范大学数学系.概率论与数理统计习题集.北京：高等教育出版社，1982.
[7] 叶俊，赵衡秀.概率论与数理统计.北京：清华大学出版社，2005.
[8] 袁荫棠，范培华.概率统计解题思路和方法.北京：世界图书出版公司，1998.
[9] 鲍兰平.概率论与数理统计指导.北京：清华大学出版社，2005.
[10] 马军英.概率论与数理统计学习指导与习题全解.济南：山东科学技术出版社，2005.
[11] 上海交通大学数学系.概率论与数理统计习题与精解.上海：上海交通大学出版社，2004.
[12] 上海交通大学数学系.概率论与数理统计试卷剖析.上海：上海交通大学出版社，2005.
[13] 王式安，蔡遂林，胡金德.考试虫考研数学(一)真题精讲.北京：航空工业出版社，2006.
[14] 王式安，蔡遂林，胡金德.考试虫考研数学(三)真题精讲.北京：航空工业出版社，2006.
[15] 王式安，蔡遂林，胡金德.考试虫考研数学(四)真题精讲.北京：航空工业出版社，2006.
[16] 教育部考试中心.2006全国硕士研究生统一考试大纲解析.北京：高等教育出版社，2005.
[17] 曹显兵.概率论与数理统计学习指导.北京：世界图书出版公司，2005.
[18] 葛余博，刘坤林，谭泽光.概率论与数理统计通用辅导讲义.北京：清华大学出版社，2006.
[19] 周概容.概率统计习题集.天津：南开大学出版社，2003.
[20] 盛骤，谢式千，潘承毅.概率论与数理统计学习辅导与习题选解.北京：高等教育出版社，2003.
[21] 陈俊雅，王秀英.概率论与数理统计中的反例.天津：天津科学技术出版社，1993.
[22] 林元烈，梁宗霞.随机数学引论.北京：清华大学出版社，2003.
[23] 李贤平.概率论基础.第2版.北京：高等教育出版社，1997.
[24] 孙荣恒.应用概率论.第2版.北京：科学出版社，2006.
[25] 龚光鲁.概率论与数理统计.北京：清华大学出版社，2006.
[26] 苏淳.概率论.北京：科学出版社，2004.
[27] 戴朝寿.概率论简明教程.北京：高等教育出版社，2008.
[28] 陈家鼎，郑忠国.概率与统计.北京：北京大学出版社，2007.